Google

351
Disney

Disney
Disney

CAPERS

ALAIN AFFLELOU
CHANEL

LAB. PIERRE
RIC AUD
MERCE

ES-BENZ

PEUGEOT
PEUGEOT AVENUE
PEUGEOT
elle a dit
13 Avril - 26 Juin

241

室内设计细部图集

——门窗

王萧　魏伟　编
王萧　魏伟　摄影

中国建筑工业出版社

图书在版编目（CIP）数据

室内设计细部图集——门窗/王萧等编. —北京：中国建筑工业出版社，2005
ISBN 7－112－07701－X

Ⅰ.室… Ⅱ.王… Ⅲ.①门－室内－建筑设计－图集②窗－室内－建筑设计－图集
Ⅳ. TU238－64

中国版本图书馆 CIP 数据核字（2005）第 098459 号

责任编辑：杨　军
责任设计：刘向阳
责任校对：刘　梅　孙　爽

室内设计细部图集
——门窗
王萧　魏伟　编
王萧　魏伟　摄影
＊
中国建筑工业出版社出版、发行（北京西郊百万庄）
新华书店经销
北京中科印刷有限公司印刷
＊
开本：880×1230 毫米　横 1/16　印张：13¼　插页：8　字数：450 千字
2005 年 9 月第一版　2005 年 9 月第一次印刷
印数：1—3500 册　定价：**68.00** 元
ISBN 7-112-07701-X
(13655)

本社网址：http：//www.china-abp.com.cn
网上书店：http：//www.china-building.com.cn

编 者 的 话

随着国民经济的飞速发展、社会文明程度的不断进步，以及人们物质生活水平的日益提高，建筑空间环境、室内设计在中国越来越受到广泛重视和关注。

从高标准的公共建筑到与人们生活息息相关的居住空间，建筑空间环境质量高低已成为社会文明进步的重要标志。社会需要一大批懂得建筑室内设计的专业人才，同时也希望有更多的人能了解、认识建筑室内设计这样一个既历史悠久又方兴未艾的专业。

本图册在编集时，注重理论联系实际，注重专业贴近生活。既有一定的专业理论知识和标准规范，又收集了大量的实践资料和通俗图例。在图册编排上，按照建筑室内空间构成的基本要素进行分类，即：门窗、墙面；顶棚、照明；楼梯、地面；家具、陈设。在各个基本要素中有从设计原理的基本知识到材料构造的基本知识介绍，并通过一些工程实例和经典案例来生动地再现。

在本书编写过程中得到了法国 PA 建筑师事务所、上海都林建筑设计有限公司高级建筑师、一级注册建筑师王帆叶总经理，上海润清建筑设计事务所一级注册建筑师曹文先生，上海精典建筑规划设计有限公司一级注册建筑师、规划师萧烨先生的悉心指导，以及各级同仁的关心、支持，参编人员还有：张毅、邵波、顾香君、魏晓、陈春红、霍小旦、顾春香、周培源、包茹、杨晶莹，在此深表感谢。

由于时间仓促，内容涉及广泛，书中疏漏偏差之处在所难免，尽请专家、同仁和读者提出指正，以待今后再版之际使之能更趋完善，更好地为读者服务。

目　录

一、设计原理 …… 1

二、构造与材料 …… 59

一、设计原理

(一)分类

按材料分：

门：木质　彩钢　铝合金　塑钢(ST1)

窗：木质　彩钢　铝合金　塑钢(ST2)

按开启方式分：

门：平开门　推拉门　弹簧门　立转门　卷帘门　折叠门(ST3)

窗：固定窗　平开窗　上悬　中悬　立转　下悬(ST4)

垂直推拉　水平推拉

窗按所处界面位置不同分为：

侧窗　天窗(ST5)

按功能要求：

门：普通门　自动门　防盗门　保温门　隔声门(ST6)

窗：普通窗　百叶窗　防盗窗(ST7)

(二)设计要求

1. 门窗基本功能要求

(1)门：联系便捷——门平面位置

利于通风——组织通风形式

室内气流路线与速度的几个设计要点(ST8)

1）进气口的位置、大小与形式，决定气流的射流方向，而排气口对射流方向影响不大，但对气流速度影响大。因此，如需调整气流的射流方向时，这要调整进气口的位置与形式；如需调整气流速度时，主要调整进、排气口的面积比例或调整排气口的位置与形式(ST8－1)。

2）进气口处有障碍物时，使气流的射流方向改变：

a. 用调整旁侧的压力的办法，在进气口外设挡板，使一侧的压力不起作用(ST8－2)。

b. 进气口外已有障碍物，若有它所决定的射流方向与设计不符时，可改变障碍物的形式或在障碍物所决定的气流方向以后另设导流板，使气流按设计的要求调整方向(ST8－3)。

c. 当进、排气口的位置不能很好的导流时，可在开口外由绿化、导流板或建筑物的凹凸部分等组织开口处的正、负压，加强自然通风效果(ST8－3)。

3）气流经过地区的结构表面有凹凸或显著不光滑，而阻碍气流前进时，阻力越大，气流速度衰减越大；在排气口处对外排气不通畅时，或间接排出室外时，也使气流速度减弱。

4）当进气口内气流速度大时，流场分布窄；相反，则流场分布宽。因此，当调整气流速度时，应注意流场分布情况。

适当采光——外立面玻璃门

坚固耐用

开启方便

关闭紧密

美观协调

(2)窗：满足采光——各类建筑采光系数标准值

视觉作业场所工作面上的采光系数标准值

采光等级	视觉作业分类		侧面采光(最低值)		顶部采光(平均值)	
	作业精确度	识别对象的最小尺寸 d(mm)	室内天然光临界照度(lx)	采光系数 C_{min}(%)	室内天然光临界照度(lx)	采光系数平均值 C_{av}(%)
Ⅰ	特别精细作业	$d \leq 0.15$	250	5	350	7
Ⅱ	很精细作业	$0.15 < d \leq 0.3$	150	3	250	4.5
Ⅲ	精细作业	$0.3 < d \leq 1.0$	100	2	150	3
Ⅳ	一般作业	$1.0 < d \leq 5.0$	50	1	100	1.5
Ⅴ	粗糙作业	$d > 5.0$	25	0.5	50	0.7

注：1. 表中所列采光系数值适用于我国Ⅲ类光气候区，采光系数值是根据室外临界照度 5000lx 制定的；

2. 亮度对比小的Ⅱ、Ⅲ级视觉作业，其采光等级可提高一级。

窗地面积比 A_c/A_d

采光等级	侧面采光		顶部采光					
	单侧窗		矩形天窗		锯齿形天窗		平开窗	
	民用建筑	工业建筑	民用建筑	工业建筑	民用建筑	工业建筑	民用建筑	工业建筑
Ⅰ	1/2.5	1/2.5	1/3	1/3	1/4	1/4	1/6	1/6
Ⅱ	1/3.5	1/3	1/4	1/3.5	1/6	1/5	1/8.5	1/8
Ⅲ	1/5	1/4	1/6	1/4.5	1/8	1/7	1/11	1/10
Ⅳ	1/7	1/6	1/10	1/8	1/12	1/10	1/18	1/13
Ⅴ	1/12	1/10	1/14	1/11	1/19	1/15	1/27	1/23

注：1. 计算条件：

民用建筑：Ⅰ～Ⅳ级为清洁房间，取 $\rho_j=0.5$；Ⅴ级为一般污染房间，取 $\rho_j=0.3$。

工业建筑：Ⅰ级为清洁房间，取 $\rho_j=0.5$；Ⅱ和Ⅲ级为清洁房间，取 $\rho_j=0.4$；Ⅳ级为一般污染房间，取 $\rho_j=0.4$；Ⅴ级为一般污染房间，取 $\rho_j=0.3$。

2. 此表为Ⅲ类光气候区的普通玻璃单层铝窗采光时估算标准

居住建筑的采光系数标准值

采光等级	房间名称	侧面采光	
		采光系数最低值 C_{min}(%)	室内天然光临界照度(lx)
Ⅳ	起居室(厅)、卧室、书架、厨房	1	50
Ⅴ	卫生间、过厅、楼梯间、餐厅	0.5	25

医院建筑的采光系数标准值

采光等级	房间名称	侧面采光		顶部采光	
		采光系数最低值 C_{min}(%)	室内天然光临界照度(lx)	采光系数最低值 C_{min}(%)	室内天然光临界照度(lx)
Ⅲ	诊室、药房、治疗室、化验室	2	100	—	—
Ⅳ	候诊室、挂号处、综合大厅病房、医生办公室(护士室)	1	50	1.5	75
Ⅴ	走道、楼梯间、卫生间	0.5	25	—	—

学校建筑的采光系数标准值

采光等级	房间名称	侧面采光	
		采光系数最低值 C_{min}(%)	室内天然光临界照度(lx)
Ⅲ	教室、阶梯教室、实验室、报告厅	2	100
Ⅴ	走道、楼梯间、卫生间	0.5	25

图书馆建筑的采光系数标准值

采光等级	房间名称	侧面采光		顶部采光	
		采光系数最低值 C_{min}(%)	室内天然光临界照度(lx)	采光系数最低值 C_{min}(%)	室内天然光临界照度(lx)
Ⅲ	阅览室、开架书库	2	100	—	—
Ⅳ	目录室	1	50	1.5	75
Ⅴ	书库、走道、楼梯间、卫生间	0.5	25	—	—

办公建筑的采光系数标准值

采光等级	房间名称	侧面采光	
		采光系数最低值 C_{min}(%)	室内天然光临界照度(lx)
Ⅱ	设计室、绘图室	3	150
Ⅲ	办公室、视屏工作室、会议室	2	100
Ⅳ	复印室、档案室	1	50
Ⅴ	走道、楼梯间、卫生间	0.5	25

旅馆建筑的采光系数标准值

采光等级	房间名称	侧面采光		顶部采光	
		采光系数最低值 C_{min}(%)	室内天然光临界照度(lx)	采光系数最低值 C_{min}(%)	室内天然光临界照度(lx)
Ⅲ	会议厅	2	100	—	—
Ⅳ	大堂、客房、餐厅、多功能厅	1	50	1.5	75
Ⅴ	走道、楼梯间、卫生间	0.5	25	—	—

利于通风

防风、雨、雪

坚固耐用

开启方便

关闭紧密

比例适宜

2．门窗的综合物理性能

(1)三项基本功能

1)抗风压性能：

抗风压性能分为1～6级。1级为最高级，其测试压力值为：≥3500Pa。6级为最低级，其测试压力值为：<1500Pa，且≥1000Pa，低于6级的门窗为不合格产品。

2)空气渗透性能：

塑料门窗空气渗透性能分为1～5级。1级为最高级，其测试空气渗透量≤0.5m^3/h·m，5级为最低级，其测试空气渗透量>2.0m^3/h·m，且≤2.5m^3/h·m。其中：平开窗分为1～4级，低于4级为不合格产品。推拉窗分为2～5级，低于5级为不合格产品。

铝合金门窗空气渗透性分为A、B、C三类。A类为高性能门窗，B类为中性能门窗，C类为低性能门窗。空气渗透量≤0.5m^3/h·m为最好，≤3.0m^3/h·m为最差，超过3.0m^3/h·m为不合格。

3)雨水渗漏性能：

塑料门窗雨水渗漏性能分为1～6级。1级为最高级，其测试压力值为≥600Pa时，以雨水不进入室内为符合相应级数。6级为最低级，其测试压力值为≥100Pa，且<150Pa，低于6级数值为不合格产品。

铝合金门窗雨水渗漏性能也分为A、B、C三类，A类为最高，C类为最低。

铝合金平开门A_1级最高，其测试值为350Pa，C_3级最低，其测试值为150Pa，低于150Pa为不合格。

铝合金平开窗A_1级最高，其测试值为500Pa，C_3级最低，其测试值为250Pa，低于250Pa为不合格。

铝合金推拉门A_1级最高，其测试值为300Pa，C_3级最低，其测试值为100Pa，低于100Pa为不合格。

铝合金推拉窗A_1级最高，其测试值为400Pa，C_3级最低，其测试值为200Pa，低于200Pa为不合格。

(2)门窗的隔声性能

铝合金门窗与塑料门窗隔声性能指标有差别。铝合金门窗分为1～4级，1级为最好，其测试值应≥40dB，4级最低，其测试值为≥25dB。塑料门窗的隔声性能指标分为1～3级，1级为最好，其测试值应≥35dB，3级最低，其测试值为≥25dB。

(3)门窗保温性能

铝合金门窗保温性能指标分为1～3级，1级为最好，其测试传热阻值为≥0.5m^2·k/W，3级最低，其测试传热阻值为≥0.25m^2·k/W。

塑料门窗保温性能指标为1～4级，1级为最好，其测试传热系数为≤2.0W/m^2·k。4级最低，其测试传热系数为>4.0W/m^2·k，且≤5.0W/m^2·k。

(4)门窗的启闭性能

门窗的启闭性能指标规定为启闭力<50N。

(三)基本组成

1．门：由门框、门扇及五金件所组成(ST9 9－1～9－2)

2．窗：由窗框(或称窗樘)、窗扇及五金件所组成(ST9 9－3)

3．五金配件：门锁(ST10－1～11－10)、门吸(ST10－12～10－13)、拉手(ST10－14～10－19)、闭门器(ST10－20～10－22)、密封条(ST10－23～10－24)、导轨(ST10－25～10－33)(ST10)

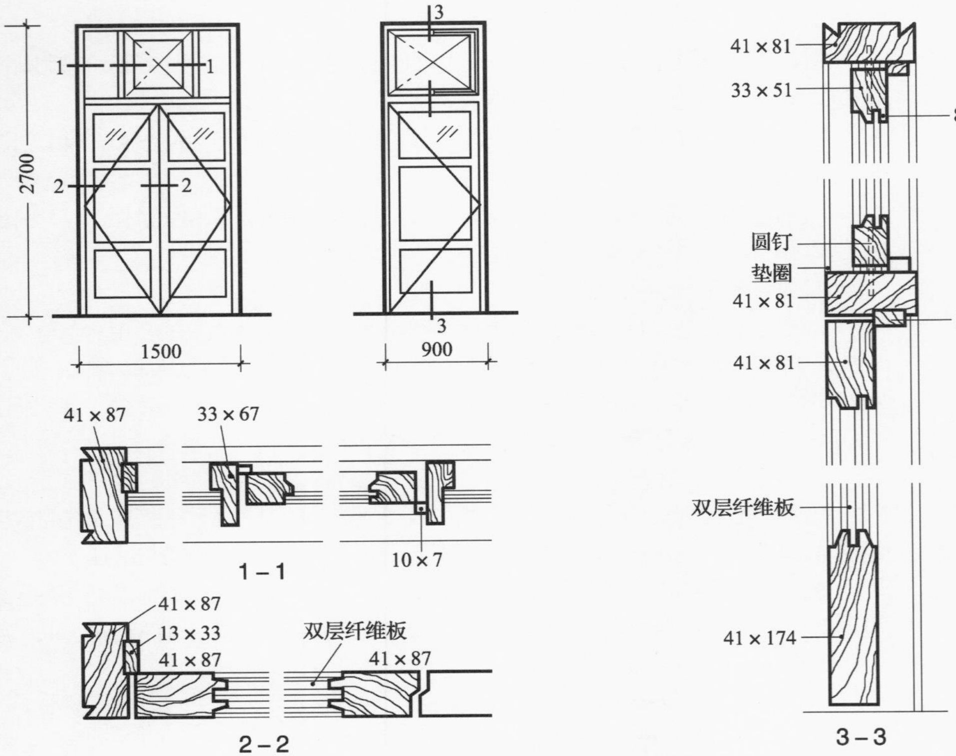

2700
1500
900
41×81
33×51
8×10
圆钉
垫圈
41×81
13×33
41×81
双层纤维板
41×174
3-3
41×87
33×67
10×7
1-1
41×87
13×33
41×87
双层纤维板
41×87
2-2

镶板门构造

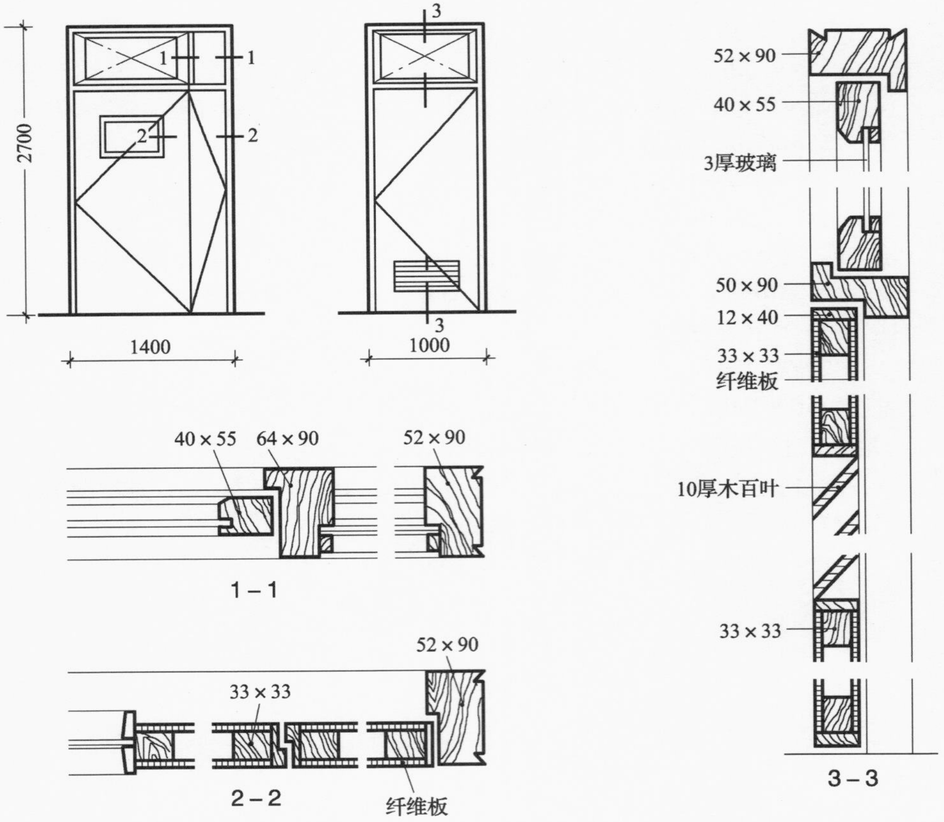

2700
1400
1000
40×55
64×90
52×90
1-1
52×90
33×33
纤维板
2-2
52×90
40×55
3厚玻璃
50×90
12×40
33×33
纤维板
10厚木百叶
33×33
3-3

夹板门构造

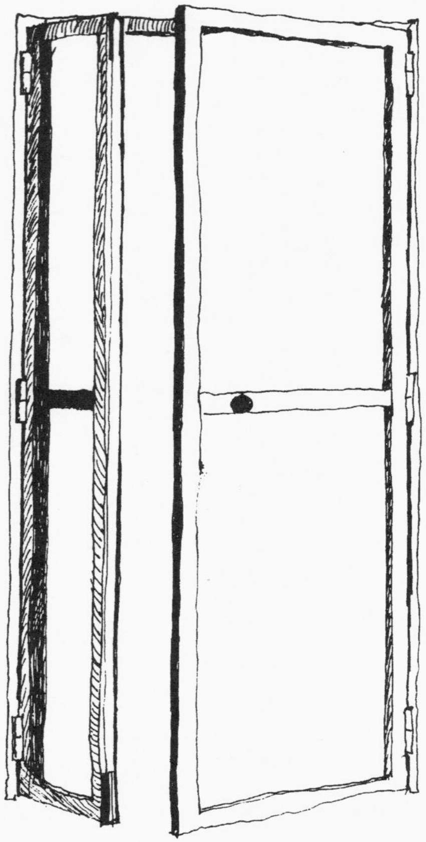

彩钢门

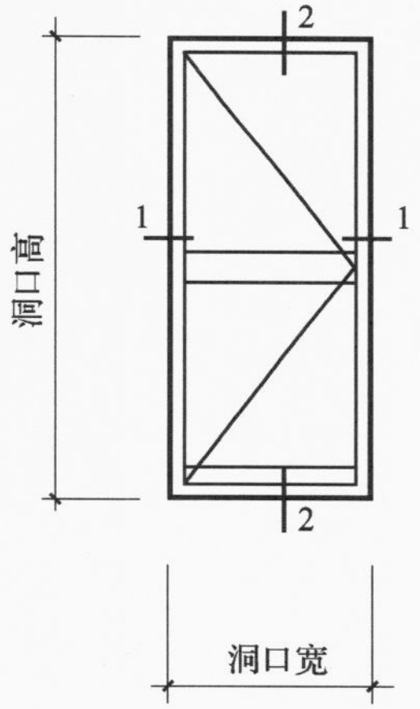

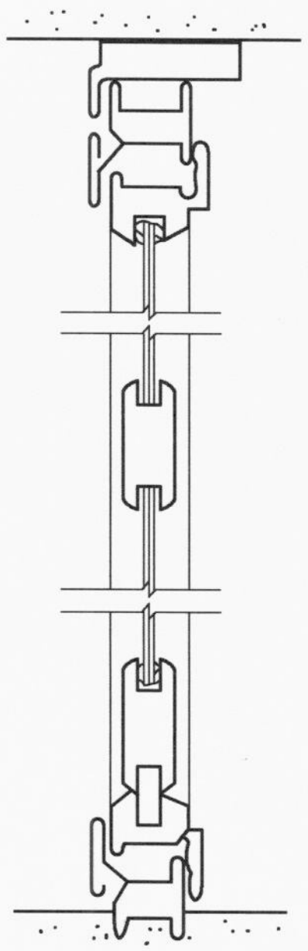

2-2

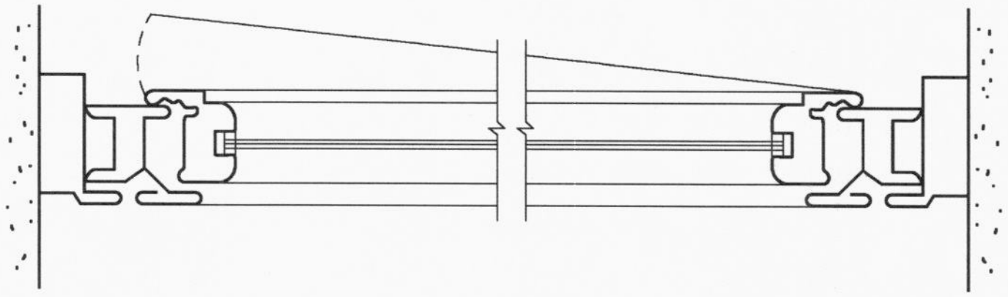

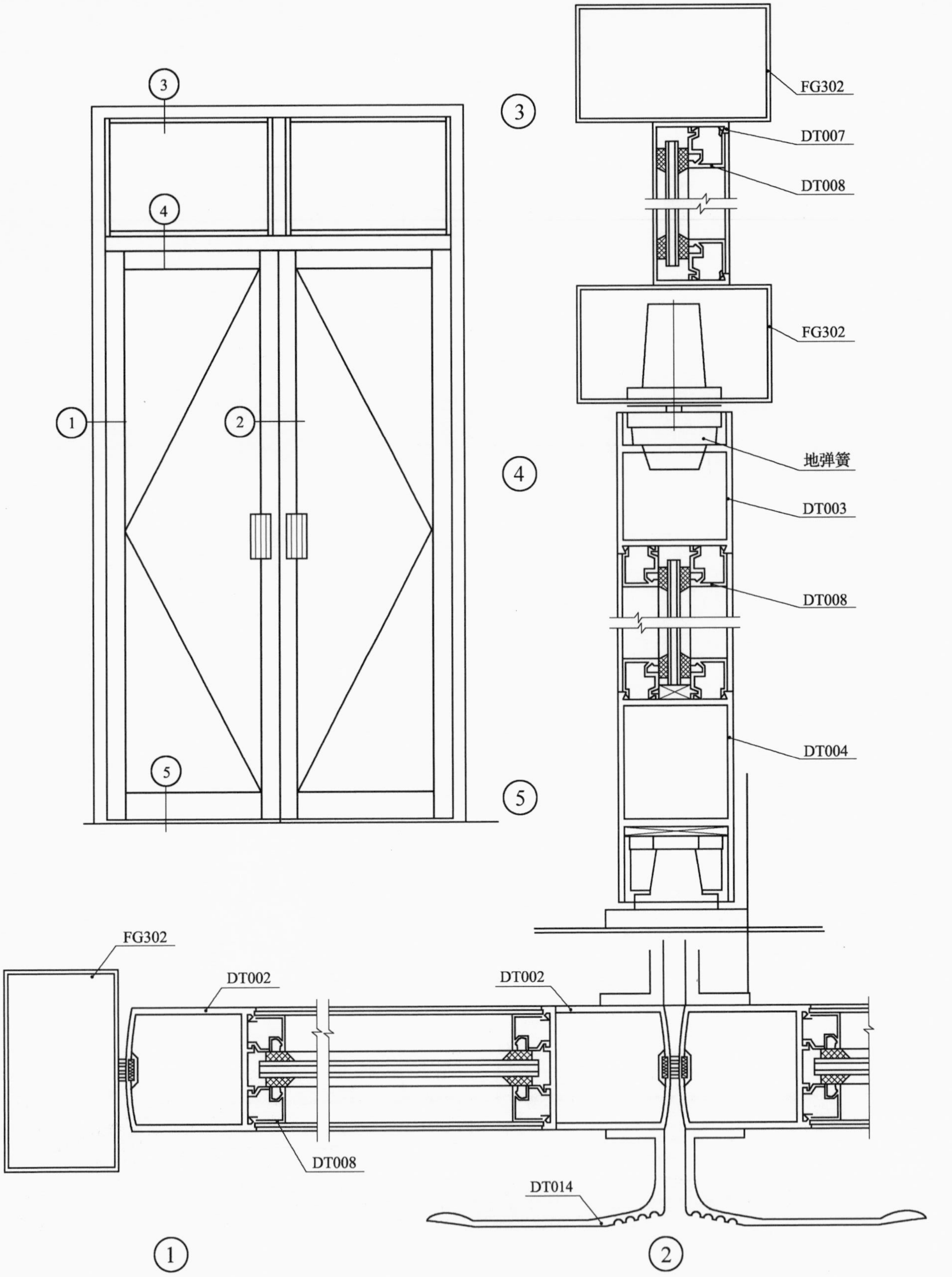
3
4
1
2
5
FG302
DT007
DT008
FG302
地弹簧
DT003
DT008
DT004
FG302
DT002
DT002
DT008
DT014

铝合金门

ST1–4

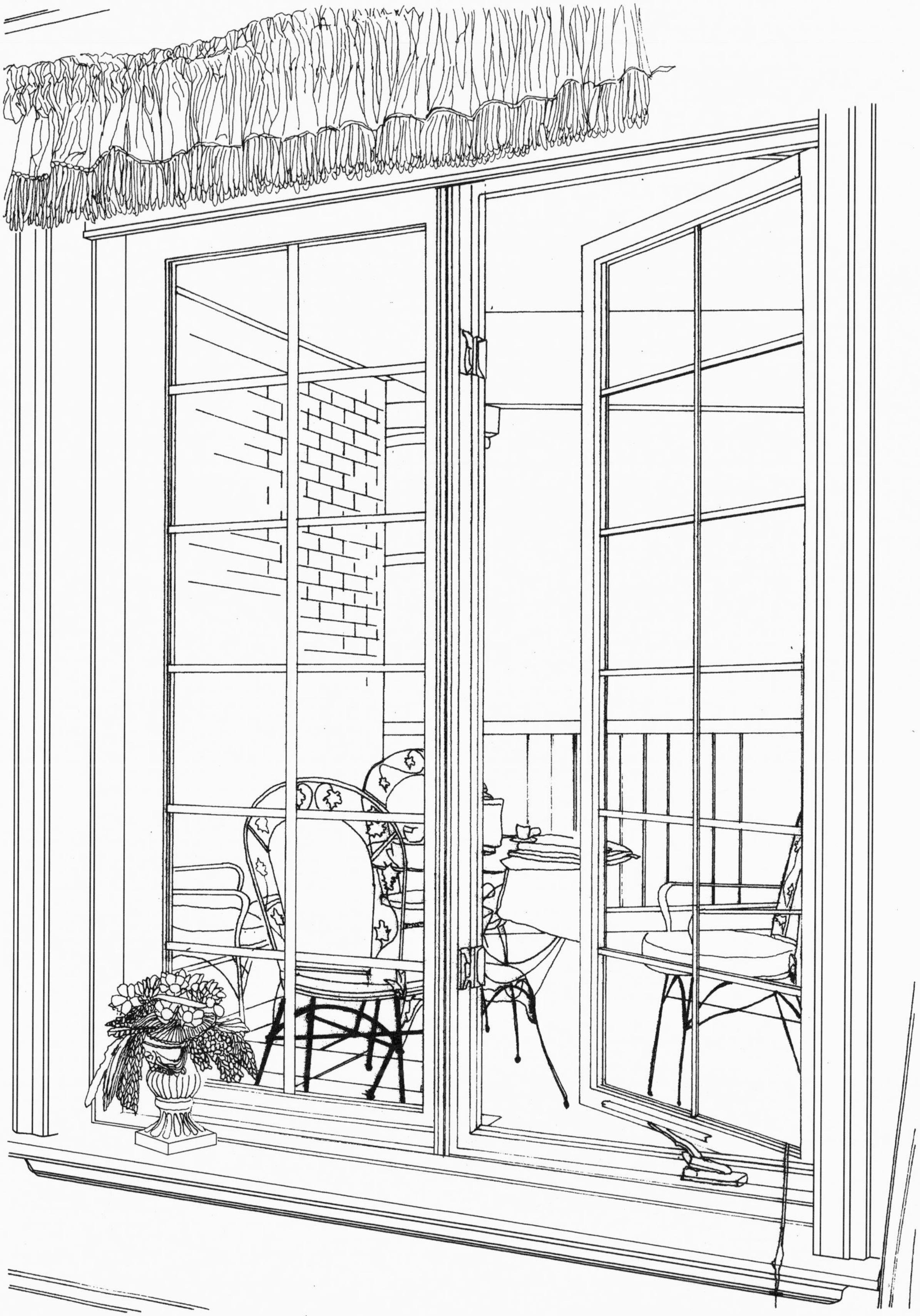

塑钢窗

ST1-5

塑钢八角窗

塑钢外开门

塑钢推拉门

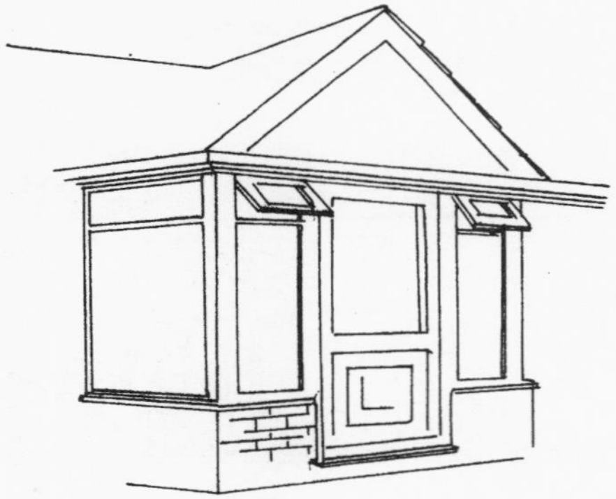

塑钢平开门

ST2-1

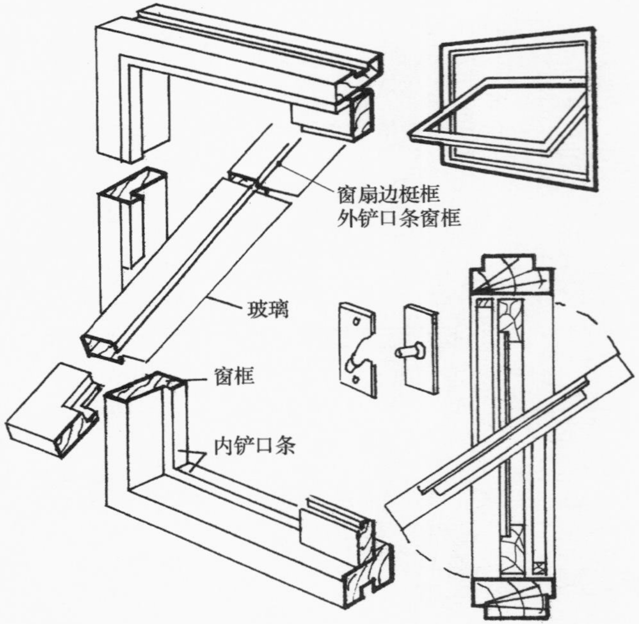

中悬窗构造

50系列铝合金平开窗结构图

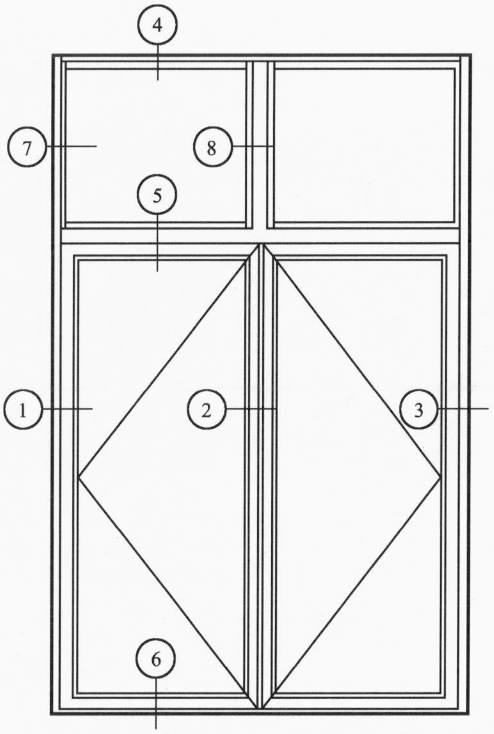

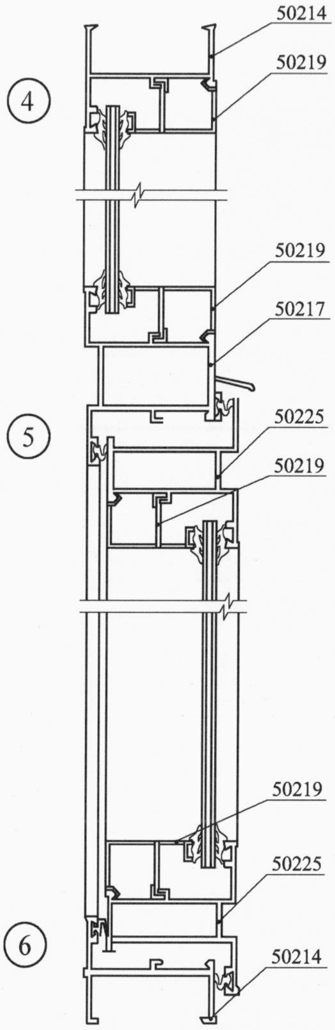

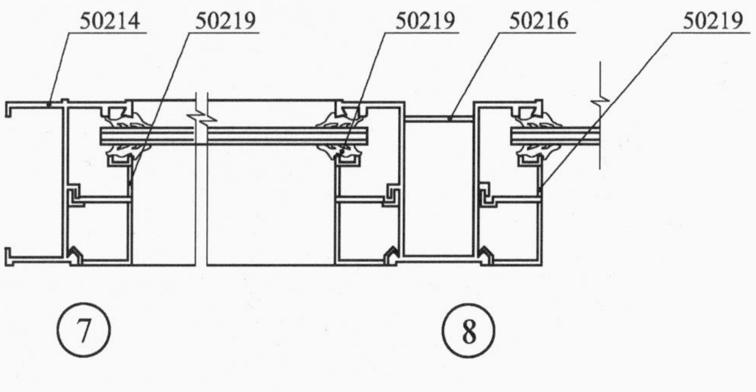

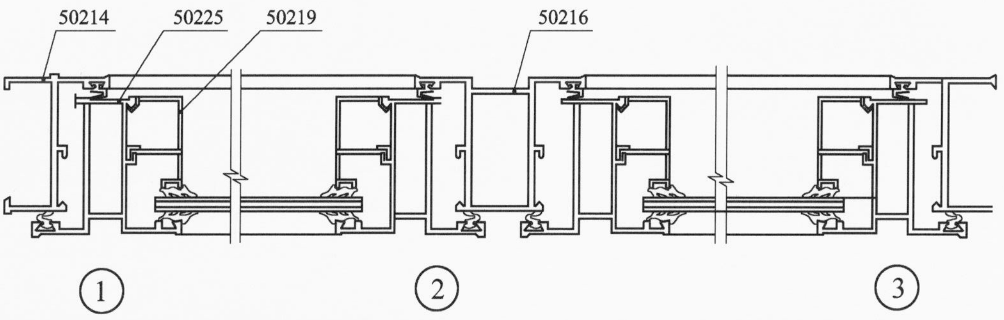

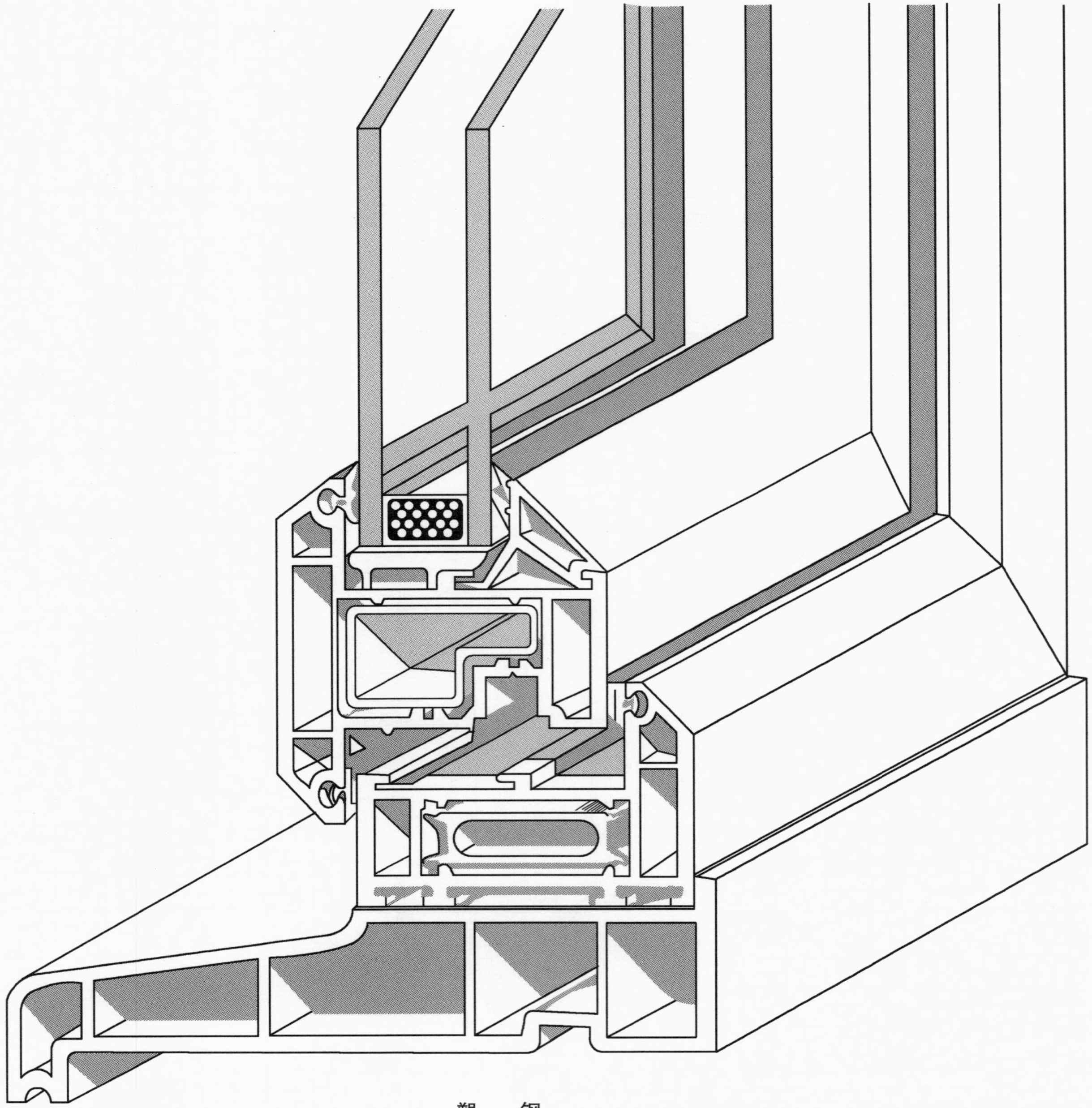

塑 钢

ST3–1

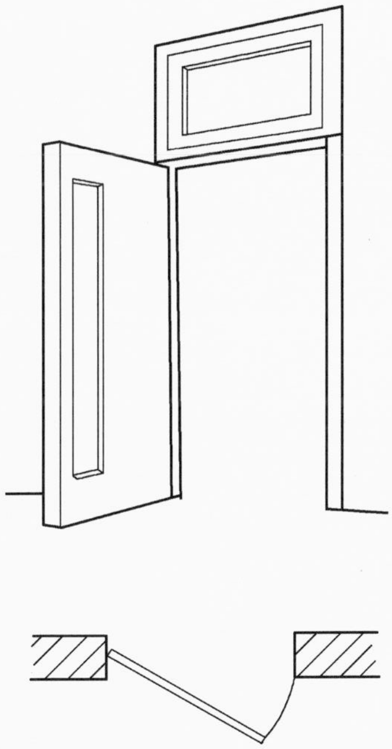

平开门

弹簧门

推拉门

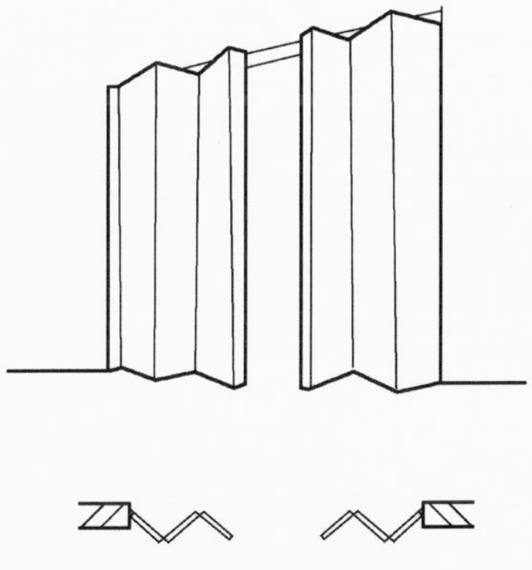

折叠门

转门

门的分类

ST3-2

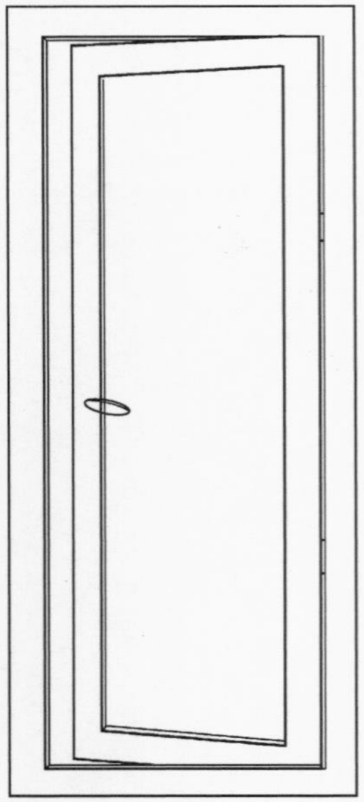

塑钢平开门

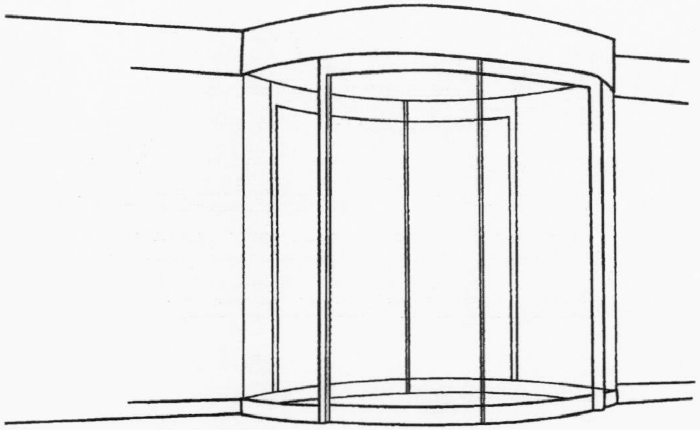

立转门1

ST3-3

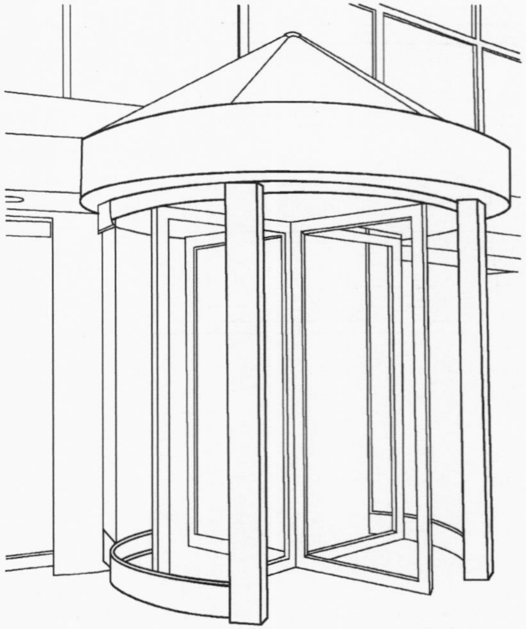

立转门2

卷帘门

(a)固定窗

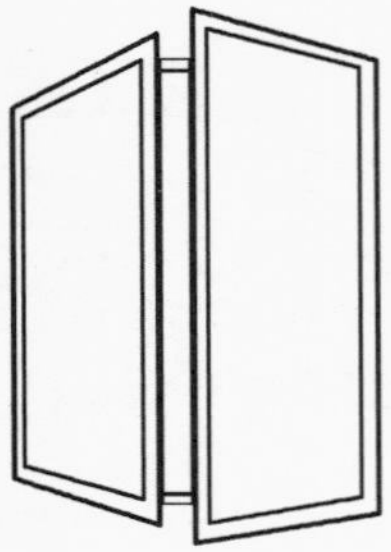

(b)平开窗

(c)上悬窗

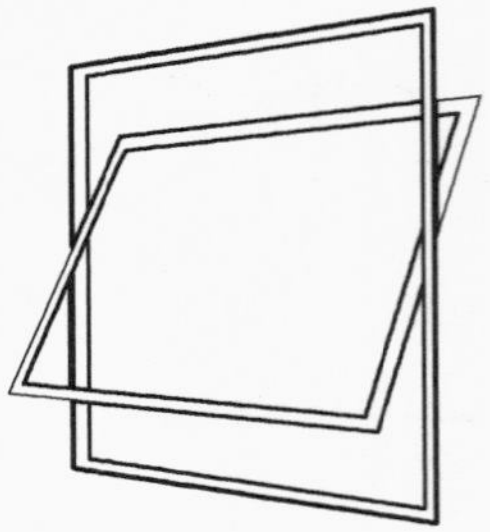

(d)中悬窗

(e)立转窗

(f)下悬窗

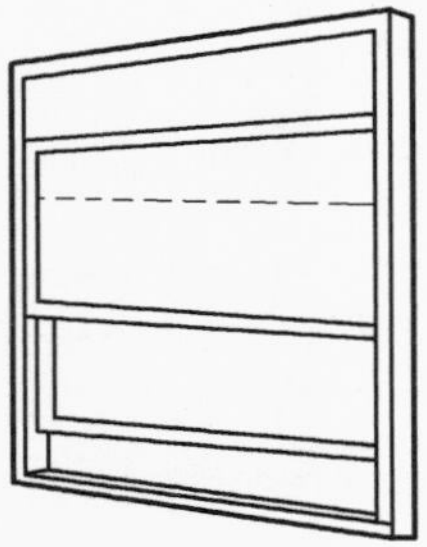

(g)垂直推拉窗

(h)水平推拉窗

窗的分类

侧窗1

侧窗2

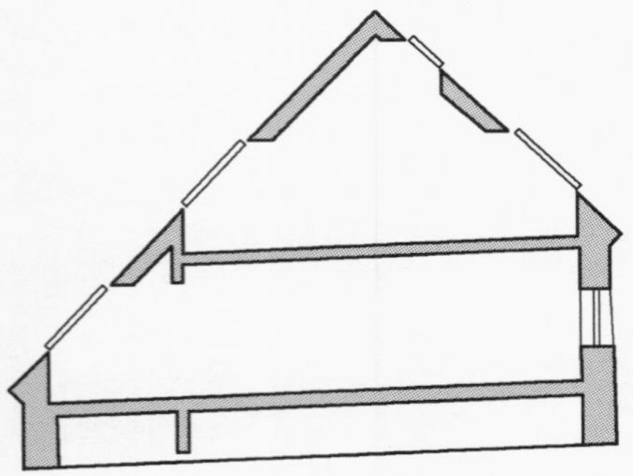

剖面

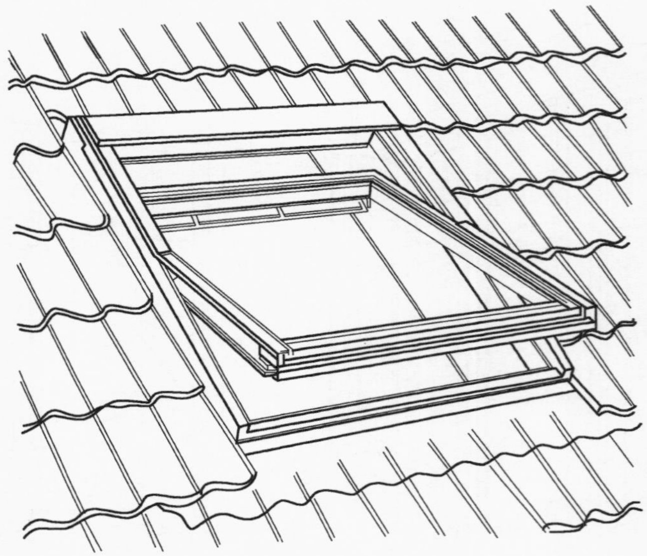

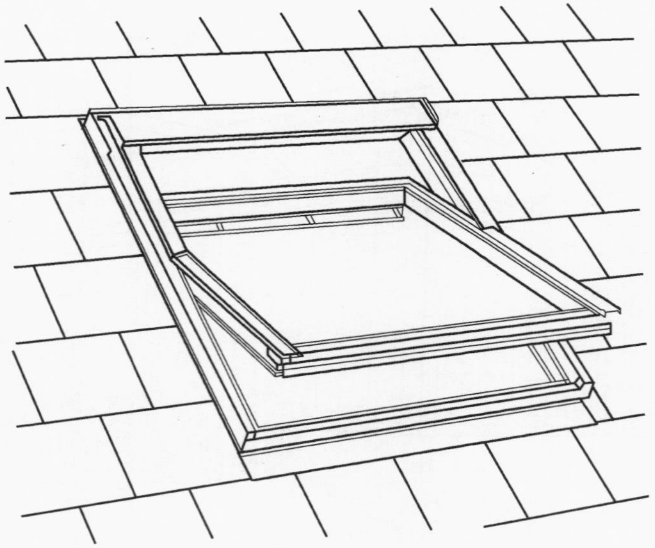

天窗外观

ST5–3

侧窗、天窗组合

ST6–1

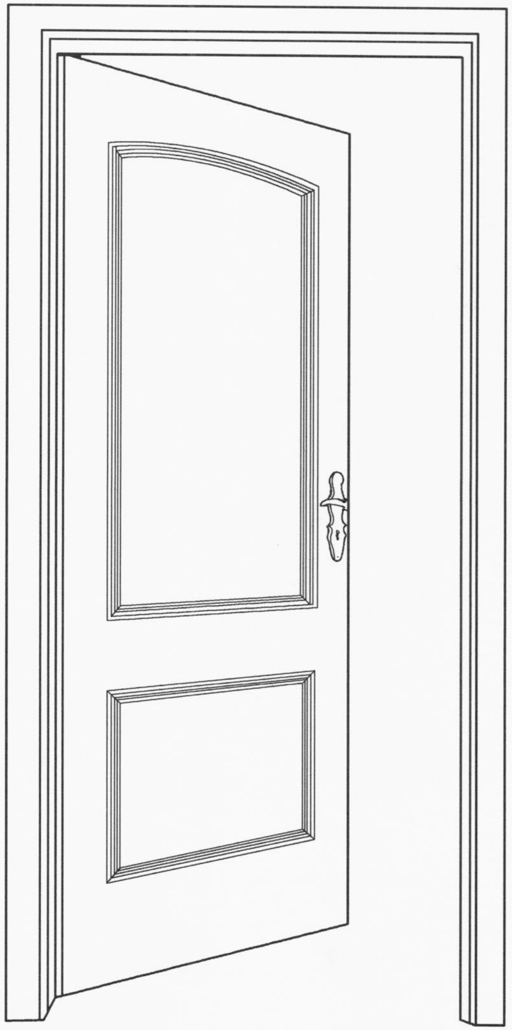

普通门

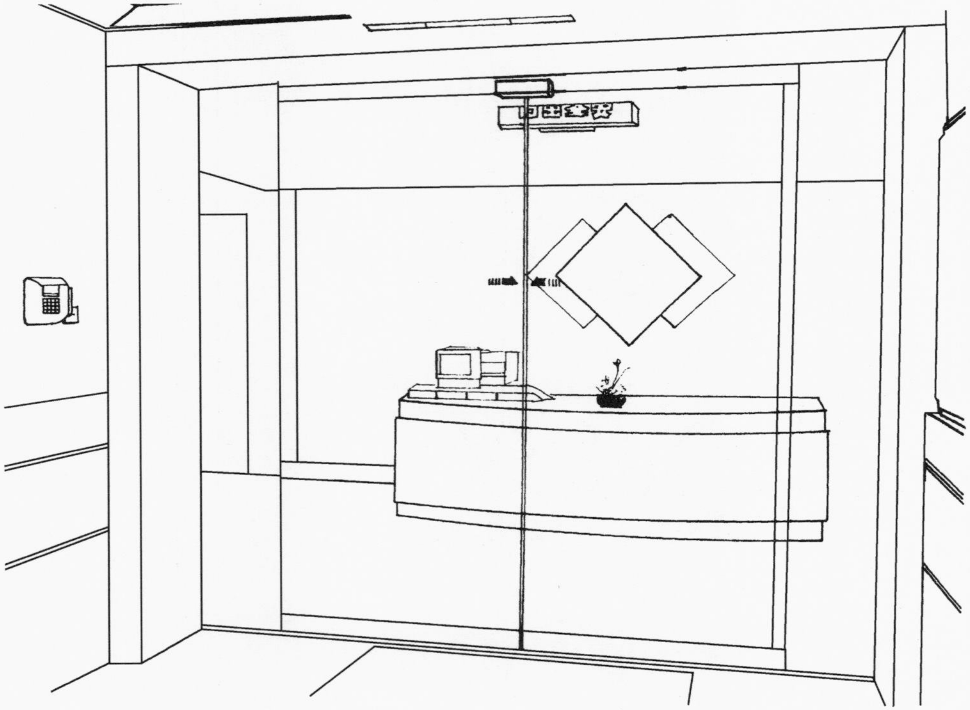

自动门1

ST6-3

自动门2

ST6-4

金融仿古铜门
不锈钢门

防盗门1

防盗门2

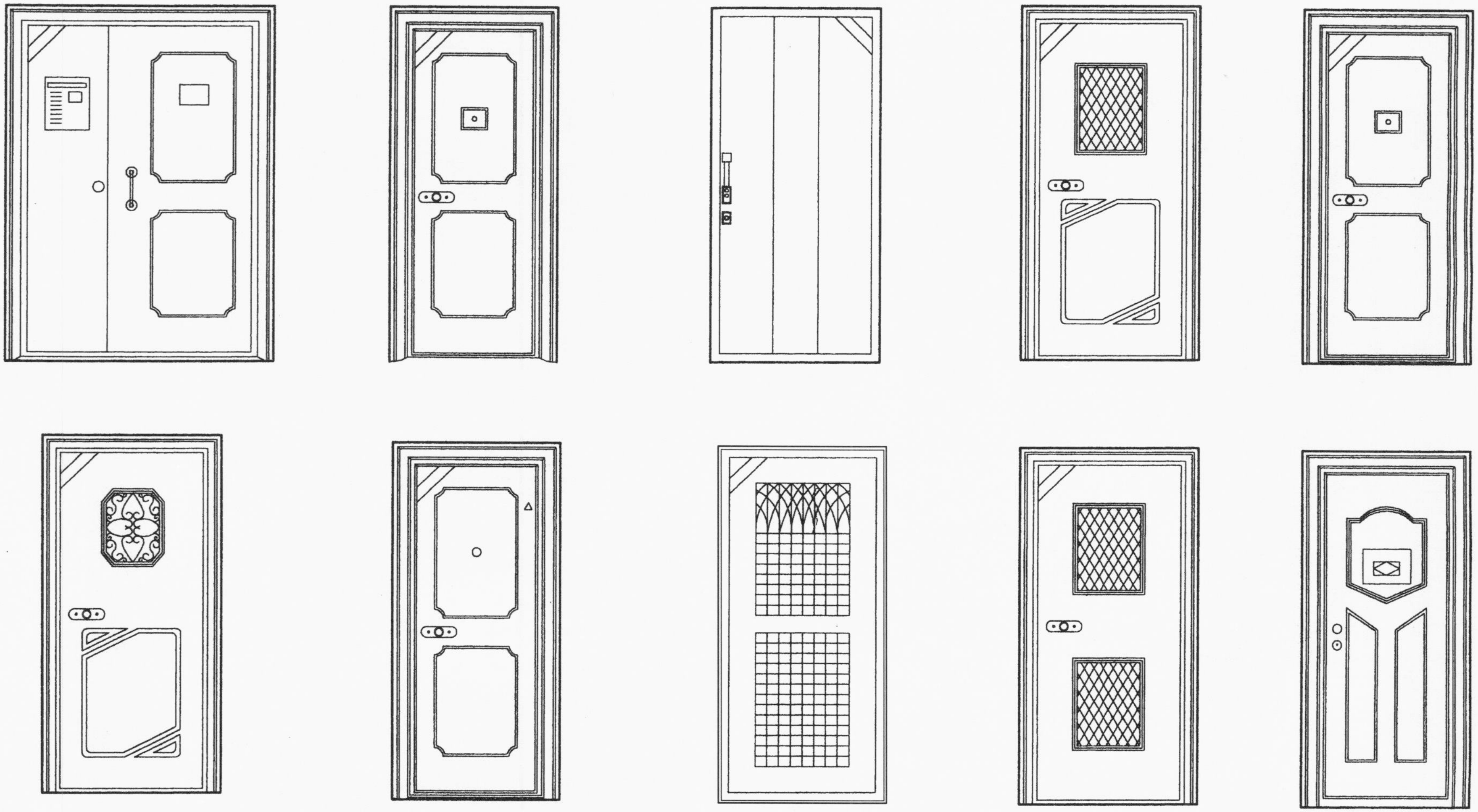

防盗门3

ST6–7

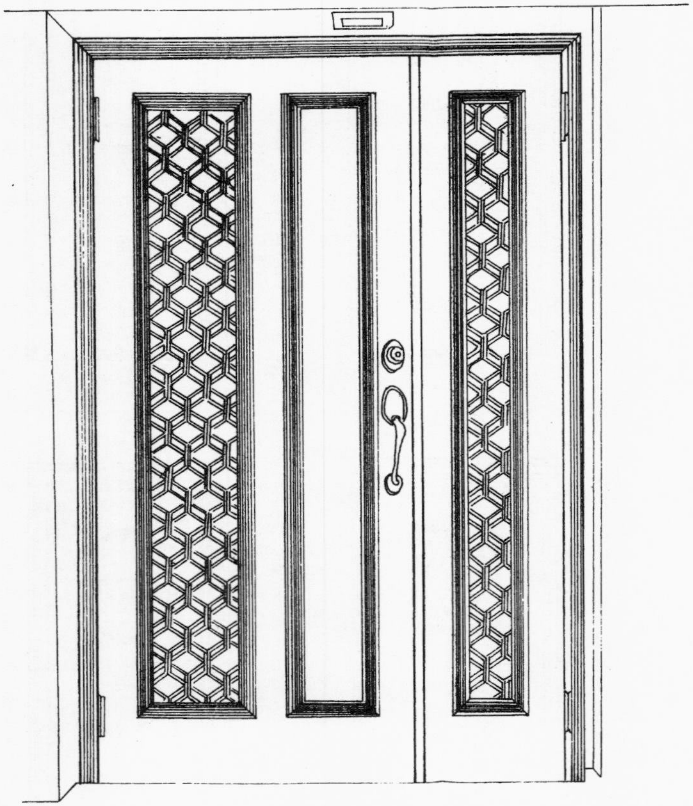

子母防盗门

ST7–1

上悬平开组合窗

上悬平开组合窗

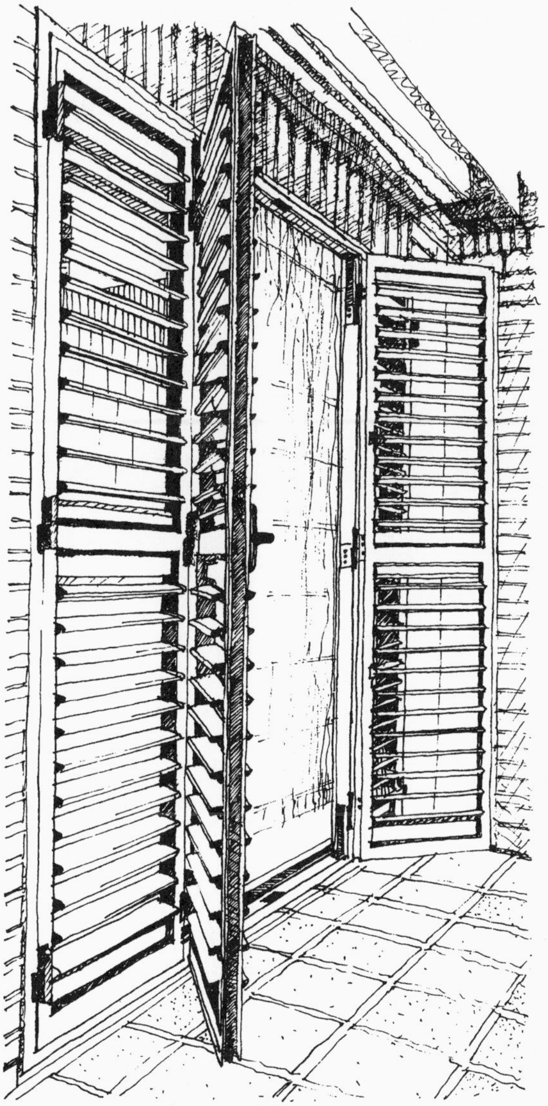

可开启型百叶窗

百叶片

ST7–3

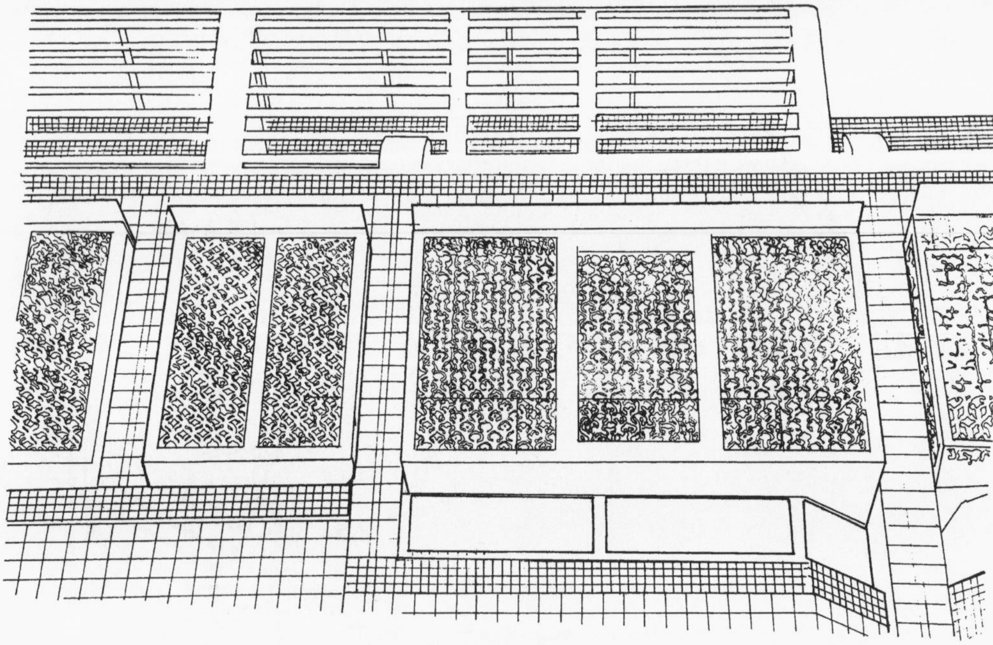

防盗凸窗1

ST7–4

防盗平窗2

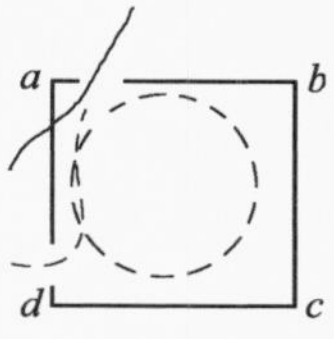	进气口在*ab*墙面上，偏于*a*，排气口在*ad*墙上，当排气口由*a*渐向*d*移动时，换气效率变化为：11%～44%	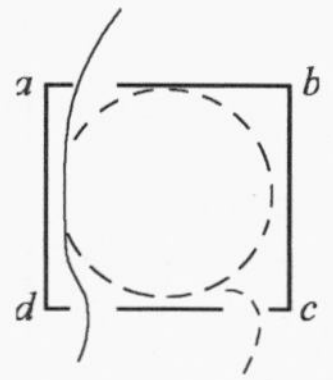	进气口在*ab*墙上，偏于*a*，排气口在*cd*墙上，当排气口由*d*向*c*移动时，换气效率变化为：49%～65%	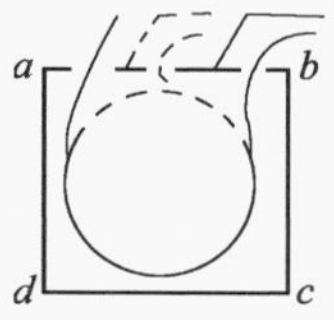	进气口在*ab*墙上，偏于*a*，排气口亦在*ab*墙上，当排气口由*b*向*a*移动时，换气效率变化为：92%～100%
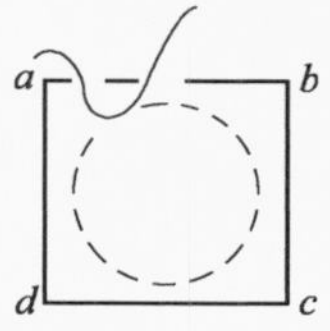	进气口在*ab*墙面的中间，排气口亦在*ab*墙面上，偏于*a*，换气效率为60%	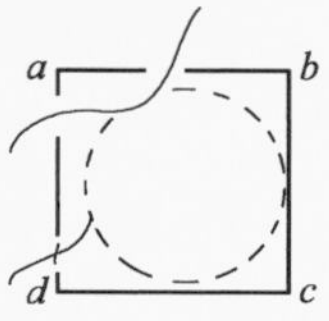	进气口在*ab*墙面中间，排气口在*ad*墙上，当排气口由*a*向*d*移动时，换气效率变化为：61%～70%	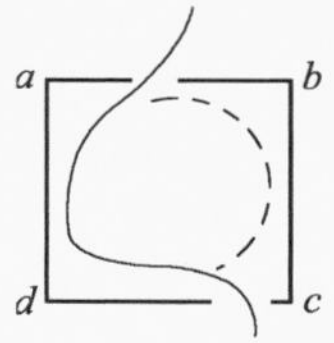	进气口在*ab*墙面中间，排气口在*cd*墙上，偏于*c*，换气效率为86%
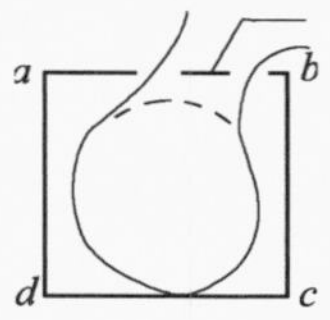	进气口在*ab*墙面的中间，排气口亦在*ab*墙上，偏于*b*，这时换气效率为：100%	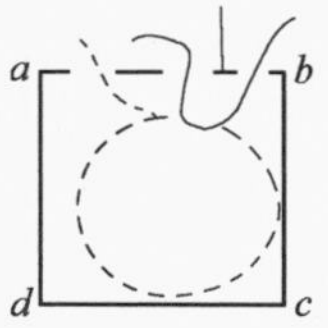	进气口在*ab*墙面上，偏于*b*，排气口亦在*ab*墙面上，由偏*b*向*a*移动时，换气效率变化为：62%～78%	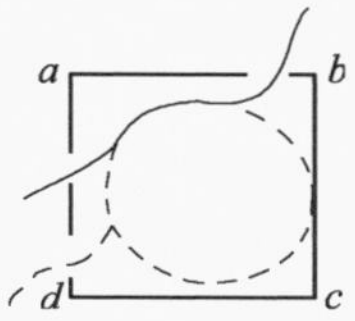	进气口在*ab*墙上，偏于*b*，当排气口在*ad*墙上由中间向*d*移动时，换气效率变化为：78%～92%
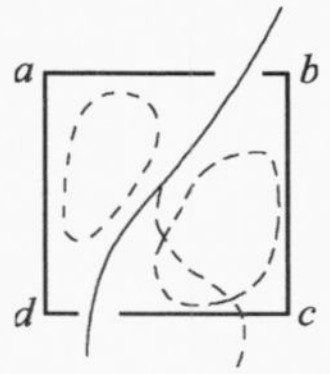	进气口在*ab*墙上，偏于*b*，排气口在*cd*墙上，由*d*向*c*移动时，换气效率变化为：88%～99%	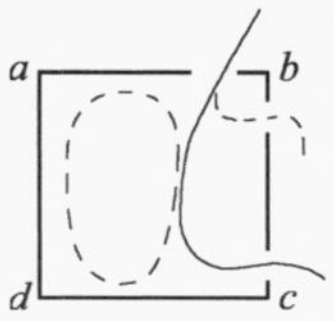	进气口在*ab*墙上，偏于*b*，排气口在*bc*墙面上由*c*向*b*移动时，换气效率变化为：88%～57%		

开口位置与换气效率的关系

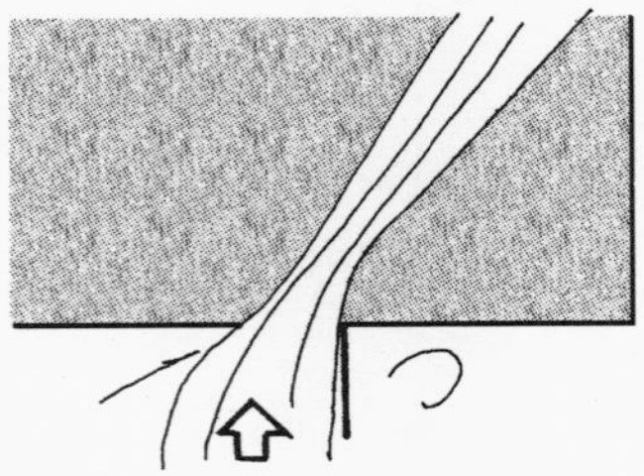

a 在进气口设置障碍物，调整旁侧的压力作用，使气流的射流方向改变，按调整后的压力作用方向前进。如开口一侧设置挡板时，使该侧的旁侧的压力不能作用于前进的气流上，因而气流只受另一侧的旁侧的压力作用，使气流经进气口而改变了方向

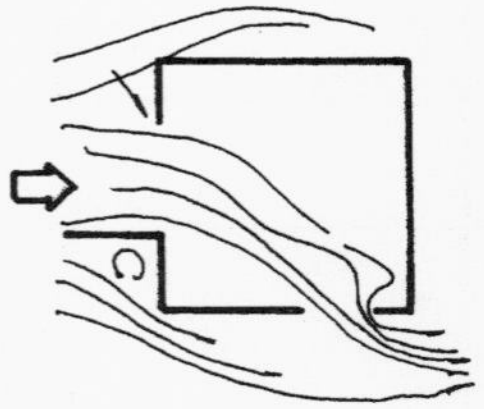

气流倾向有导流板的一侧

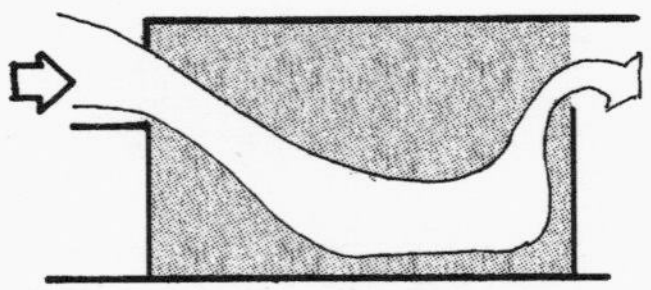

进气口在上，但因导流板的作用使气流向下倾斜

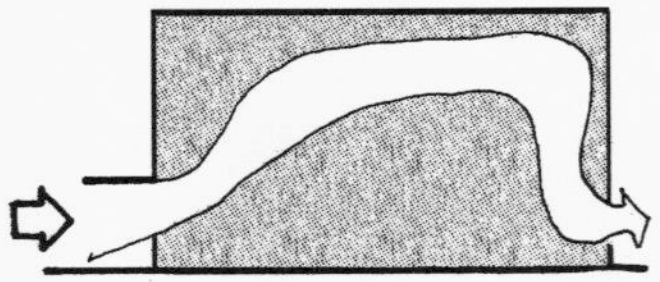

进气口在下，但因导流板的作用使气流向上倾斜

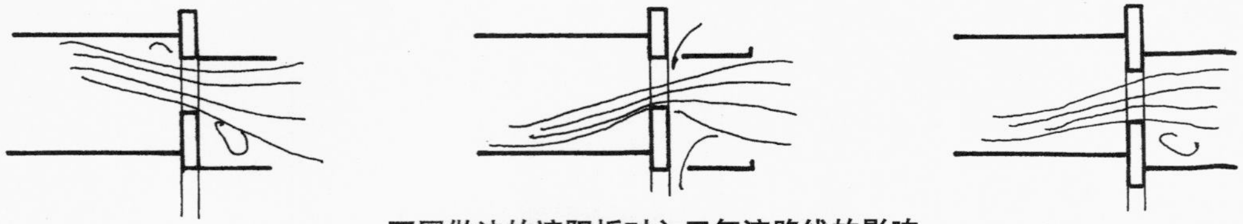

不同做法的遮阳板对入口气流路线的影响

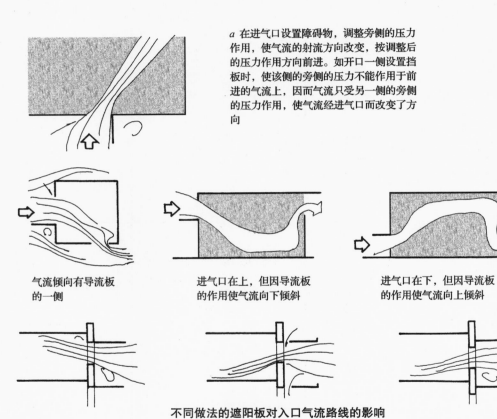

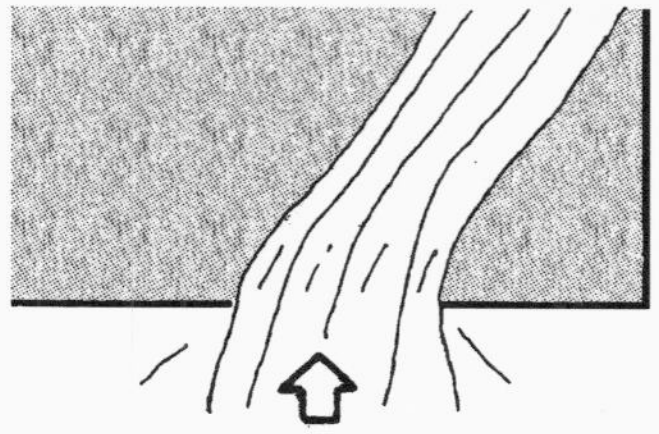

b 进气口处的障碍物作用在旁侧的压力之后，则气流的射流方向最终是按障碍物的作用方向前进。如在进气口处设置有一定宽度的导流板，气流经进气口后，按导流板引导的方向前进

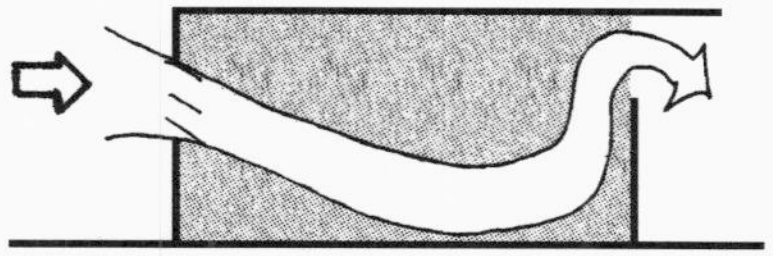

进气口在上，设向下倾斜的导流百叶后，气流向下倾斜

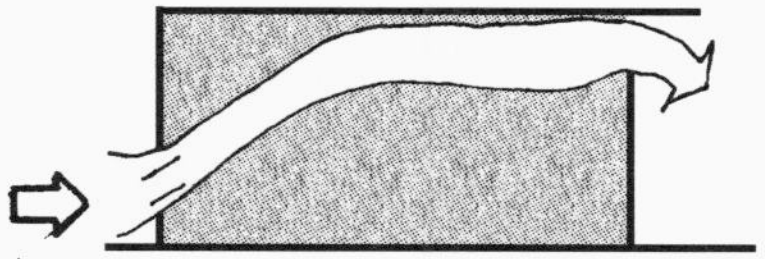

进气口在下，设向上倾斜的导流百叶后，气流向上倾斜

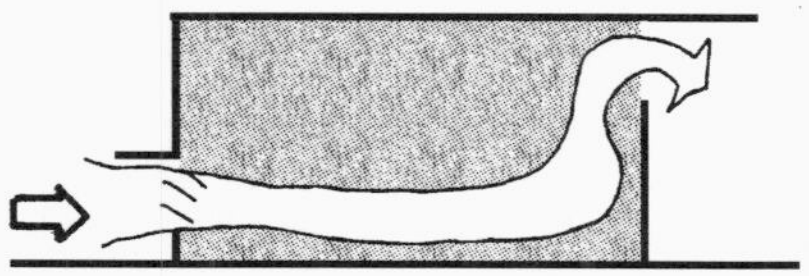

进气口在下，设有遮阳板，气流应向上倾斜，但再设向下倾斜的导流百叶后，气流又向下倾斜

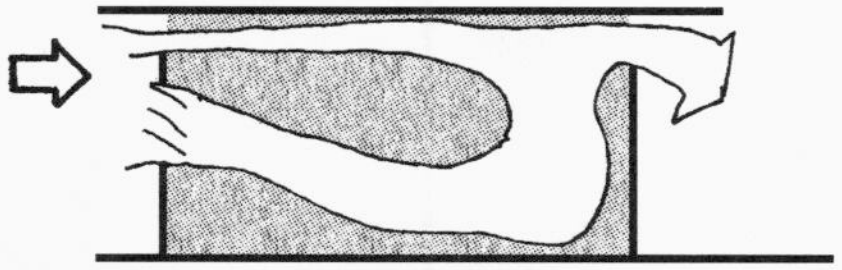

有两个进气口时，一个设向下倾斜的导流百叶，气流则按两个不同方向前进，一股沿顶棚流过，一股向下倾斜

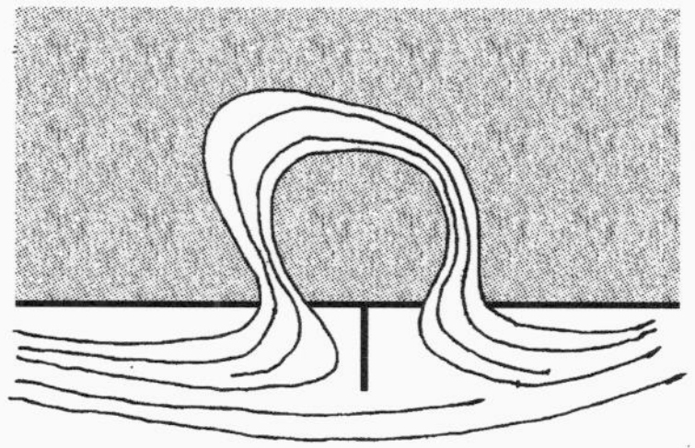

c 用障碍物组织正负压，使风吹向障碍物时加强或改变开口处的压力情况，使气流顺利穿越室内。如在建筑物前后正确设置导流板、绿化或凸出建筑的某一部分等，可组织建筑物的正负压区，改善室内气流状况

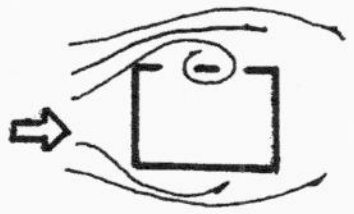

加设导流板后，使一个开口处于正压，另一个开口处于负压

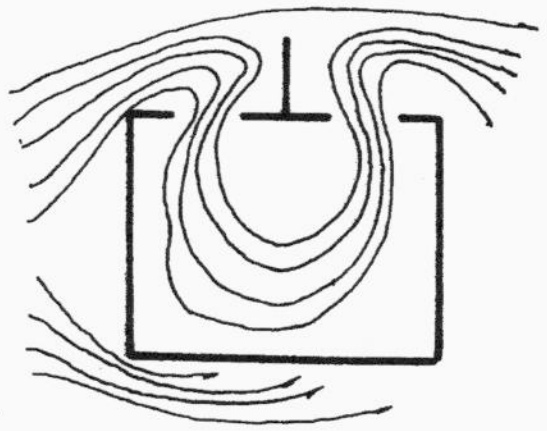

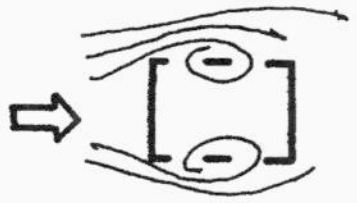

加设绿化后，使绿化起导流作用，一侧开口处于正压，另一侧开口处于负压

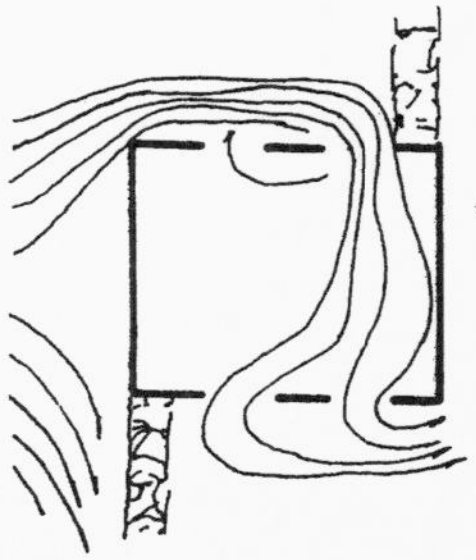

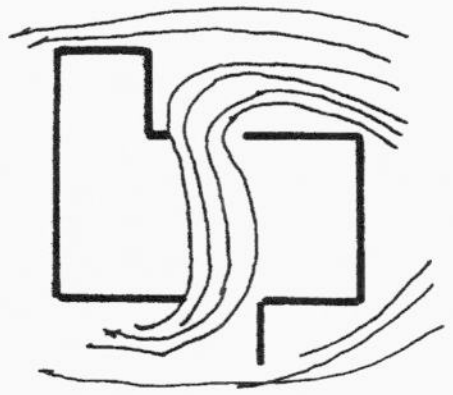

在开口处用建筑物的凸出部分和导板组织正、负压

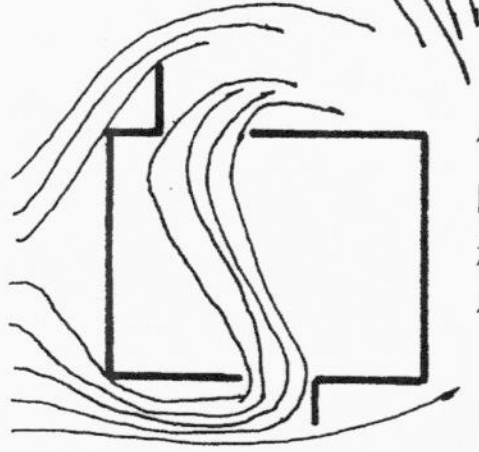

气流与两侧开口平行时，在开口处设导流板组织正、负压，使气流穿越室内

ST9-1

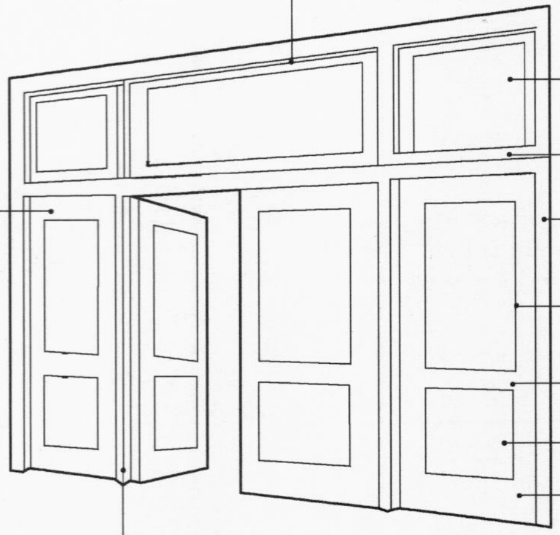
上框
亮子
中横框
上冒头
边框
边梃
中冒头
门芯板
下冒头
中竖框

门的组成

ST9-2

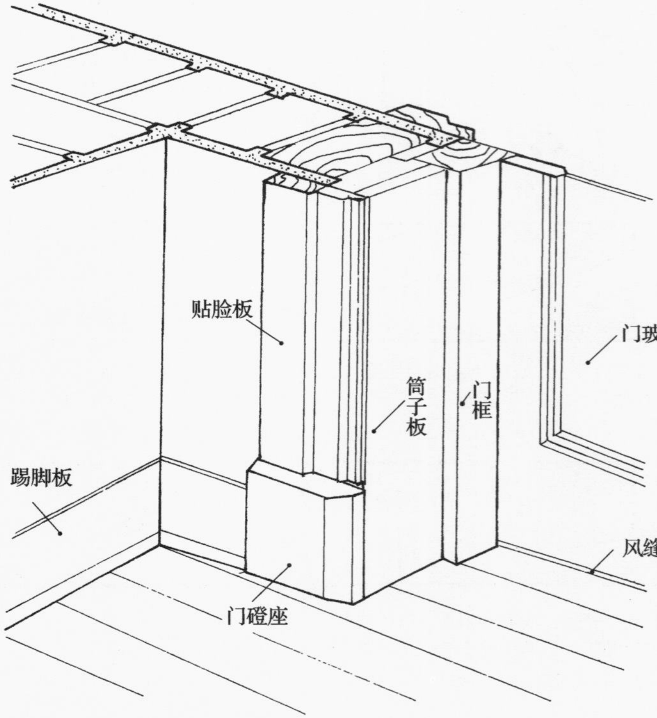
贴脸板
门玻璃
筒子板
门框
踢脚板
风缝
门磴座

贴脸板与筒子板

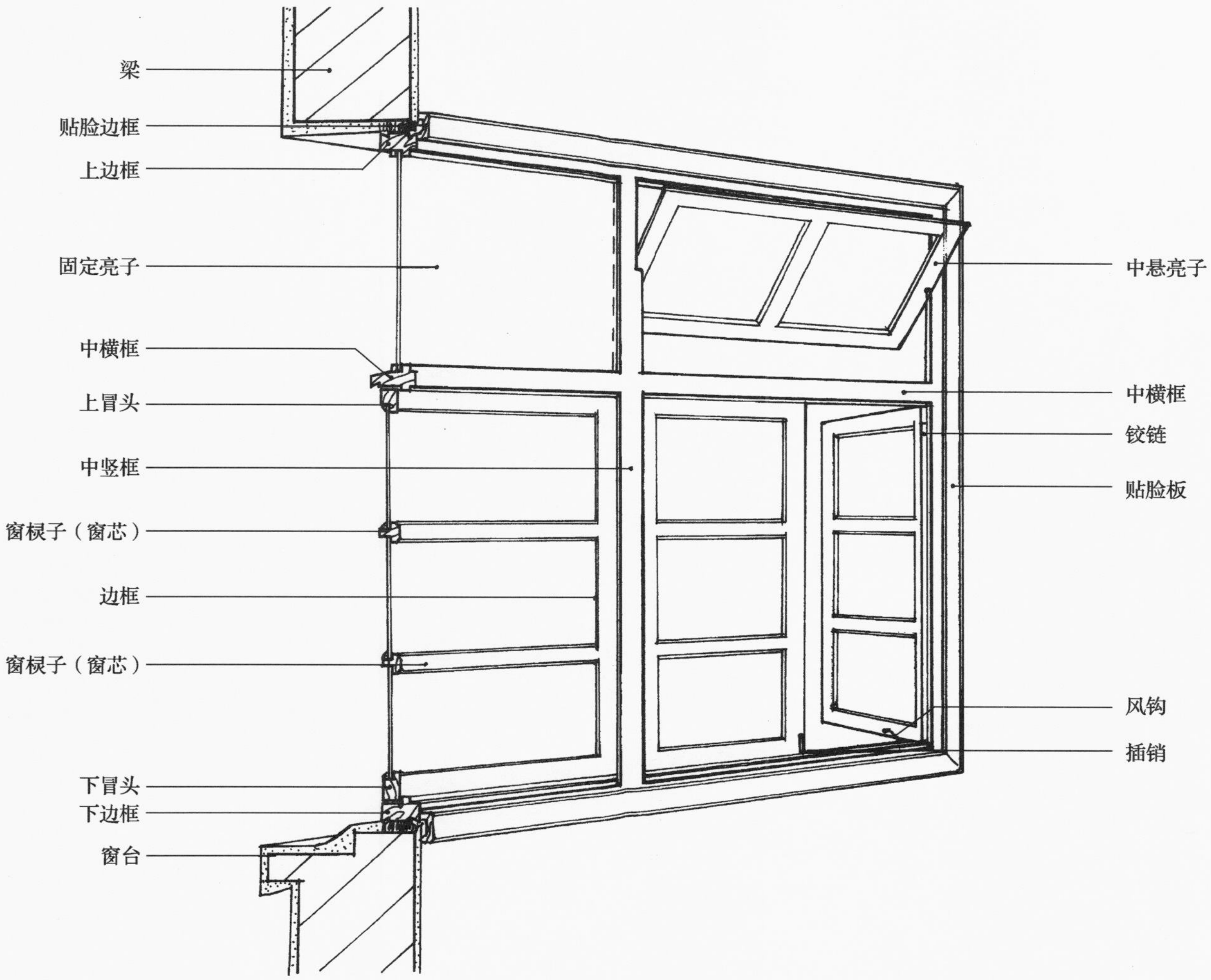
梁
贴脸边框
上边框
固定亮子
中横框
上冒头
中竖框
窗棂子（窗芯）
边框
窗棂子（窗芯）
下冒头
下边框
窗台
中悬亮子
中横框
铰链
贴脸板
风钩
插销

窗的组成

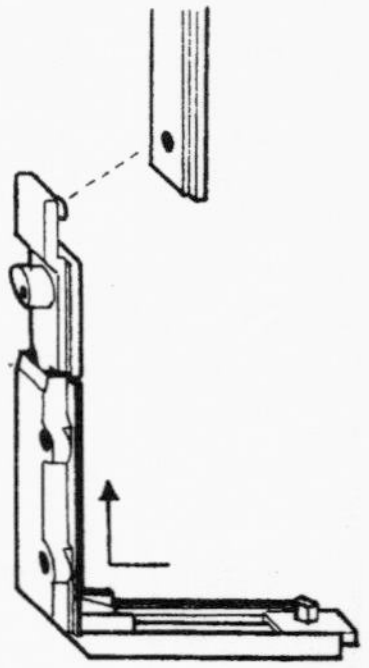

直角转向器(连锁钉)

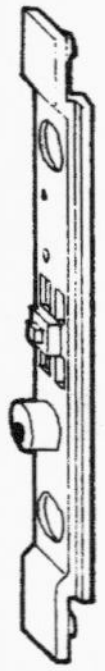

连接件

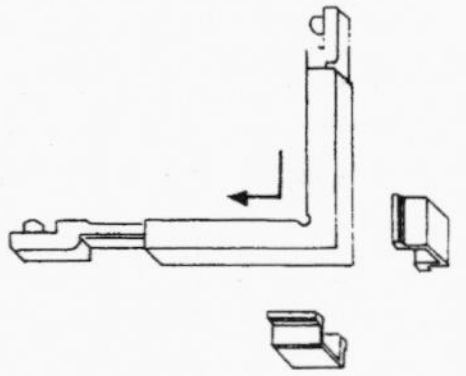

直角转向器连接组件

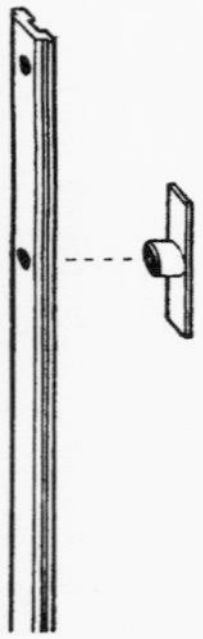

不锈钢锁钉

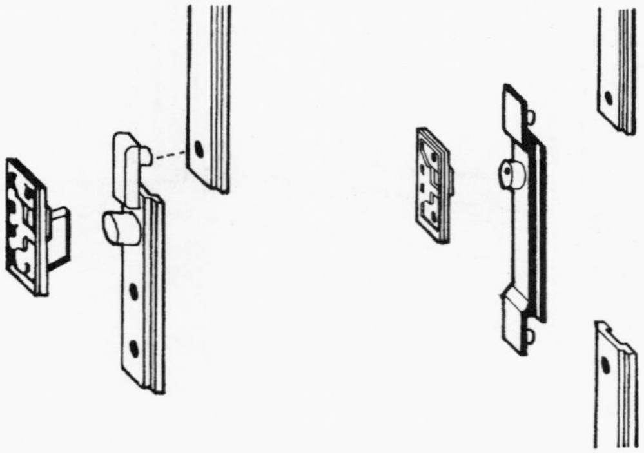

锁钉　　标准长度　6.5mm或8mm

锁扣板

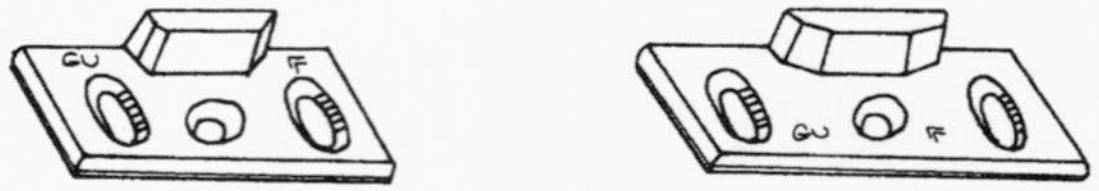

多点锁配件组合

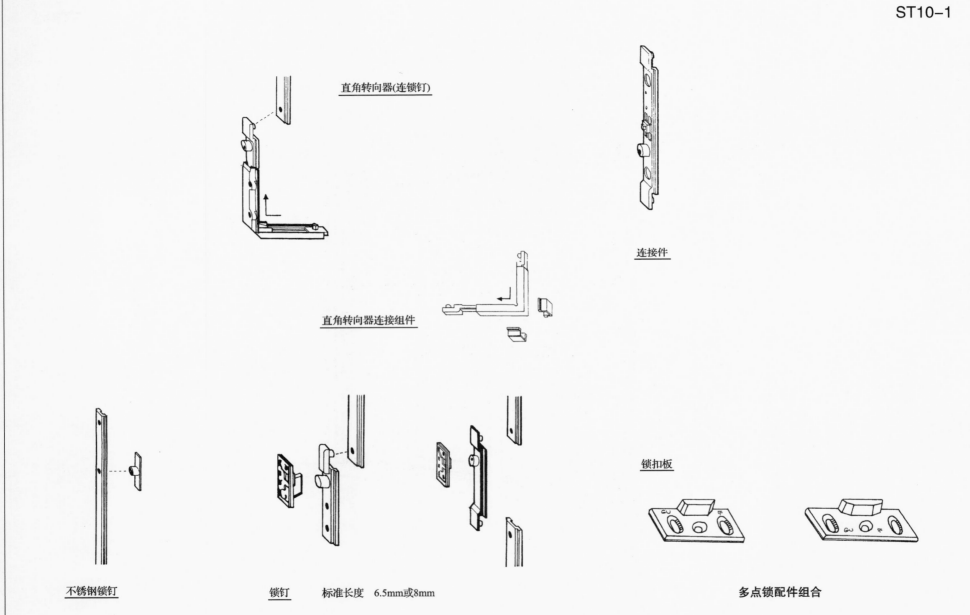

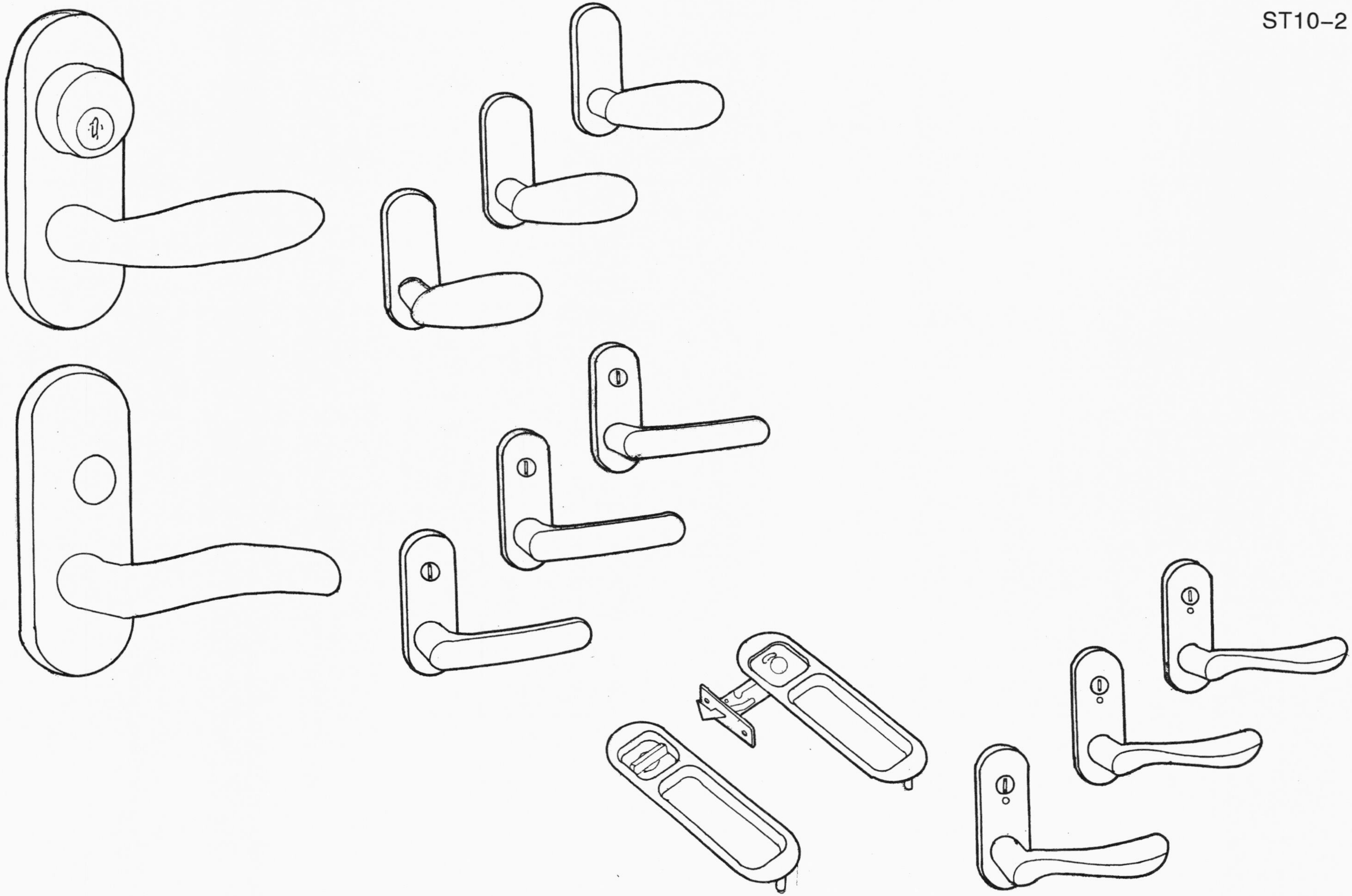

执手锁1

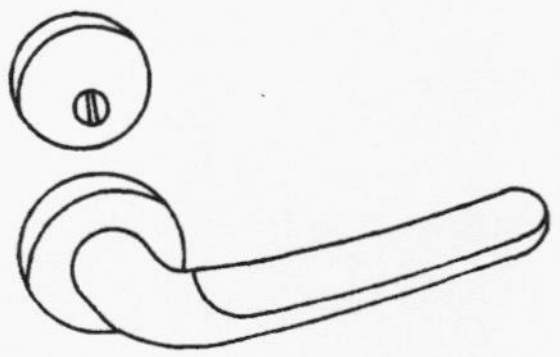

通道锁

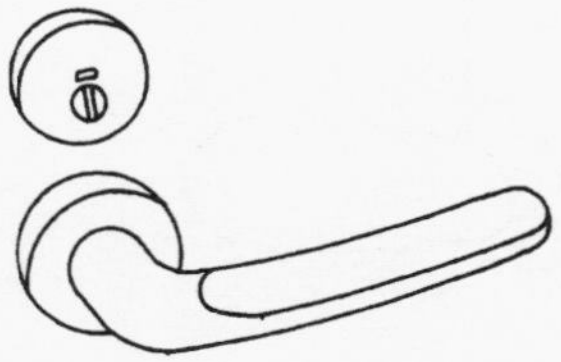

浴室锁

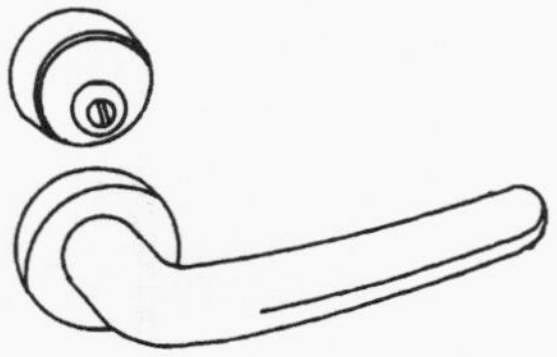

室内锁

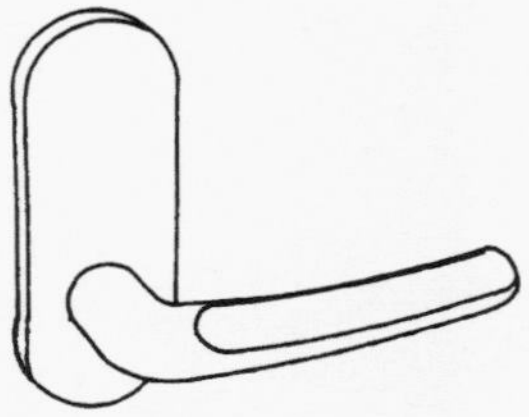

短椭圆底座

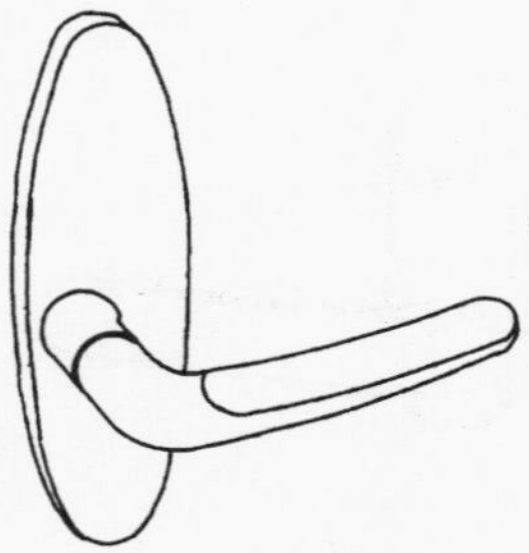

椭圆底座

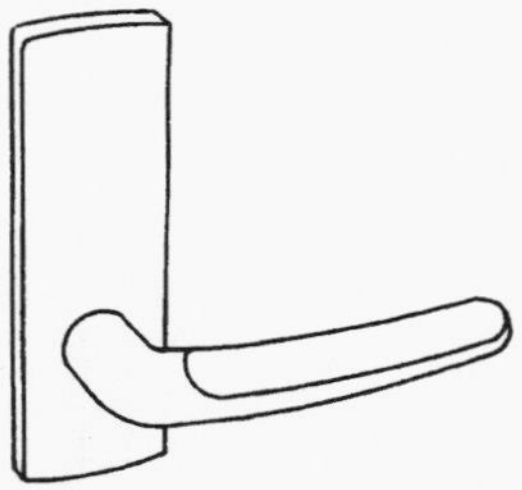

长形底座

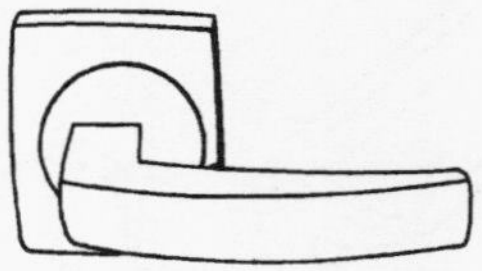

方形底座

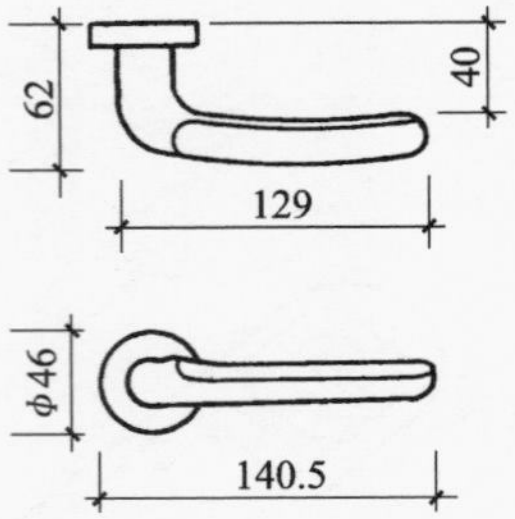

尺寸图

执手锁2

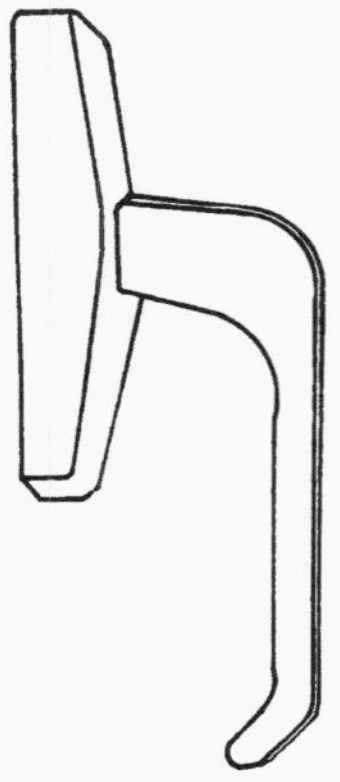

标准执手

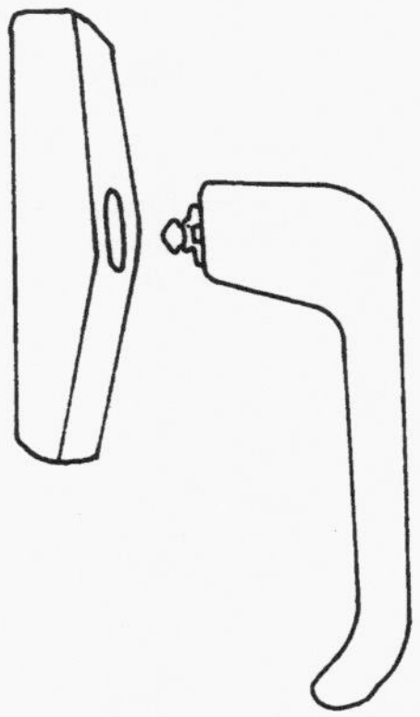

离合式执手

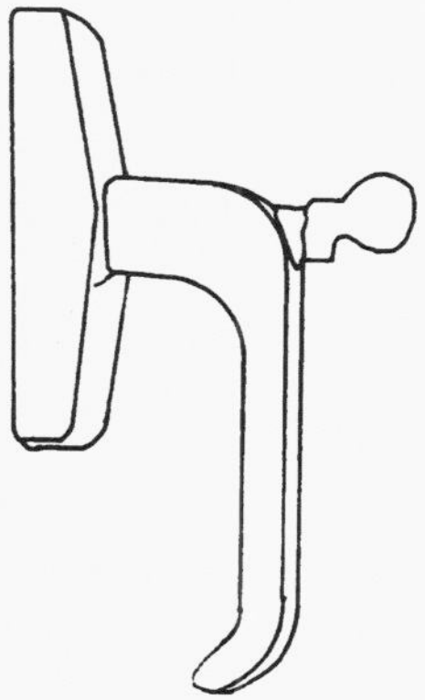

可锁式执手

窗用多点锁执手

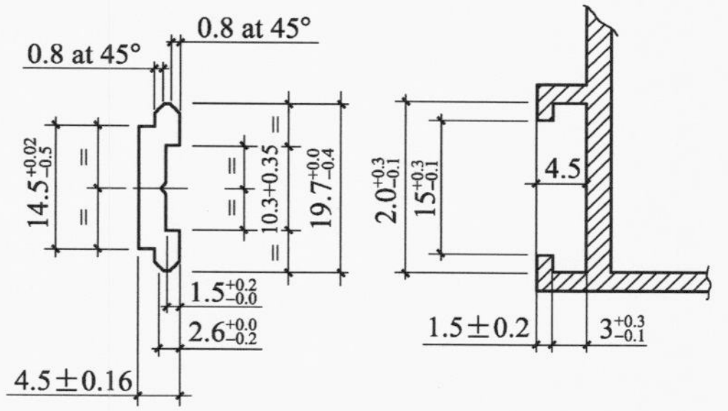

窗扇安装图

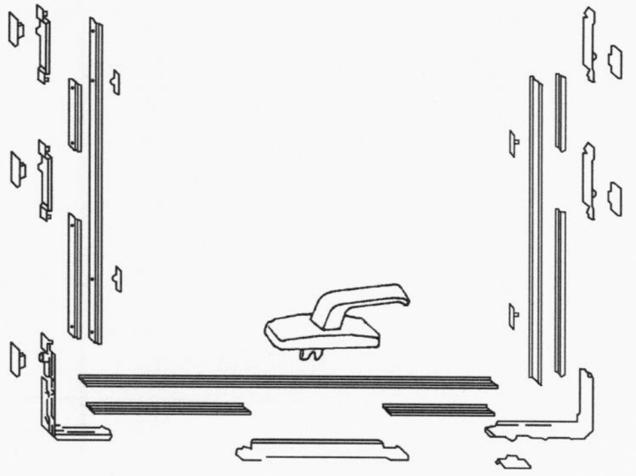

顶悬窗组合

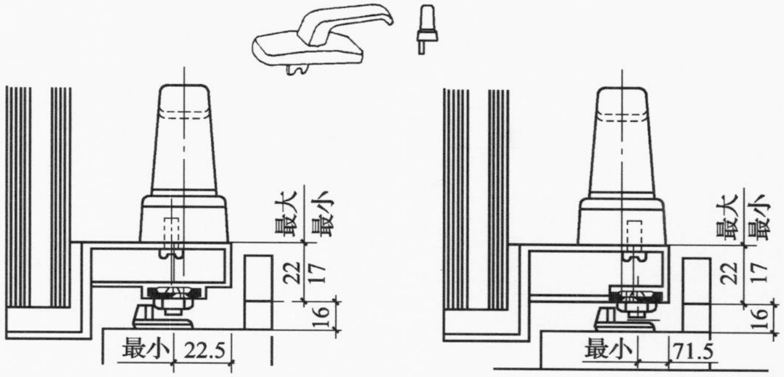

铝料安装锁沟厚度及窗扇与窗框空隙剖面

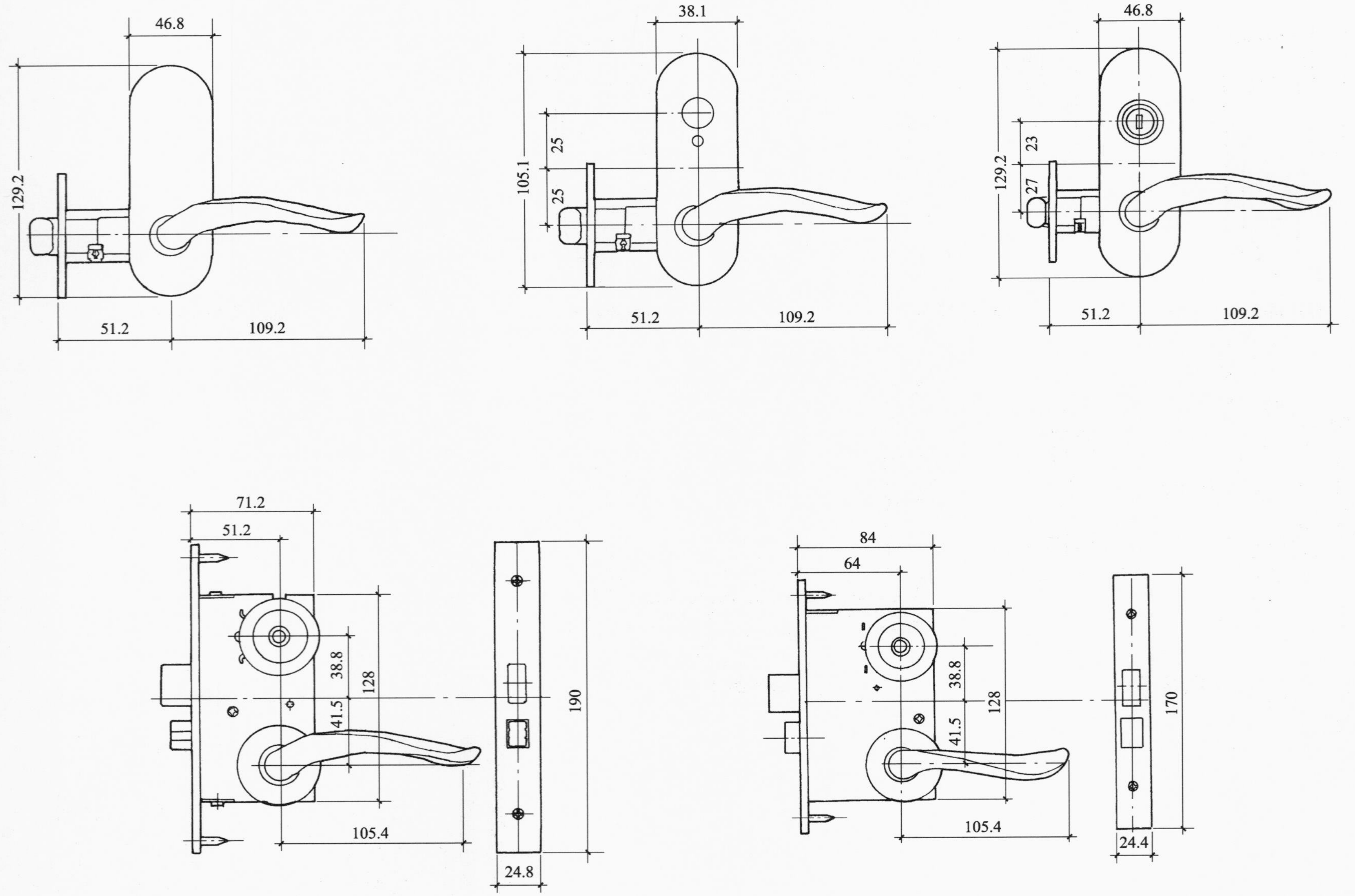
46.8
129.2
51.2
109.2
38.1
105.1
25
25
51.2
109.2
46.8
129.2
23
27
51.2
109.2
71.2
51.2
38.8
128
41.5
105.4
190
24.8
84
64
38.8
128
41.5
105.4
170
24.4

执手锁锁具安装尺寸1

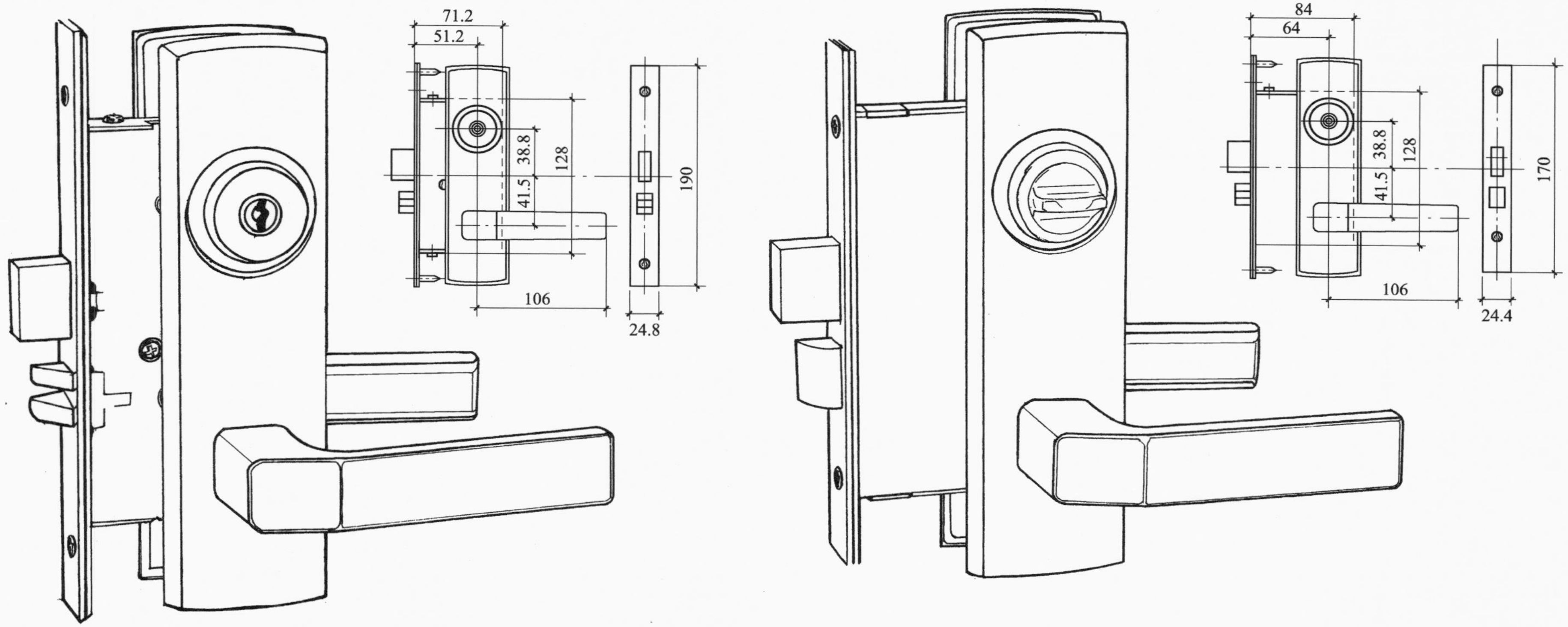

执手锁锁具安装尺寸2

门锁安装

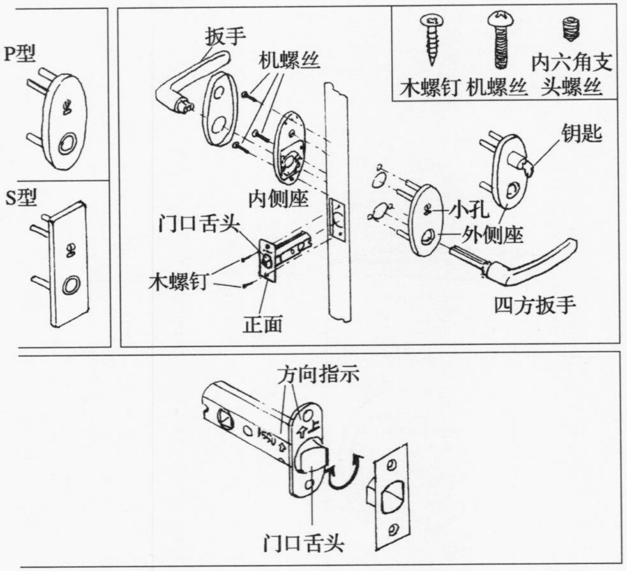
P型
S型
扳手
机螺丝
木螺钉 机螺丝
内六角支
头螺丝
钥匙
内侧座
小孔
门口舌头
外侧座
木螺钉
正面
四方扳手
方向指示
门口舌头

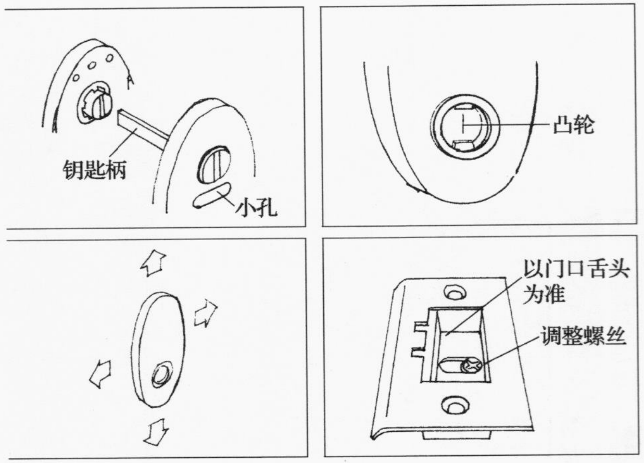
钥匙柄
小孔
凸轮
以门口舌头
为准
调整螺丝

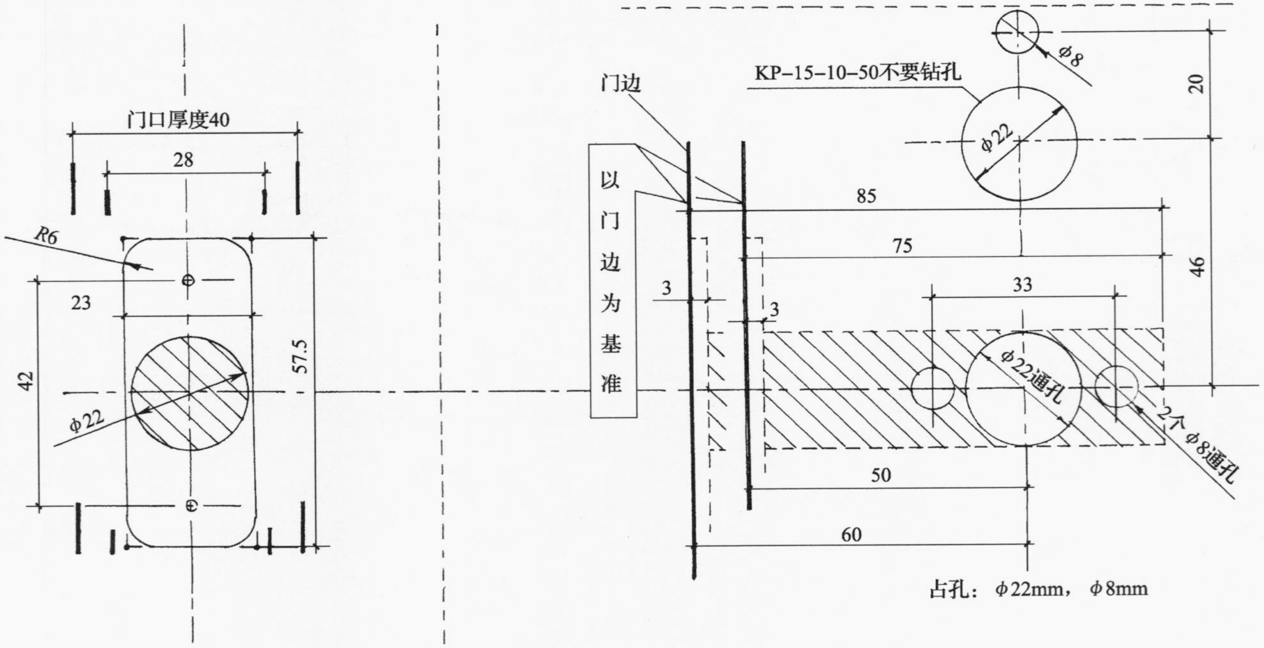
门口厚度40
28
R6
23
42
57.5
ϕ22
门边
KP-15-10-50不要钻孔
ϕ8
20
ϕ22
以门边为基准
85
75
46
3
3
33
ϕ22通孔
2个 ϕ8通孔
50
60
占孔：ϕ22mm，ϕ8mm

锁具安装构造

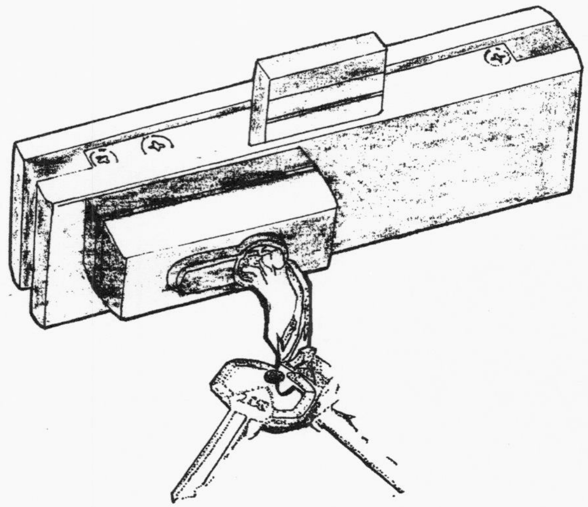

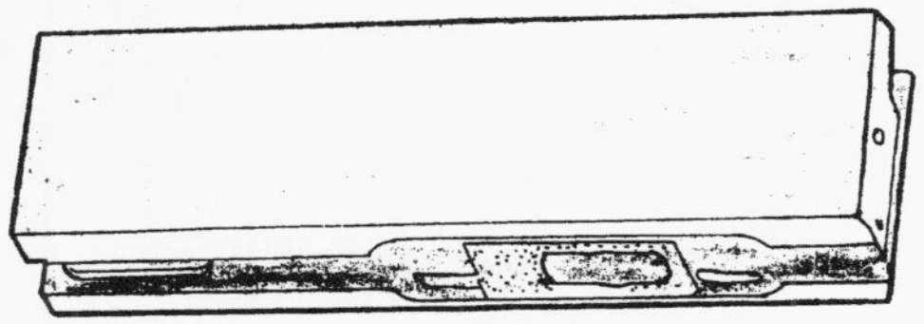

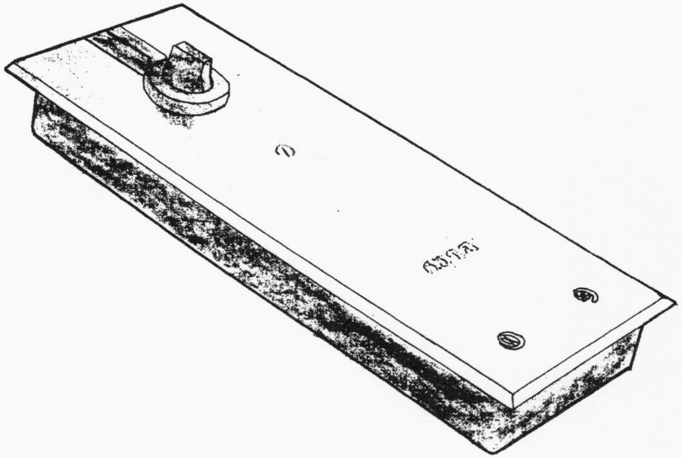

地弹簧、玻璃夹锁具

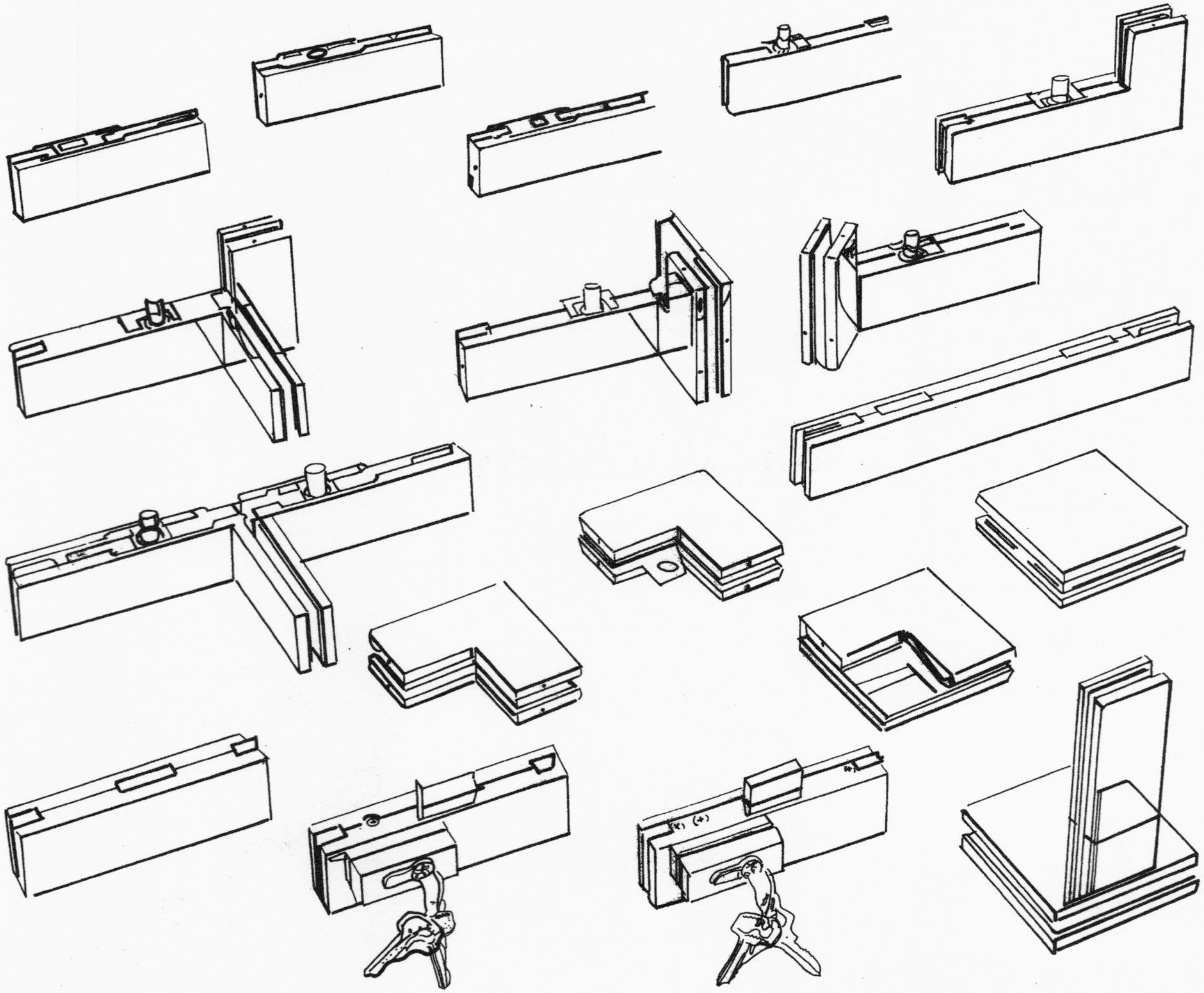

玻璃门五金玻璃夹、锁具

自动发光防火门锁1

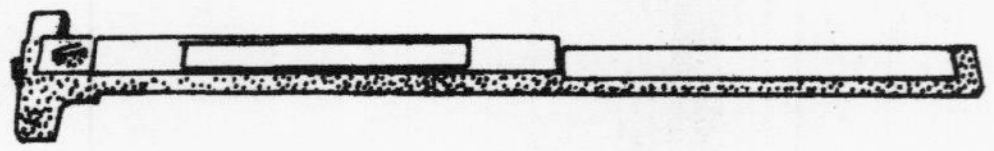

单扇

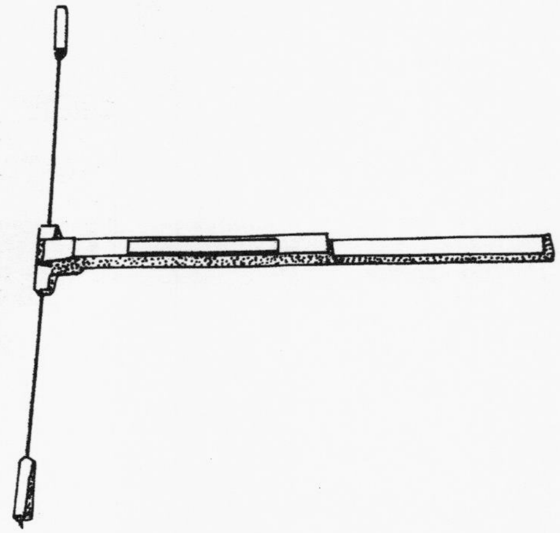

双扇

■ 尺寸说明图

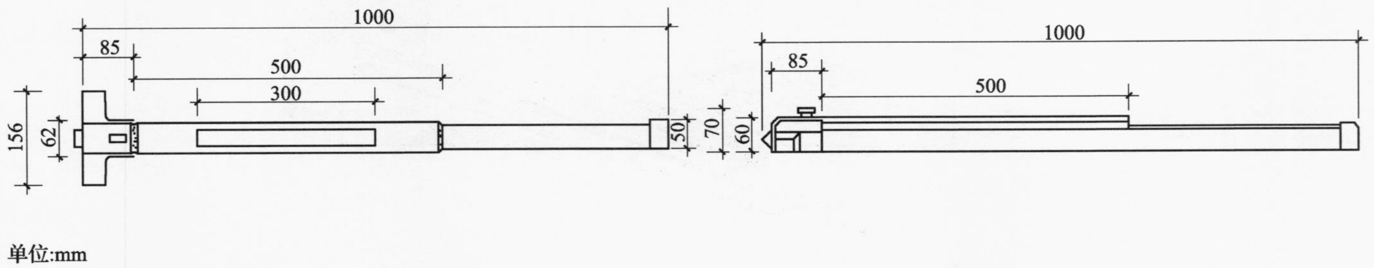

自动发光防火门锁2

ST10-12

门吸

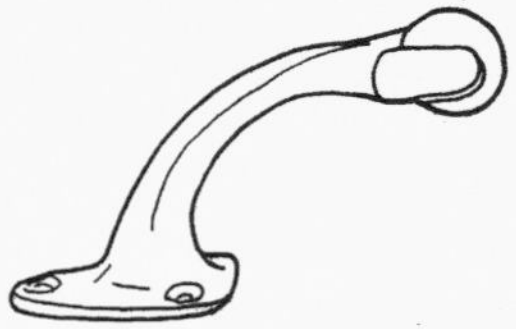
带轮门吸

门支脚

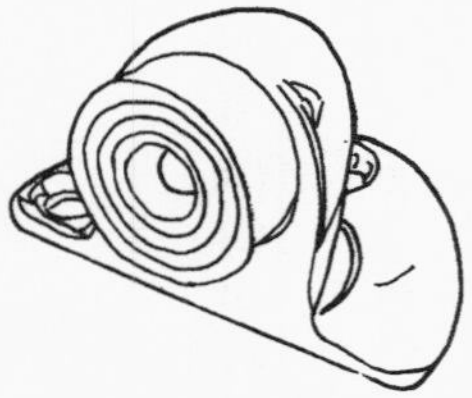
门吸

门吸

带轮门吸

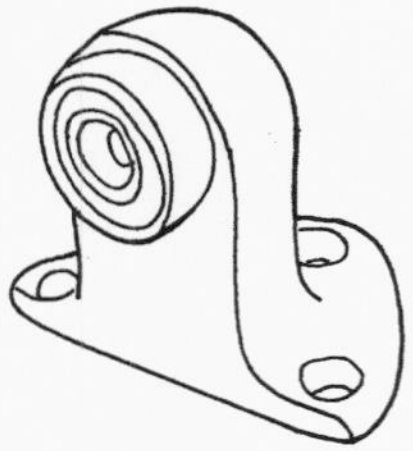
门吸

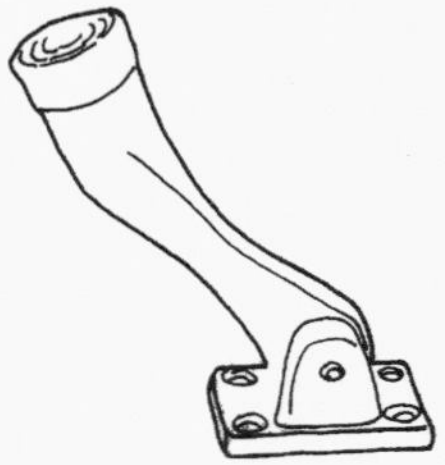
门支脚

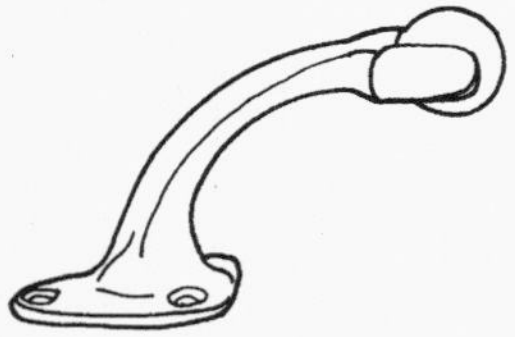
带轮门吸

门吸

ST10-13

带钩门吸

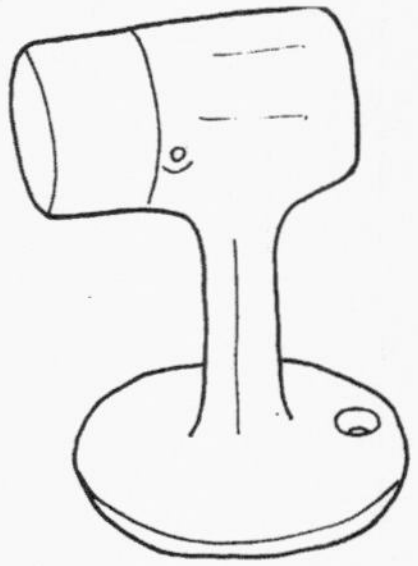
门吸

带钩门吸

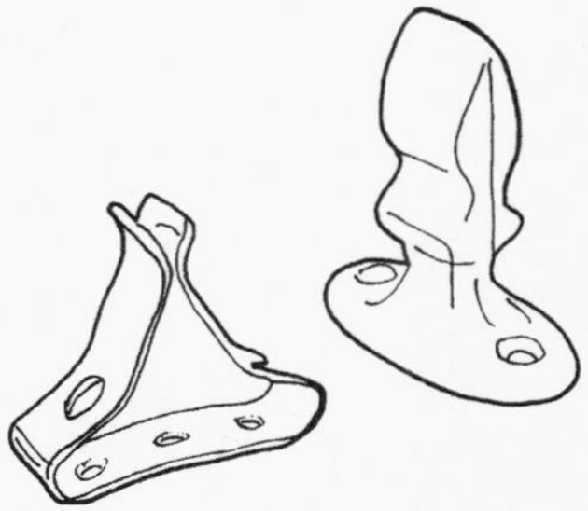
门吸

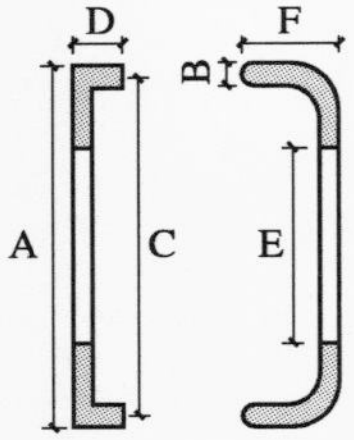

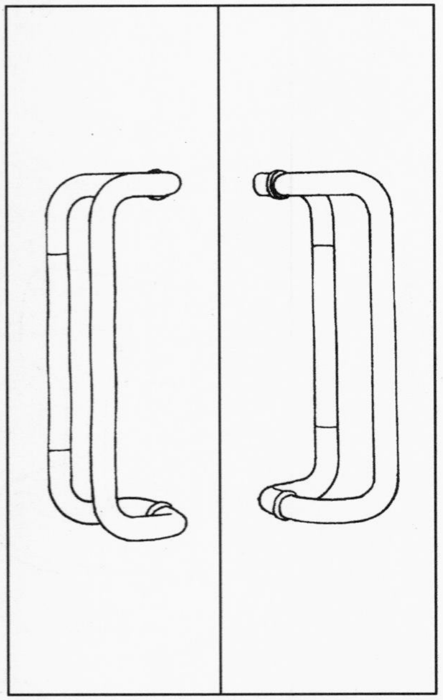

拉丝

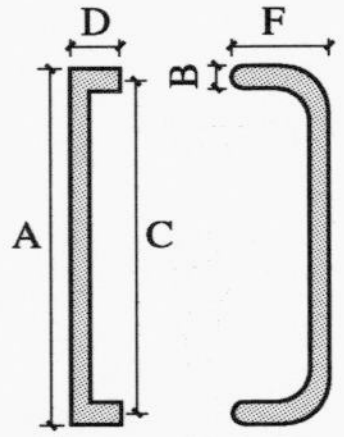

尺寸(mm)

A	B	C	D	E	F
300	φ25	275	76	150	130
457	φ25	432	76	250	130
457	φ32	425	76	250	138
600	φ32	568	82	400	138

安装钻孔 φ12

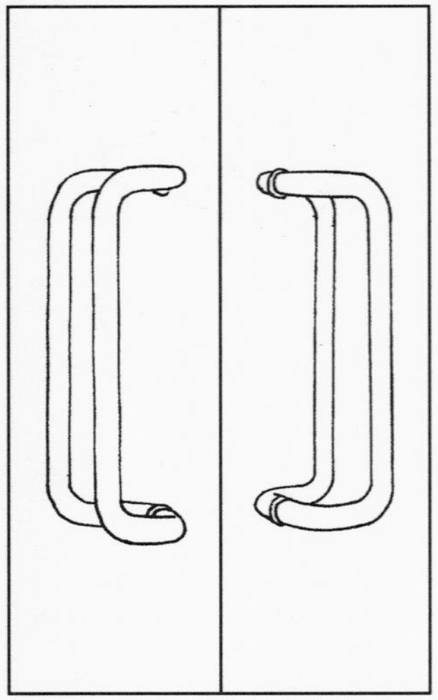

镜光

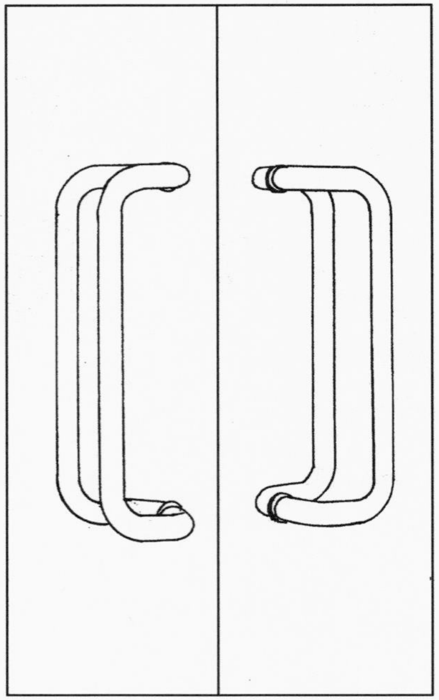

喷砂

玻璃门拉手1

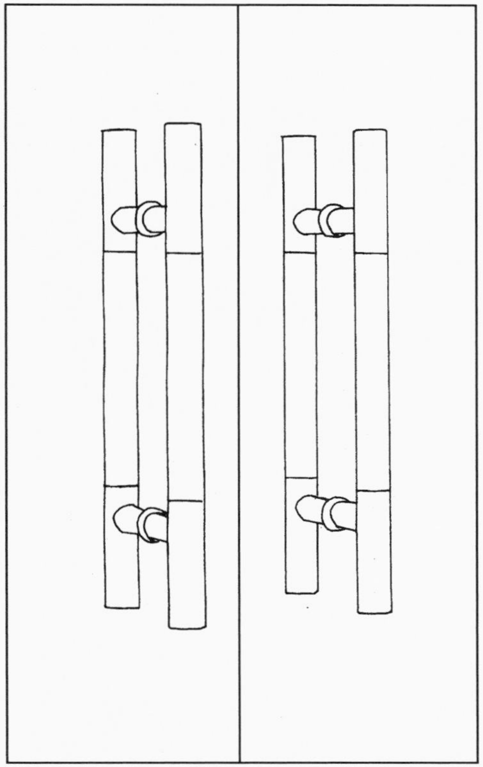

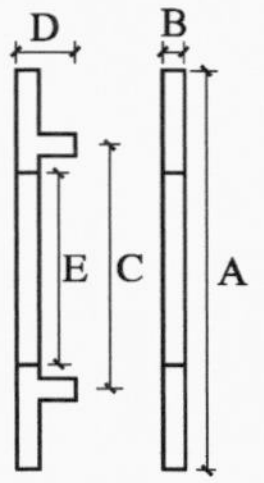

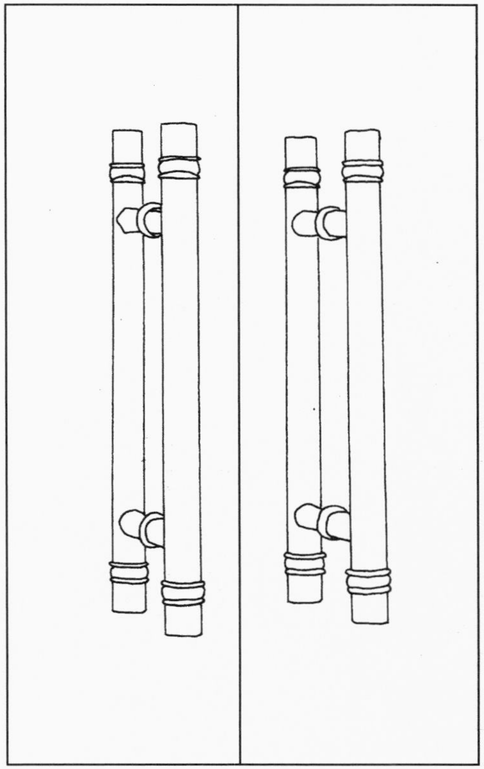

拉丝　镜光

尺寸(mm)

A	B	C	D	E
457	ϕ25	281	68	225
600	ϕ25	400	68	360
457	ϕ32	286	76	225
600	ϕ32	400	76	360
457	ϕ38	286	82	225
600	ϕ38	400	82	360
600	ϕ51	400	96	/

安装钻孔 ϕ12

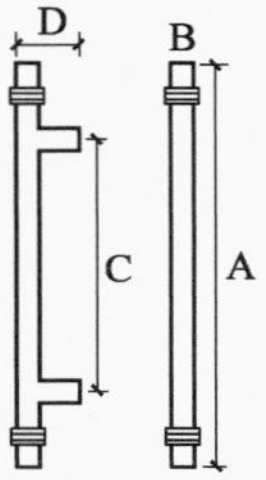

玻璃门拉手2

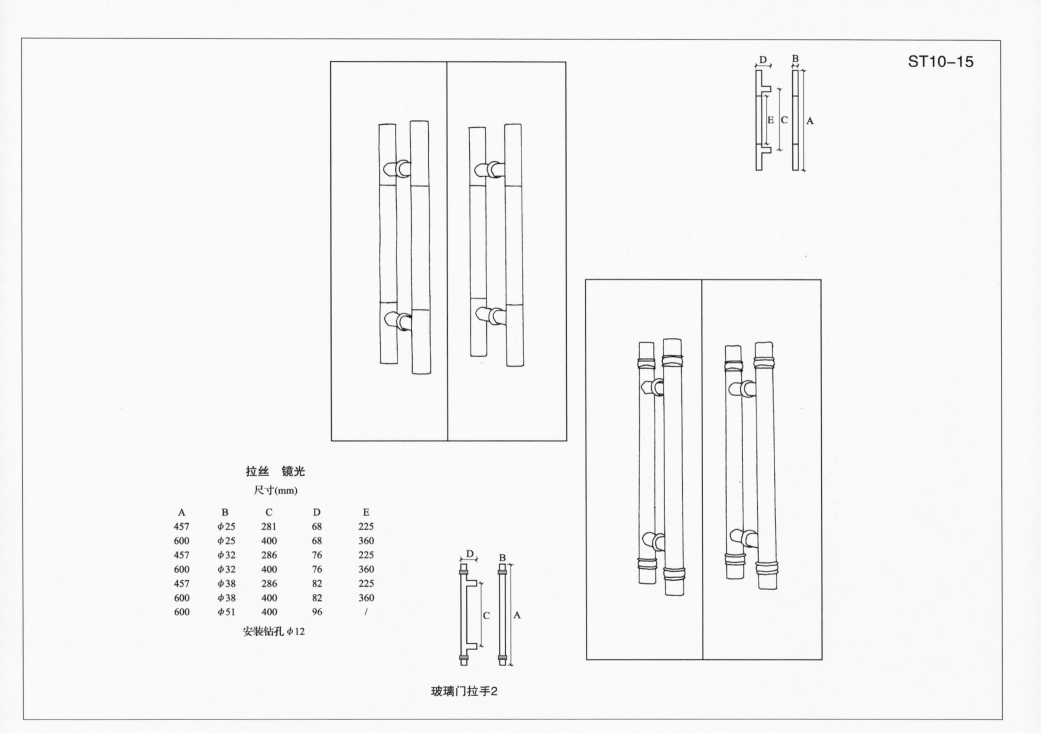

ST10-16

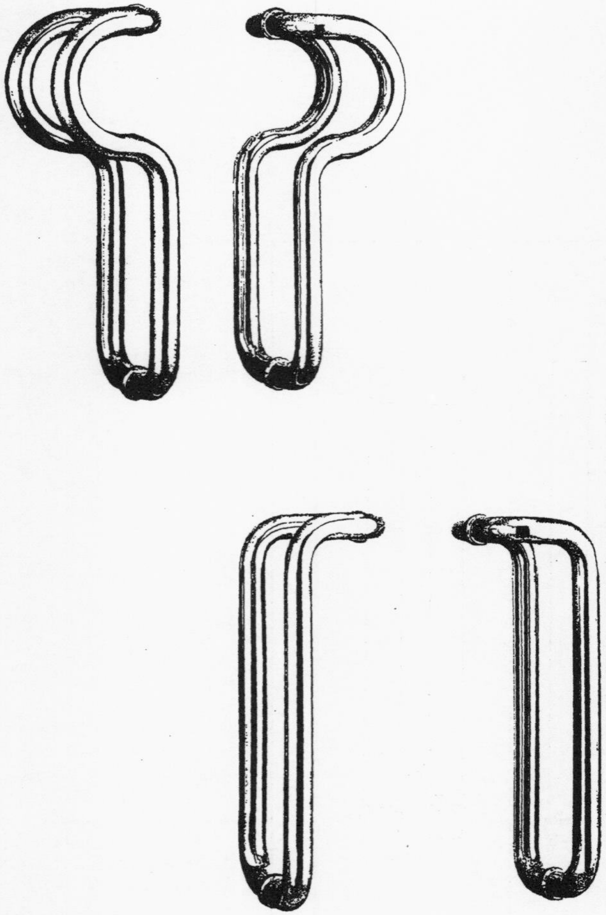

玻璃门拉手3

ST10-17

尺寸(mm)

	A	B	C	D	F
ϕ32×780	780	32	425	76	202

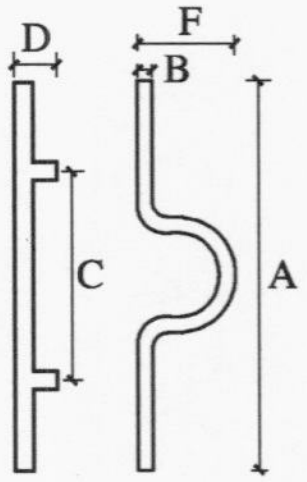

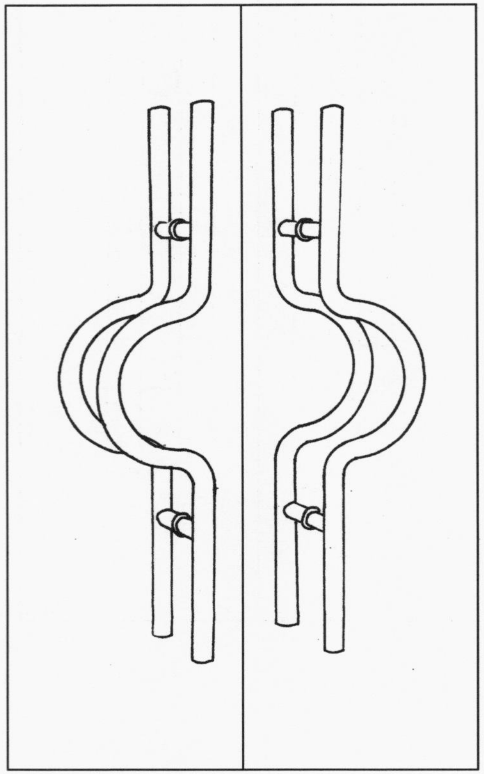

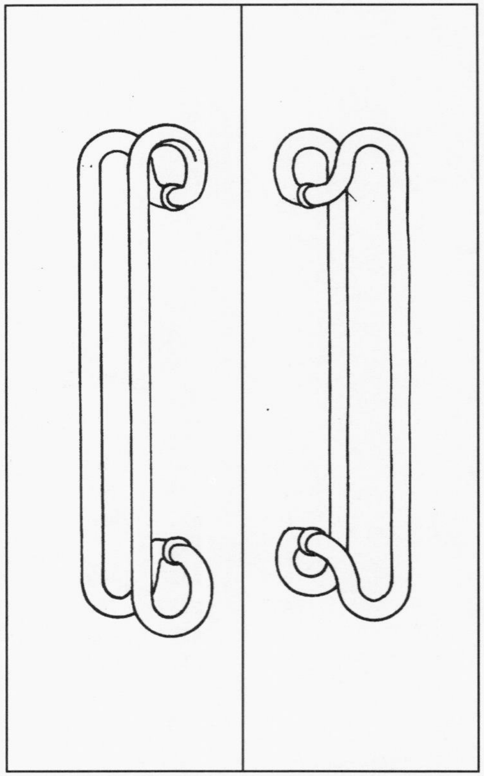

尺寸(mm)

	A	B	C	D	F
ϕ25×600	600	ϕ25	425	76	76

安装钻孔ϕ12

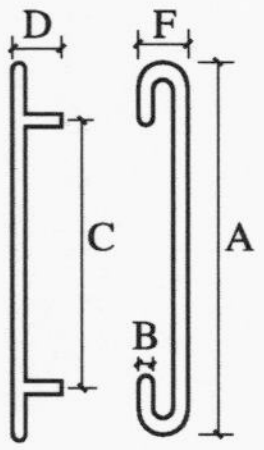

玻璃门拉手4

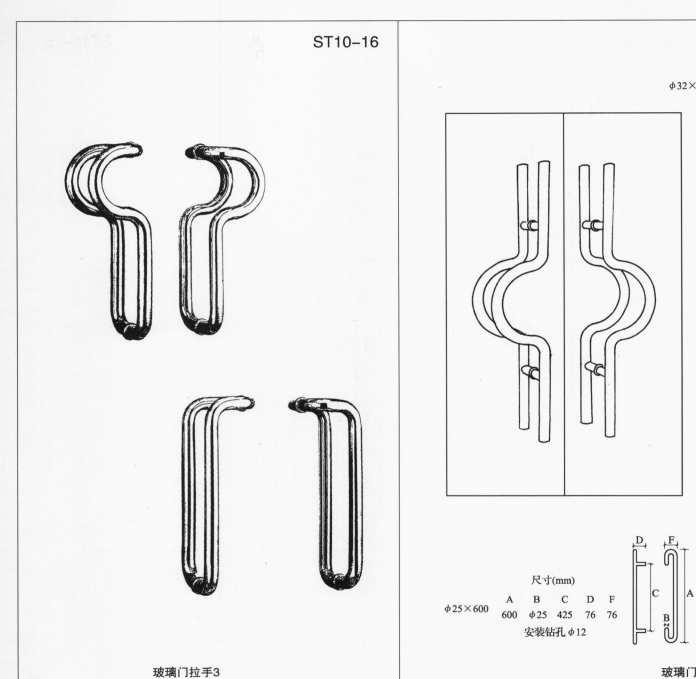

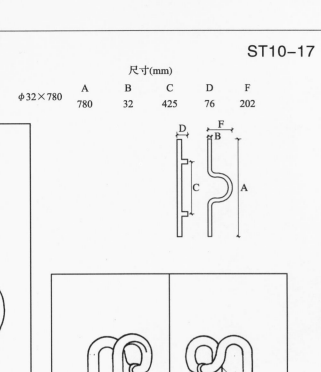

ST10–18

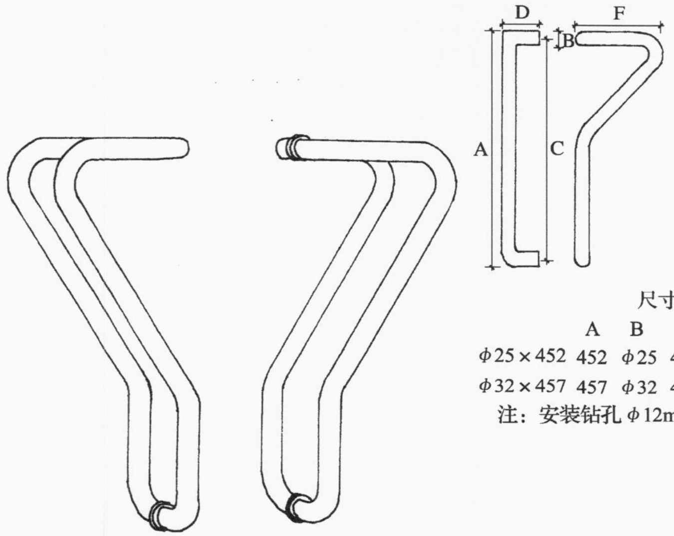

尺寸(mm)

	A	B	C	D	F
φ25×452	452	φ25	425	76	162
φ32×457	457	φ32	425	76	165

注：安装钻孔 φ12mm

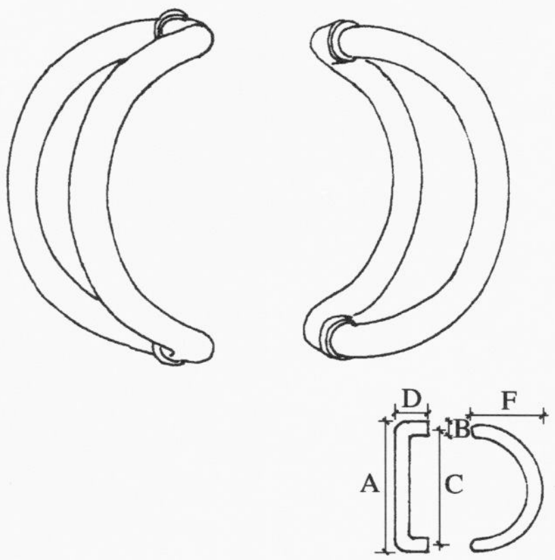

尺寸(mm)

	A	B	C	D	F
φ25×196	196	φ25	171	68	145
φ32×300	300	φ25	275	76	145
φ32×300	300	φ32	268	76	145

注：安装钻孔 φ12mm

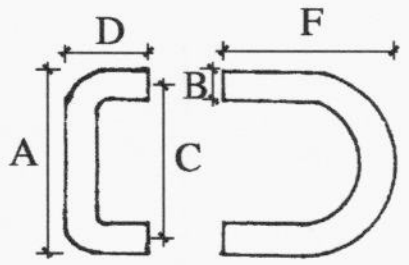

尺寸(mm)

	A	B	C	D	F
φ38×198	198	φ38	160	76	216

注：安装钻孔 φ12mm

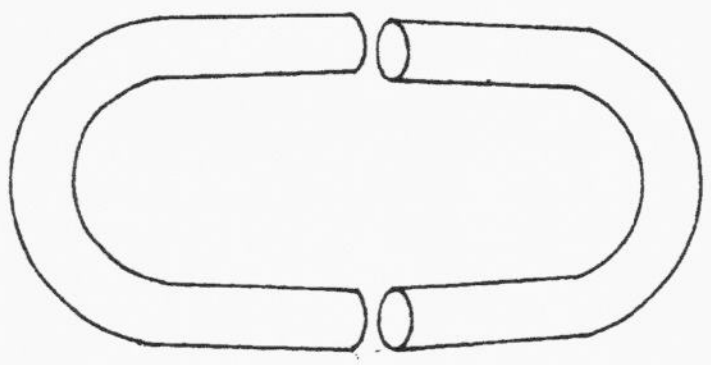

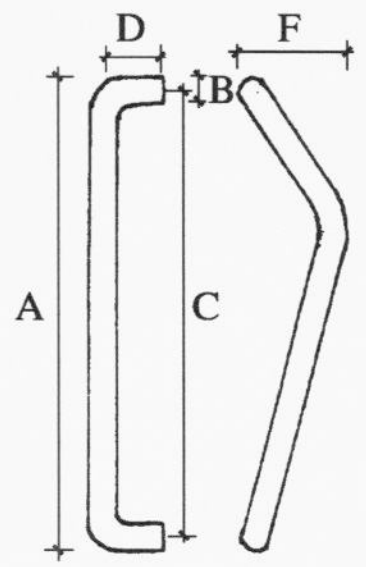

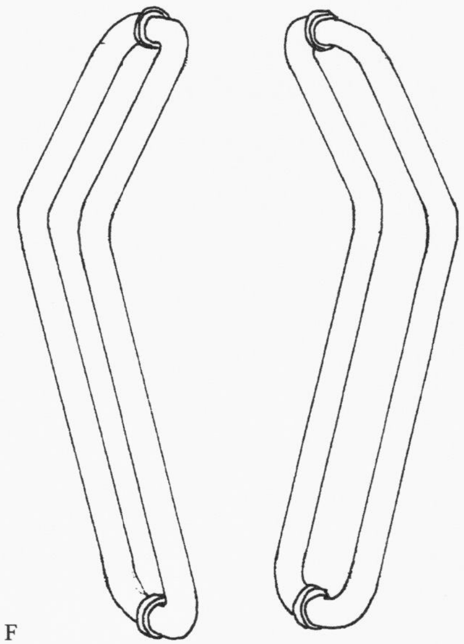

尺寸(mm)

	A	B	C	D	F
φ25×510	510	φ25	485	76	145

注：安装钻孔 φ12mm

玻璃门拉手5　镜光

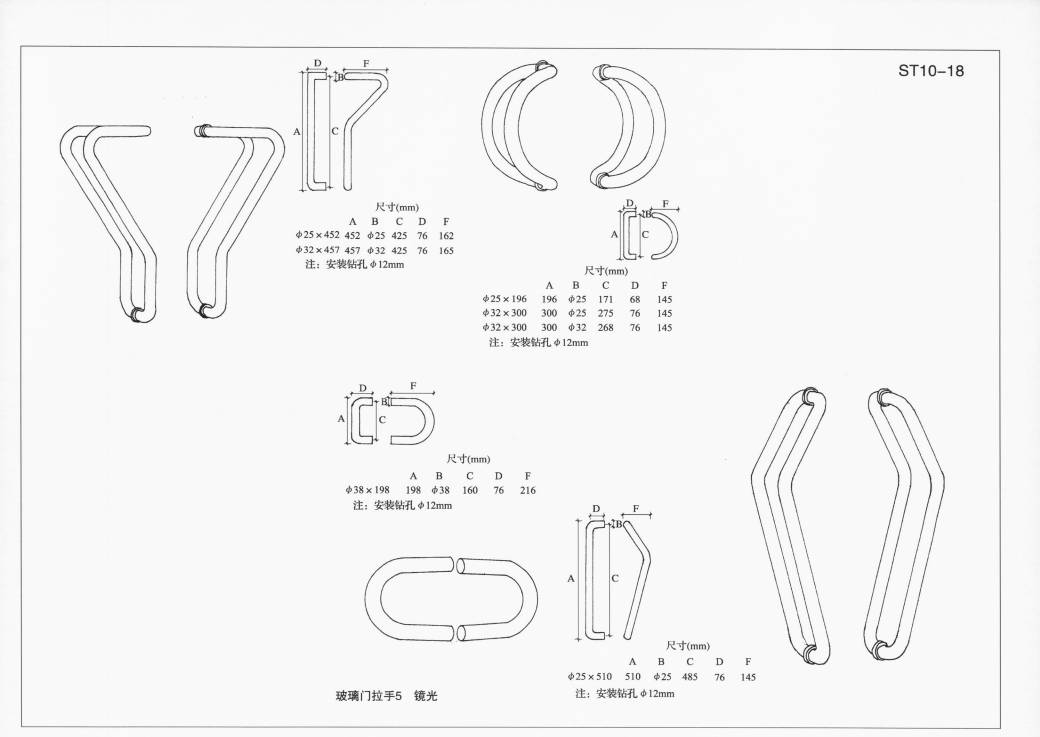

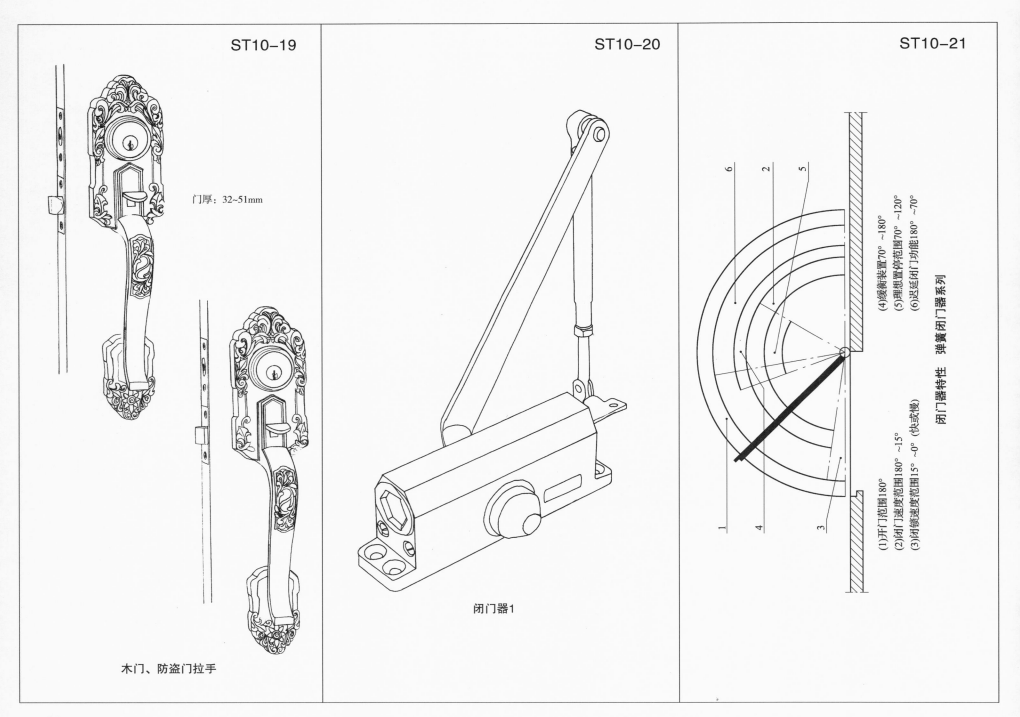

ST10-19

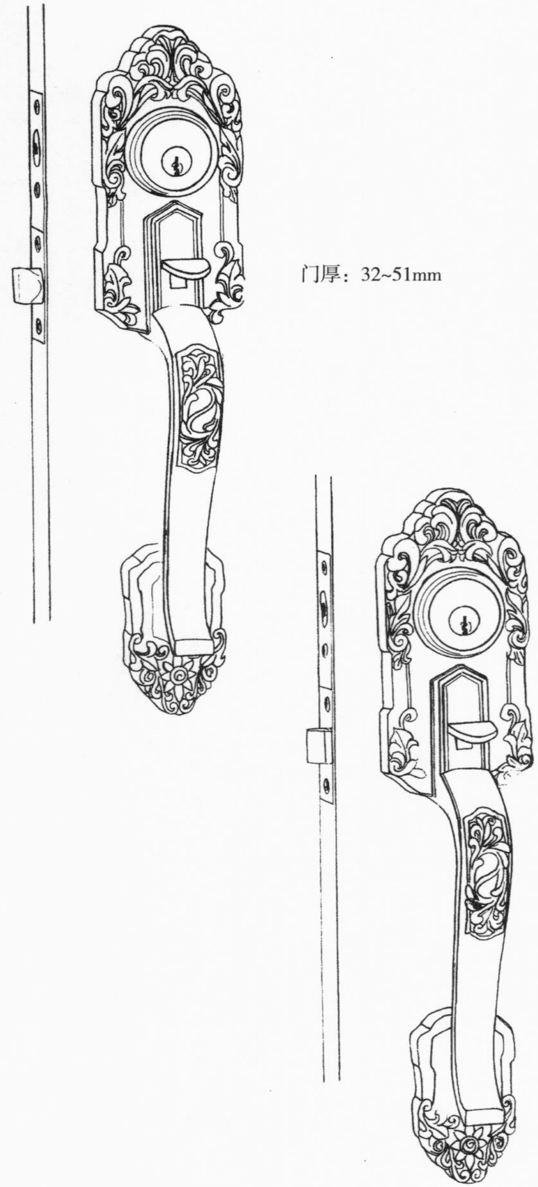
门厚：32~51mm

木门、防盗门拉手

ST10-20

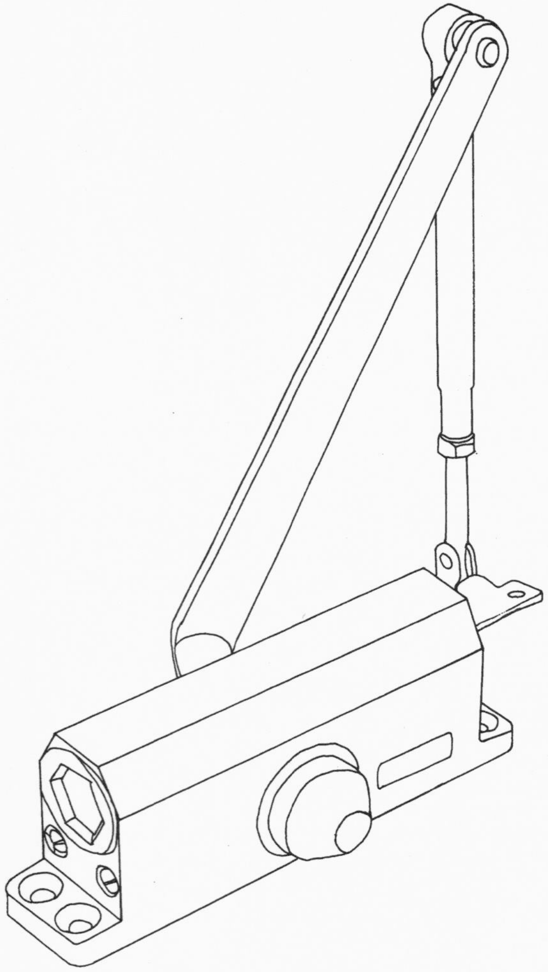

闭门器1

ST10-21

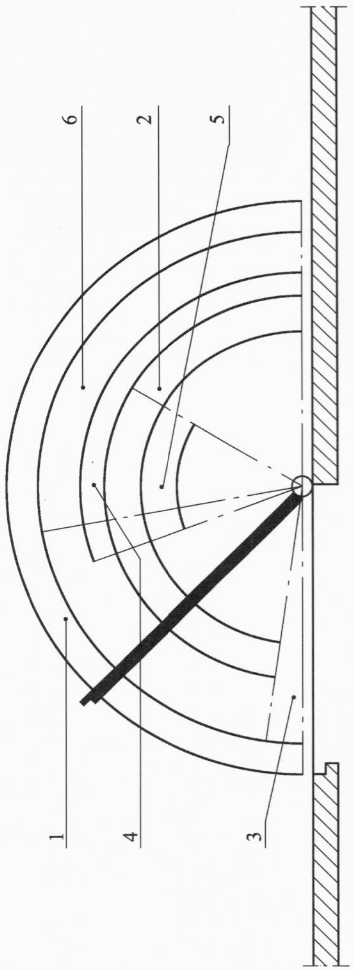
1
2
3
4
5
6
(1)开门范围180°
(2)闭门速度范围180° ~15°
(3)闭锁速度范围15° ~0°（快或慢）
(4)缓衝装置70° ~180°
(5)理想置停范围70° ~120°
(6)迟延闭门功能180° ~70°

闭门器特性　弹簧闭门器系列

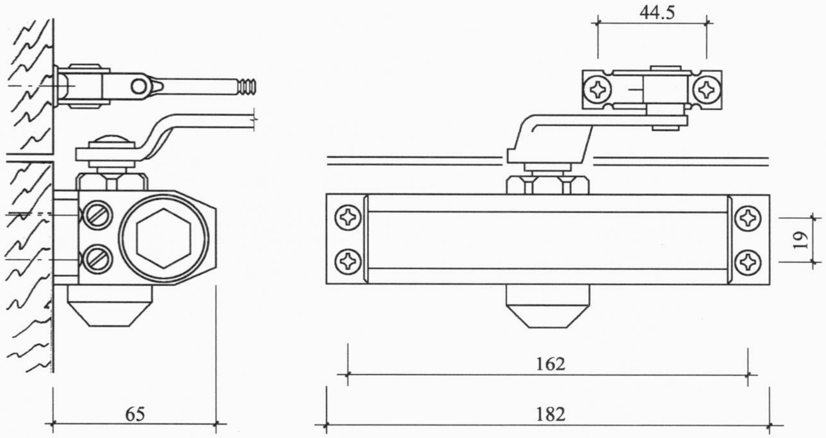

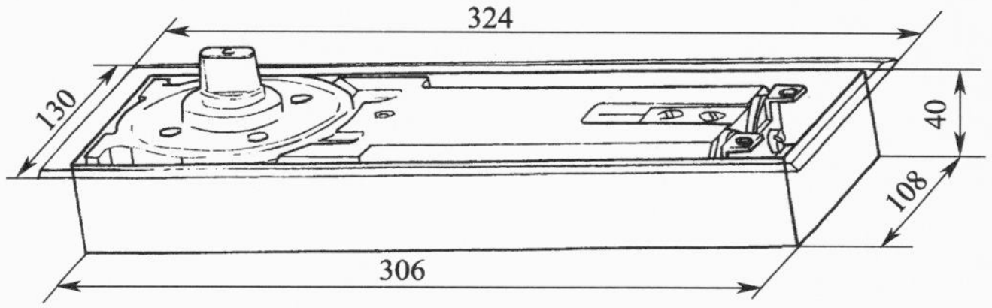

闭门程序和调速

1 控制闭门段
2 控制闭锁段
3 选项"内置定位段"

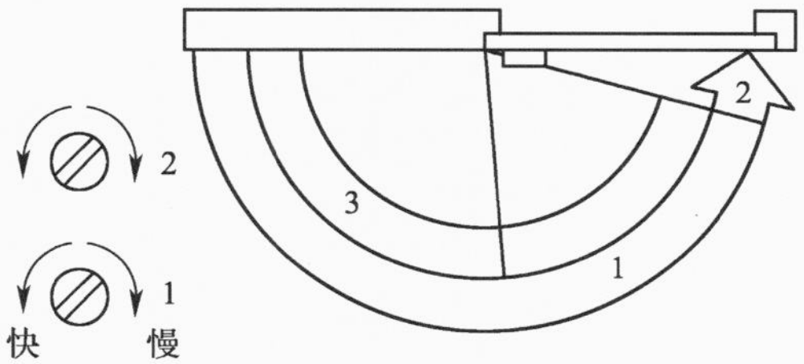

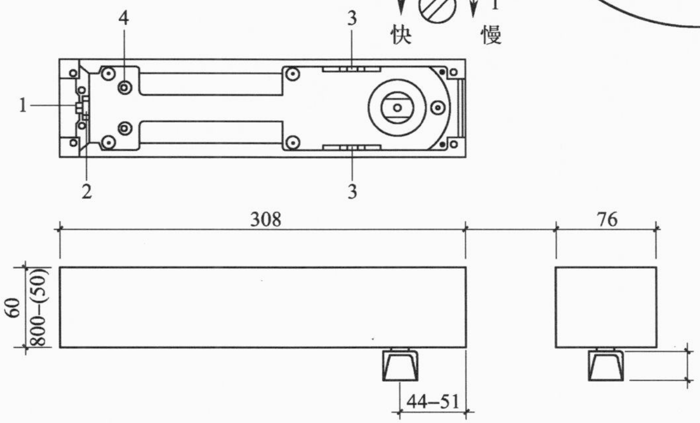

1. 级数调整机螺丝
2. 闭门速度调整机螺丝
3. 可调整中心轴的设计±3
4. 水平仪的设计

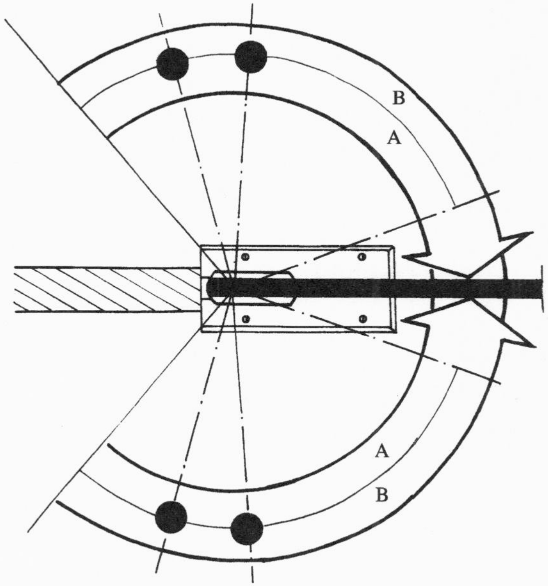

闭门器闭门程序和调速

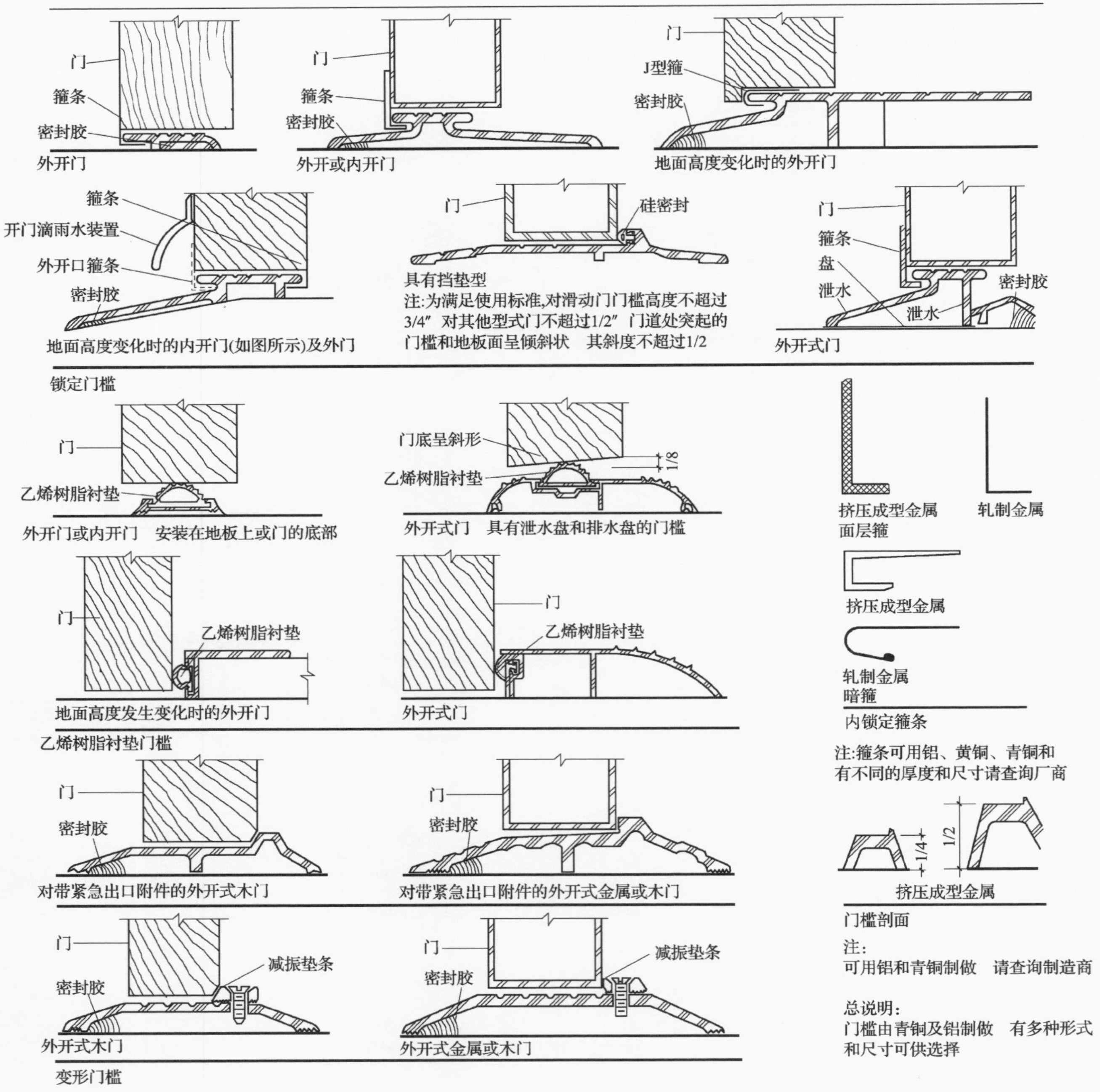
门
箍条
密封胶
外开门
门
箍条
密封胶
外开或内开门
门
J型箍
密封胶
地面高度变化时的外开门
箍条
开门滴雨水装置
外开口箍条
密封胶
地面高度变化时的内开门(如图所示)及外门
门
硅密封
具有挡垫型
门
箍条
盘
泄水
泄水
密封胶
外开式门
锁定门槛
门
乙烯树脂衬垫
外开门或内开门　安装在地板上或门的底部
门底呈斜形
1/8
乙烯树脂衬垫
外开式门　具有泄水盘和排水盘的门槛
挤压成型金属
面层箍
轧制金属
挤压成型金属
轧制金属
暗箍
内锁定箍条
门
乙烯树脂衬垫
地面高度发生变化时的外开门
门
乙烯树脂衬垫
外开式门
乙烯树脂衬垫门槛
门
密封胶
对带紧急出口附件的外开式木门
门
密封胶
对带紧急出口附件的外开式金属或木门
1/4
1/2
挤压成型金属
门槛剖面
门
减振垫条
密封胶
外开式木门
门
减振垫条
密封胶
外开式金属或木门
变形门槛

注:为满足使用标准,对滑动门门槛高度不超过3/4″ 对其他型式门不超过1/2″ 门道处突起的门槛和地板面呈倾斜状　其斜度不超过1/2

注:箍条可用铝、黄铜、青铜和有不同的厚度和尺寸请查询厂商

注:
可用铝和青铜制做　请查询制造商

总说明:
门槛由青铜及铝制做　有多种形式和尺寸可供选择

外门槛及密封条

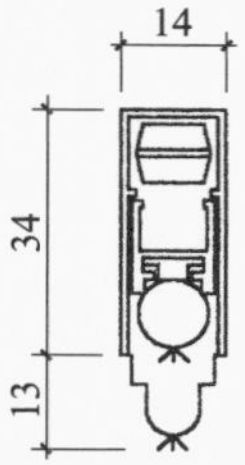

自动门底密封条

规格：820、915、1070、1220mm
品种：银白色、古铜色
作用：隔热、隔冷、隔噪声、隔绝高低温烟气
　　　防风尘、挡光、挡昆虫
特点：完全内嵌，开门时自动抬离地面，
　　　可用于防火门
适用于单扇或双扇合页门
密封3–13mm缝隙

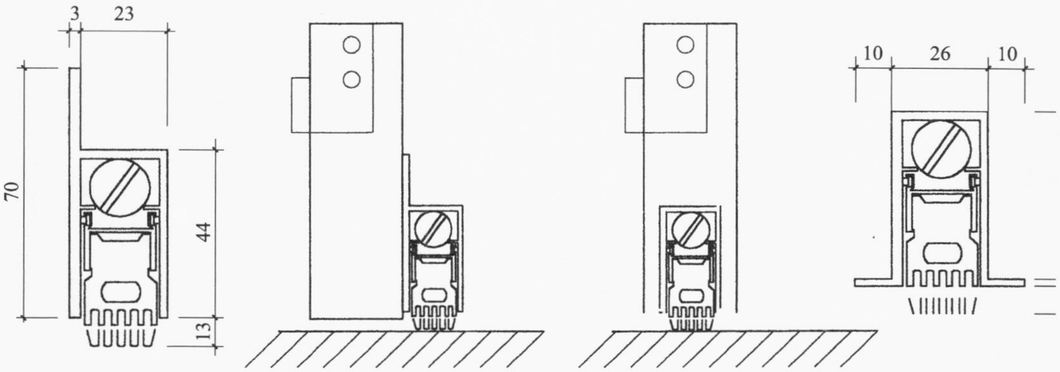

门的最小厚度45mm

重荷自动门底密封条

规格：915、1067、1220mm及非尺寸
品种：银白色、古铜色
作用：隔热、隔冷、隔绝高低温烟气、隔噪声
　　　防风尘、挡光、挡昆虫
特点：完全内嵌，开门时能自动抬离地面，
　　　可用于防火门
适用于单扇或双扇合页门
密封0–13mm缝隙

刮式密封条

规格：白色、褐色
作用：隔热、隔冷、防风尘、挡昆虫
特点：背面自粘、pvc复合挤压
适用于各种门
密封0–15mm缝隙

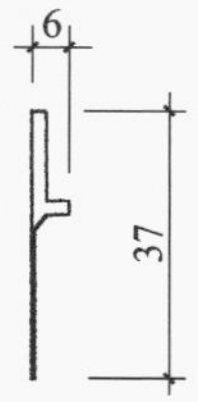

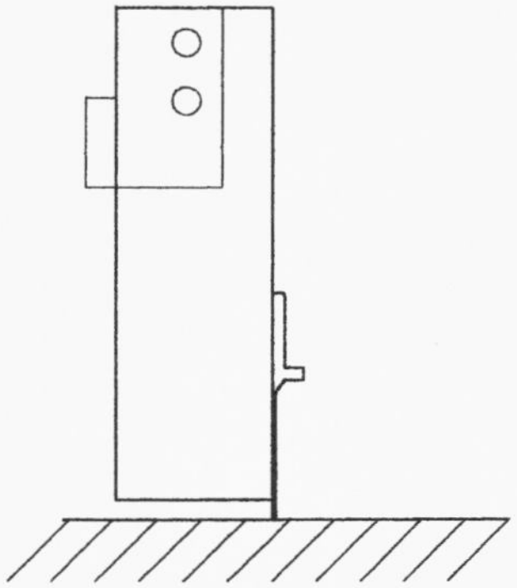

防火型密封条

规格：2500mm
品种：银白色、褐色
作用：防火、防烟
特点：切槽嵌接、内含膨胀橡胶，
　　　嵌条材料可更换，
　　　专用于防火门
适用于门或门框的竖挺和上栏
密封2–3mm缝隙

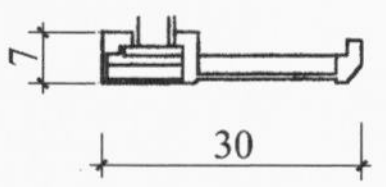

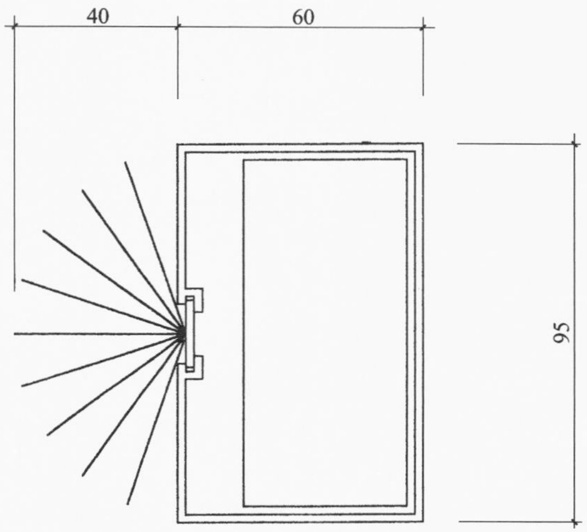

防火型密封条

规格：2100mm
品种：红色
作用：防火、防烟
特点：切槽嵌接、内含膨胀橡胶，
　　　专用于防火门
适用于门或门框的竖挺和上槛
密封3–4mm缝隙

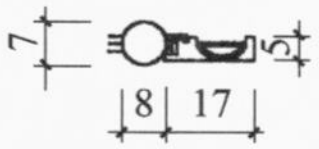

防风雨门框密封条

规格：单、双扇门组
品种：银白色、褐色
作用：隔热、隔冷、隔噪声、防雨水、挡光、挡昆虫
特点：可降低门关闭时的撞击声
适用于门框的竖挺和上槛
密封0–6mm缝隙

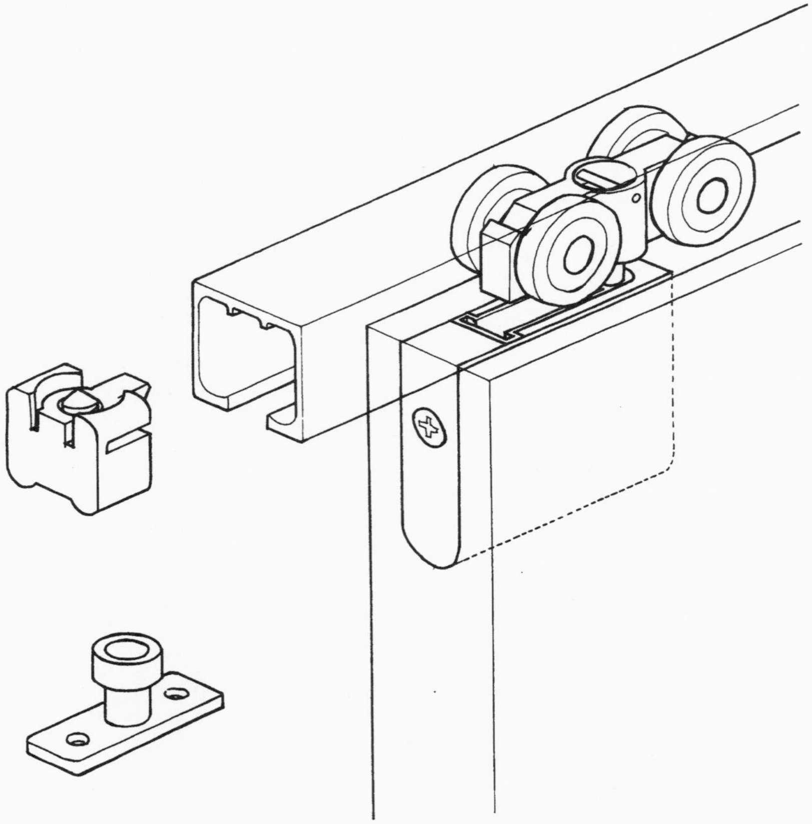

重型移门、折门五金
移门、折门导轨

KT GLASS.80

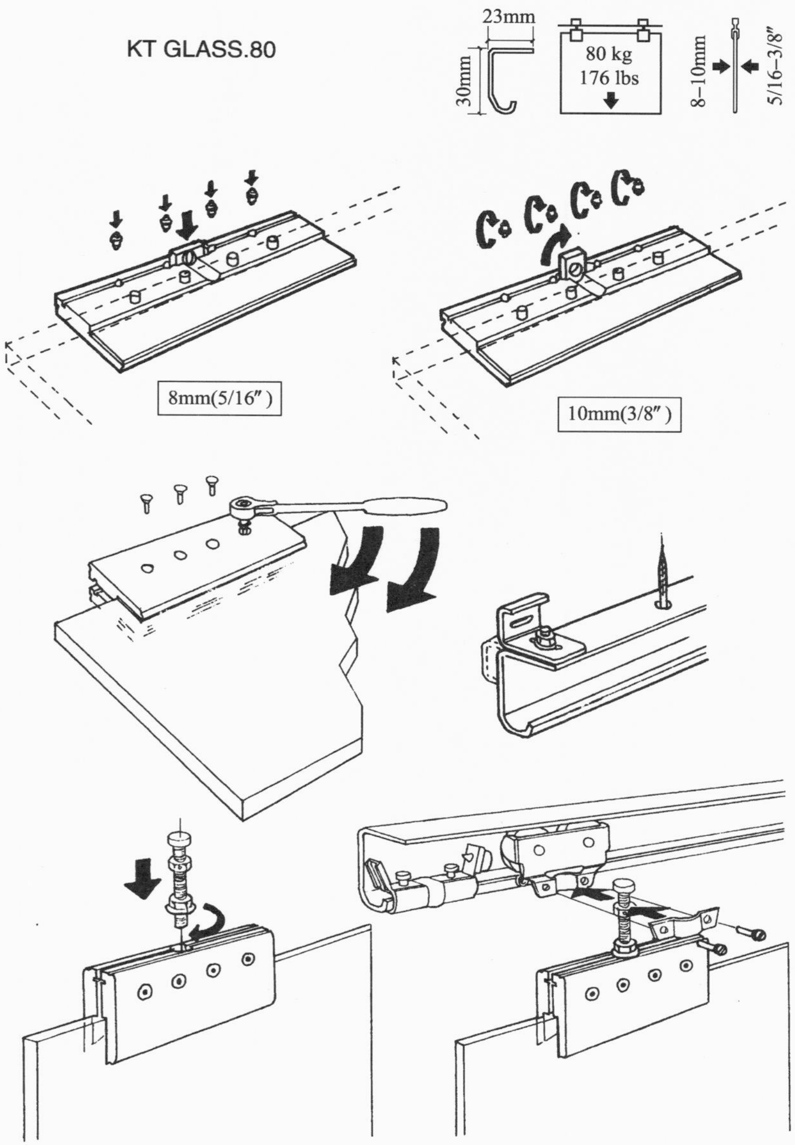
23mm
30mm
80 kg
176 lbs
8–10mm
5/16–3/8″
8mm(5/16″)
10mm(3/8″)

KT GLASS.180

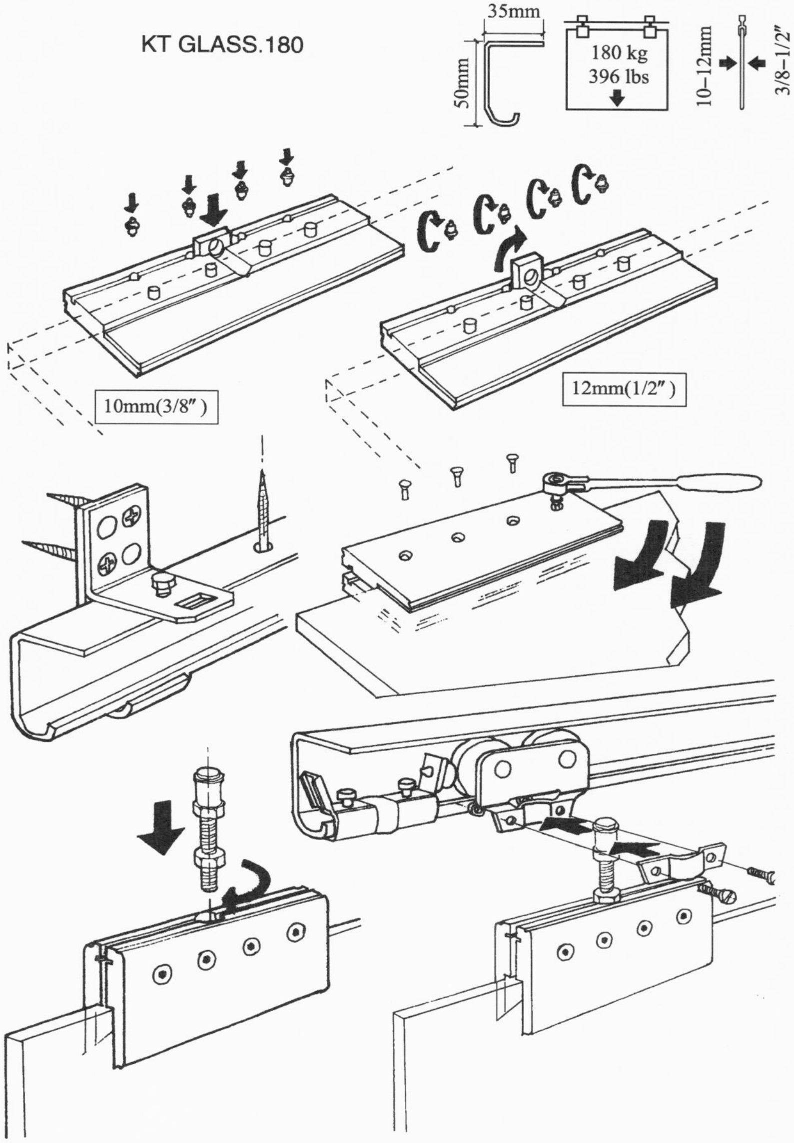
35mm
50mm
180 kg
396 lbs
10–12mm
3/8–1/2″
10mm(3/8″)
12mm(1/2″)

ST10–27

KT.50
KT.80

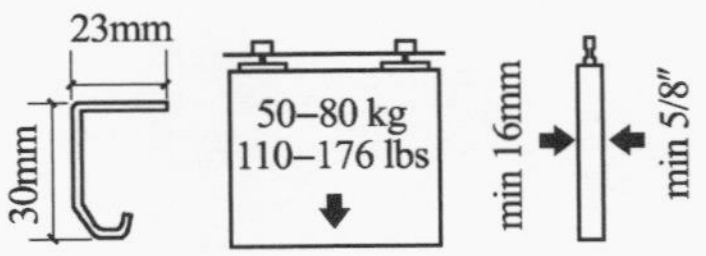
23mm
30mm
50–80 kg
110–176 lbs
min 16mm
min 5/8″

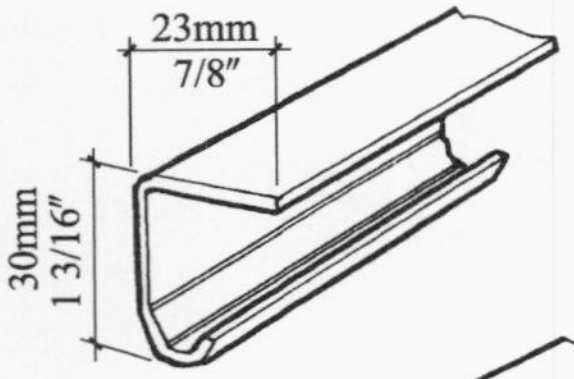
23mm
7/8″
30mm
1 3/16″

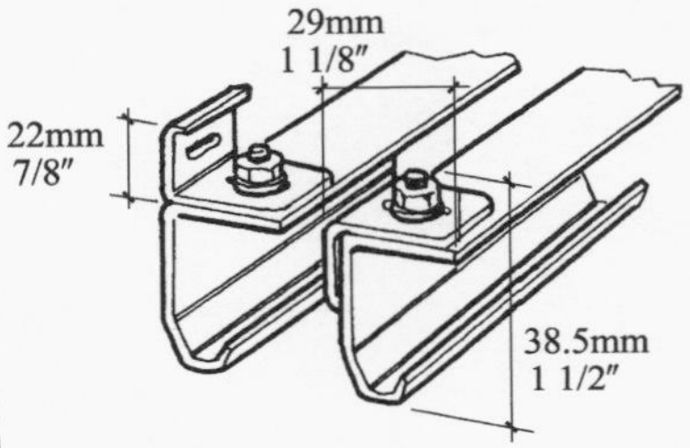
29mm
1 1/8″
22mm
7/8″
38.5mm
1 1/2″

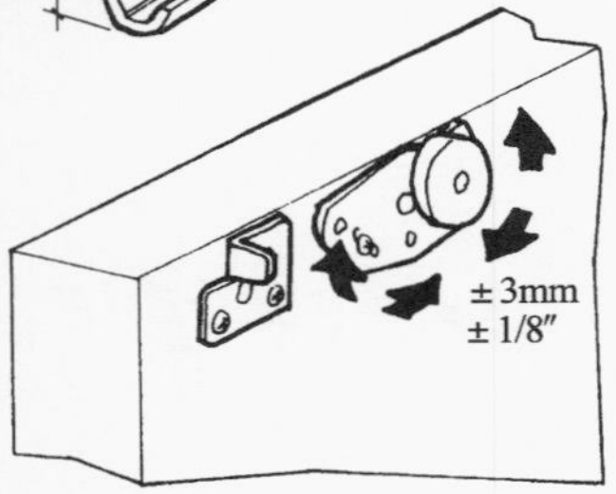
± 3mm
± 1/8″

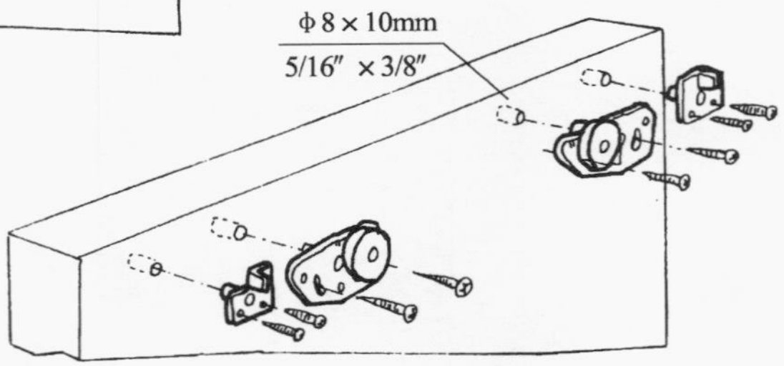
ϕ 8 × 10mm
5/16″ × 3/8″

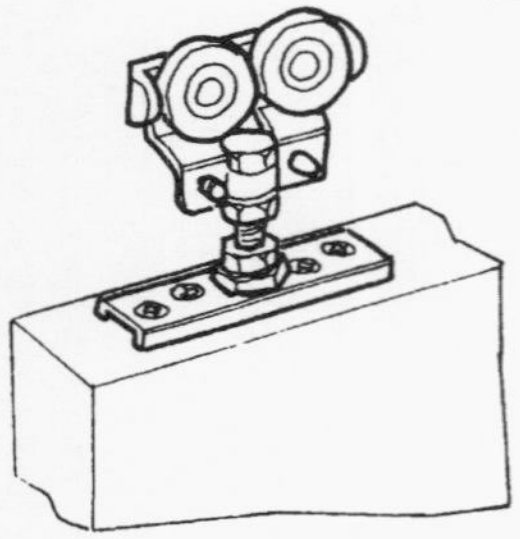

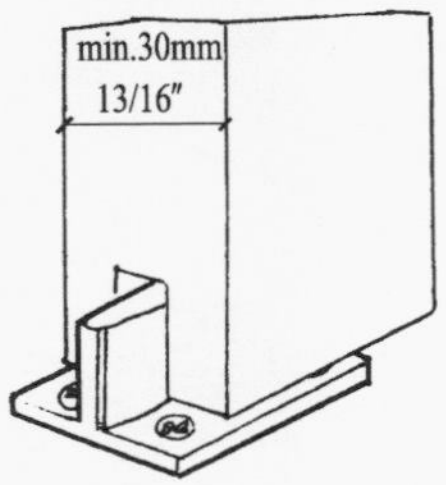
min.30mm
13/16″

KP.40

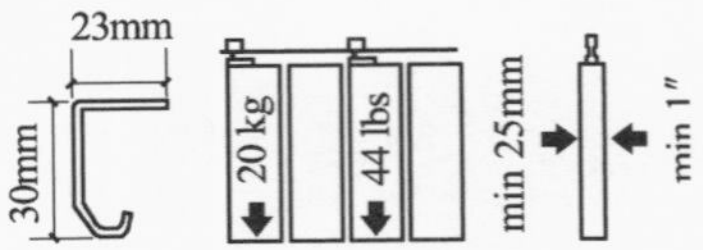
23mm
30mm
20 kg
44 lbs
min 25mm
min 1″

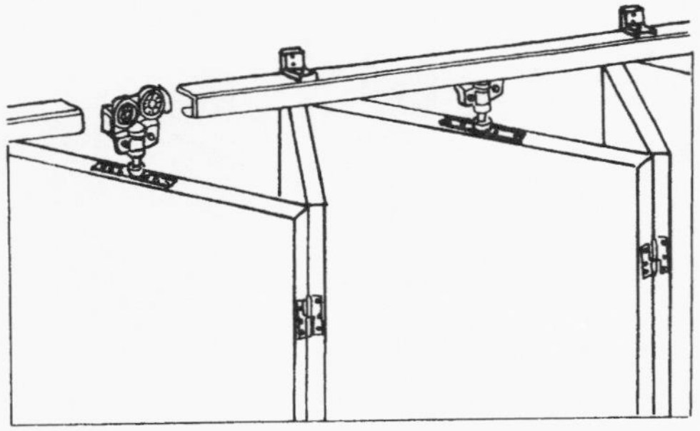

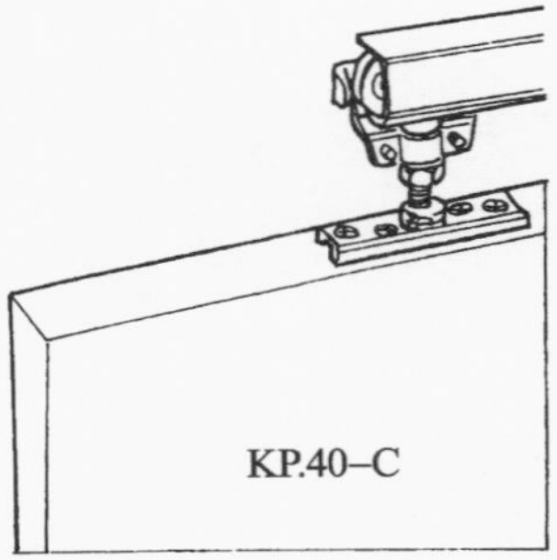
KP.40–C

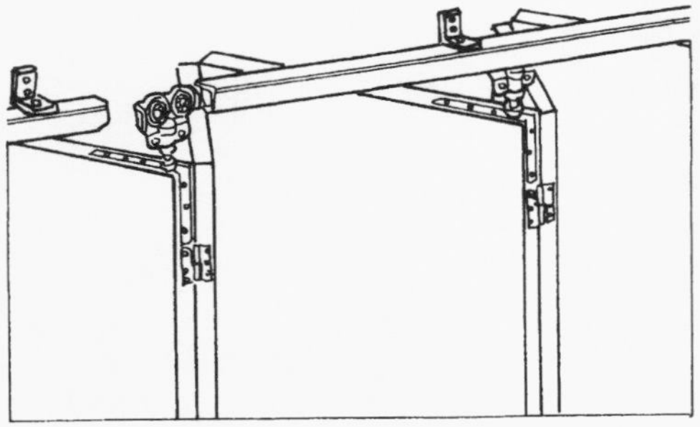

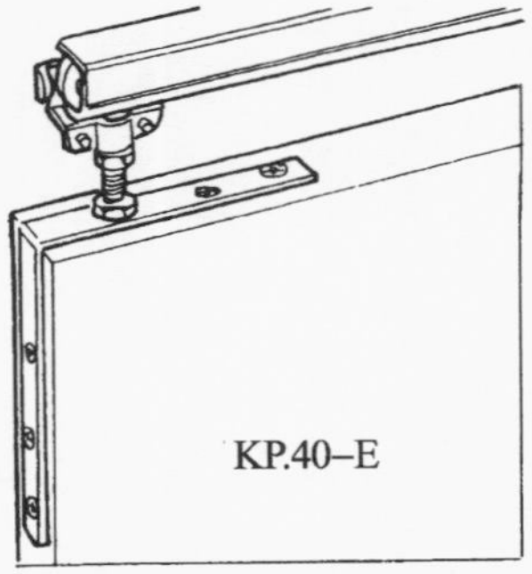
KP.40–E

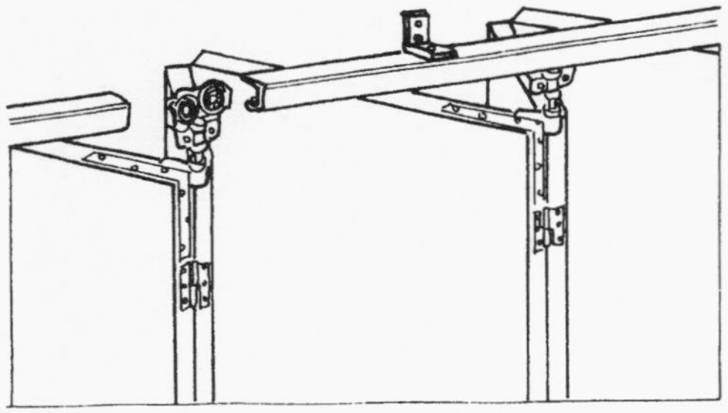

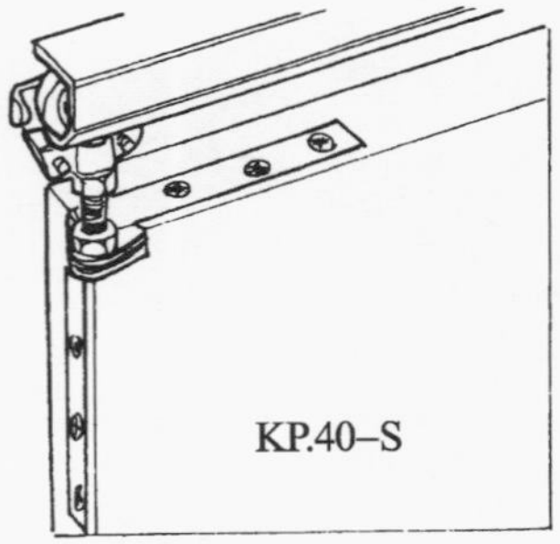
KP.40–S

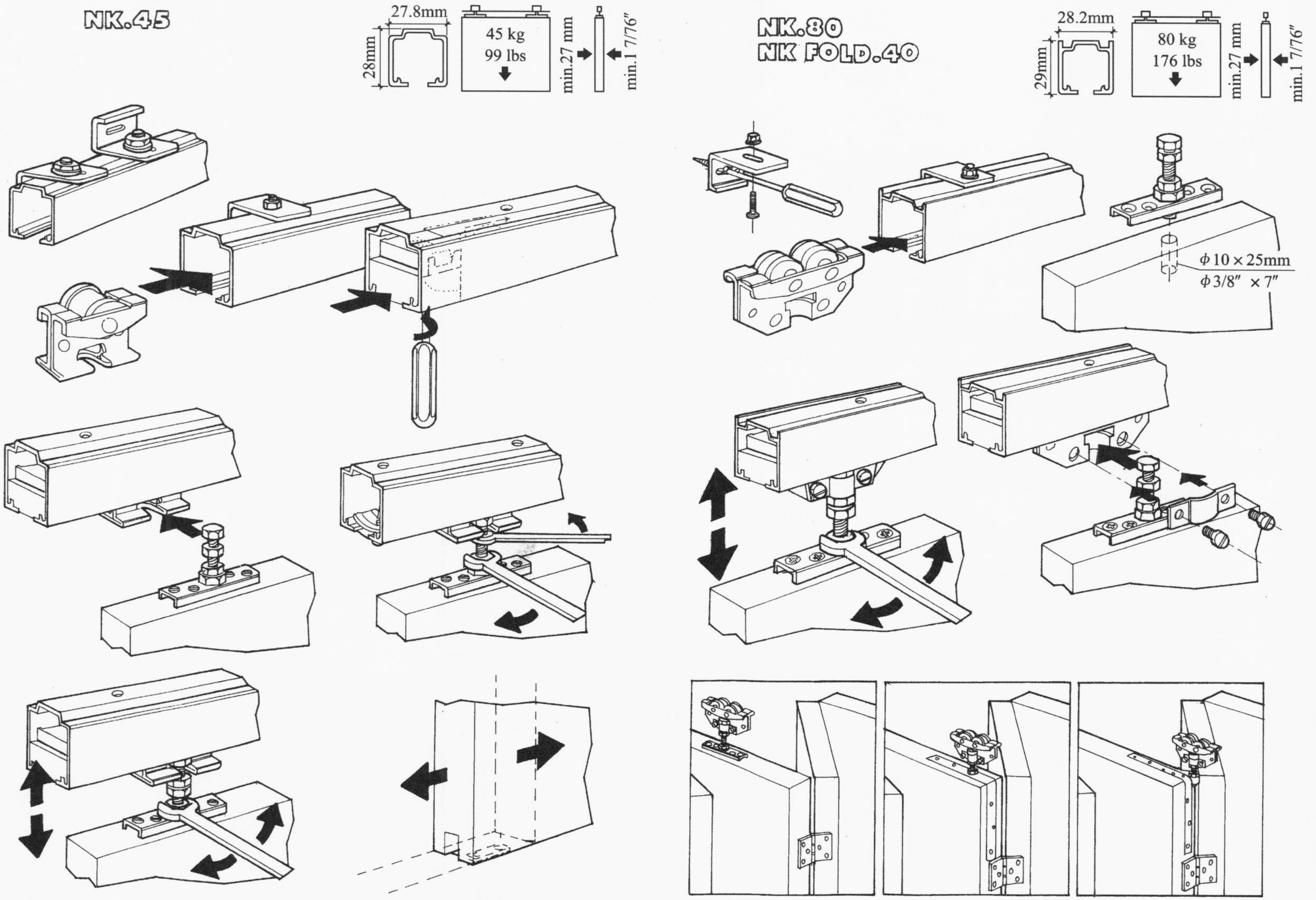
NK.45
27.8mm
28mm
45 kg
99 lbs
min.27 mm
min.1 7/76"
NK.80
NK FOLD.40
28.2mm
29mm
80 kg
176 lbs
min.27 mm
min.1 7/76"
ϕ10 × 25mm
ϕ3/8" × 7"

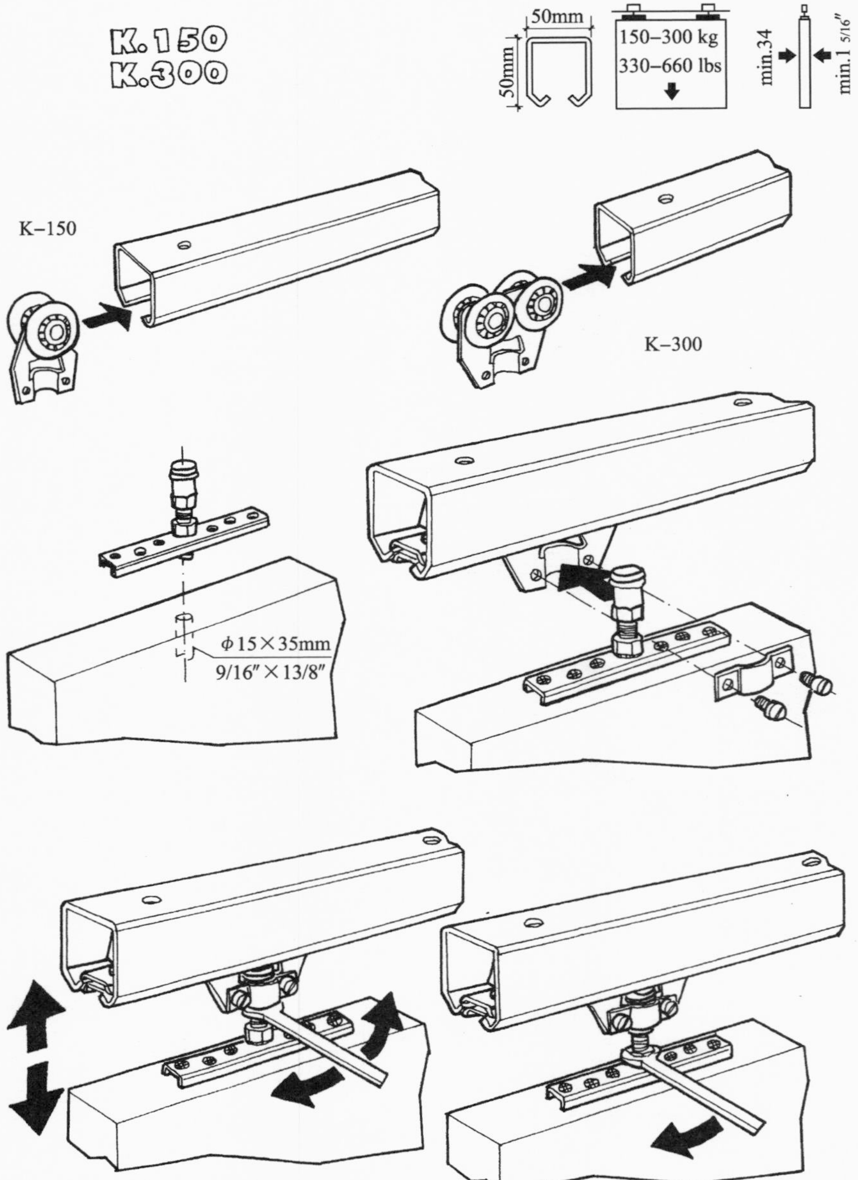
K.150
K.300
50mm
50mm
150–300 kg
330–660 lbs
min.34
min.1 5/16″
K–150
K–300
ϕ15×35mm
9/16″×13/8″

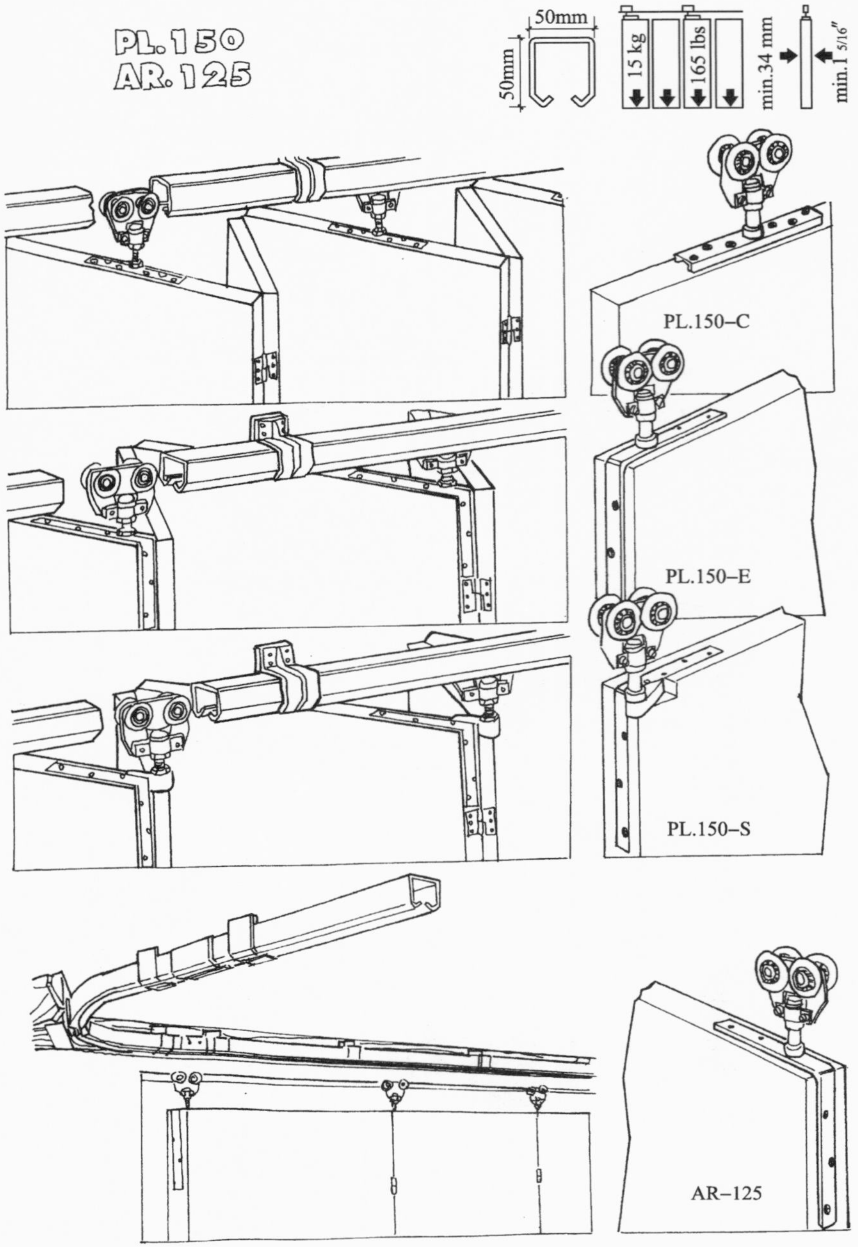
PL.150
AR.125
50mm
50mm
15 kg
165 lbs
min.34
min.1 5/16″
PL.150–C
PL.150–E
PL.150–S
AR–125

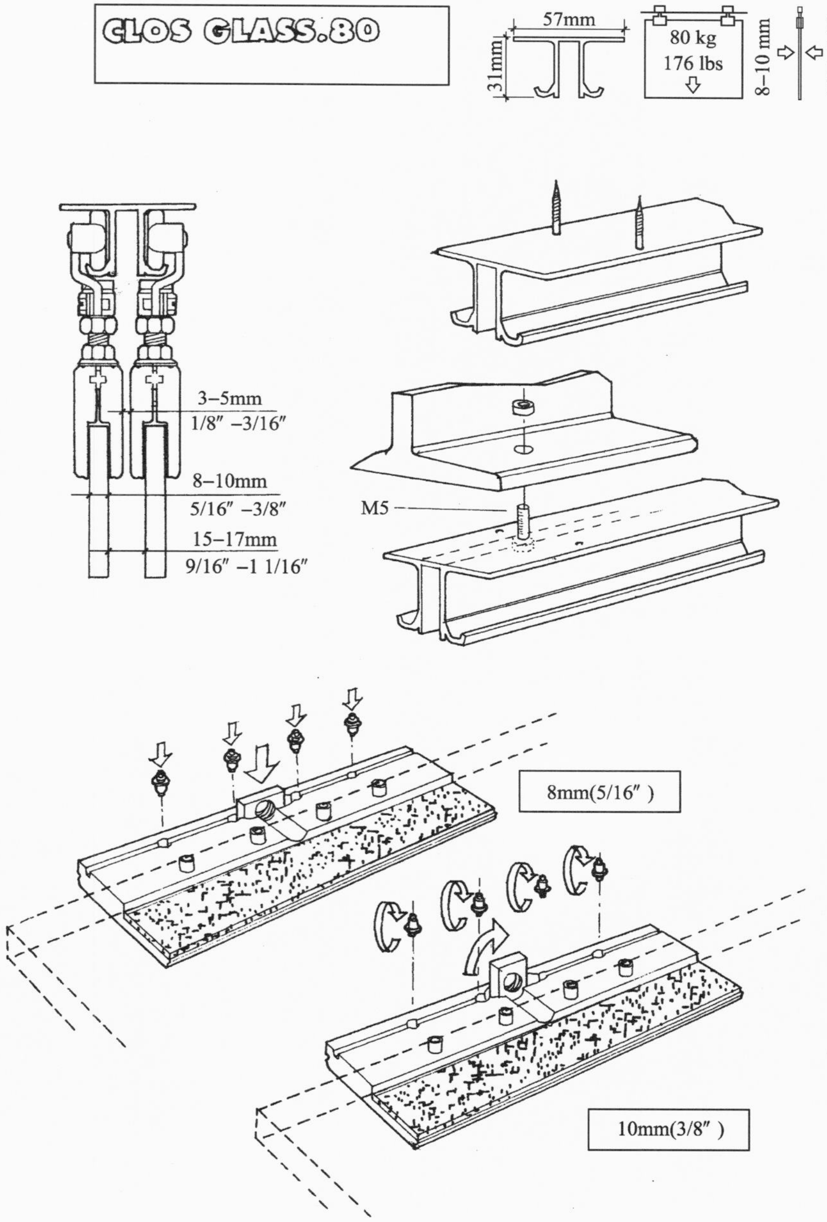
CLOS GLASS.80
57mm
31mm
80 kg
176 lbs
8–10 mm
5/16–3/8″
3–5mm
1/8″ –3/16″
8–10mm
5/16″ –3/8″
15–17mm
9/16″ –1 1/16″
M5
8mm(5/16″)
10mm(3/8″)

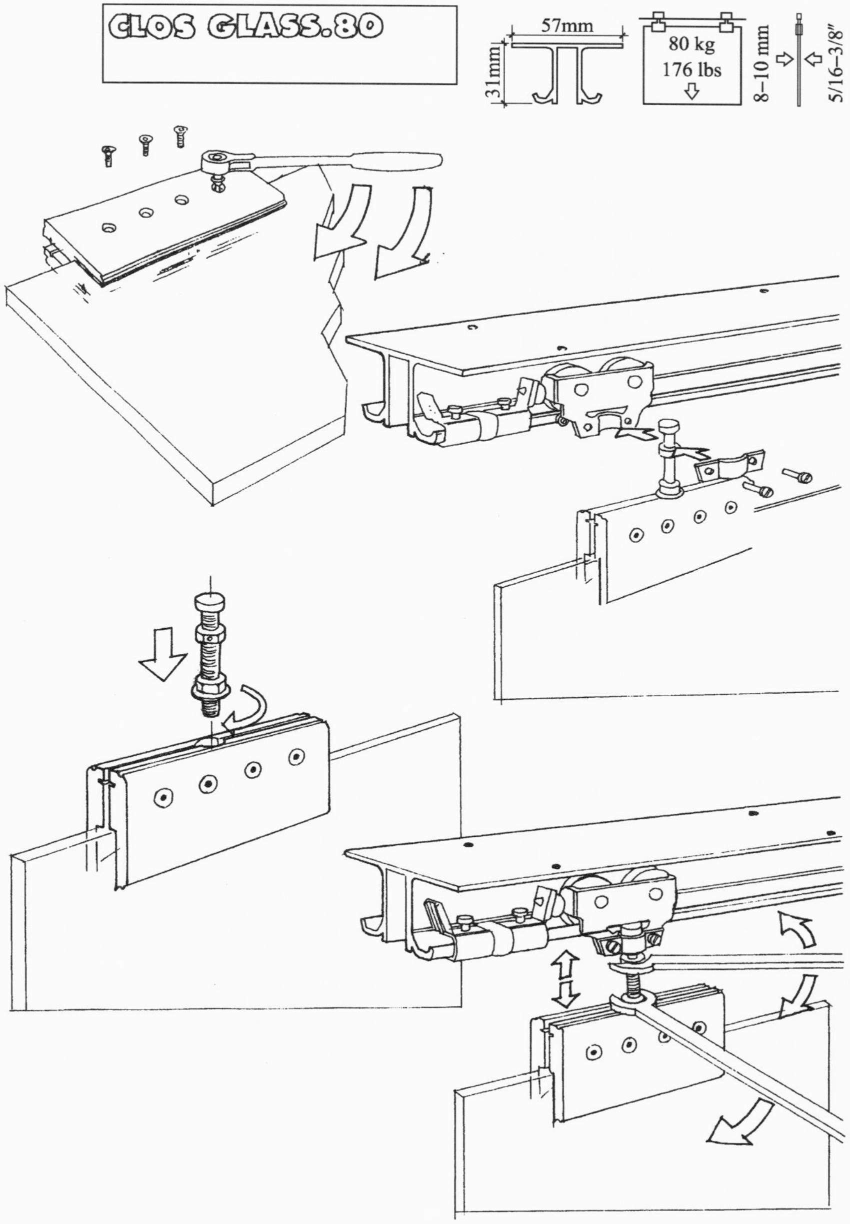
CLOS GLASS.80
57mm
31mm
80 kg
176 lbs
8–10 mm
5/16–3/8″

CLOS SLID.60

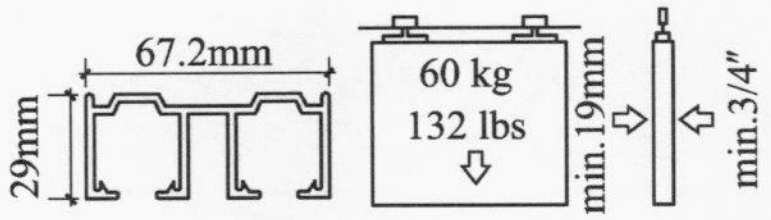
67.2mm
29mm
60 kg
132 lbs
min.19mm
min.3/4″

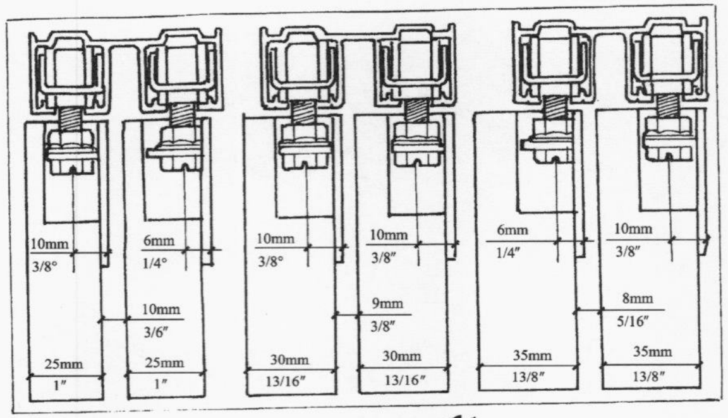
10mm
3/8°
6mm
1/4°
10mm
3/6″
25mm
1″
25mm
1″
10mm
3/8°
10mm
3/8″
9mm
3/8″
30mm
13/16″
30mm
13/16″
6mm
1/4″
10mm
3/8″
8mm
5/16″
35mm
13/8″
35mm
13/8″

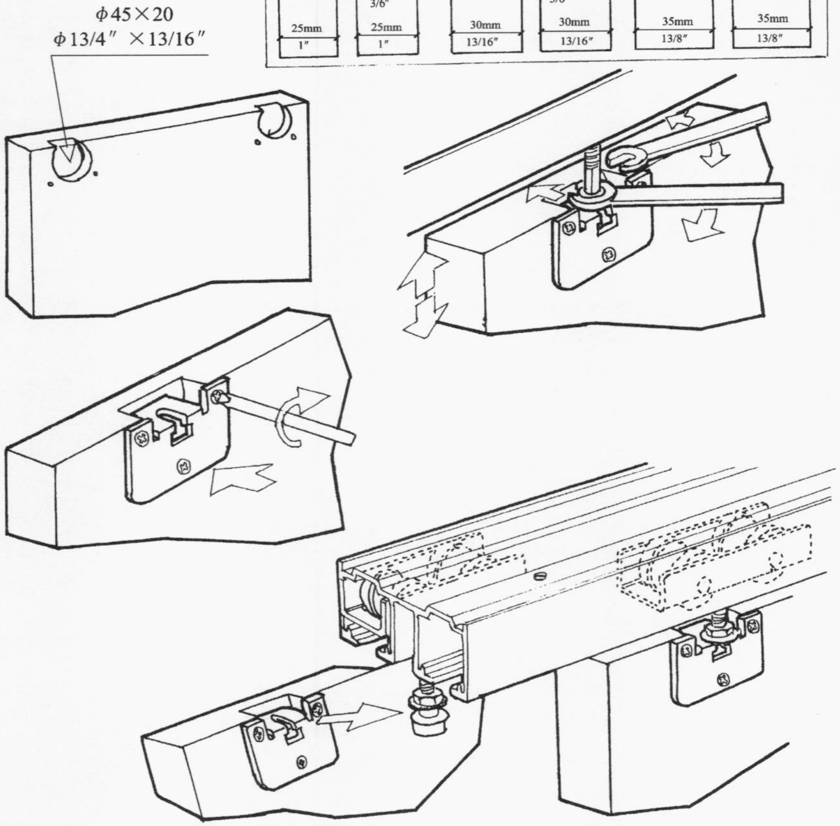
φ45×20
φ13/4″ ×13/16″

CLOS SLID.60

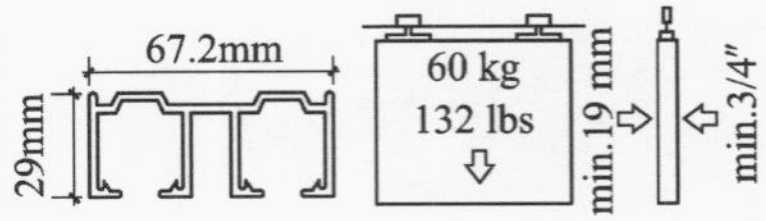
67.2mm
29mm
60 kg
132 lbs
min.19 mm
min.3/4″

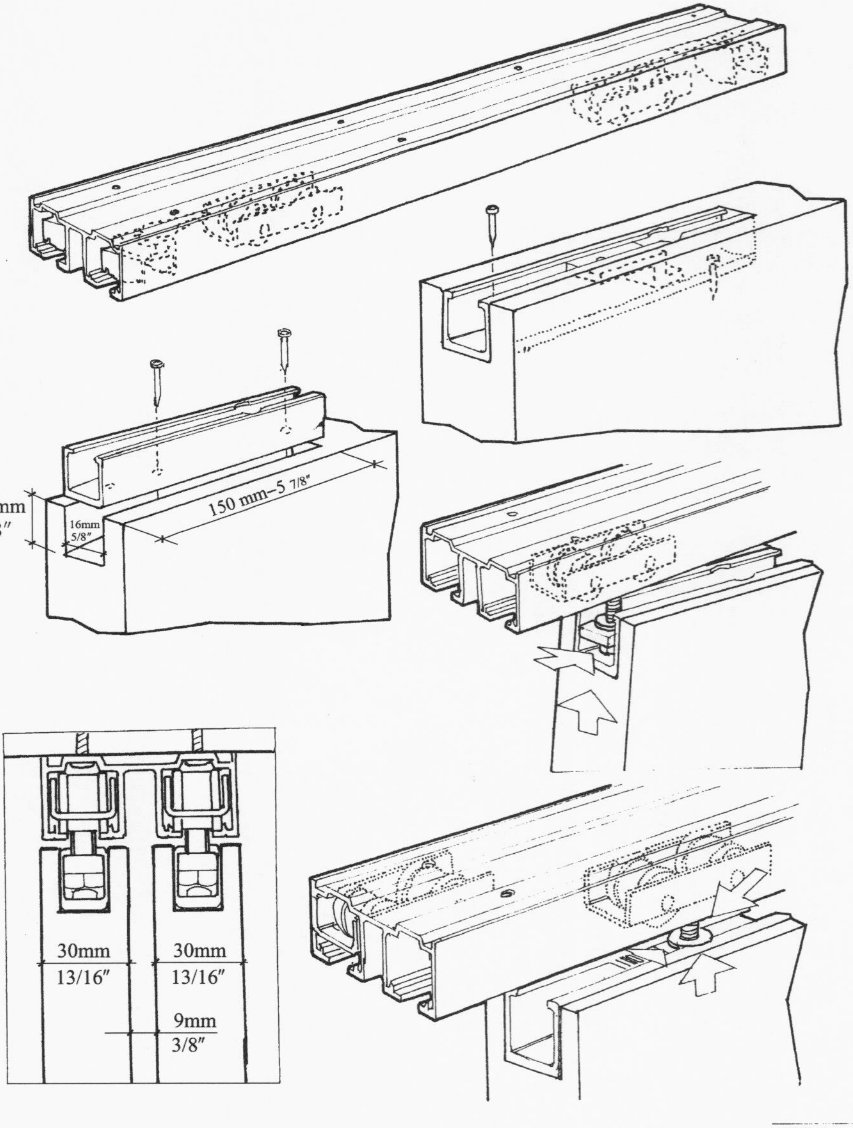
22mm
7/8″
16mm
5/8″
150 mm–5 7/8″
30mm
13/16″
30mm
13/16″
9mm
3/8″

使用范围：门的重量：70kg以下/扇
　　　　　门的厚度：30mm以上

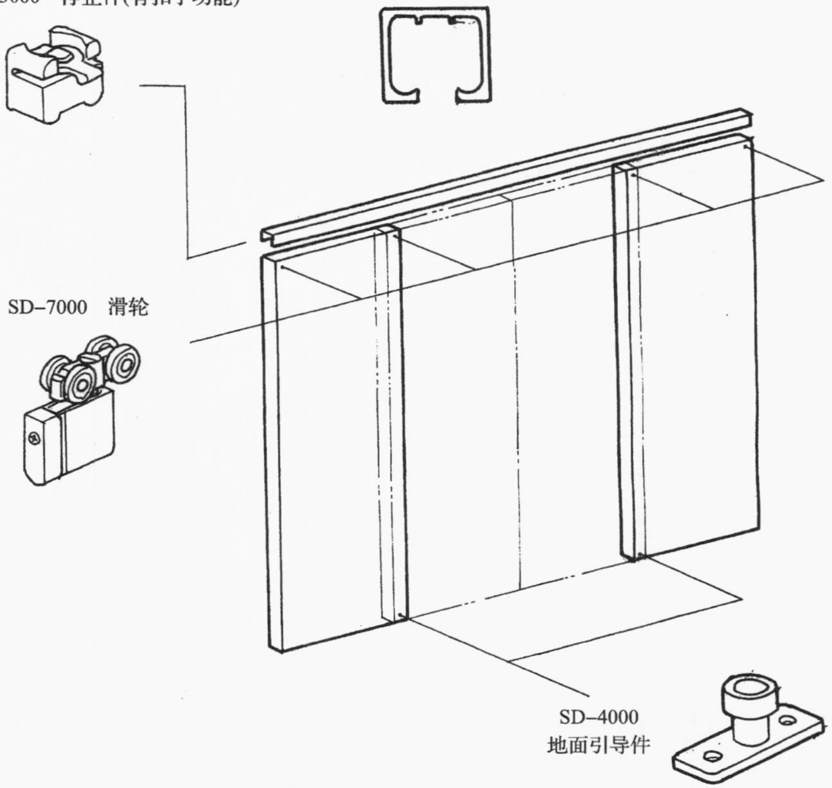

五金件种类 ╲ 移门形式	SD-1000 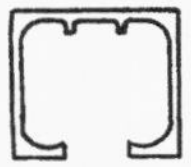	SD-7000 	SD-3000 	SD-4000 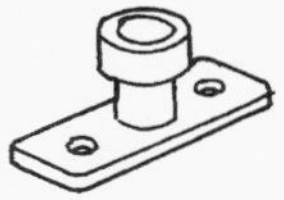
单门移动 	1800mm (2700mm) 1	2	2	1
双门移动 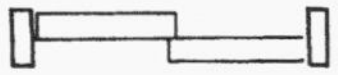	1800mm (2700mm) 2	4	4	2
双门单向移动 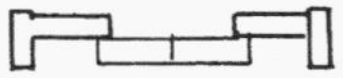	3600mm 1	4	4	2
四门移动 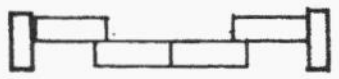	3600mm 2	8	8	4

均不设地面轨道

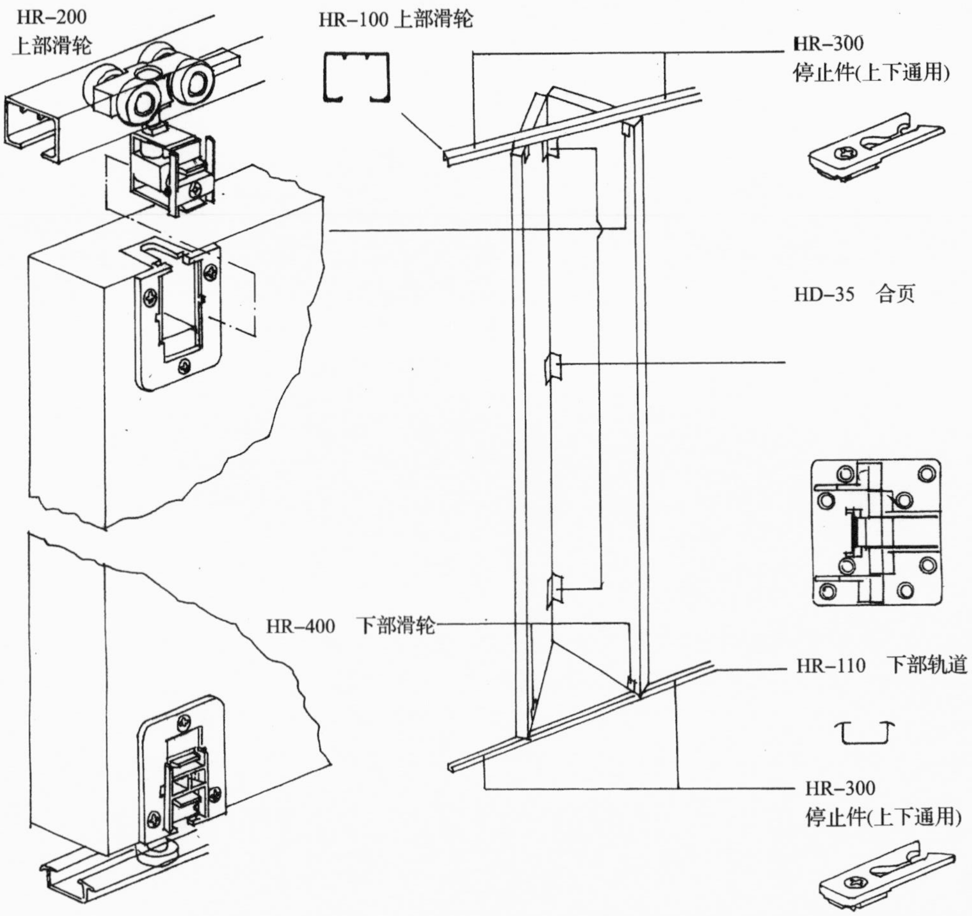
HR-200
上部滑轮
HR-100 上部滑轮
HR-300
停止件(上下通用)
HD-35 合页
HR-400 下部滑轮
HR-110 下部轨道
HR-300
停止件(上下通用)

五金件的种类 / 折门的种类	上部轨道	下部轨道	上部轨道	下部轨道	停止件	合页
	HR-100	HR-110	HR-200	HR-400	HR-300	HD-35
1P	900 mm	900 mm	2	2	2	3
2P	1800 mm	1800 mm	4	4	4	6
3P	2700 mm	2700 mm	6	6	4	9
4P	3600 mm	3600 mm	8	8	4	12

使用范围：门重量：15kg以下/扇
门厚：　26mm以上
门宽：　450mm以下/扇
储存室

二、构造与材料

(一)木门窗构造

1. 材料特点及选材标准

(1)特点:

材料具有质轻、强度高(表观密度 $0.5 \sim 0.7g/cm^3$,顺纹抗压极限强度平均值为 50MPa)、弹性和韧性好,纹理、色泽美,易于着色和油漆,热工性能好;易加工、接合、构造简单等特点。

其物理力学性质:

a 含水率 即木材中含水重量占干燥木材重量的百分比。

新伐木材为 35%以上,风干木材为 15% ~25%。

室干木材为 8% ~15%。装饰木材含水率标准表:

装饰木材含水率标准

一级	<18%
二级	<20%
三级	<24%

b 湿胀干缩 是木材最为显著的特性,其随树种而异,一般密度大的,夏材含量多的胀缩就大。木材的收缩与膨胀能产生裂纹或翘曲变形,致使木构件松弛变形,强度下降。

常用木材的力学性能

木材种类	木材名称	应力等级	受弯顺纹受压及承压	顺纹受拉	顺纹受剪	横纹承压			弹性模量($\times 10^3$)
						全表面	局部表面齿面	拉力螺栓垫板下面	
针叶树	东北落叶松、陆均松、鱼鳞云杉、云南云杉、铁杉、红杉、	A-1	12.0	7.5	1.3	1.9	2.9	3.8	11
	赤松、新疆落叶松、红松、樟子松、华山松、马尾松、云南松、	A-2	11.0	7.0	1.2	1.7	2.4	3.4	10
	广东松、油松、红皮云杉、杉木、	A-3	10.0	6.5	1.1	1.5	2.2	3.0	9
	华北落叶松、秦岭落叶松、冷杉、	A-4	9.0	6.0	1.0	1.5	2.2	3.0	9
	西北云杉、山西云杉、山西油松	A-5	8.0	5.0	1.0	1.4	2.1	2.8	8.5
阔叶树	栎木(柞木)、青冈	B-1	1.6	10.0	2.2	3.4	5.1	6.8	12
	桐木 水曲柳	B-2	1.4	9.0	1.9	3.1	4.6	6.2	11
	锥栗(栲木)、桦木	B-3	1.2	8.0	1.6	2.5	3.7	5.0	10

c 强度 木材具有一定抗压、抗拉、抗弯和抗剪强度,由于其结构不均匀,因此顺纹和横纹抵抗外力的能力也不相同。木材密度越大,夏材含量越多,则强度越高,影响木材强度主要因素有:含水率、疵病。

(2)材质标准:

木门窗及其他细木制品用木材的选材标准

木材缺陷 \ 制品名称 等级			门窗扇的立梃、冒头、中冒头及楼梯扶手			窗棂、压条、门窗及气窗的线角、通风窗立梃、披水、贴脸板及挂镜线			门芯板及护墙板			门窗框、窗台板、踢脚板及木楼梯		
			Ⅰ	Ⅱ	Ⅲ	Ⅰ	Ⅱ	Ⅲ	Ⅰ	Ⅱ	Ⅲ	Ⅰ	Ⅱ	Ⅲ
活节	节径	不计个数时应小于(mm)		10	15		5		10	15	20	10	15	20
		计算个数时不应大于	材宽的			材宽的			mm			材宽的		
			1/4	1/3		1/4	1/3		20	30	40	1/3	1/2	
	个数	任何一延米中不应超过	2	3	4	0	2	3	2	3	5	3	5	6
死节			允许,包括在活节总数中			不允许			允许,包括在活节总数中					

续表

制品名称 / 等级 / 木材缺陷	门窗扇的立梃、冒头、中冒头及楼梯扶手			窗棂、压条、门窗及气窗的线角、通风窗立梃、披水、贴脸板及挂镜线			门芯板及护墙板			门窗框、窗台板、踢脚板及木楼梯		
	Ⅰ	Ⅱ	Ⅲ	Ⅰ	Ⅱ	Ⅲ	Ⅰ	Ⅱ	Ⅲ	Ⅰ	Ⅱ	Ⅲ
髓　　心	不露出表面的，允许			不允许			不露出表面的，允许					
裂　　缝	深度及长度不得大于厚度及材长的			不允许	允许可见裂缝		允许可见裂缝			深度及长度不得大于厚度及材长的		
	1/6	1/5	1/4							1/5	1/4	1/3
斜纹：斜率不大于（%）	6	7	10	4	5	6	15	不限		10	12	15
油　　眼	Ⅰ、Ⅱ级非正面允许，Ⅲ级不限											
其　　他	浪形纹理、圆形纹理、偏心及化学变色允许											

注：Ⅰ级品不允许有虫眼，Ⅱ、Ⅲ级品允许有表层的虫眼。

除此之外，木门窗及细木制品所用木材还需符合下列要求：

木门窗及细木制品的结合处和安装小五金处，均不得有木节或填补的木结。

木门窗及细木制品如有允许限制以内的死节及直径较大的虫眼等缺陷时，应用同一种树种的木塞加胶填补。对于清水漆制品，木塞的色泽和木纹应与制品一致。

木门窗及细木制品制成后，应立即刷一遍底油（干性油），防止受潮变形。

木门窗及细木制品表面施涂油漆或涂料，应按油漆工程要求验收。

2．形式与构造

1）常见木门品种有：实木门、夹板门、镶板门、玻璃木框门、（复合）模压门。

木门的门扇样式（GT1a－1～11）

木门常用构造节点（GT1b－1、2）

2）常见木窗形式有：平开窗、推拉窗、立转窗、百叶窗、中悬窗

常用木窗构造节点（GT1c－1、2）

3）常见木门窗各基本组成部分装配构造实例

门扇与门框门套节点（GT2a－1～8、9）

工程实例（GT2b）（GT2b－1～11）为一套

（GT2b－12～26）为一套

（二）UPVC——塑钢门窗

1．材料与结构特点

塑钢门窗是以聚氯乙烯（PVC）树脂为主要原料，加上一定比例的多种添加剂经热挤压加工成各种窗用型材，然后通过切割，熔接的方式组装成门窗的框扇，配上五金配件等制成的。为弥补塑料型材的刚性不足，在型材的空腔填塞特制衬钢（加强筋），因此称之为塑钢门窗。

塑钢门窗以其具有良好的保温节能性能和物理性能得以广泛应用。

（1）特点

a）节能：

塑钢门窗的型材为多腔式结构，具有良好的隔热性能。塑料的导热系数仅为钢材的1/357，铝材的1/1250。采用塑钢门窗比铝合金门窗节省采暖和制冷能耗30%～50%。此外，在生产中的能耗只有铝的1/8，钢的1/4。所以采用塑钢门窗不仅在使用中节能而且在生产过程中也节能，可以称之为绿色建材。

b）气密性、水密性、隔声性、保温性良好：

塑钢门窗的窗框与窗扇各缝隙处配有耐久性强的密封条、毛条。其空气渗透性一般在2～1级的水平。其次选用异形材为多腔结构，加上采用双层中空玻璃，以及采用附有密封条的玻璃压条异型材固定玻璃的方法，使其隔声性能可达30dB以上。由于PVC窗导热系数非常小，当采用双层中空玻璃时，其平均传热系数为2.3W/m^2·K，是单层钢窗、铝合金窗平均传热系数的36%。

c）强度高、耐冲击：

塑钢窗异型材采用耐冲击配方和精心设计的横断面，所以强度高，耐冲击性良好，其抗风大于1500Pa，符合《建筑结构荷载规范》的规定。

d）耐候性好，耐腐寿长：

塑料配方中添加了紫外线吸收剂和耐冲击改性剂，可在－40至70℃气候条件下使用，不会脆化、腐蚀，不用油漆保养，自然老化期大于30年，可达50年。

e）外观精致，防火性能好：

塑钢门窗的表面光洁美观，型材内外颜色一致。遇脏物，可清洗如新。由于PVC塑料为阻燃材料，不自燃，离火能自熄，使用安全性高，符合防火要求。

(2)塑钢门窗用材

塑钢门窗用异型材分中空式、开放式两种。中空式居多，可分为单腔、双腔、多腔三种形式，使用最多的为多腔和双腔。

异型材因强度设计要求不同而有厚壁、薄壁之分，一般厚壁较多，壁厚为2～4mm，而薄壁仅1.2mm。

塑钢窗框所用的异型材分主要异型材和辅助异型材，前者主要用以构成窗框和窗扇，而后者为固定玻璃的压条，密封条等。此外，还有排水异型材，拼接异型材，金属增强异型材、纱窗异型材等。以及专门配套的五金件，直接安装在框和扇异型材上。

由于技术的、产地的不同，还把异型材分为欧洲型和美国型，详见型式与构造中断面图。欧洲型塑钢窗外观坚实粗犷，而美国型则是典雅精巧。

随着生产技术的不断进步，塑钢窗正朝着新结构、新技术、高级化、彩色化、复合化方向发展。

2. 形式与构造

1)常见的塑钢门窗有：固定式、开启式(侧开、上开、下开)、推拉式。(GT3)(GT3－1～GT3－4)

2)塑钢门窗异型材断面(GT4)(GT4－1、GT4－2)

3)常见塑钢门窗各基本部分装配构造实例(GT4)(GT4－3～GT4－6)

(三)彩板钢门窗

1. 材料特点：

彩板钢门窗是一种造型美观、色彩鲜艳具有独特美感的新型建筑门窗。

特点：

(1)彩板钢门窗具有质量轻、强度高、采光面积大，防尘、隔声、保温、防火、密封性好、耐腐蚀，使用寿命较长等特点。

(2)彩板钢门窗抗风压强度很高。推拉窗达2800Pa(3级)，平开窗可达3920Pa(1级)，这两种窗型抗风压强度优于铝合金窗、空腹钢窗。

(3)彩板钢门窗气密性、水密性很好。推拉窗空气渗透性达2级，雨水渗透性可达4级。平开窗的空气渗透性达1级，雨水渗透性可达3级。

(4)彩板钢门窗的隔声性能也较佳，推拉窗和平开窗的隔声性能可大于25dB。

2. 加工用材

彩板钢门窗是选用彩色镀锌钢板，厚度为0.7～1.1mm，配以4mm厚平板玻璃或中空双层钢化玻璃，作为主要用材。

其生产工艺过程，经机械加工组装制成，全部采用接插件组角自攻螺钉连接。玻璃与门窗交接处及门窗框与扇之间的缝隙全部用橡胶密封条和密封膏来密封。

3. 形式与构造

(1)彩板钢门窗按开启方式可分为：

平开窗、推拉窗、固定窗、悬窗、立转窗、平开门、推拉门、弹簧门。

(2)彩板钢门窗型材断面图。(GT5)

(3)常见彩板门窗基本组成部分装配构造实例。(GT6)(GT6－1～GT6－12)

(四)铝合金门窗

1. 材料特点与标准用材

(1)铝的牌号

铝材的牌号用汉语拼音字母“L”加上顺序号表示，共分七级，级数越大表明含杂质越多。铝合金按加工方法分为铸造铝合金和变形铝合金。各种变形铝合金也是用汉语拼音字母和顺序代表，顺序不直接表示合金元素的含量，各种变形铝合金的汉语拼音字母代号如下：

LF——防锈铝合金(防锈铝)

LD——锻铝合金(锻铝)

LY——硬铝合金(硬铝)

LC——超硬铝合金(超硬铝)

LT——特殊铝合金(特殊铝)

LQ——硬钎焊铝合金(硬钎焊铝)

铸造铝合金牌号用汉语拼音字母“ZL”和三位数字组成。

变形铝合金产品供应状态有多种，常用三种：

M——退火状态代号。

CY——火后冷轧(冷作硬化)代号。

Y——硬状态代号。

(2)铝材特点

铝合金属轻金属，重量轻。

铝合金有较高的抗蚀性、足够的强度和优良的工艺性。

铝合金的导电、导热性好。

铝合金结构的连接方式多样，可焊接、铆接、螺接、胶接等。

铝合金还可同钢材、木材、塑料等联合做结构材料。

(3)建筑用铝合金牌号

a. LD30 铝合金：为 Al—Mg—Si 系锻铝，具有中等强度，有良好的塑性和优良的可焊性与抗蚀性。可阳极氧化着色，也可涂漆，上釉，十分适合做建筑装饰材料。

b. LD31 铝合金：为合金化的 Al—Mg—Si 系高塑性铝合金，在热处理强化后具有中等强度，冲击韧性高，对缺口不敏感。它的热塑性很好，可以高速挤压成结构复杂、薄壁、中空的各种铝型材或锻造成结构复杂的铝锻件。因此，主要用作建筑结构材料和装饰材料，如门窗框、装饰板、家具等。

该两种铝合金均可用于加工成板、管、棒、型材、线材和锻材。

(4)铝材的表面处理

a)目的：以提高材料的抗腐蚀性能及表面着色，以获得一层美观的氧化膜层来装饰保护铝材。

b)氧化方法：在铝材表面进行氧化处理。一般可采用化学氧化处理和阳极氧化处理来获得。目前较广泛使用直流电硫酸阳极氧化法进行表面处理，这种方法加工的氧化膜层较厚，硬而耐磨。

c)标准：我国建筑型材标准 GB 5237—85 中规定氧化膜厚度要大于 10μm。

d)着色：着色处理常用三种方法：化学着色法、电解着色法、自然着色法。目前铝型材氧化膜颜色以银白色、青铜色为多见，其他颜色如金色、琥珀色、中灰色、黑色、绿色等。

(5)铝合金门窗型材

铝合金门窗型材的各种复杂断面形状及大小规格均可一次挤压成型，它轻质、高强、耐蚀、耐磨、刚度大，阳极氧化着色处理后可有多种雅致色泽选择。现在应用各种不同的型材可加工成各种结构尺寸的铝合金门窗和其他构件，根据要求，有多种系列尺寸的铝合金门窗可选用，其装饰和使用效果远比木门窗、钢门窗为好。铝合金型材常用截面尺寸见表。

铝合金门窗型材的断面是空腔薄壁组合断面，型材壁厚应合理适当，若板壁太薄易使表面受损或变形，影响门窗抗风压能力。相反，如壁太厚对耐久性有利，但造价较高而不经济。据上海市标准《住宅建筑装饰工程技术规程》中一般规定窗料壁厚不宜小于 1.4mm，门料壁厚不宜小于 2mm。

铝合金型材常用截面尺寸见表

代号	型材截面系列	代号	型材截面系列
38	38 系列(框料截面宽度 38mm)	80	80 系列(框料截面宽度 80mm)
42	42 系列(框料截面宽度 42mm)	90	90 系列(框料截面宽度 90mm)
50	50 系列(框料截面宽度 50mm)	100	100 系列(框料截面宽度 100mm)
55	55 系列(框料截面宽度 55mm)		
60	60 系列(框料截面宽度 60mm)		
70	70 系列(框料截面宽度 70mm)		

2. 形式与构造

(1)铝合金门窗常用开启方式：

平开窗、推拉窗、固定窗、悬窗、平开门、推拉门、弹簧门。

(2)常用铝合金门窗用型材断面(GT7)(GT7－1～GT7－33)

(3)常见铝合金门窗基本组成部分装配构造实例(GT8)(GT8－1～GT8－11)

门(窗)扇与门窗框

门(窗)框与墙

(五)玻璃门构造(GT9)

1. 普通玻璃门 (GT9－1～GT9－6)
2. 自动感应门 (GT9－7～GT9－10)

(六)特种门窗构造(GT10)

1. 保温、隔声门窗、防火门 (GT10－19～GT10－21)
2. 卷帘门 (GT10－1～GT10－5)
3. 立转门 (GT10－6、10－7)
4. 感应门 (GT10－8)
5. 卫生间隔断 (GT10－9～GT10－14)
6. 天窗 (GT10－15～GT10－17)

GT1a–1

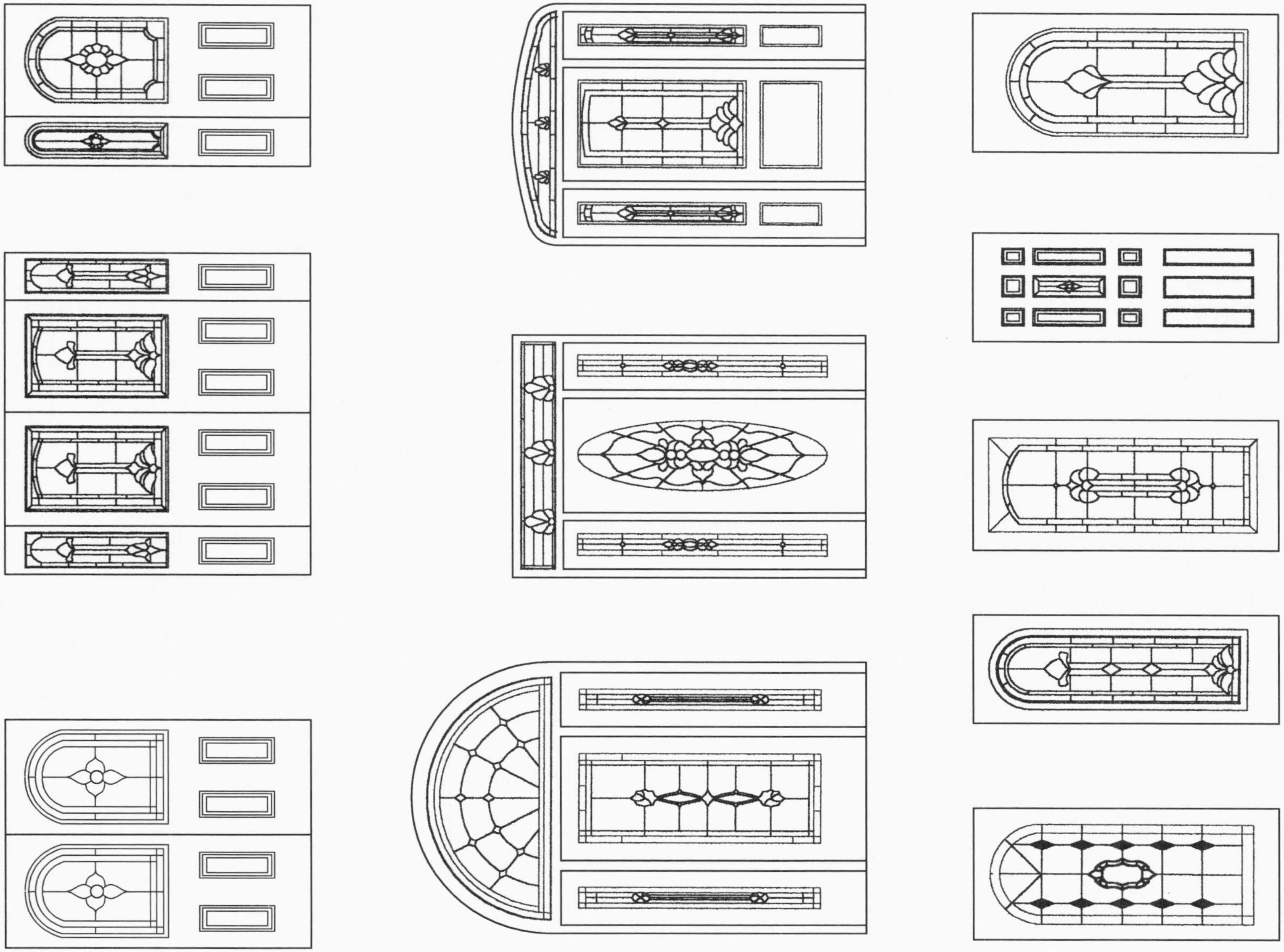

GT1a–2

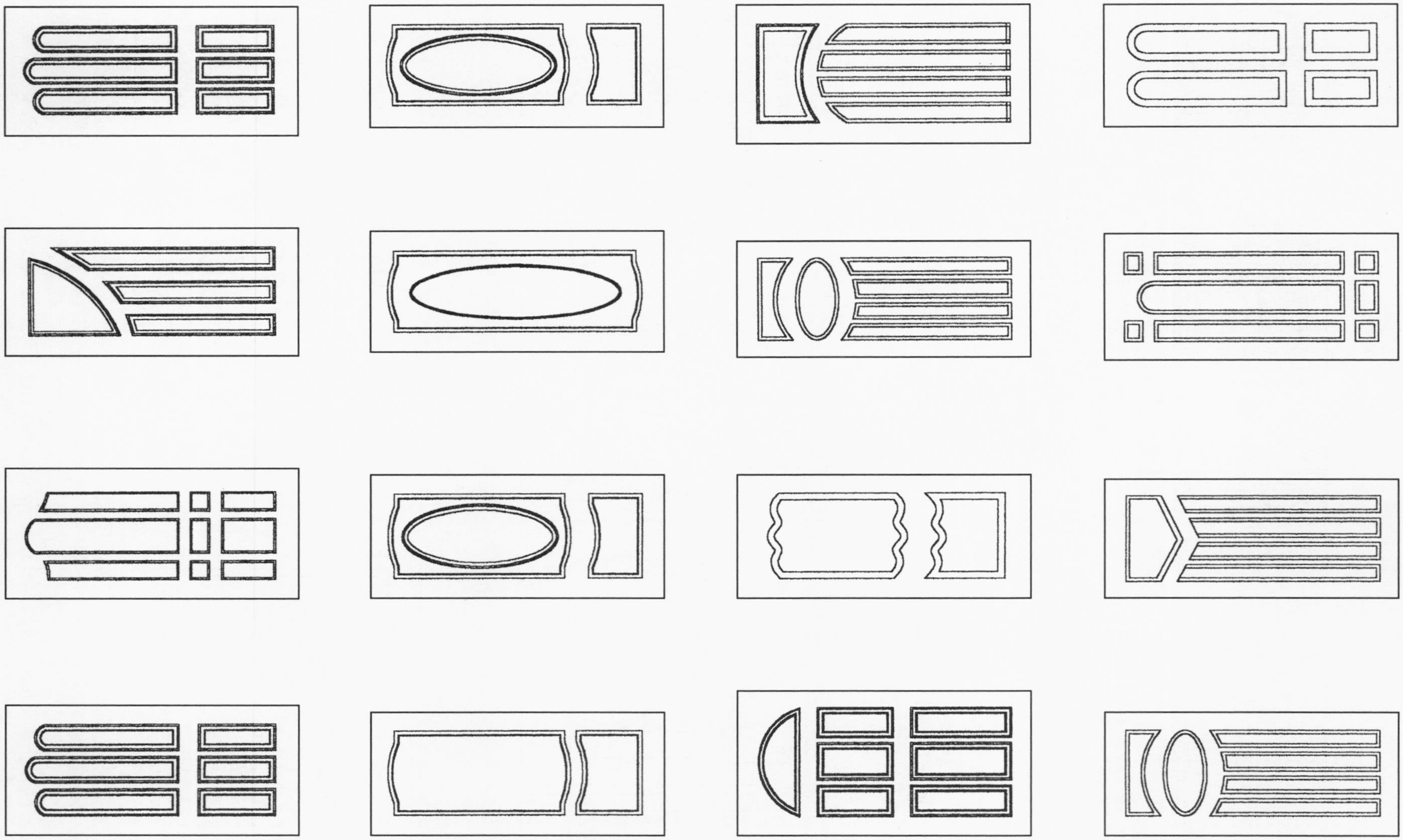

GT1a–3

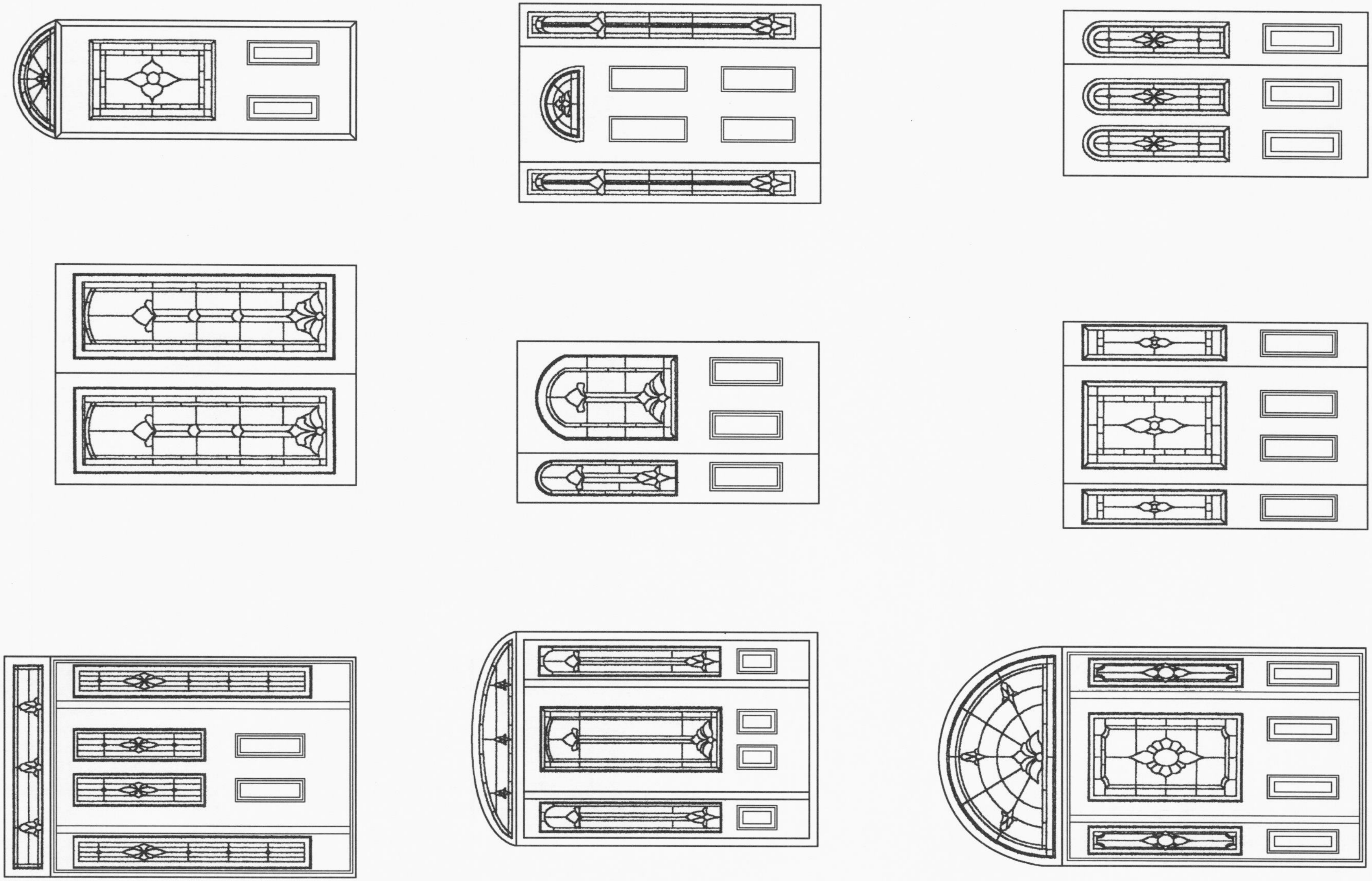

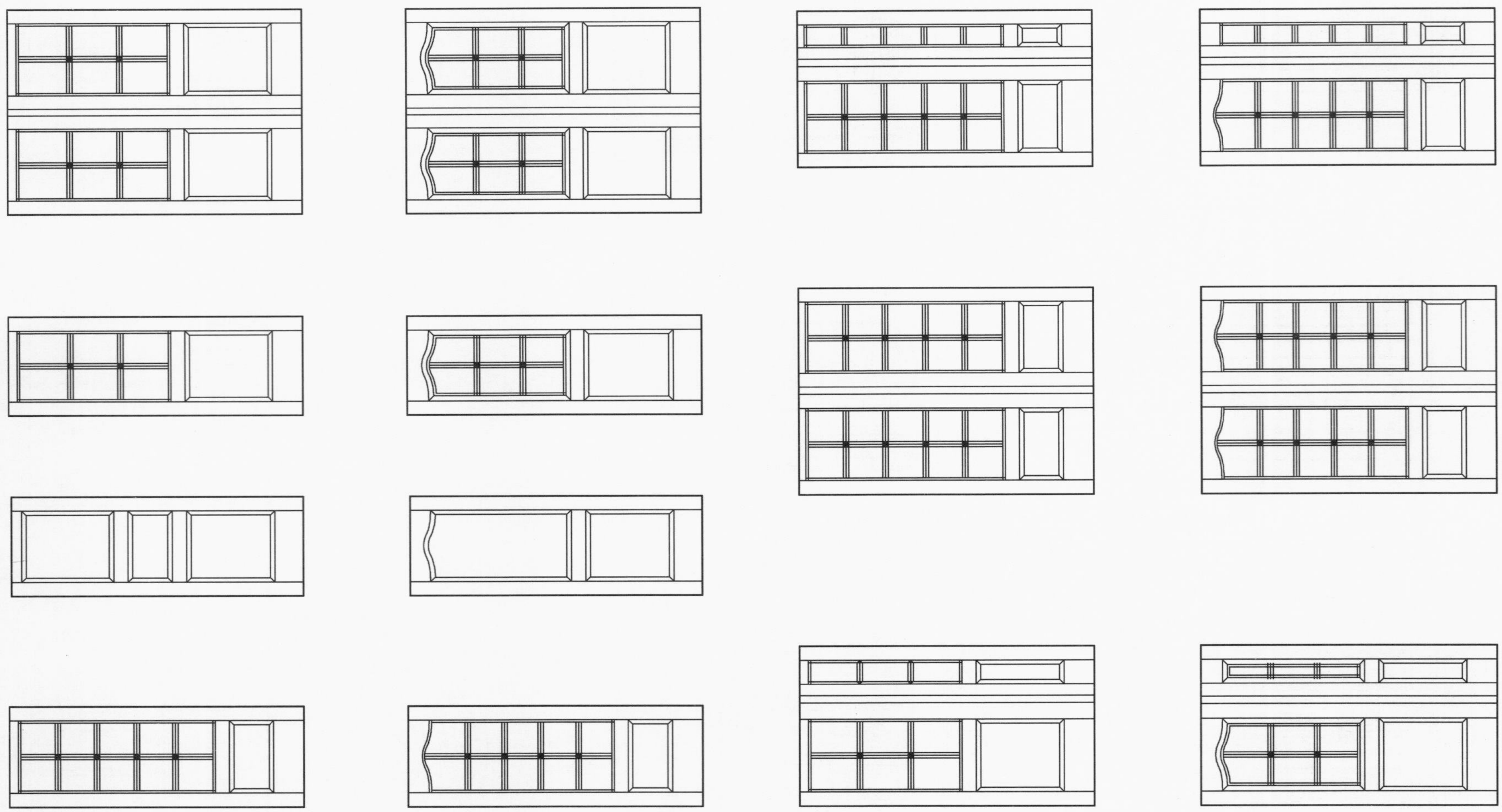

GT1a–5

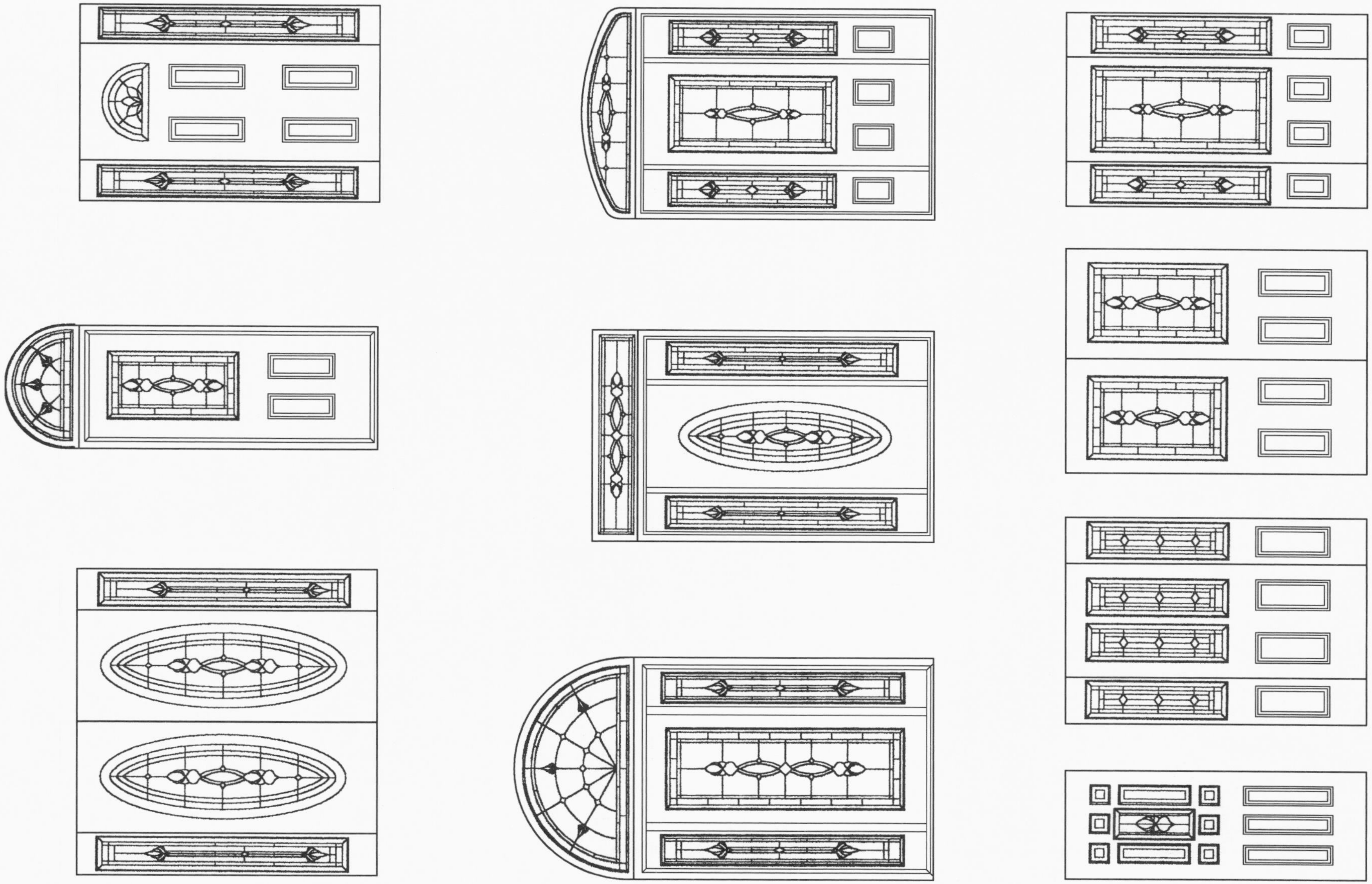

GT1a–7

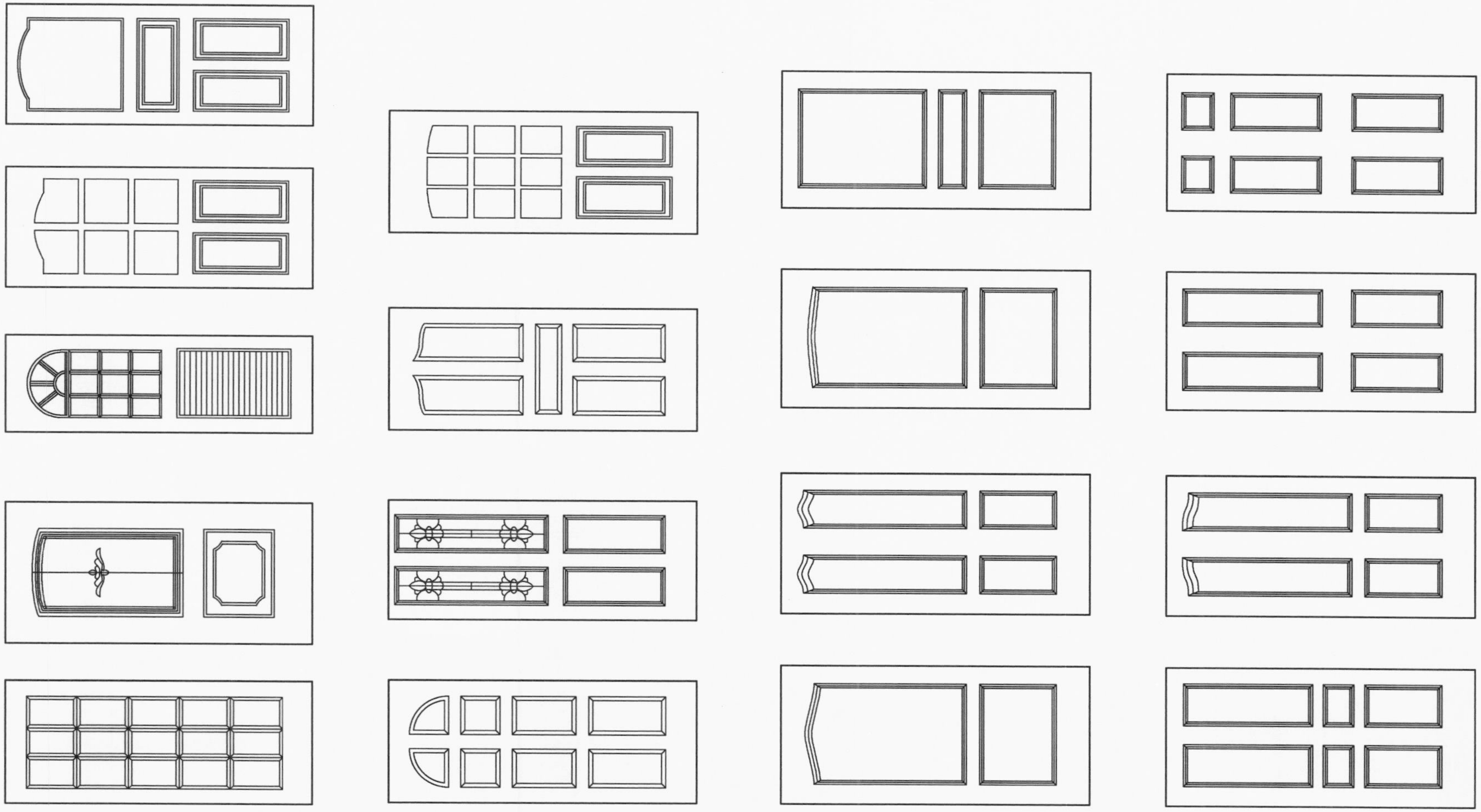

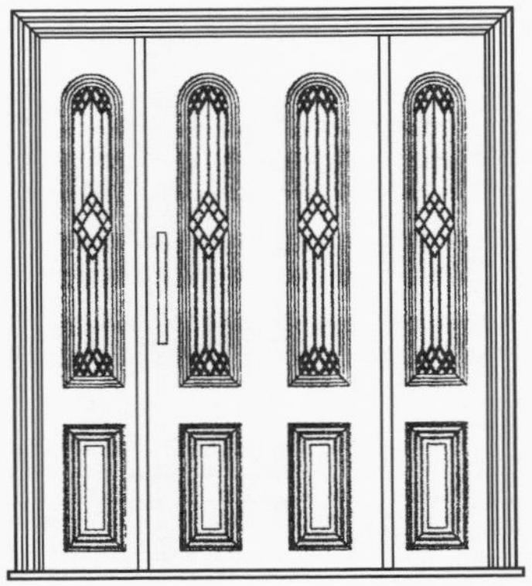

豪华型实木门（组合门系列）

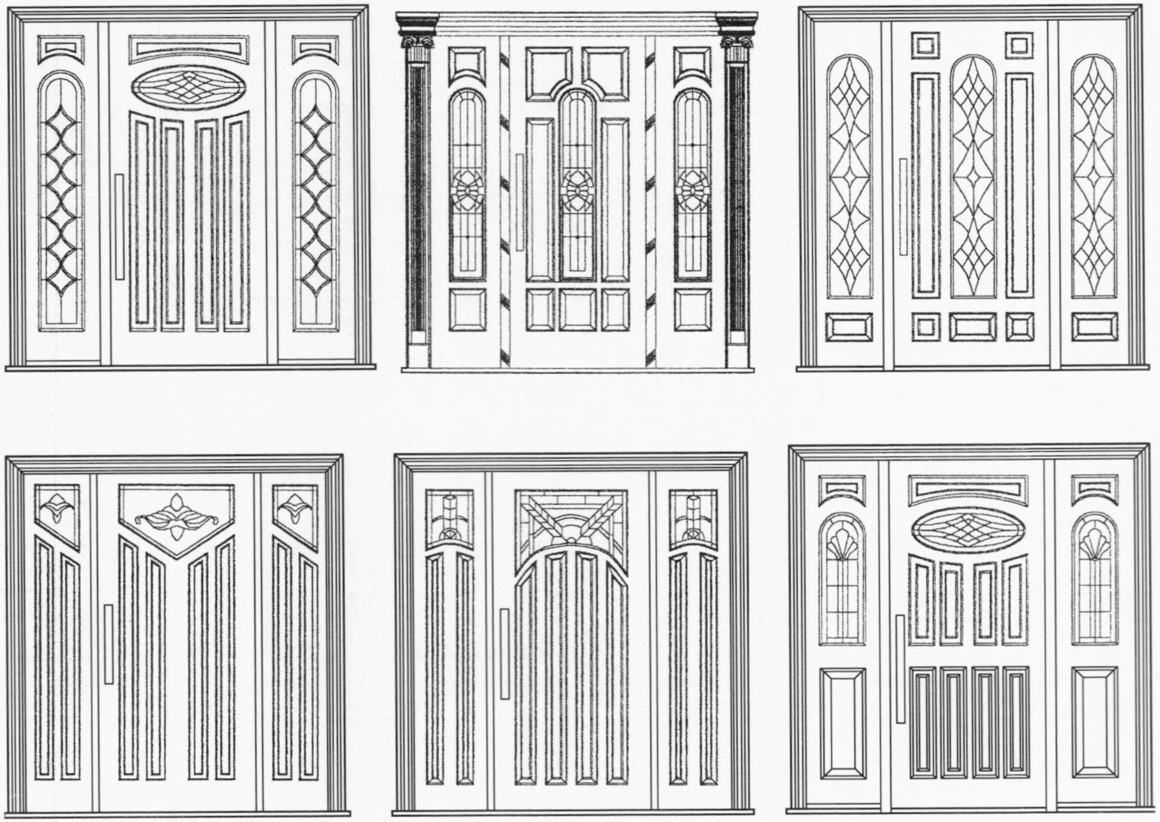

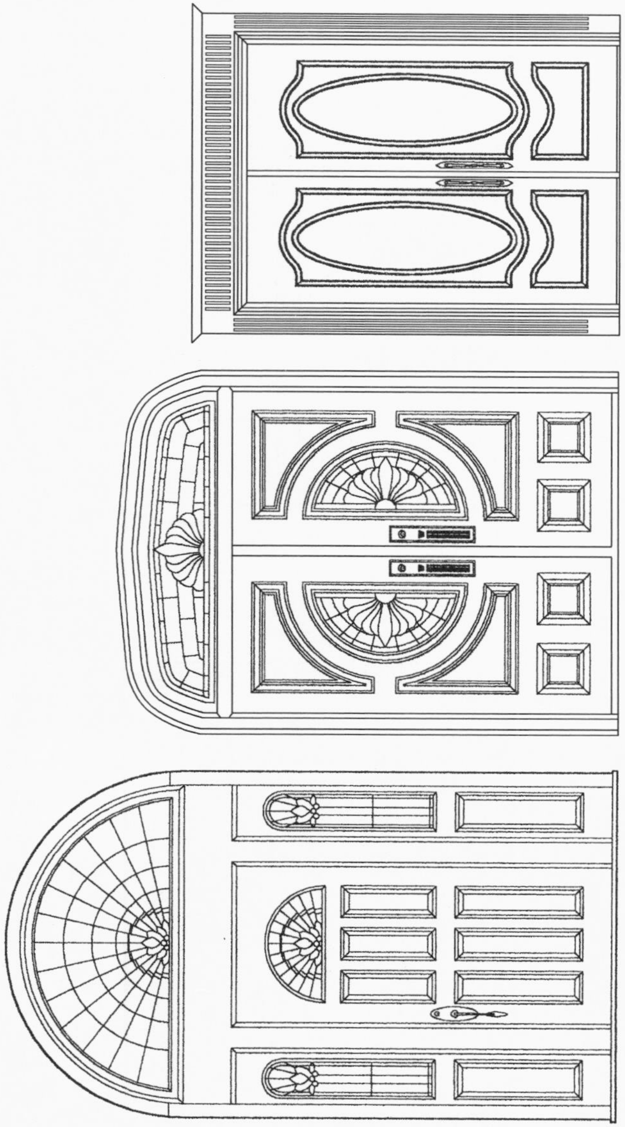

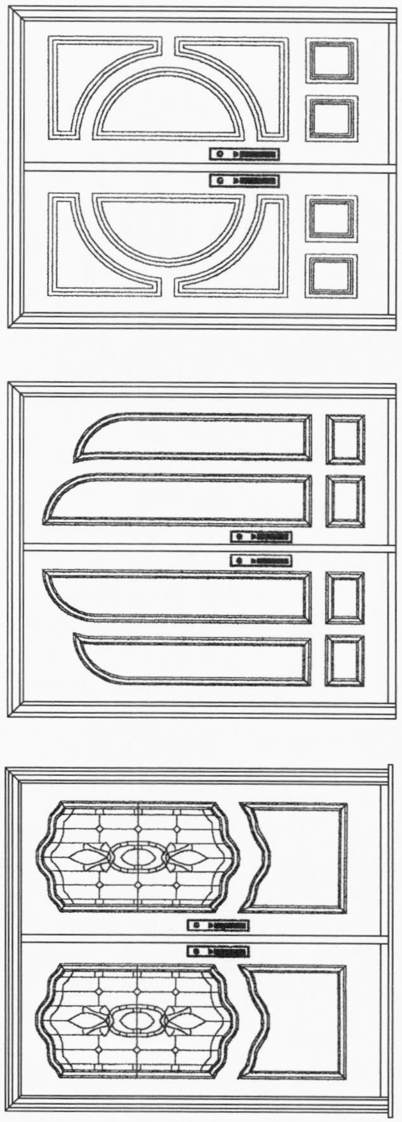

豪华型实木门（组合门系列）

GT1a–10

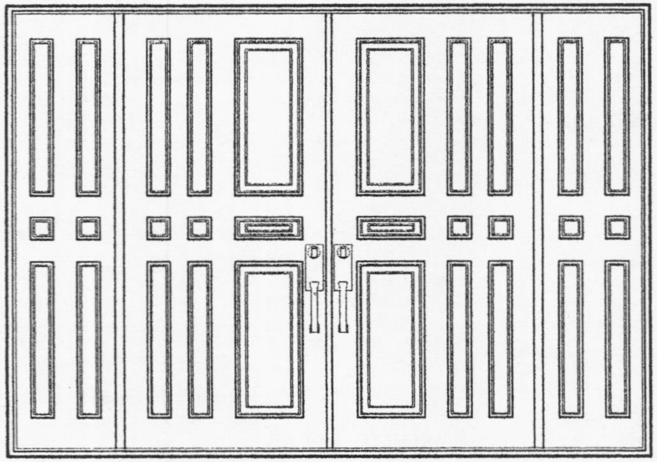
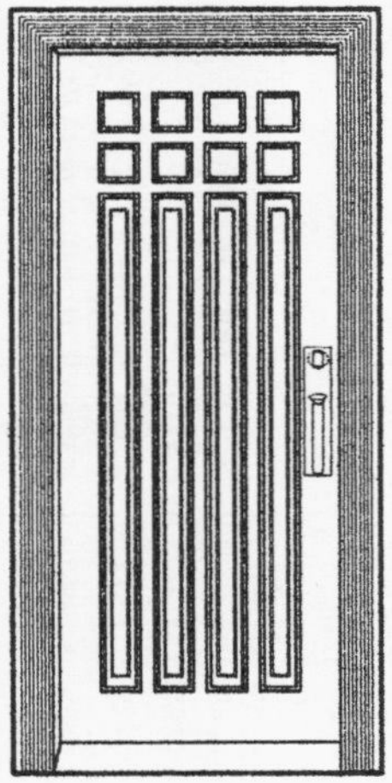

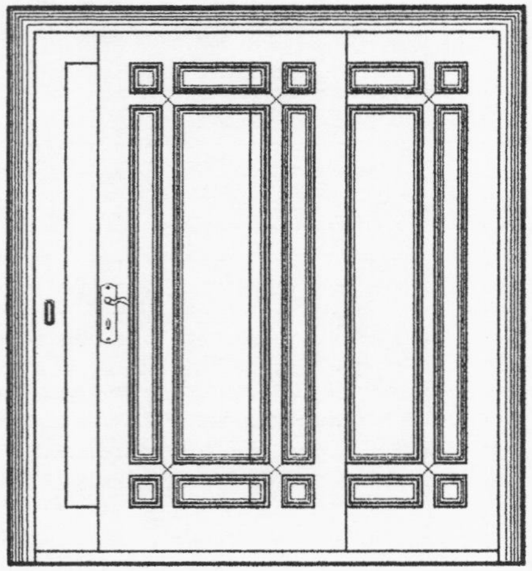

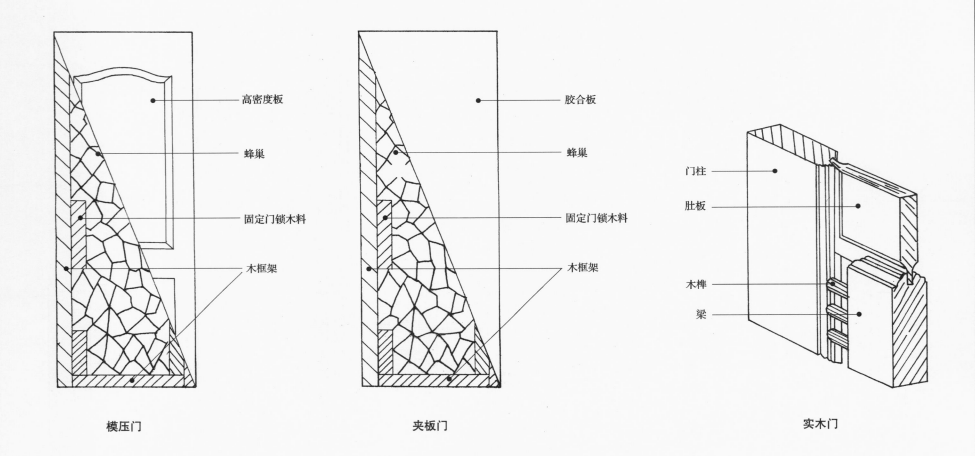

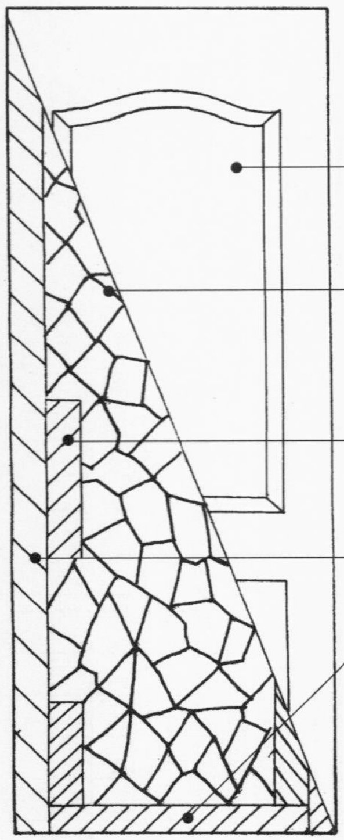
高密度板
蜂巢
固定门锁木料
木框架

模压门

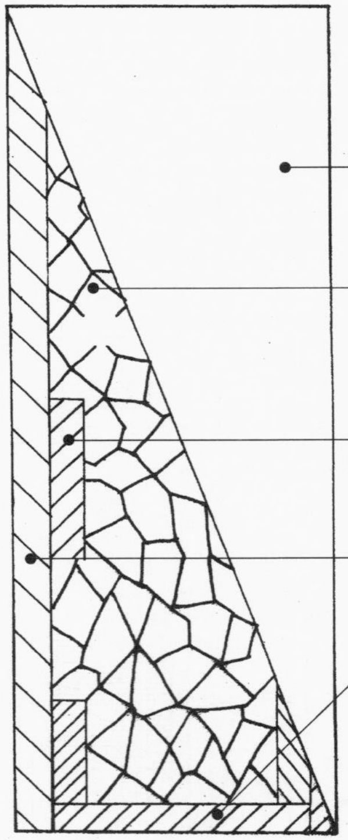
胶合板
蜂巢
固定门锁木料
木框架

夹板门

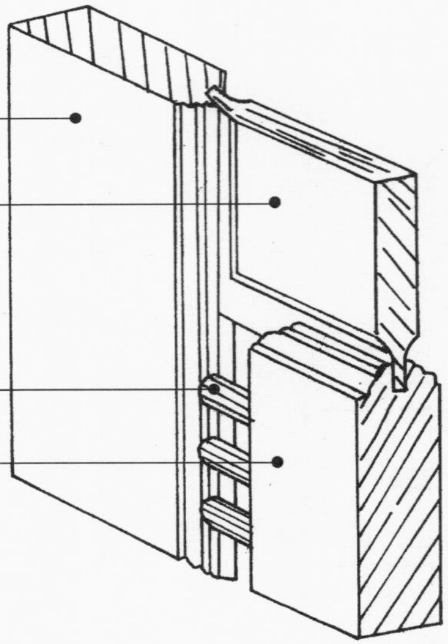
门柱
肚板
木榫
梁

实木门

木门结构剖示图

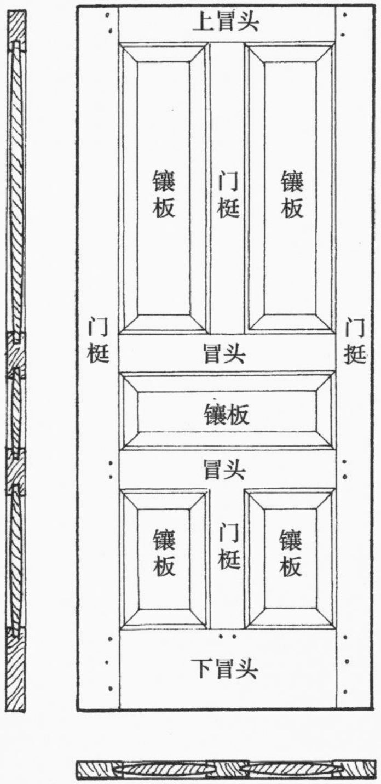
上冒头
镶板
门梃
镶板
门梃
冒头
门梃
镶板
冒头
镶板
门梃
镶板
下冒头

横制门梃木门

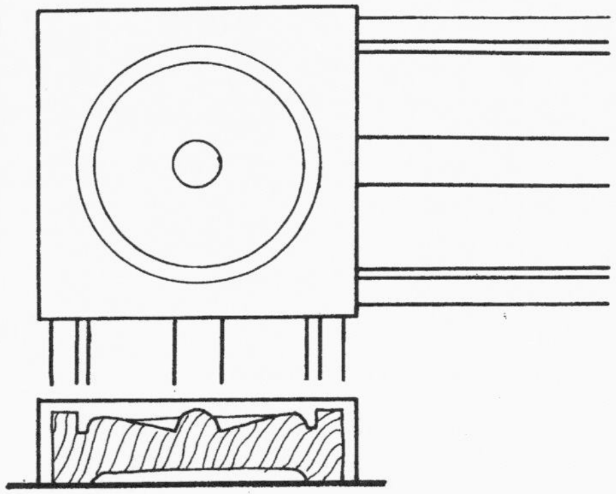

门头线条板座块和门柱

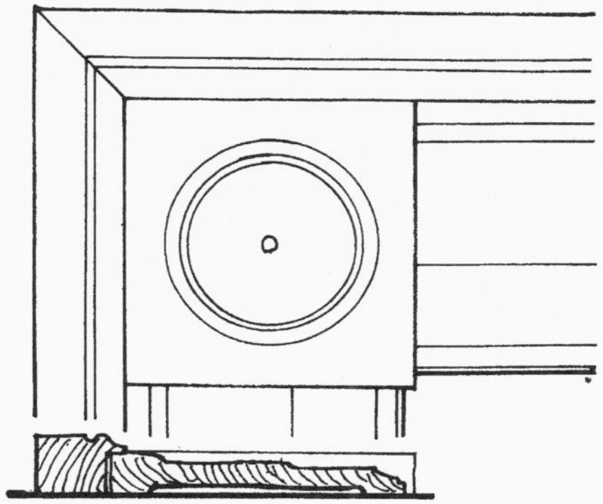

角部座块和斜接扁带饰线脚

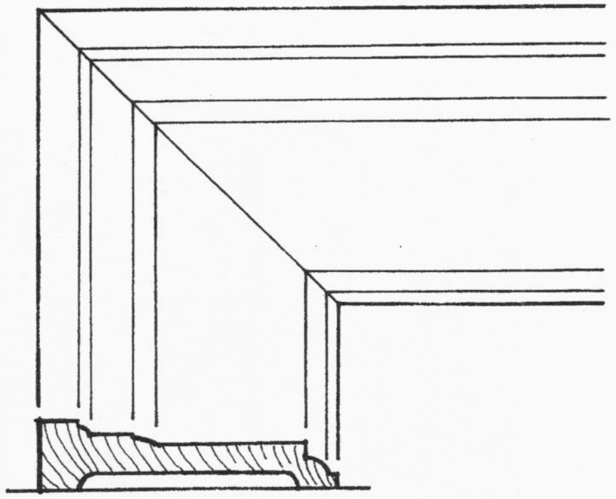

斜接门头线条板
门贴脸

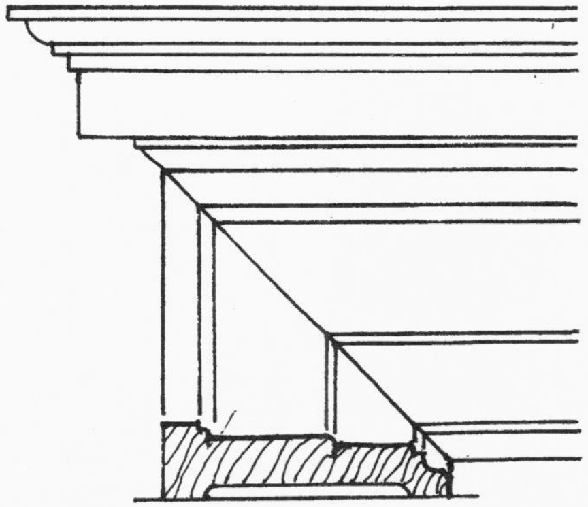

带挑檐的斜接门头线条板

木门扇、门套（贴脸板）构造

窗扇盖缝处理

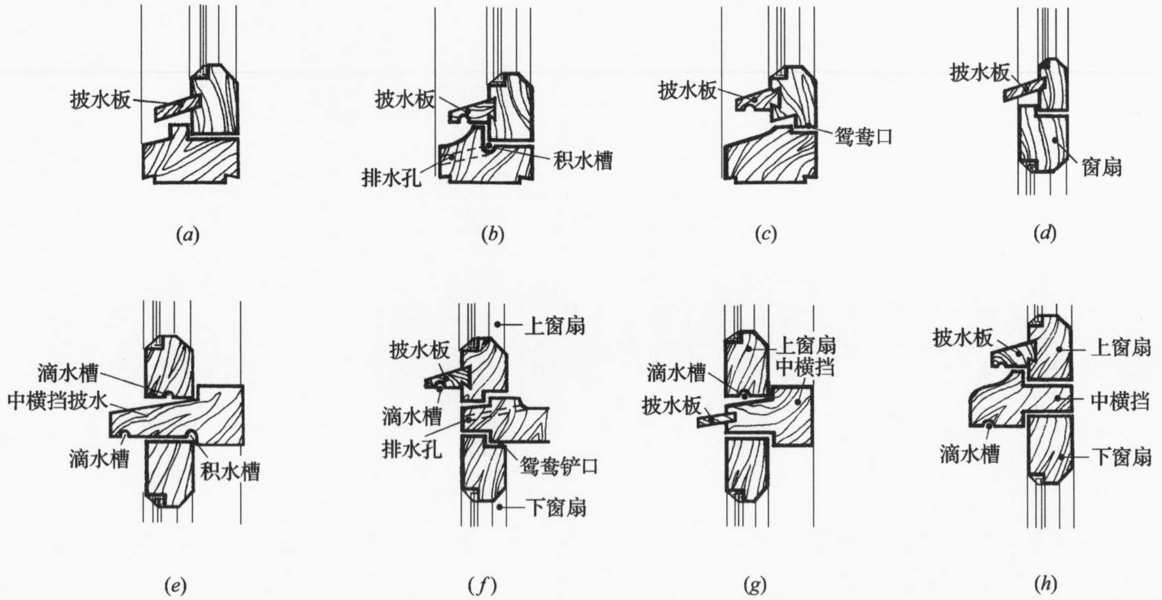

窗的拔水构造

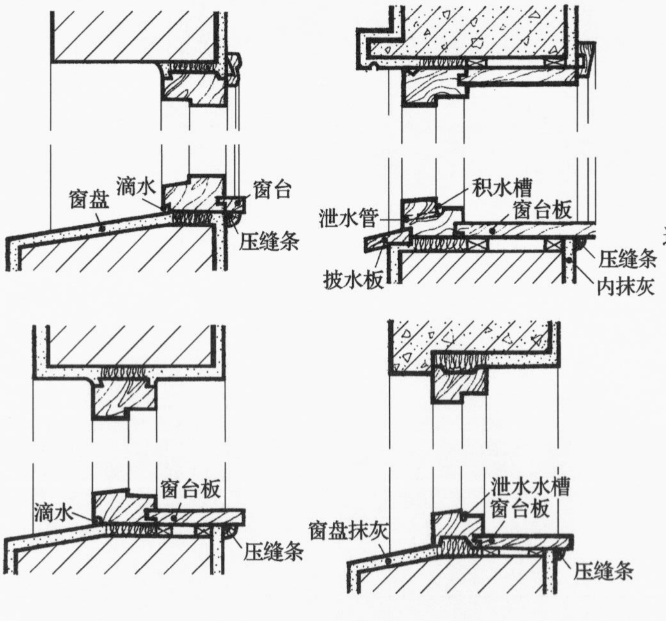

窗台板构造

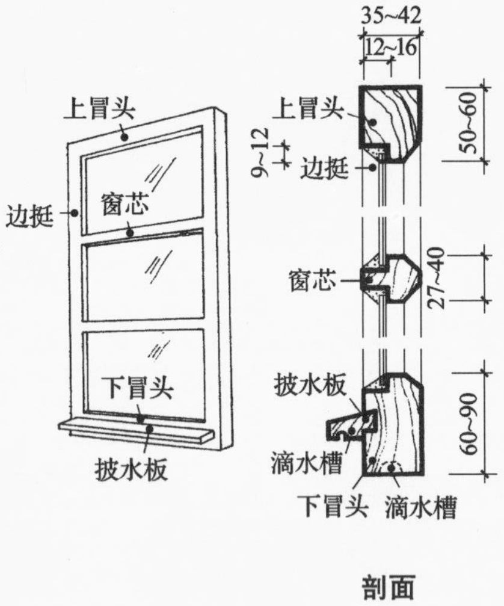

窗扇组成

常用木窗一般构造

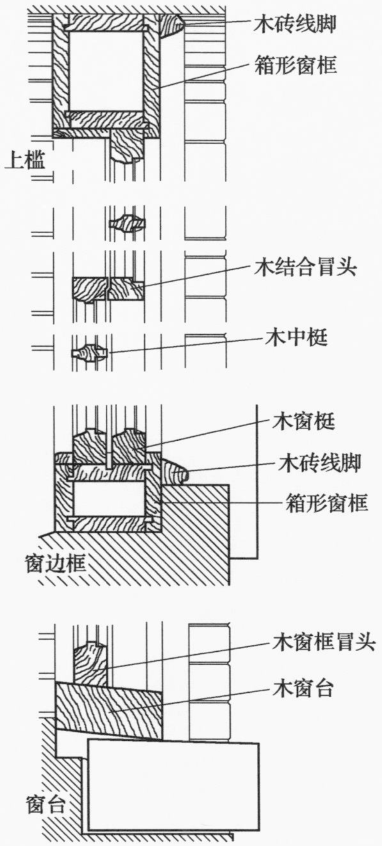
木砖线脚
箱形窗框
上槛
木结合冒头
木中梃
木窗梃
木砖线脚
箱形窗框
窗边框
木窗框冒头
木窗台
窗台

十九世纪后期厂房窗户

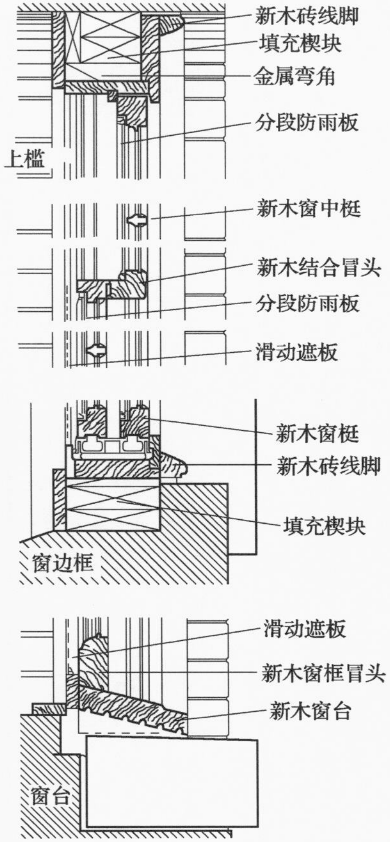
新木砖线脚
填充楔块
金属弯角
分段防雨板
上槛
新木窗中梃
新木结合冒头
分段防雨板
滑动遮板
新木窗梃
新木砖线脚
填充楔块
窗边框
滑动遮板
新木窗框冒头
新木窗台
窗台

木制替代窗

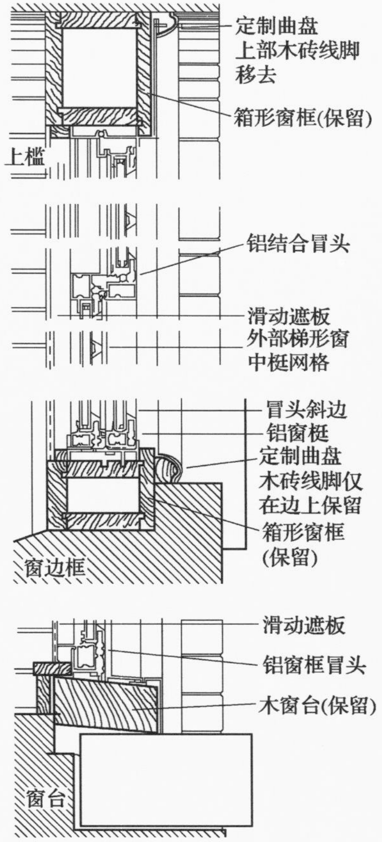
定制曲盘
上部木砖线脚
移去
箱形窗框(保留)
上槛
铝结合冒头
滑动遮板
外部梯形窗
中梃网格
冒头斜边
铝窗梃
定制曲盘
木砖线脚仅
在边上保留
箱形窗框
(保留)
窗边框
滑动遮板
铝窗框冒头
木窗台(保留)
窗台

铝替代窗

古建筑窗户及修复细部构造

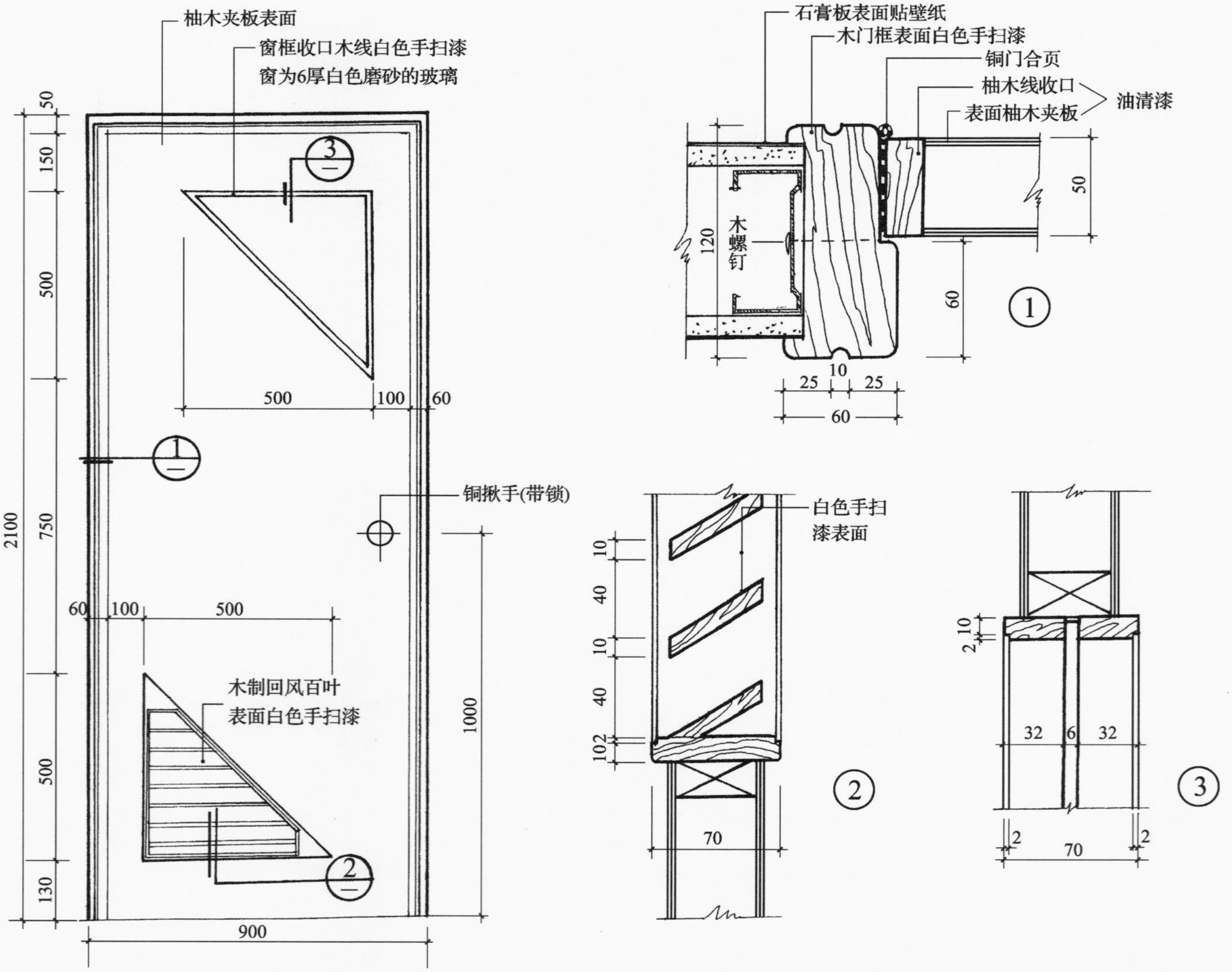
柚木夹板表面
窗框收口木线白色手扫漆
窗为6厚白色磨砂的玻璃
铜揪手(带锁)
木制回风百叶
表面白色手扫漆
50
150
500
750
500
130
2100
1000
500
100
60
60
100
500
900
石膏板表面贴壁纸
木门框表面白色手扫漆
铜门合页
柚木线收口
表面柚木夹板
油清漆
木
螺
钉
120
50
60
10
25
25
60
白色手扫
漆表面
10
40
10
40
10
2
70
32
6
32
2
2
70

玻璃、百叶木门立面及节点图

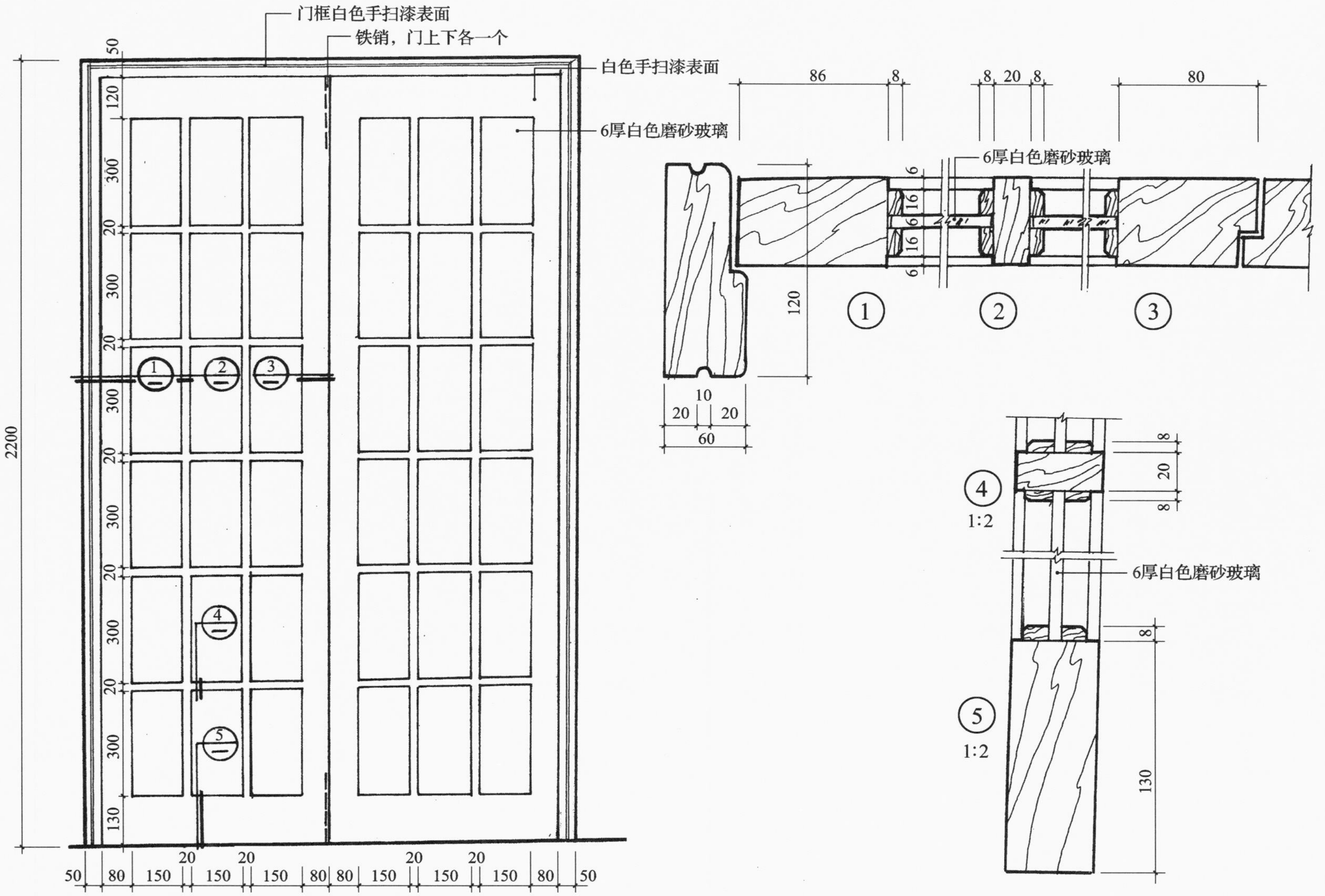

玻璃木框格子门立面及节点

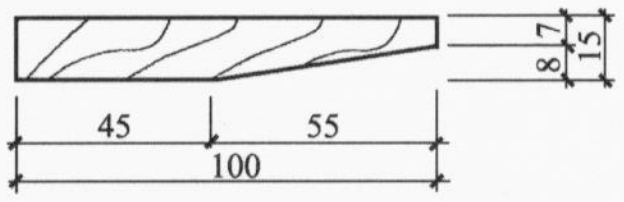

贴脸详图

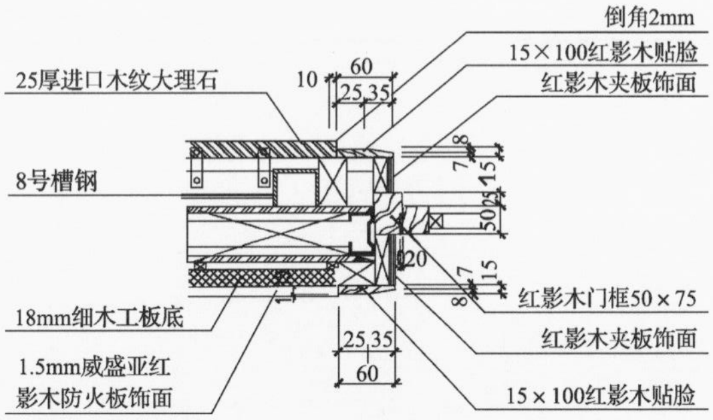

门套详图1

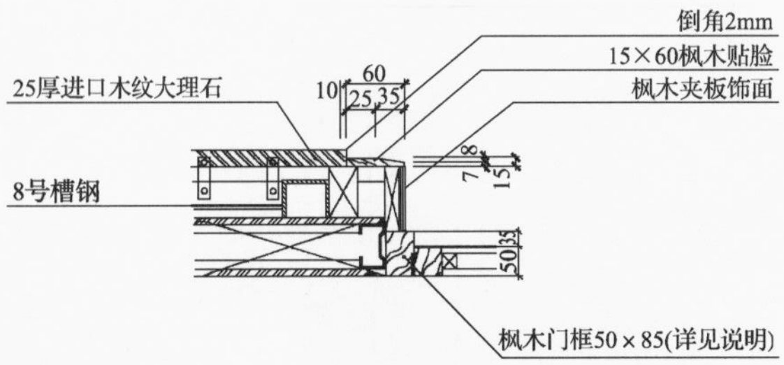

门套详图2

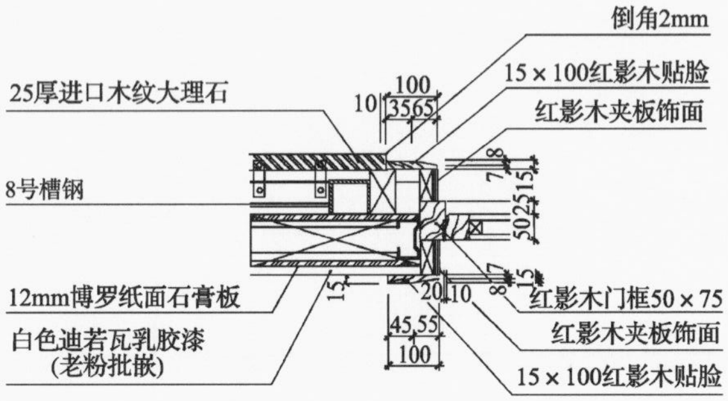

门套详图3

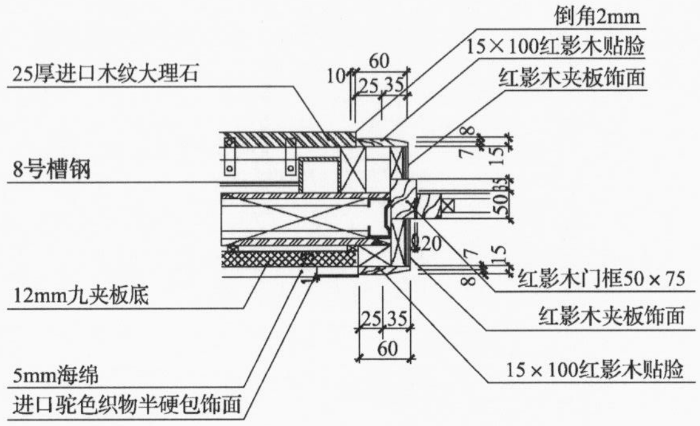

门套详图4

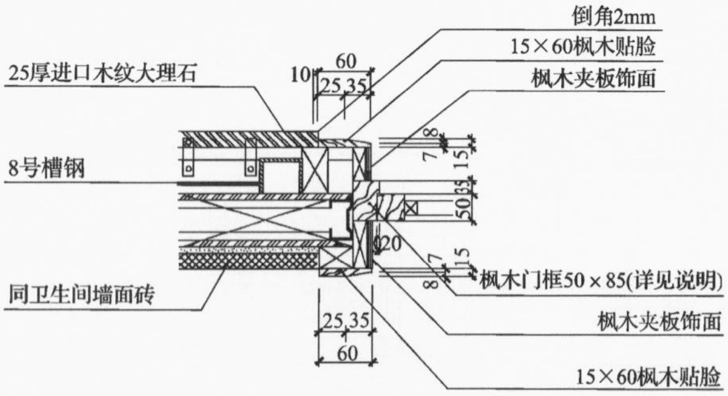

门套详图5

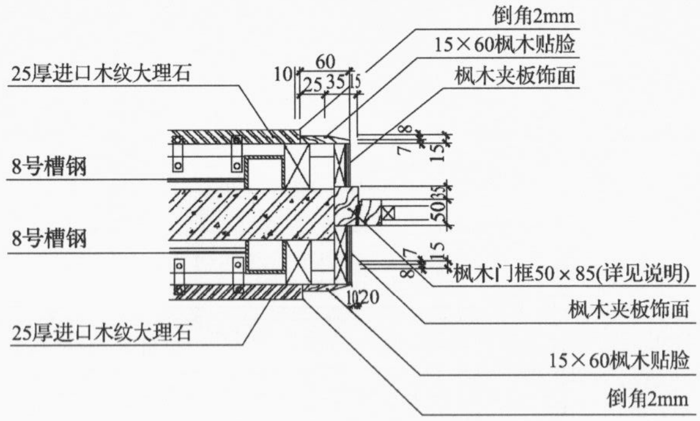

门套详图6

轻质隔墙门套详图

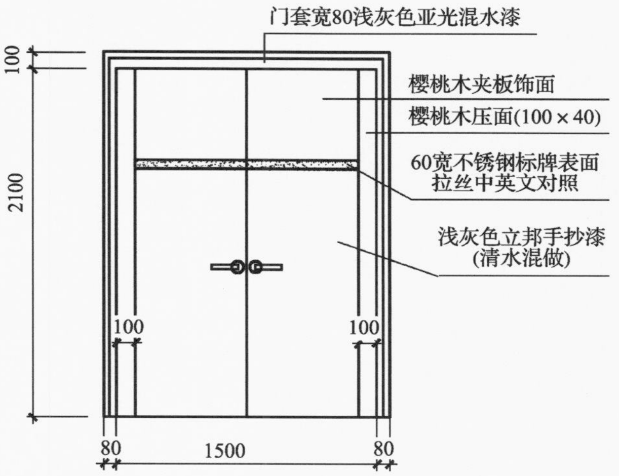
门套宽80浅灰色亚光混水漆
樱桃木夹板饰面
樱桃木压面(100×40)
60宽不锈钢标牌表面
拉丝中英文对照
浅灰色立邦手抄漆
(清水混做)
100
2100
100
100
80
1500
80

立面1

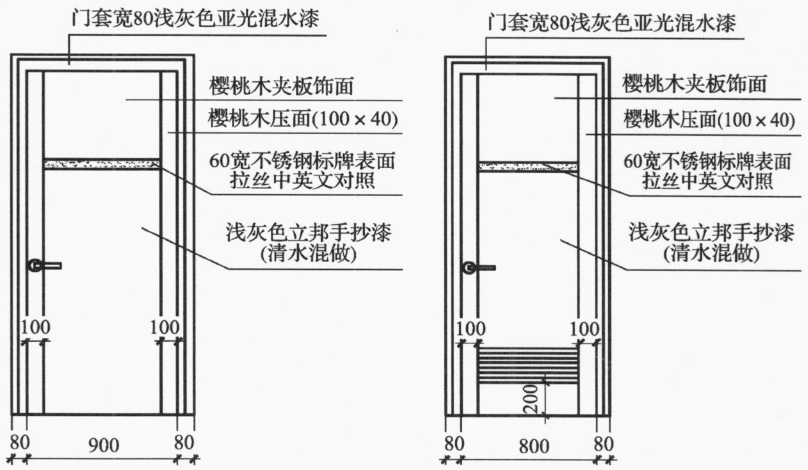
门套宽80浅灰色亚光混水漆
樱桃木夹板饰面
樱桃木压面(100×40)
60宽不锈钢标牌表面
拉丝中英文对照
浅灰色立邦手抄漆
(清水混做)
100
100
80
900
80
门套宽80浅灰色亚光混水漆
樱桃木夹板饰面
樱桃木压面(100×40)
60宽不锈钢标牌表面
拉丝中英文对照
浅灰色立邦手抄漆
(清水混做)
100
100
200
80
800
80

立面2

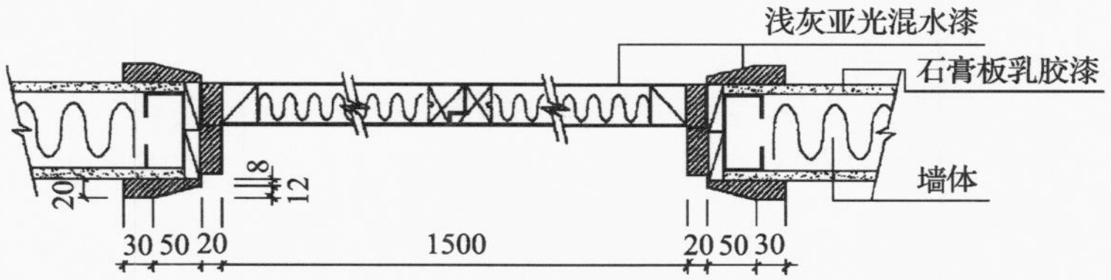
浅灰亚光混水漆
石膏板乳胶漆
墙体
20
8
12
30 50 20
1500
20 50 30

剖面1

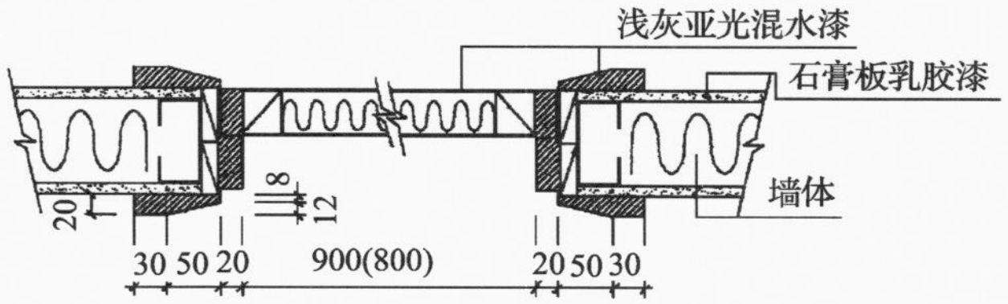
浅灰亚光混水漆
石膏板乳胶漆
墙体
20
8
12
30 50 20
900(800)
20 50 30

剖面2

门及门套详图

GT2a–5

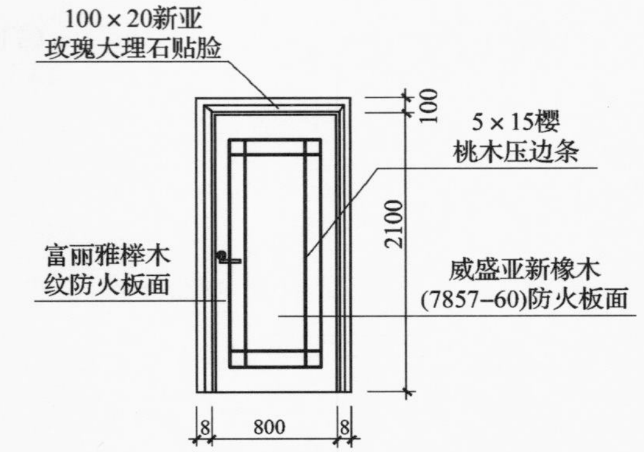

100×20新亚
玫瑰大理石贴脸
5×15樱
桃木压边条
100
2100
富丽雅榉木
纹防火板面
威盛亚新橡木
(7857–60)防火板面
8
800
8

门1立面

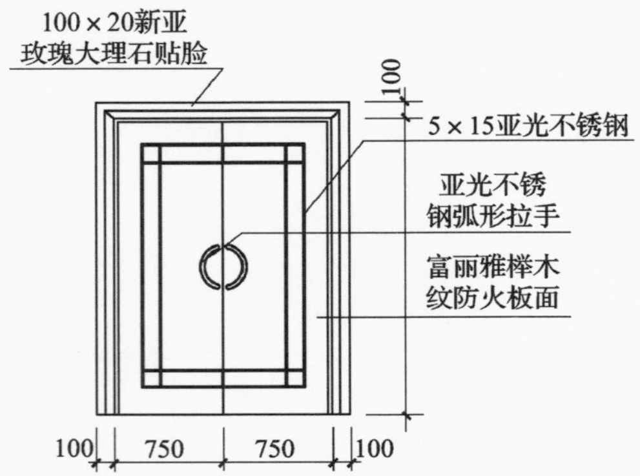

100×20新亚
玫瑰大理石贴脸
100
5×15亚光不锈钢
亚光不锈
钢弧形拉手
富丽雅榉木
纹防火板面
100
750
750
100

门2立面

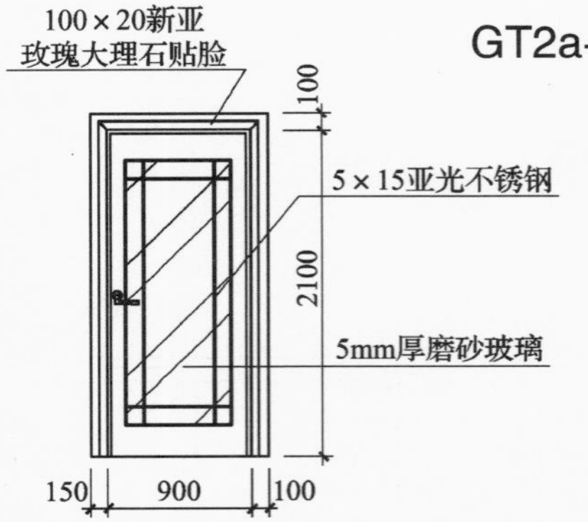

100×20新亚
玫瑰大理石贴脸
100
5×15亚光不锈钢
2100
5mm厚磨砂玻璃
150
900
100

门3立面

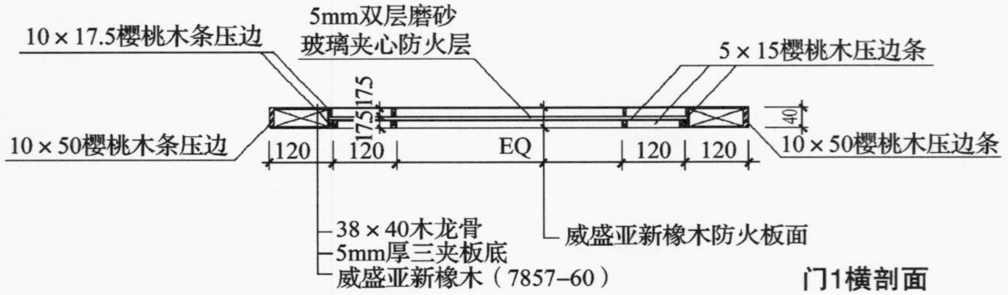

10×17.5樱桃木条压边
5mm双层磨砂
玻璃夹心防火层
5×15樱桃木压边条
10×50樱桃木条压边
17.5
17.5
40
10×50樱桃木压边条
120
120
EQ
120
120
38×40木龙骨
5mm厚三夹板底
威盛亚新橡木（7857–60）
威盛亚新橡木防火板面

门1横剖面

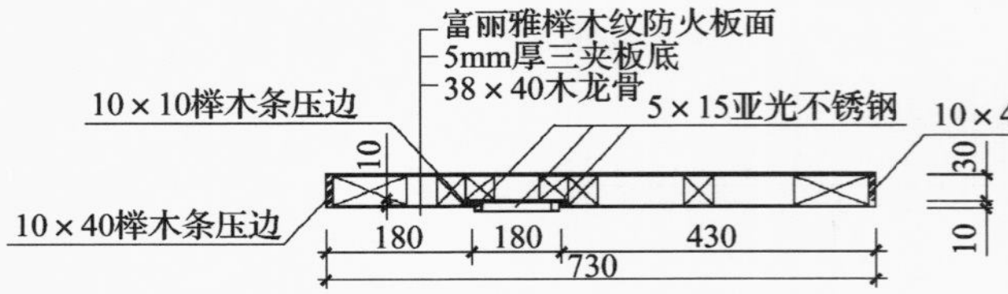

富丽雅榉木纹防火板面
5mm厚三夹板底
38×40木龙骨
10×10榉木条压边
5×15亚光不锈钢
10×40榉木条压边
10
30
10
10×40榉木条压边
180
180
430
730

门2横剖面

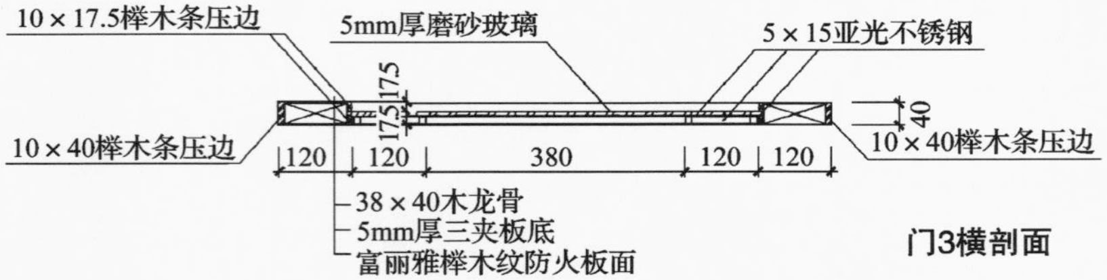

10×17.5榉木条压边
5mm厚磨砂玻璃
5×15亚光不锈钢
17.5
17.5
40
10×40榉木条压边
10×40榉木条压边
120
120
380
120
120
38×40木龙骨
5mm厚三夹板底
富丽雅榉木纹防火板面

门3横剖面

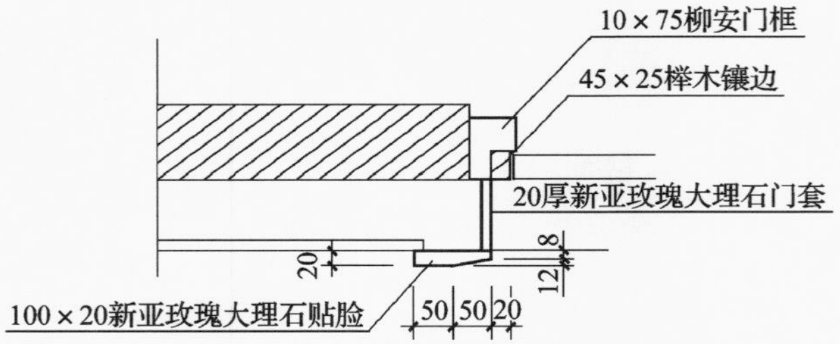

10×75柳安门框
45×25榉木镶边
20厚新亚玫瑰大理石门套
20
8
12
100×20新亚玫瑰大理石贴脸
50
50
20

(单面)门套剖面详图

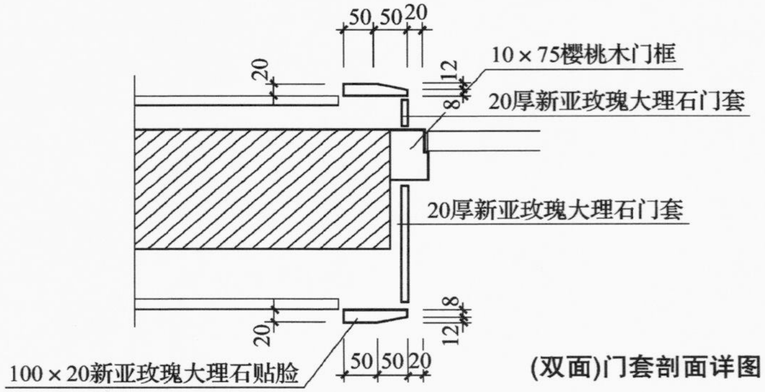

50
50
20
10×75樱桃木门框
20
12
8
20厚新亚玫瑰大理石门套
20厚新亚玫瑰大理石门套
8
12
20
100×20新亚玫瑰大理石贴脸
50
50
20

(双面)门套剖面详图

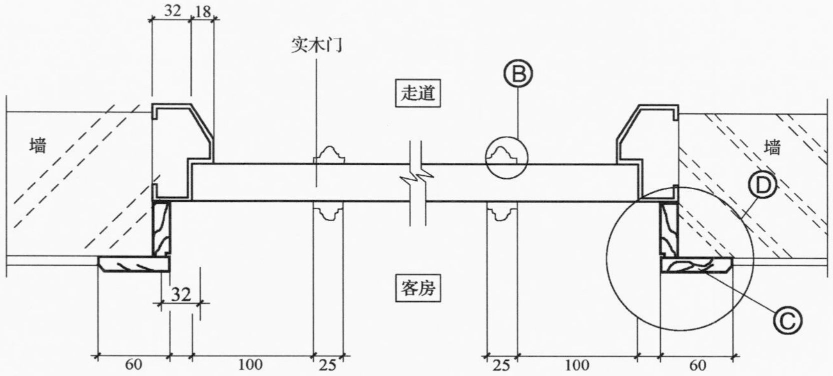

Ⓐ剖面大样

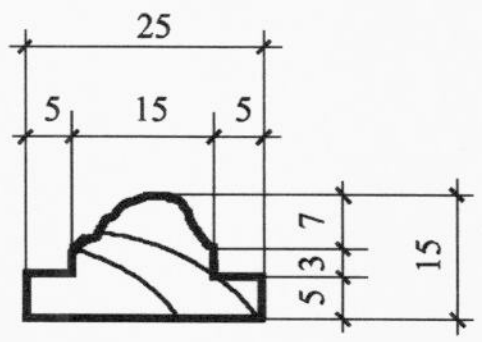

Ⓑ实木线

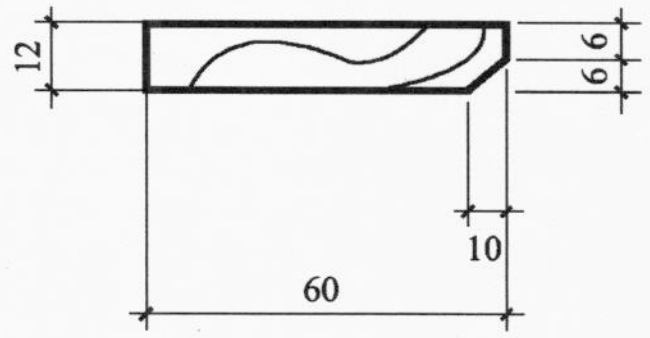

Ⓒ实木贴脸

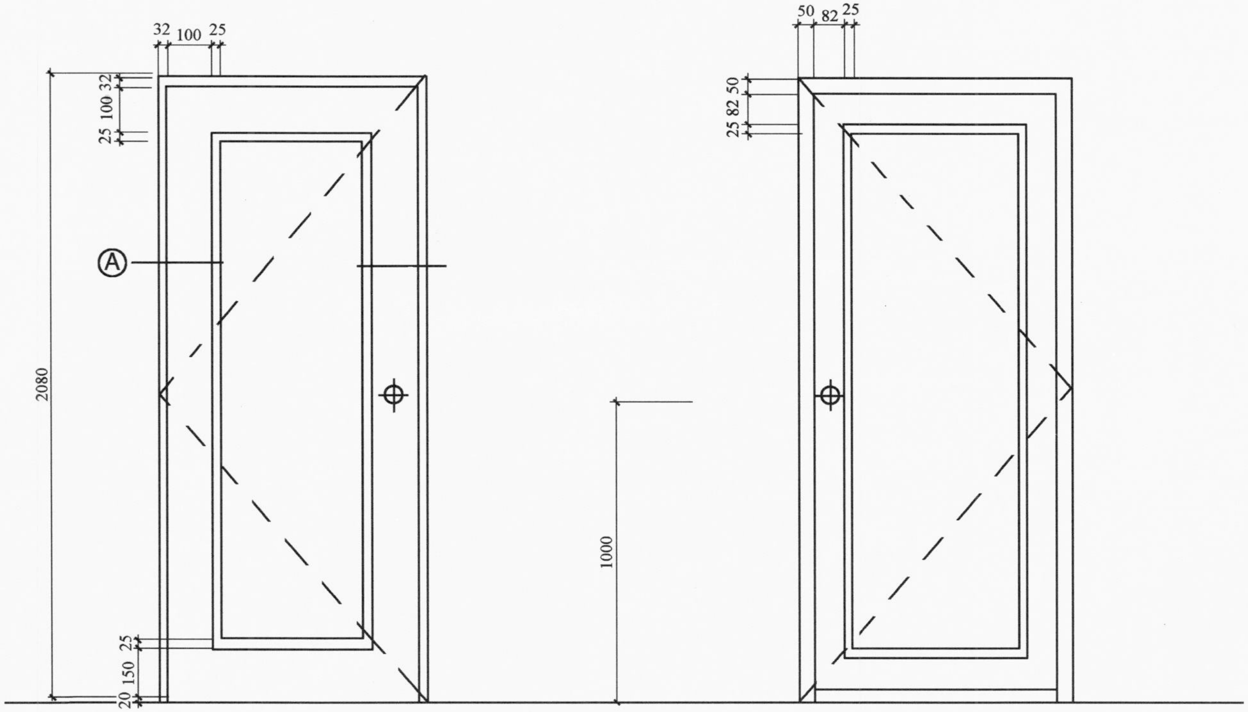

客房立面

走道立面

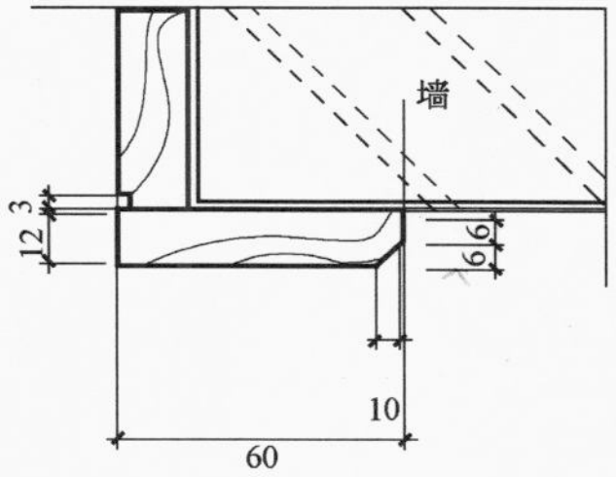

Ⓓ剖面

客房门大样

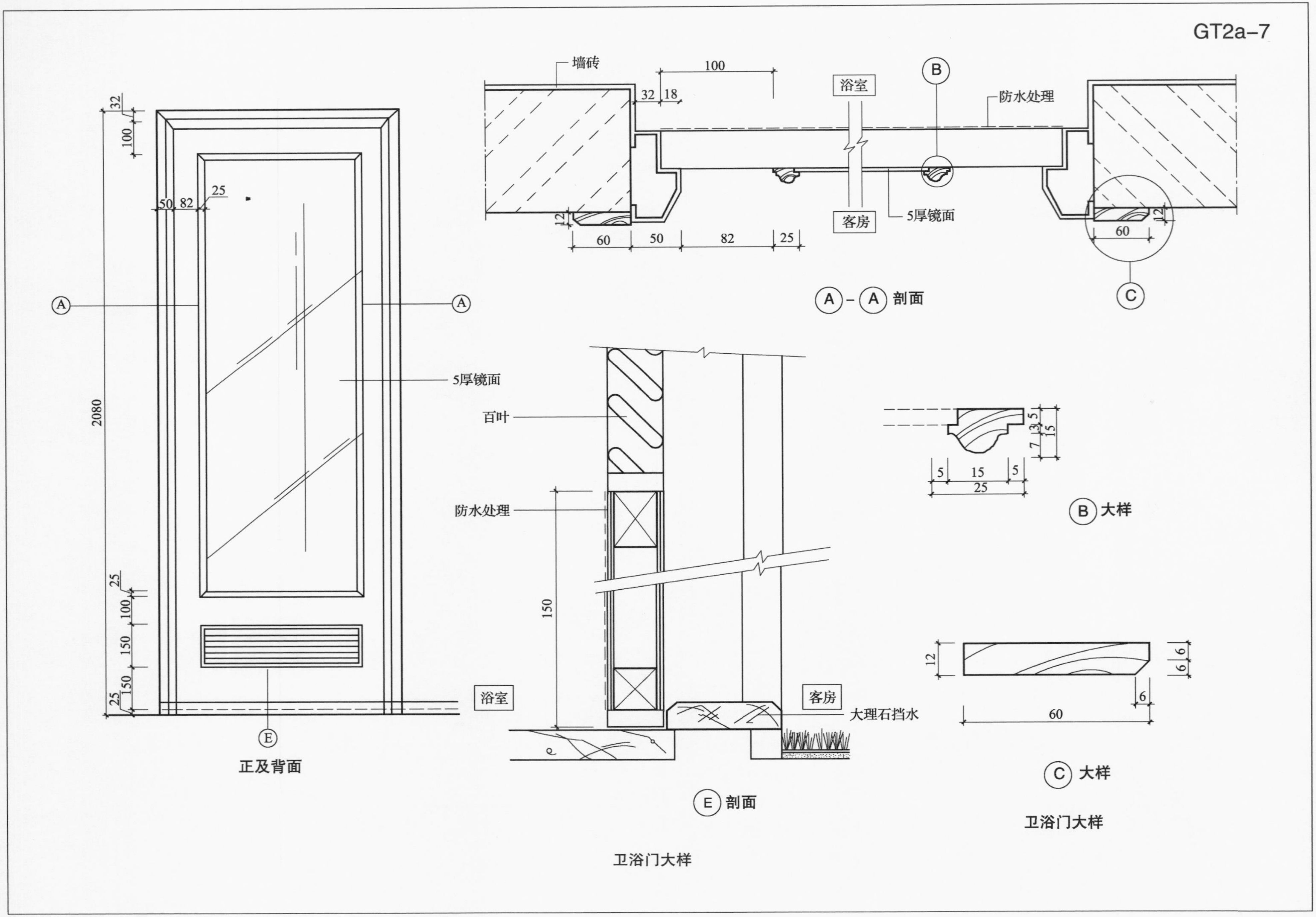
GT2a-7
墙砖
100
32
18
浴室
B
防水处理
客房
5厚镜面
60
50
82
25
12
A
A
A - A 剖面
C
32
100
50
82
25
5厚镜面
2080
25
100
150
150
25
E
正及背面
百叶
防水处理
150
浴室
客房
大理石挡水
E 剖面
5
3
15
7
5
15
5
25
B 大样
12
6
6
6
60
C 大样
卫浴门大样

卫浴门大样

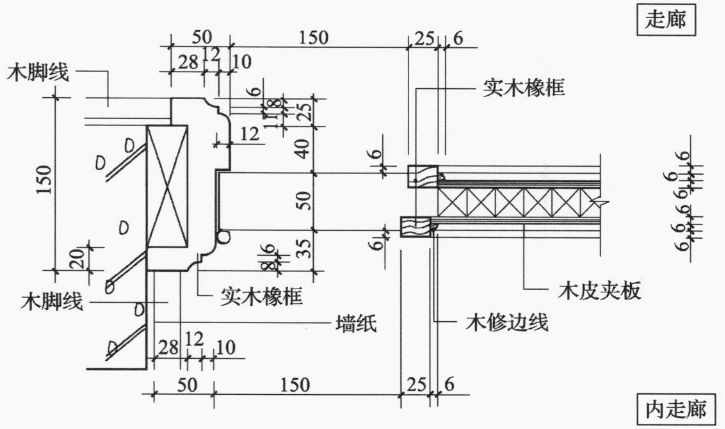

走廊
内走廊
木脚线
实木橡框
木皮夹板
木修边线
墙纸
50
150
25
6
28
12
10
150
20
40
50
35

②

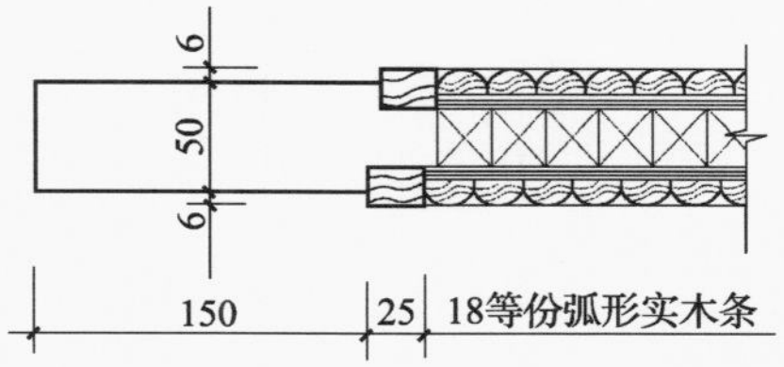

6
50
6
150
25
18等份弧形实木条

③

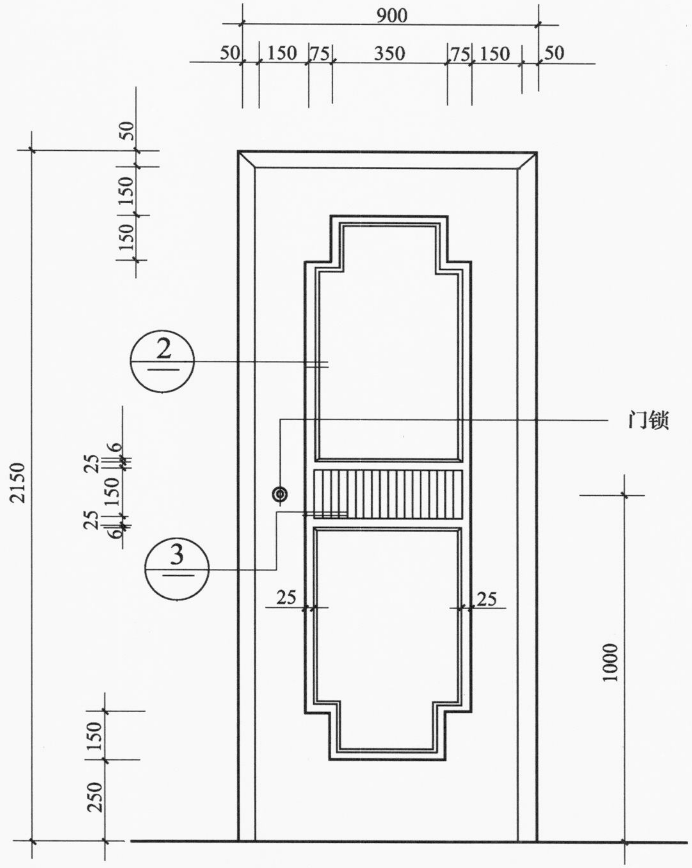

900
50
150
75
350
75
150
50
2150
门锁
1000
250
150
25
25

立面图

花式木门大样

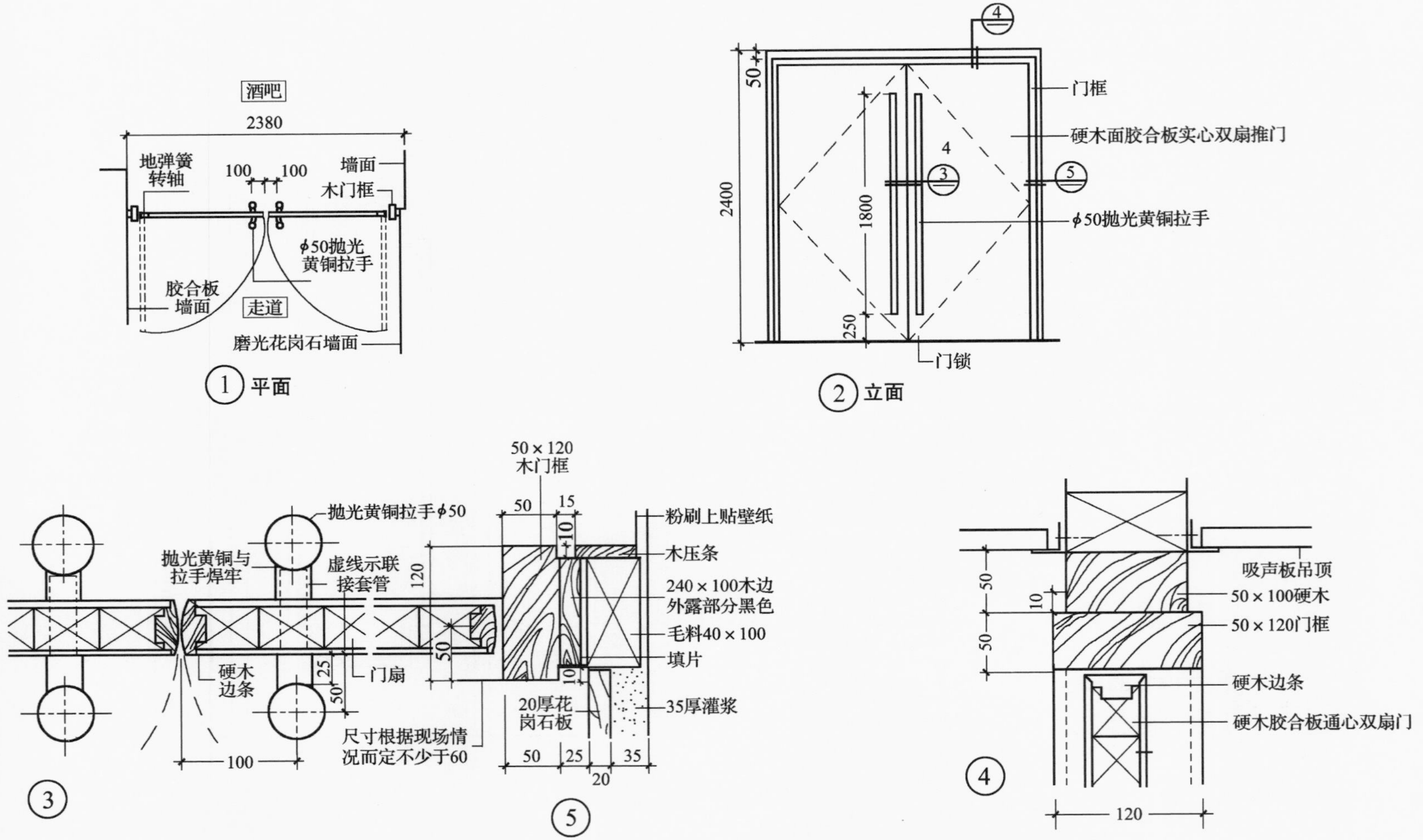
酒吧
2380
地弹簧
转轴
100
100
墙面
木门框
φ50抛光
黄铜拉手
胶合板
墙面
走道
磨光花岗石墙面
1 平面
4
50
门框
硬木面胶合板实心双扇推门
4
3
5
2400
1800
φ50抛光黄铜拉手
250
门锁
2 立面
抛光黄铜拉手φ50
抛光黄铜与
拉手焊牢
虚线示联
接套管
硬木
边条
25
50
门扇
100
尺寸根据现场情
况而定不少于60
3
50×120
木门框
50
15
10
120
50
10
粉刷上贴壁纸
木压条
240×100木边
外露部分黑色
毛料40×100
填片
20厚花
岗石板
35厚灌浆
50
25
20
35
5
50
10
50
吸声板吊顶
50×100硬木
50×120门框
硬木边条
硬木胶合板通心双扇门
4
120

弹簧木门构造

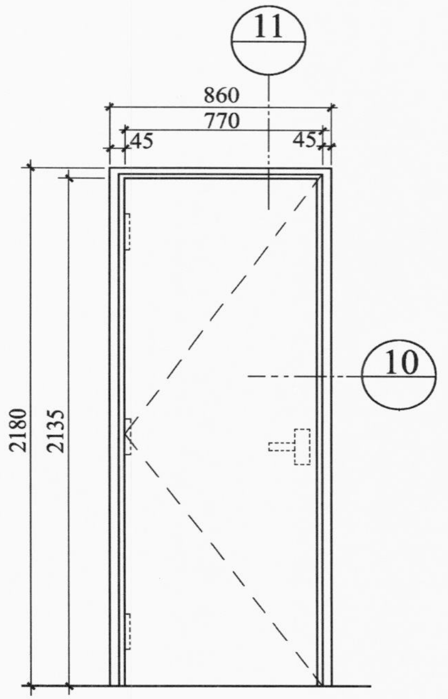

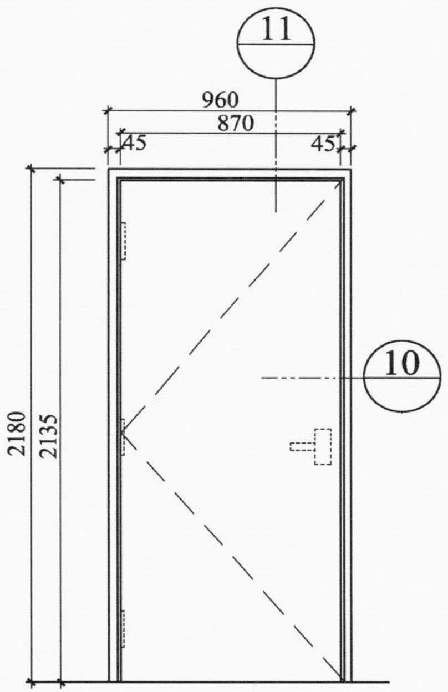

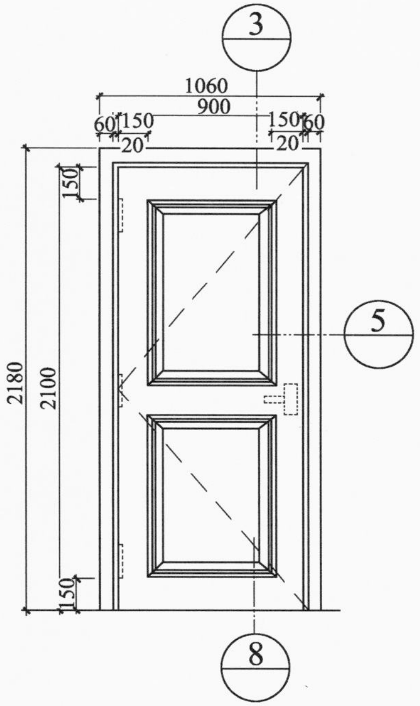

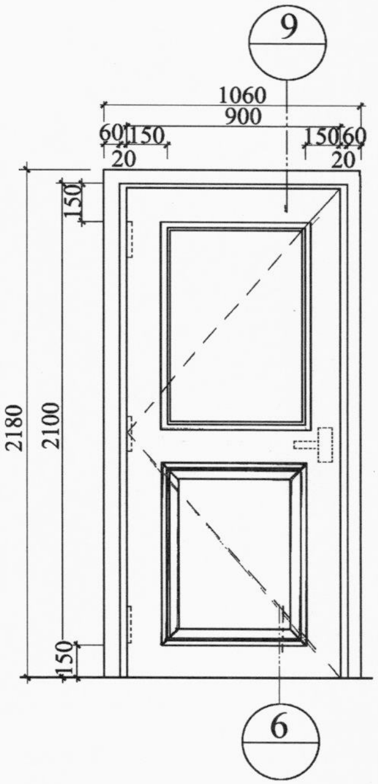

门1	洗衣区			
门代号		空格尺寸	门板尺寸	
D1 M0721	W	770mm	860mm	
	HT	2135mm	2180mm	
		说明		
		齐平地板 无木线 上漆		

门2	门卫室			
门代号		空格尺寸	门板尺寸	
D2 M0821	W	770mm	960mm	
	HT	2135mm	2180mm	
		说明		
		齐平地板 无木线 上漆		

门3	贮藏室(酒吧)			
门代号		空档尺寸	门板尺寸	
D3A M0921	W	900mm	1060mm	
	HT	2100mm	2180mm	
		说明		
		一边嵌板，一边齐平地板 只有一边有木线 上漆		

门4	房间			
门代号		空档尺寸	门板尺寸	
D3B M0921	W	900mm	1060mm	
	HT	2100mm	2180mm	
		说明		
		嵌板/玻璃在卧室两边 只有一边有木线 上漆		

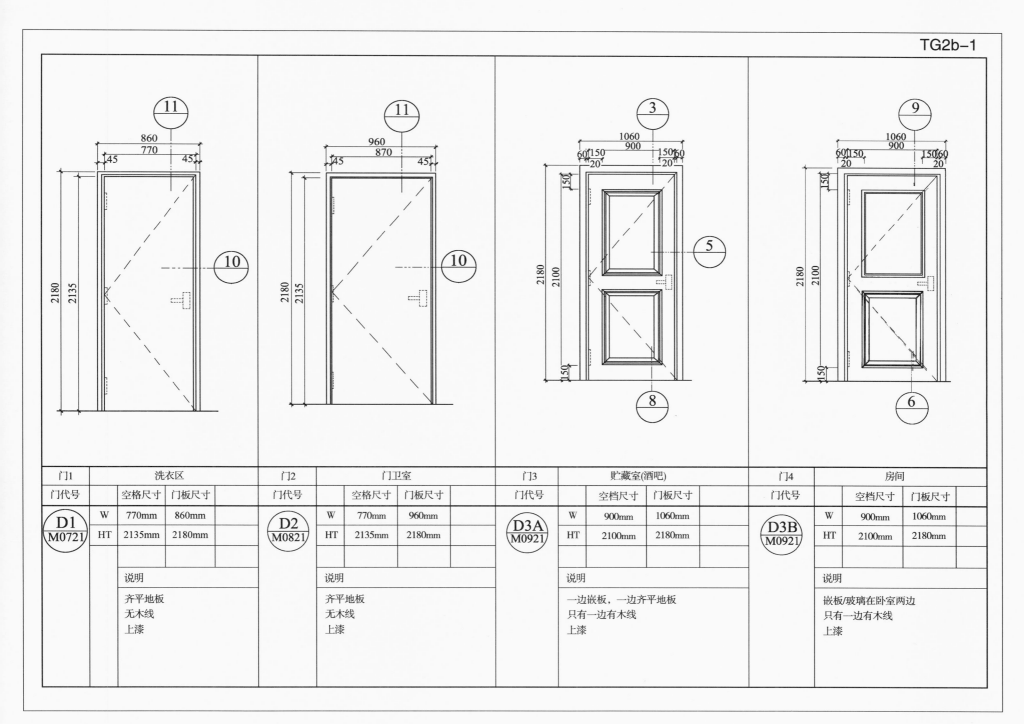

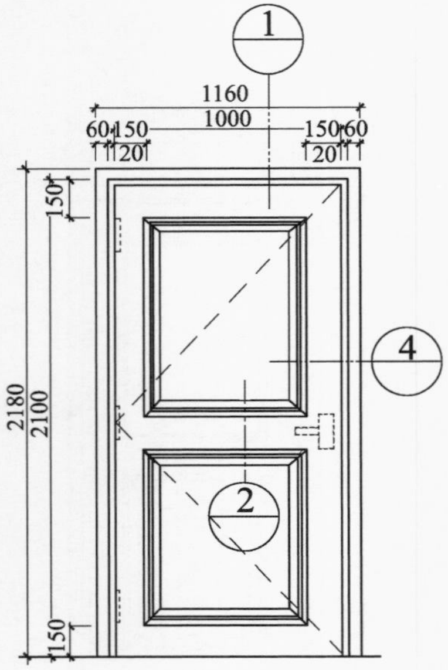

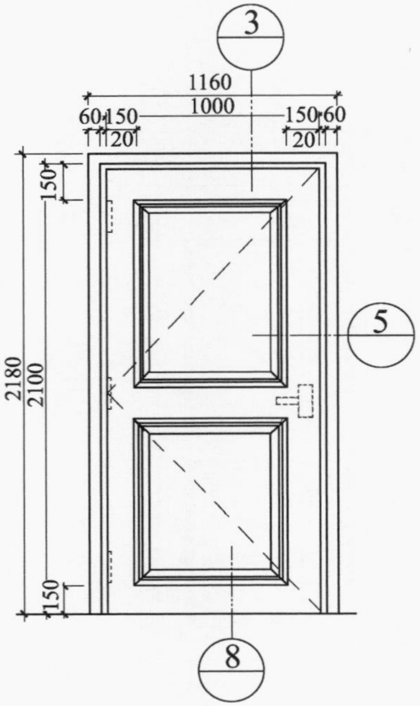

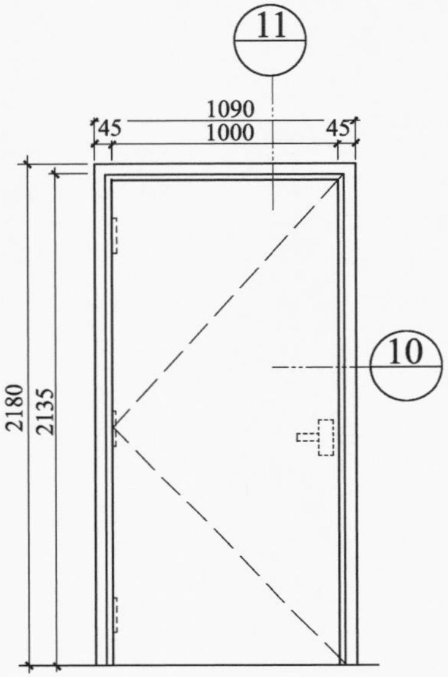

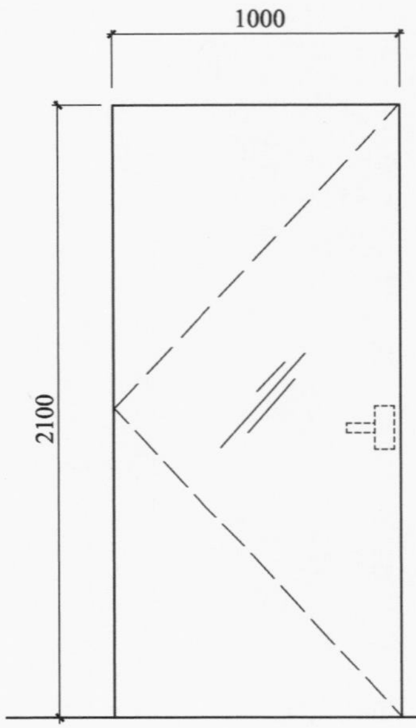

门5	撞球室，行李室，功能室，走廊，男女桑拿入口，办公室，影碟游室，男女厕所，冷冻室（房），更衣室（女），游泳池入口，公寓走廊出口女更衣入口		
门代号		空档尺寸	门板尺寸
D4A M021	宽	1000mm	1160mm
	高	2100mm	2180mm
	说明	两边嵌板 浴室边上的木线 一边上漆 面向游泳池的边上与墙砖颜色一致的漆 木线跟上	

门6	贮藏室，男/女厕所，贮藏/AY室，厨房，零散项目贮藏，保养室		
门代号		空档尺寸	门板尺寸
D4B M021	宽	1000mm	1160mm
	高	2100mm	2180mm
	说明	一边嵌板，一边齐平板 只有一边木线 上漆	

门7	游戏室		
门代号		空档尺寸	门板尺寸
D4C M1021	宽	1000mm	1090mm
	高	2135mm	2180mm
	说明	齐平地板 无木板 涂料颜色与墙纸一致	

门8	休息室（男女合用）		
门代号		空档尺寸	门板尺寸
D4D M1021	宽	1000mm	
	高	2100mm	
	说明	12mm厚温和玻璃门	

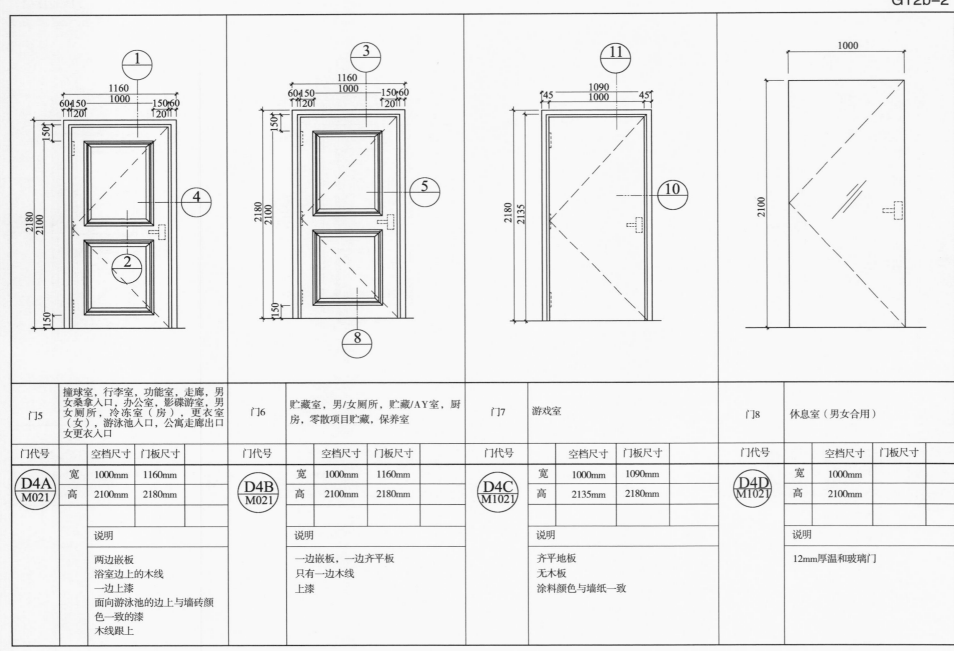

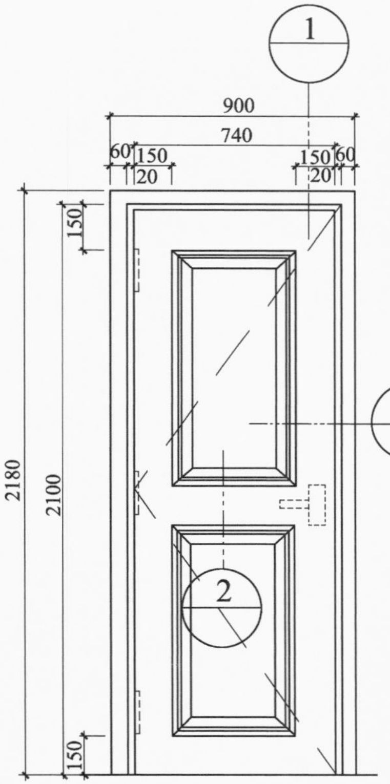

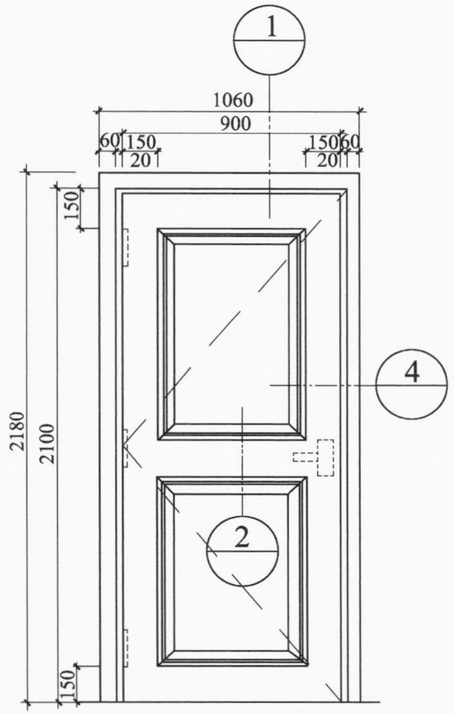

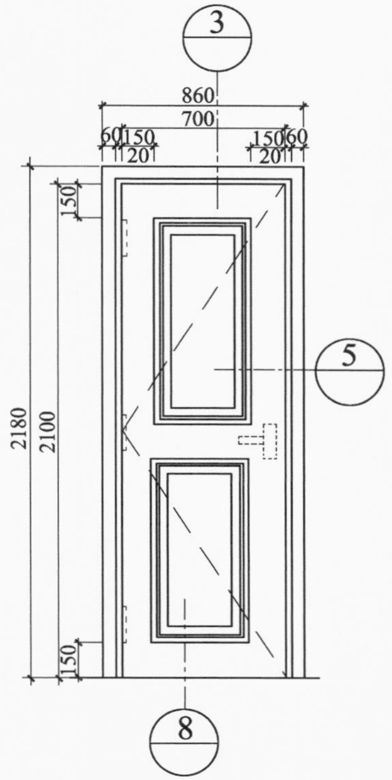

门9	杂志室（女）		
门的代号		空档尺寸	门板尺寸
D4E M0921	宽	740mm	900mm
	高	2100mm	2180mm
	说明		
	两边嵌板 两边木线 一边上漆 面对游泳的一边上与面砖一致的漆 木线跟上		

门10	桑拿控制，迷你影院功能室，迷你影院贮藏室		
门的型号		空档尺寸	门板尺寸
D4F M0921	宽	900mm	1060mm
	高	2100mm	2180mm
	说明		
	两边嵌板 两边木线 一边上漆 面向游泳池的一边上与墙砖一致的漆 木线跟上		

门11	贮藏室		
门的型号		空档尺寸	门板尺寸
D4G M0721	宽	700mm	860mm
	高	2100mm	2180mm
	说明		
	一边嵌板，一边平齐板 只有一边有木线 上漆		

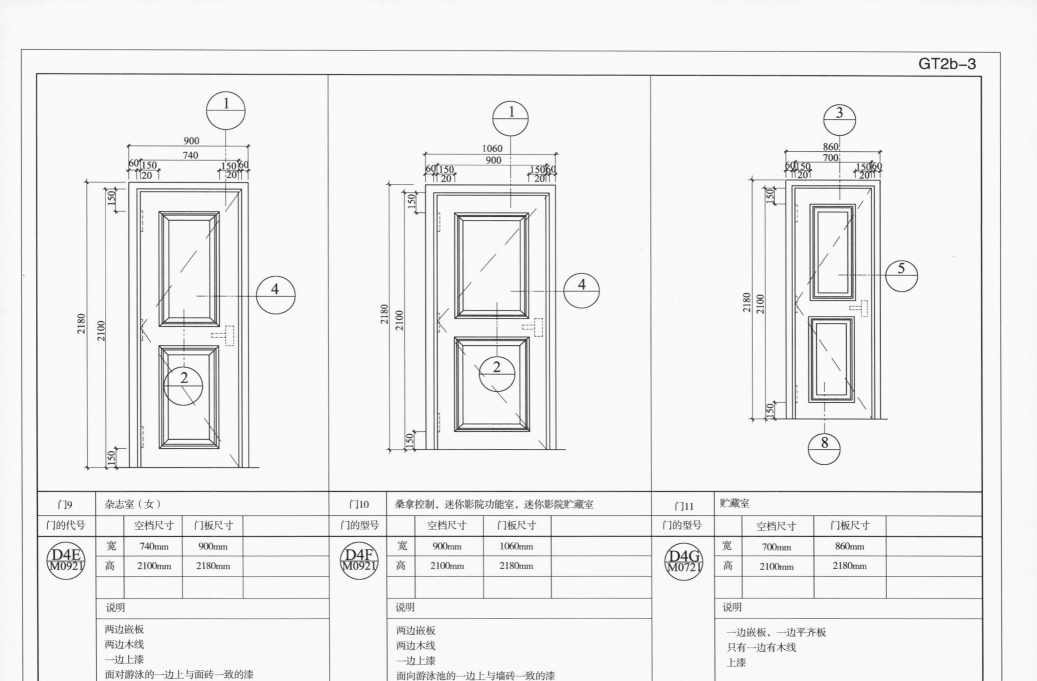

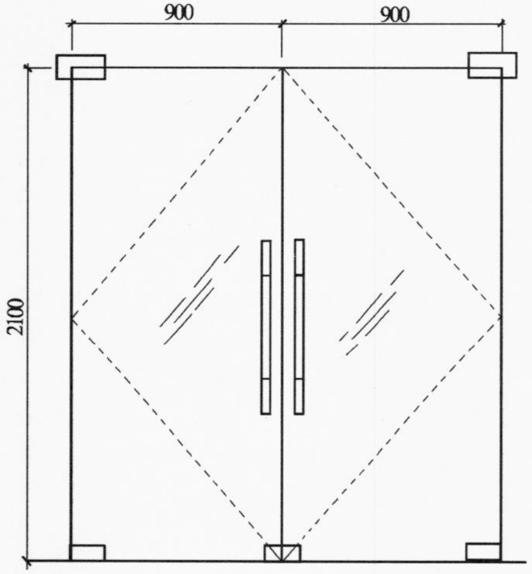

门12	迷你影院，儿童乐园，游戏室			
门代号		空档尺寸	门板尺寸	
D5A M1821	宽	1800mm	1800mm	
	高	2100mm	2100mm	
	说明			
	12mm厚温和玻璃门 原木线			

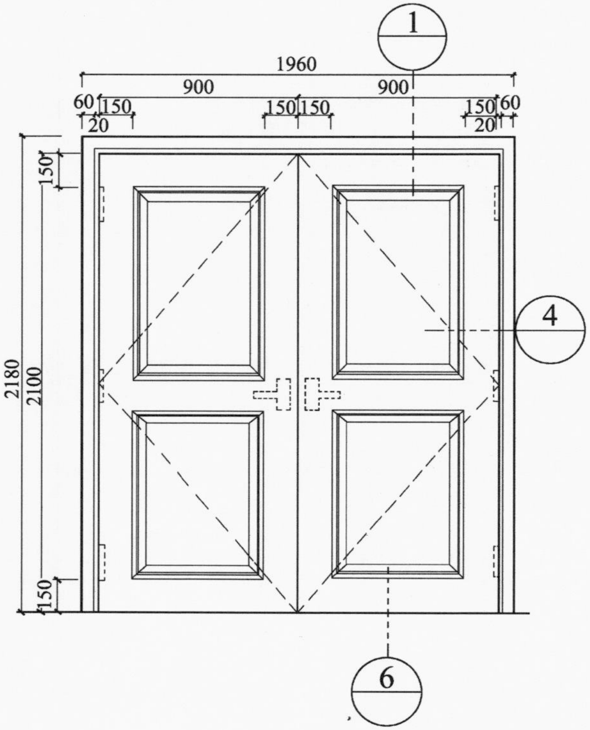

门13	迷你影院			
门型号		空档尺寸	门板尺寸	
D5B M1821	宽	1800mm	1960mm	
	高	2100mm	2180mm	
	说明			
	嵌板/玻璃（两边） 两边木线 上漆			

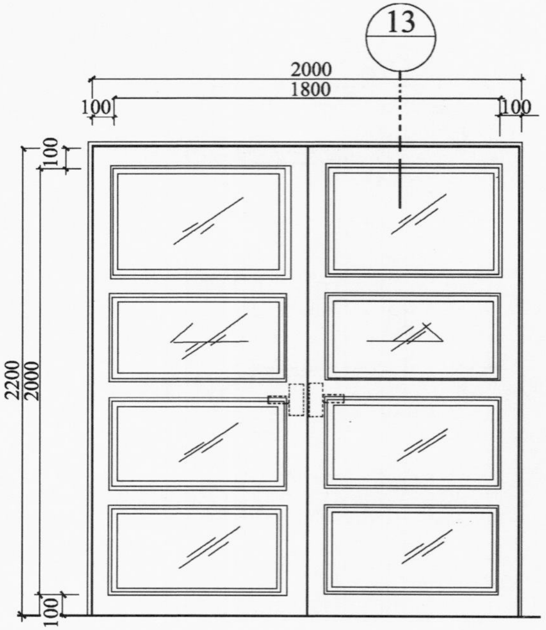

门14	阅览室的网络室入口			
门的型号		空档尺寸	门板尺寸	
D5C M1821	宽	1800mm	2000mm	
	高	2100mm	2200mm	
	说明			
	滑动玻璃/嵌门板 见局部图 上漆			

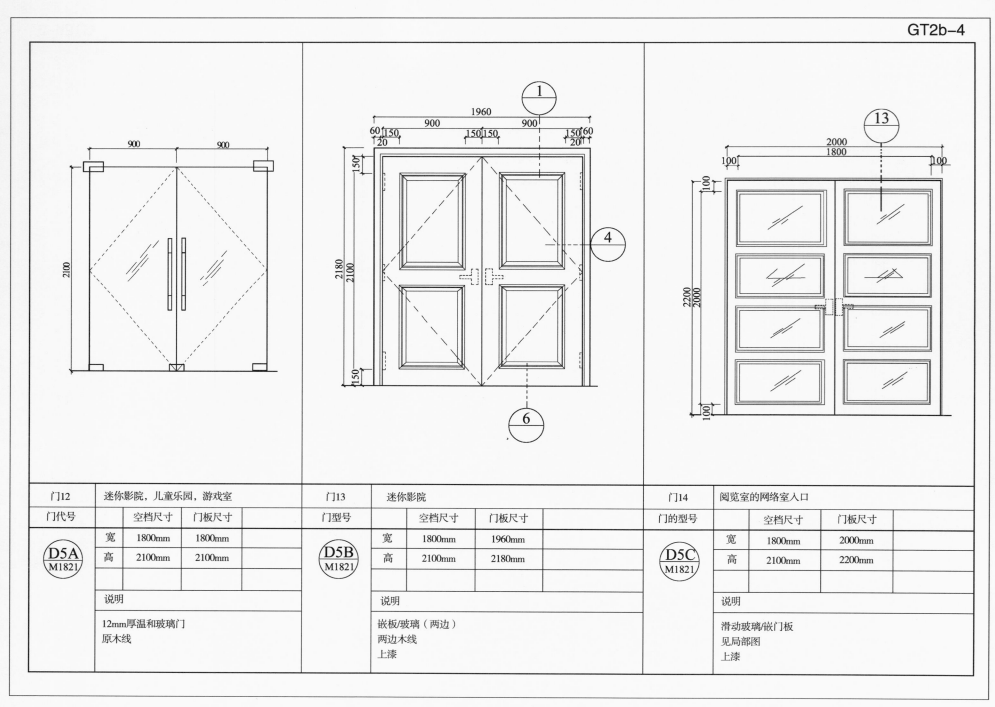

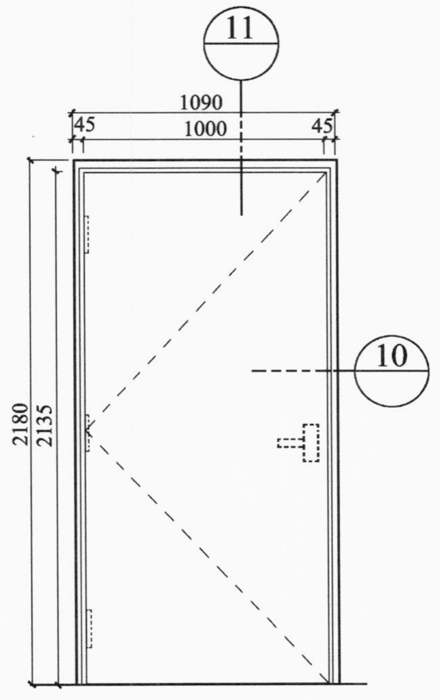

门15	AHU（办公室）		
门代号		空档尺寸	门板尺寸
D6A FMa1021	宽	1000mm	1090mm
	高	2135mm	2180mm
		说明	
		齐平地板 无木线 其他	

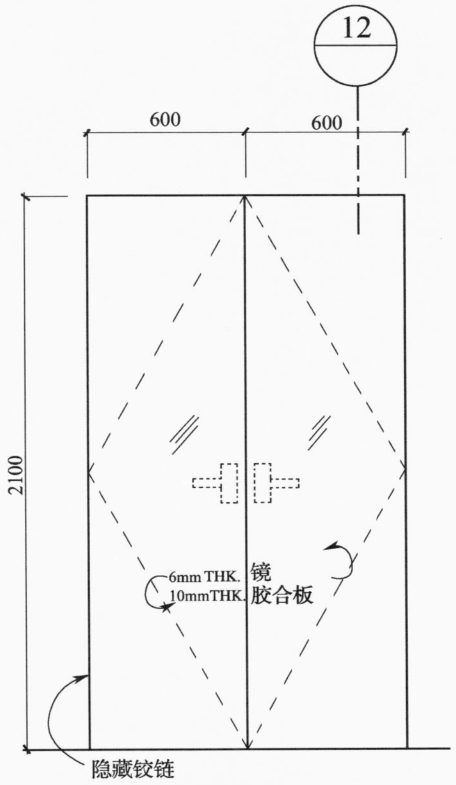

门16	AHU（GYM/AEROBIC）		
门代号		空档尺寸	门板尺寸
D6B FMa1221	宽	1200mm	1200mm
	高	2100mm	2100mm
	说明		
	一边嵌板，一边齐平地板 见局部图 无木线 其他		

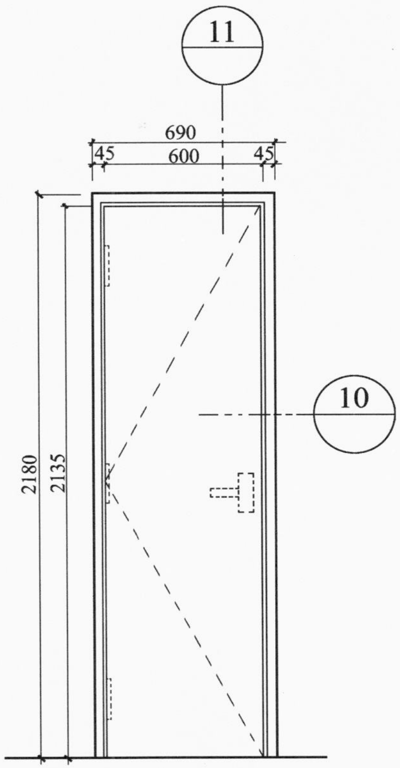

门17	服务通道（迷你影院）		
门代号		空档尺寸	门板尺寸
D7 FMb0621	宽	600mm	690mm
	高	2135mm	2180mm
D7 FMc0921	说明		
	齐平地板 无木线 颜料同墙纸 其他		

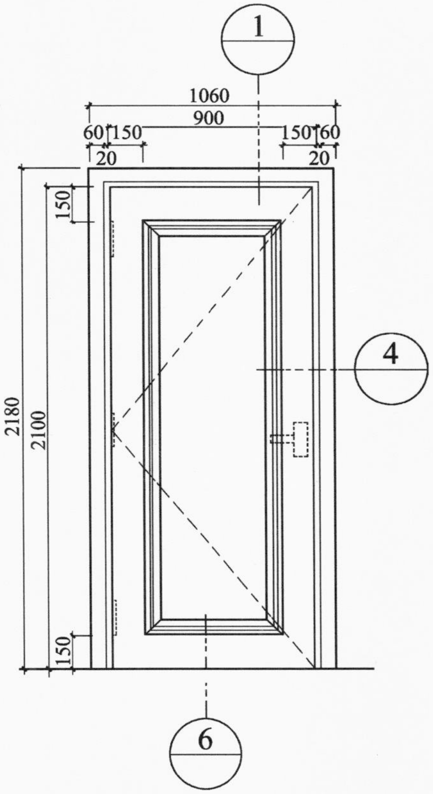

门18	楼梯间		
门代号		空档尺寸	门板尺寸
D8 FMb0921	宽	900mm	1060mm
	高	2100mm	2180mm
	说明		
	嵌板在两边 只有一边有木线 上漆 其他		

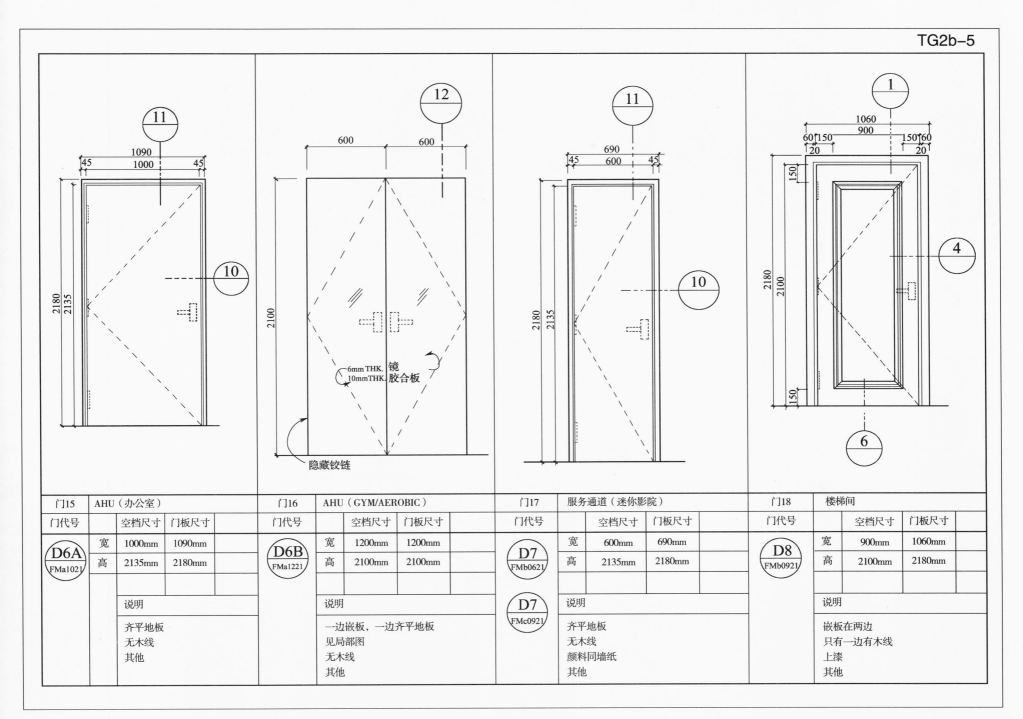

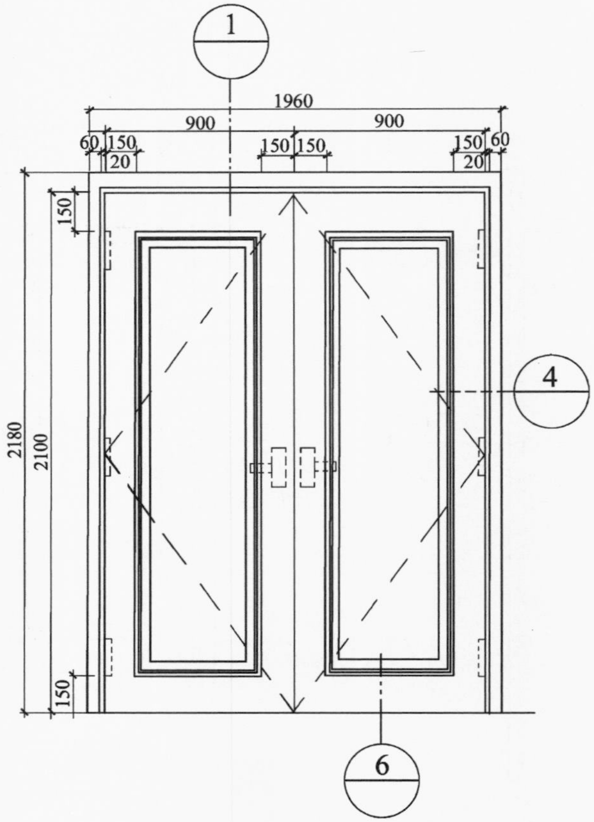

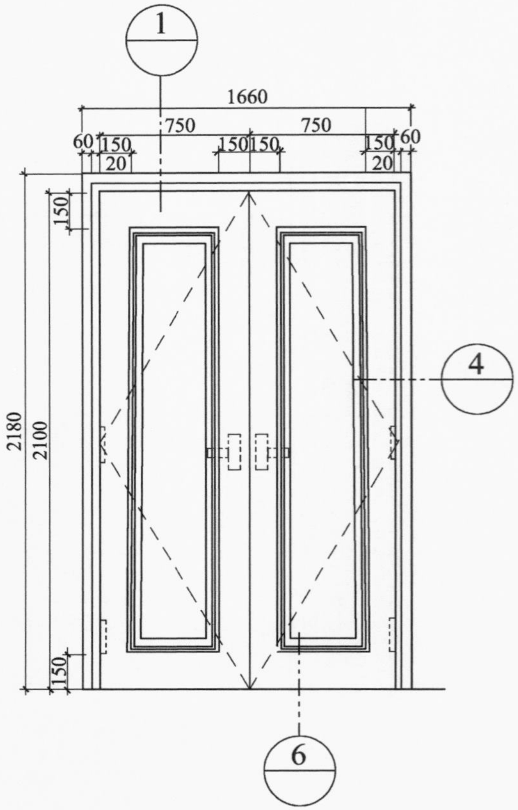

门19	走廊					
门代号		空档尺寸	门板尺寸			
D9 FMb1221	宽	1800mm	1960mm			
	高	2100mm	2180mm			
	说明					
	两边嵌板 两边木线 上漆 其他					

门20	门廊					
门代号		空档尺寸	门板尺寸			
D10 FMb1521	宽	1500mm	1660mm			
	高	2100mm	2180mm			
	说明					
	两边嵌板 两边木线 上漆 其他					

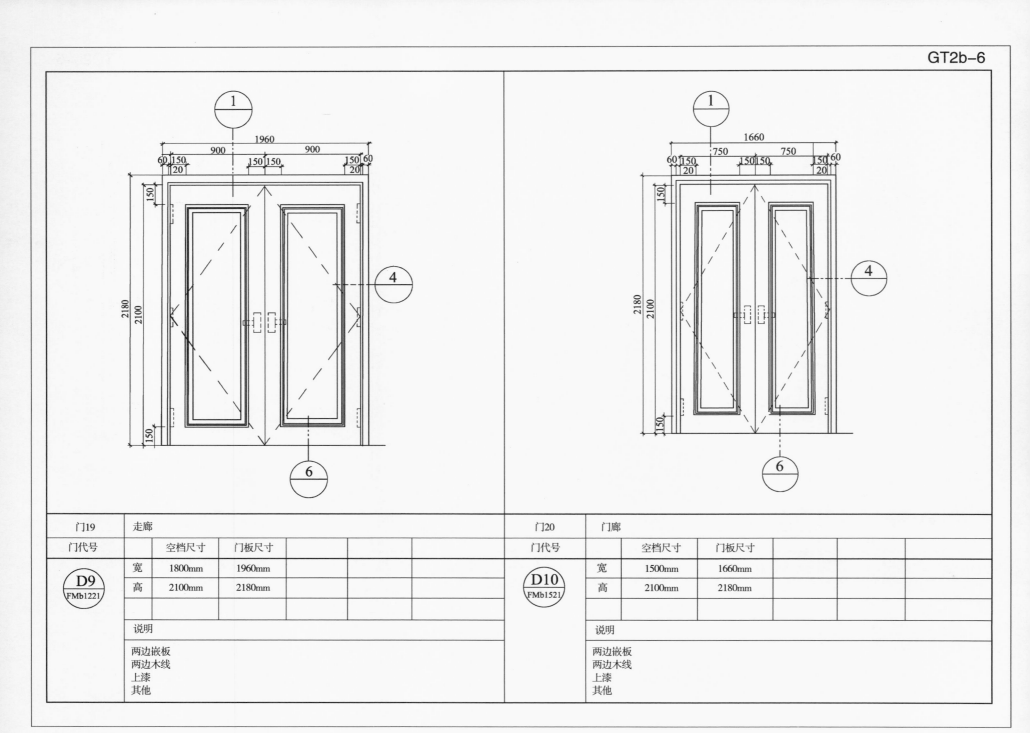

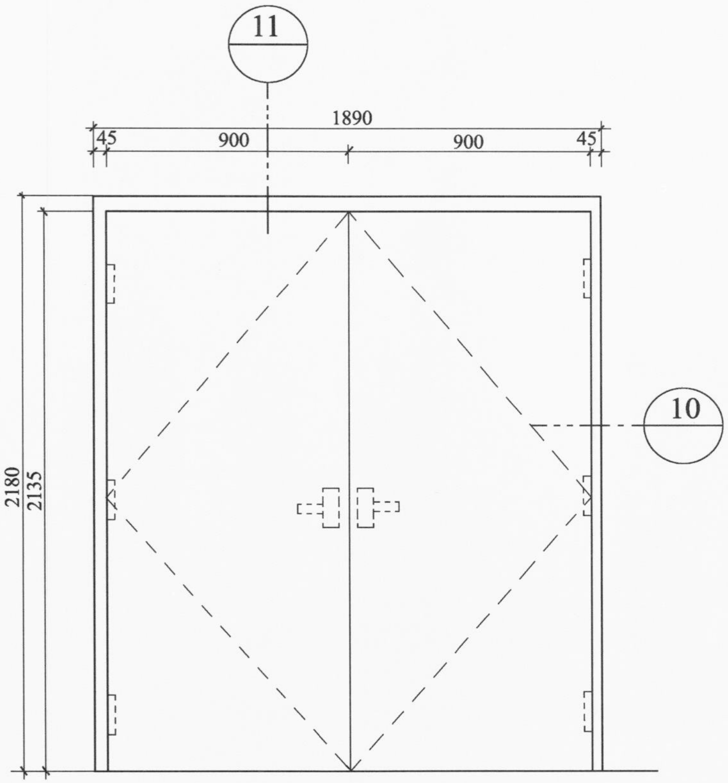

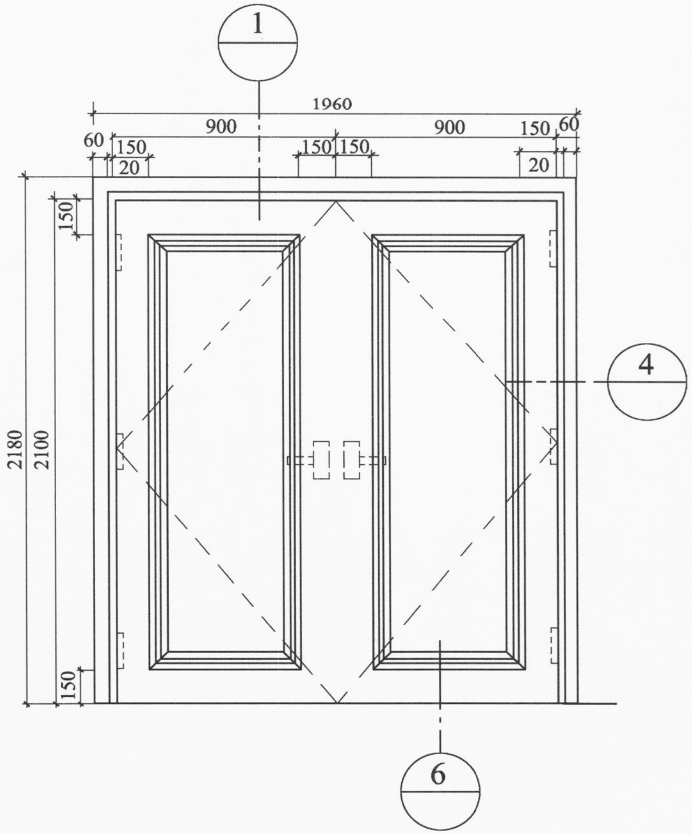

门21	服务处				
门代号		空档尺寸	门板尺寸		
D11A FMb1821	宽	1800mm	1890mm		
	高	2135mm	2180mm		
	说明				
	齐平地板 无木线 上漆 其他				

门22	游泳池楼梯				
门代号		空档尺寸	门板尺寸		
D11B FMb1821	宽	1800mm	1960mm		
	高	2100mm	2180mm		
	说明				
	两边嵌板上与清砖一致的涂料 只有一边木线 上漆 其他				

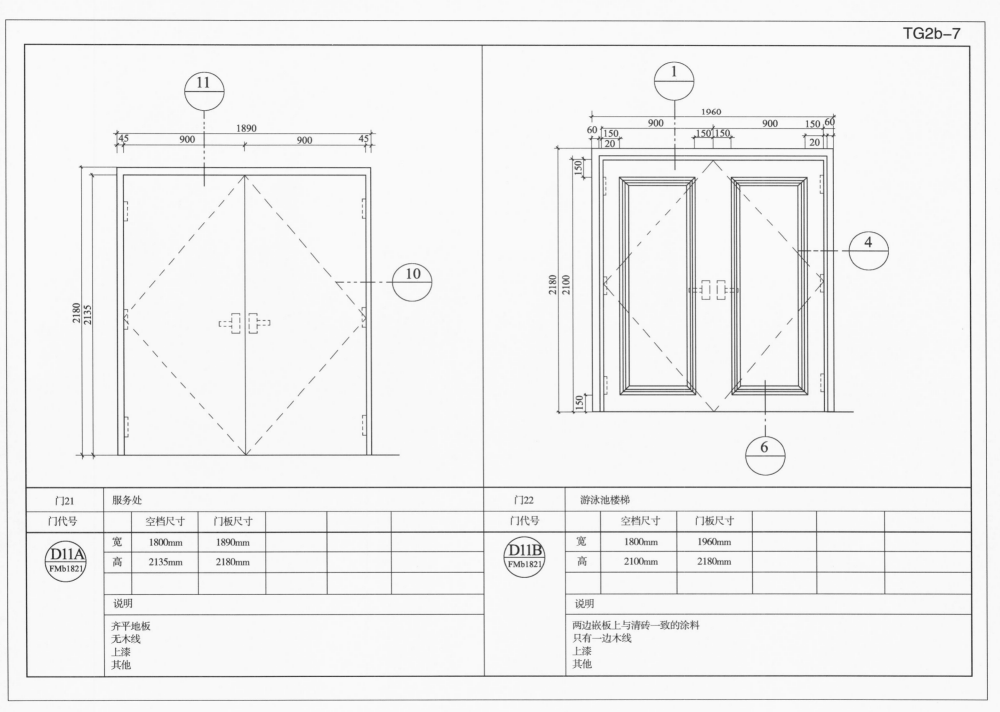

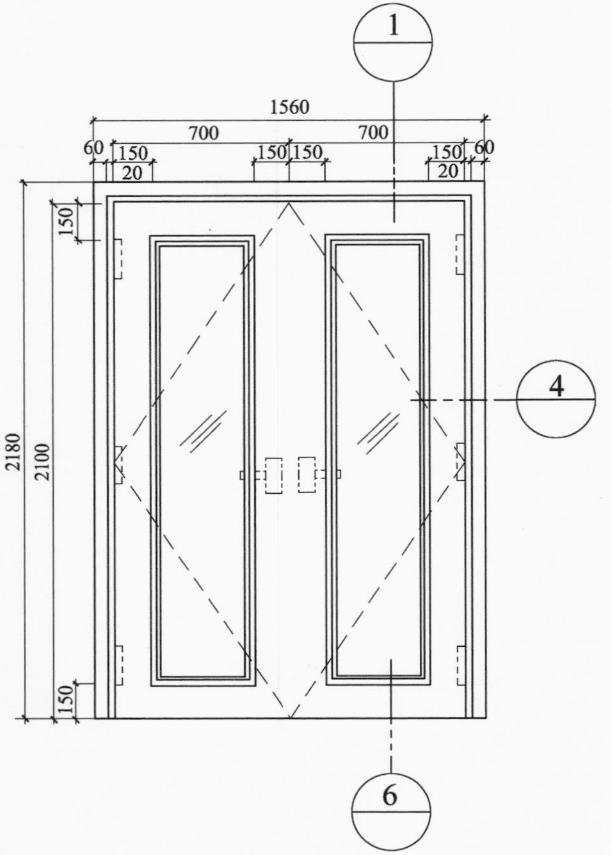

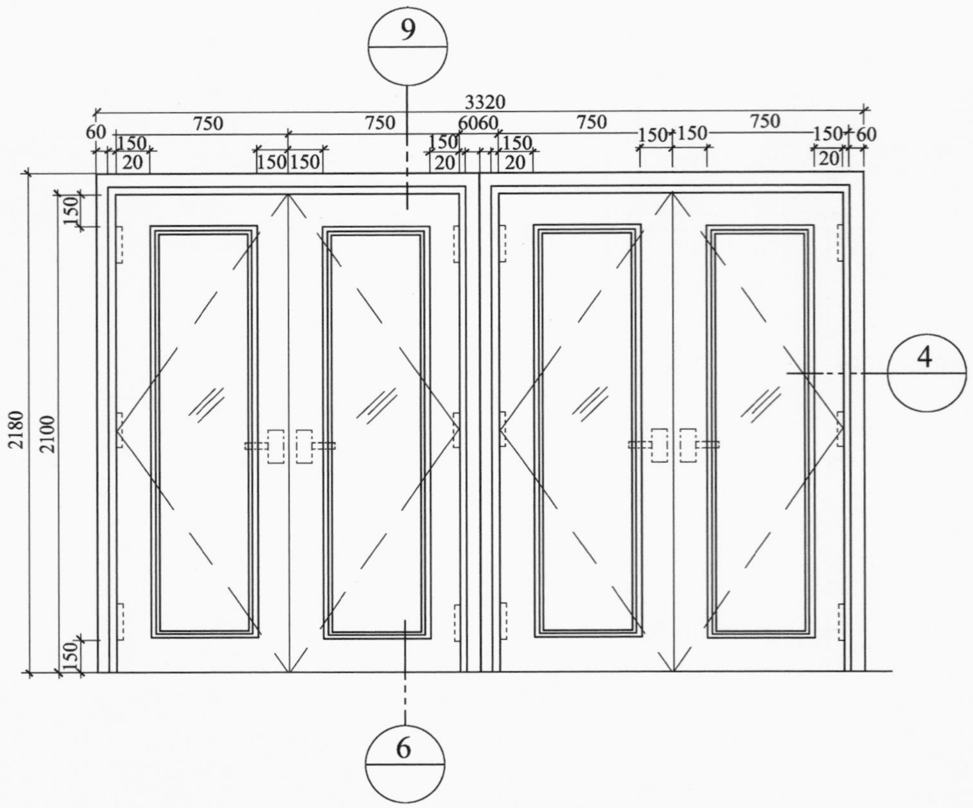

门23	电梯门厅走廊入口						
门代号		空档尺寸	门板尺寸				
D12 FMb2121	宽	1400mm	1560mm				
	高	2100mm	2180mm				
	说明						
	嵌板/玻璃在两边 两边木线 上漆 其他 符合火警代号规则的防火玻璃门						

门24	电梯厅的入口休息室入口					
门代号		空档尺寸	门板尺寸			
D13 FMb3021	宽	3000mm	3320mm			
	高	2100mm	2180mm			
	说明					
	两边嵌板/玻璃 两边木线 上漆 其他 符合火警代号规则的防火玻璃门					

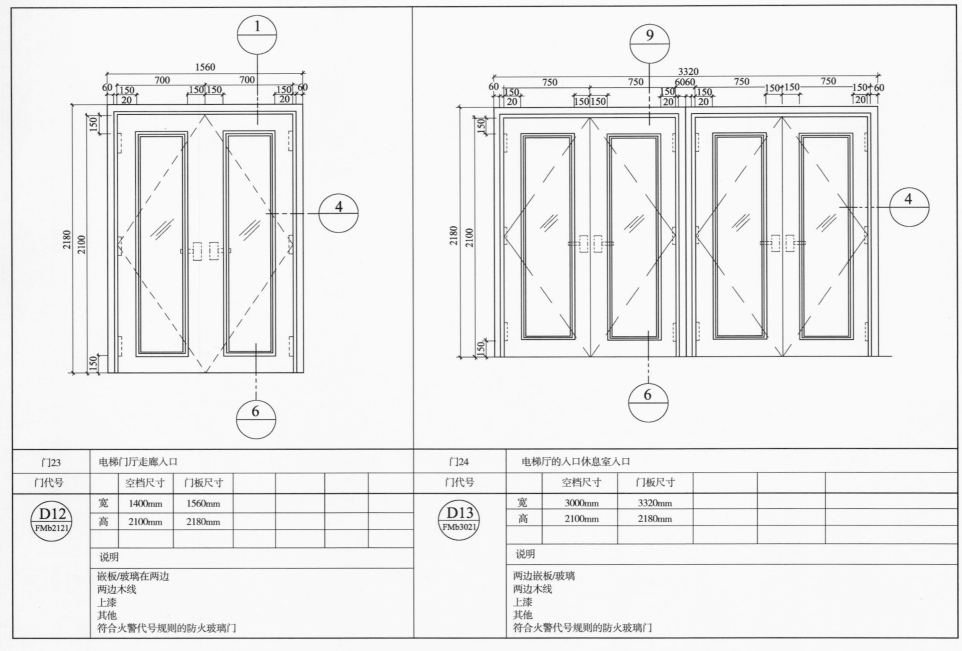

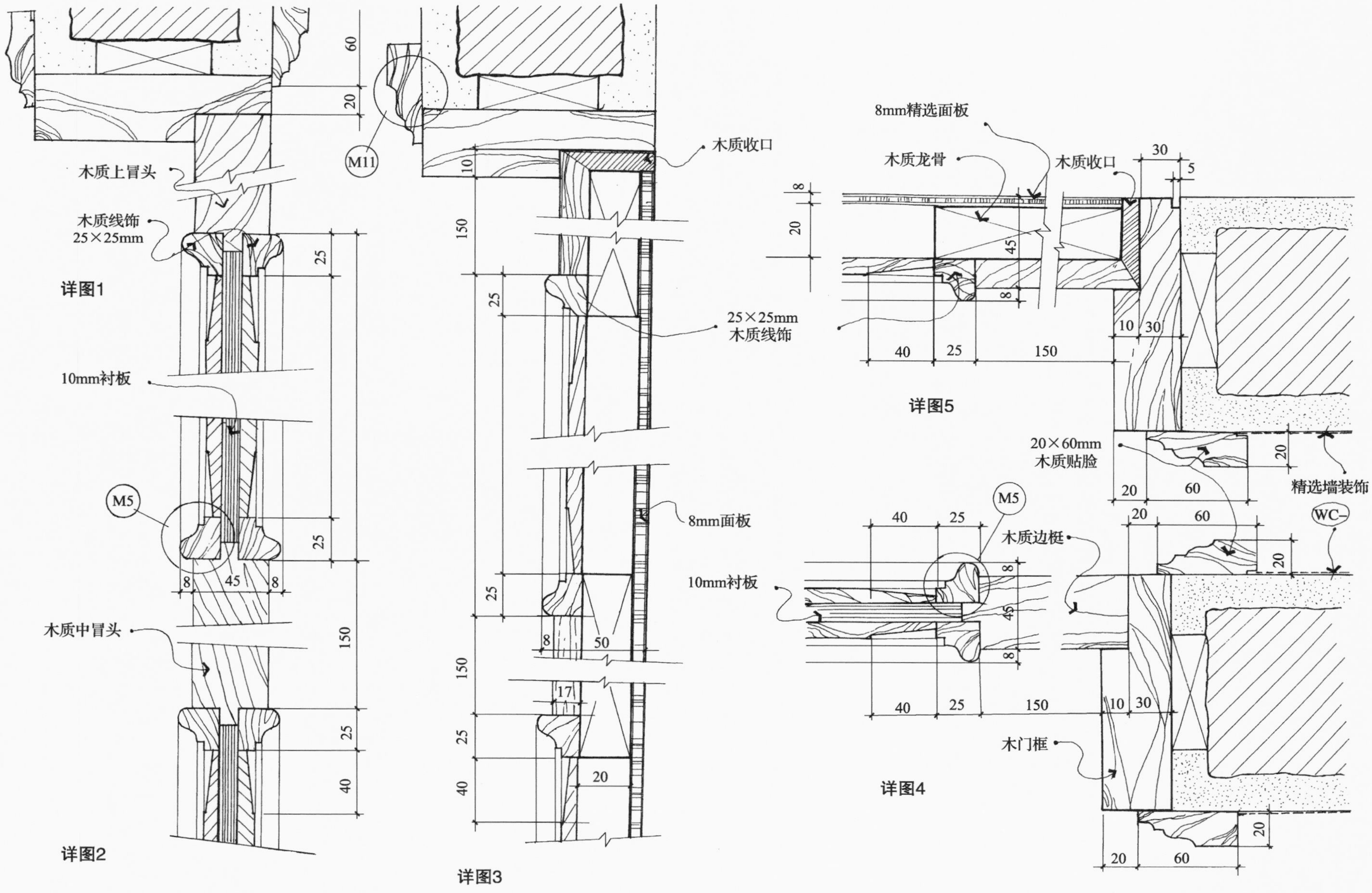
木质上冒头
木质线饰
25×25mm
详图1
10mm衬板
M5
8
45
8
木质中冒头
详图2
60
20
25
25
150
25
40
M11
10
150
25
25
150
25
40
木质收口
25×25mm
木质线饰
8mm面板
8
50
17
20
详图3
8mm精选面板
木质龙骨
木质收口
30
5
8
20
45
8
10
30
40
25
150
详图5
20×60mm
木质贴脸
20
60
20
精选墙装饰
M5
40
25
木质边梃
10mm衬板
20
60
WC-
20
8
45
8
40
25
150
10
30
木门框
详图4
20
20
60

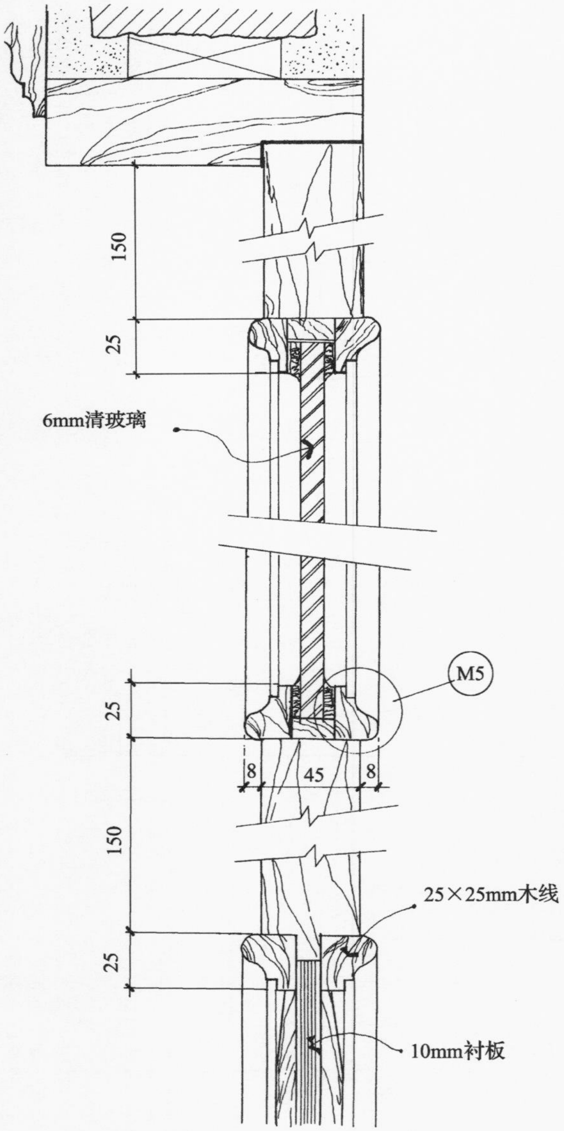

150
25
6mm清玻璃
M5
25
8
45
8
150
25
25×25mm木线
10mm衬板

详图9

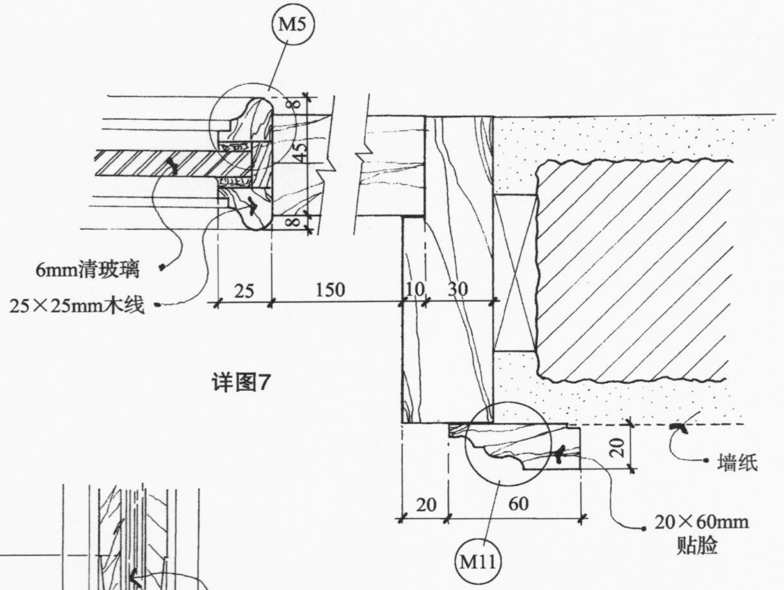

M5
8
45
8
6mm清玻璃
25×25mm木线
25
150
10
30
20
墙纸
20
60
20×60mm
贴脸
M11

详图7

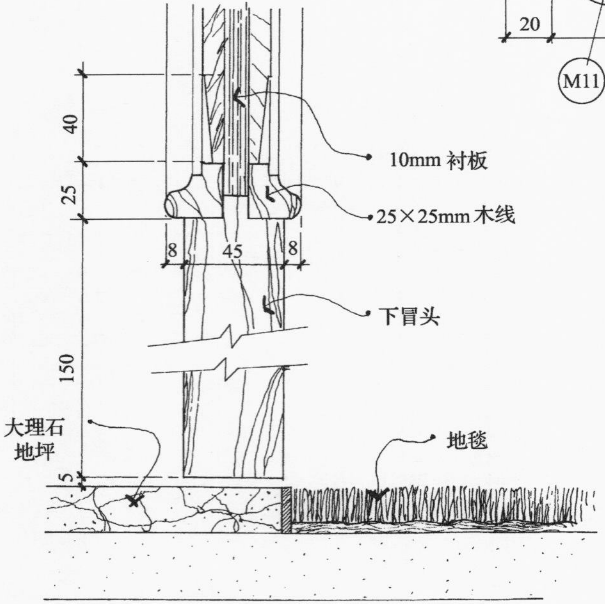

40
25
10mm 衬板
25×25mm 木线
8
45
8
下冒头
150
大理石
地坪
5
地毯

详图6

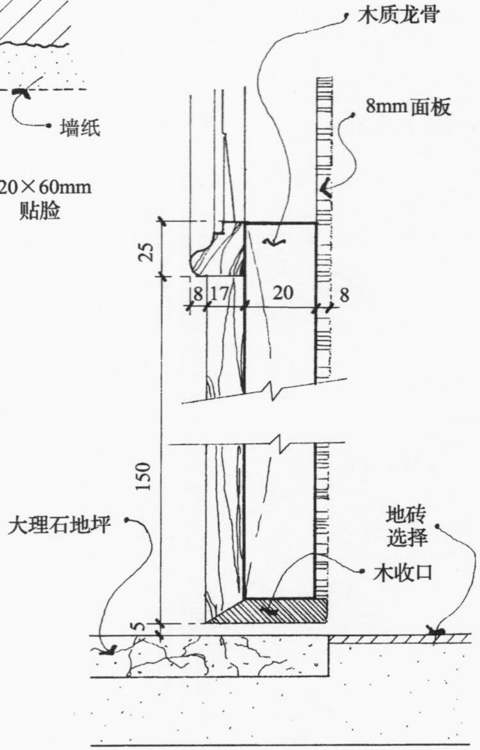

木质龙骨
8mm面板
25
8
17
20
8
150
大理石地坪
地砖
选择
木收口
5

详图8

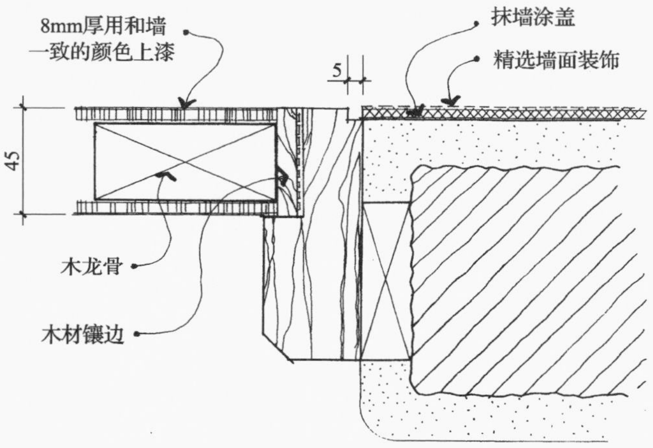
8mm厚用和墙
一致的颜色上漆
抹墙涂盖
精选墙面装饰
5
45
木龙骨
木材镶边

详图10

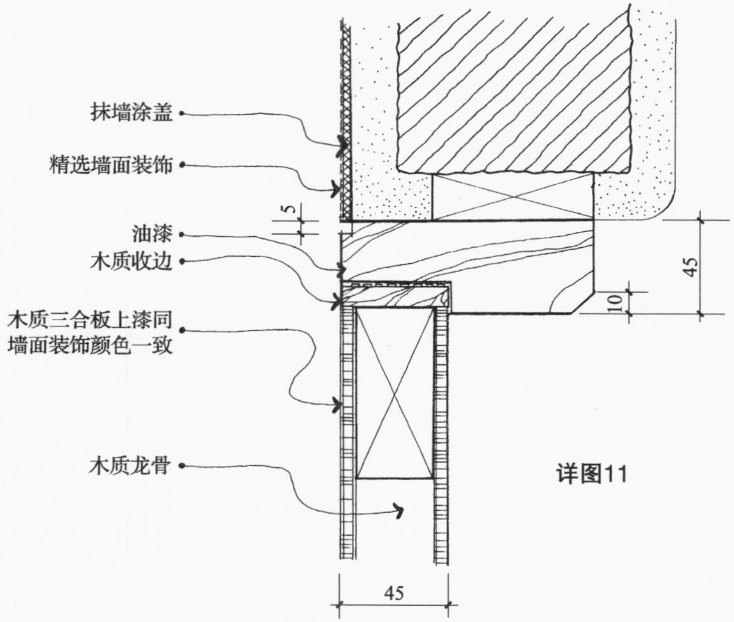
抹墙涂盖
精选墙面装饰
5
油漆
木质收边
45
10
木质三合板上漆同
墙面装饰颜色一致
木质龙骨
45

详图11

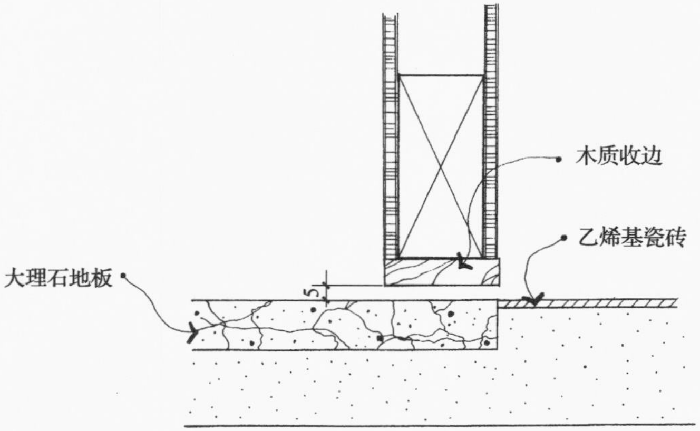
木质收边
乙烯基瓷砖
大理石地板
5

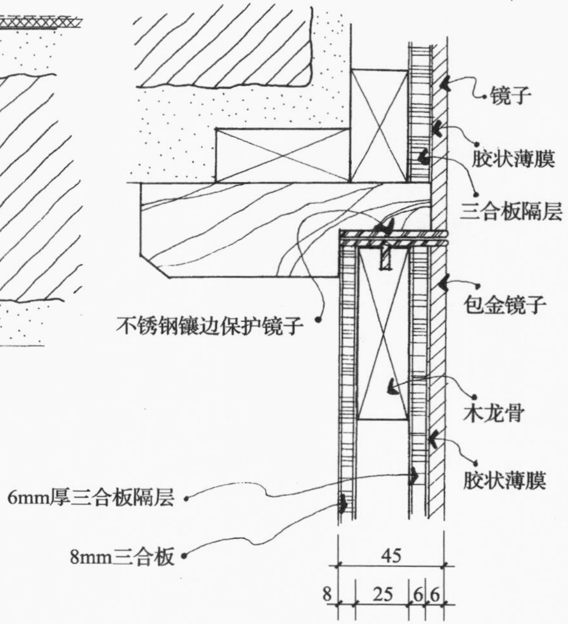
镜子
胶状薄膜
三合板隔层
不锈钢镶边保护镜子
包金镜子
木龙骨
胶状薄膜
6mm厚三合板隔层
8mm三合板
45
8
25
6
6

详图12

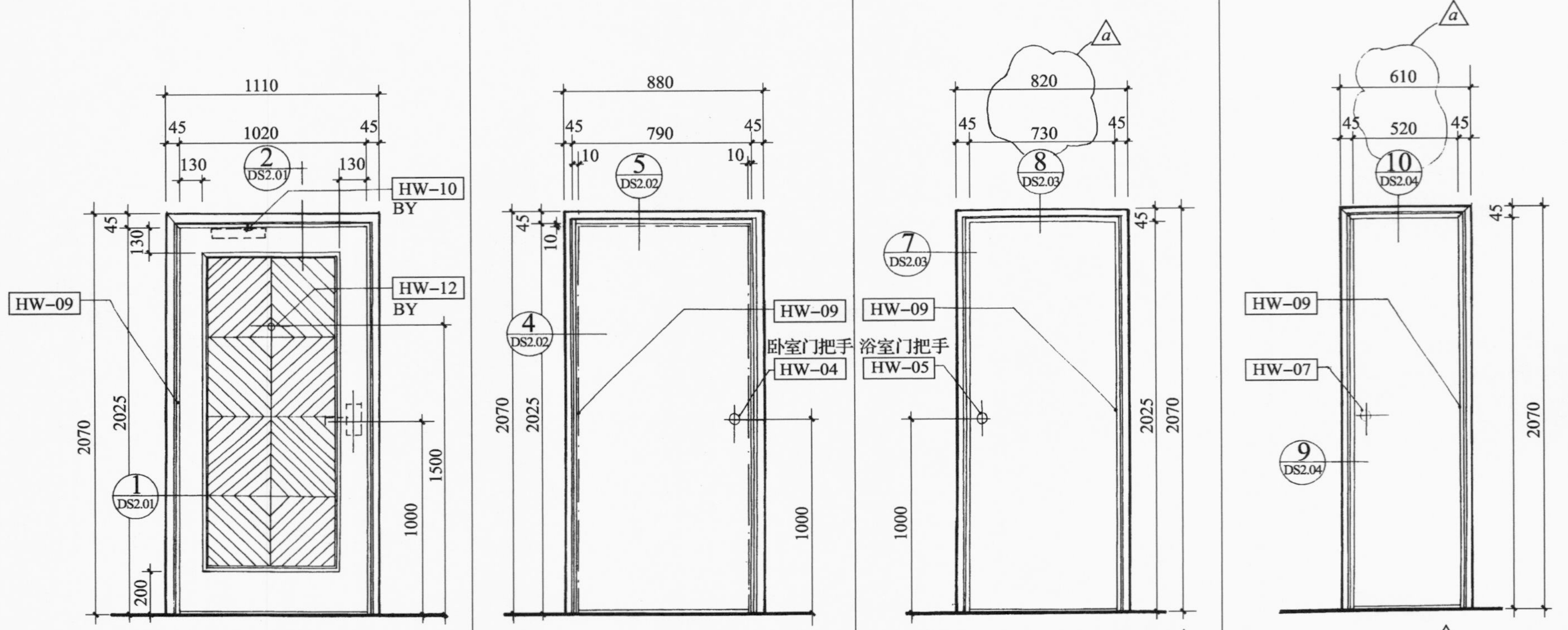

主要出入口门				
型号	结构尺寸		洞口尺寸	门嵌板尺寸
D1 M1021	W	1130mm	1000mm	1020mm
	HT	2100mm	2015mm	2025mm
	地板		数量	
			仿黄铜嵌条 20×50	

卧室门				
型号	结构尺寸		洞口尺寸	门嵌板尺寸
D2 M0921	W	900mm	770mm	790mm
	HT	2100mm	2015mm	2025mm
	地板		数量	

浴室门				
型号	结构尺寸		洞口尺寸	门嵌板尺寸
D3 M0701	W	840mm	710mm	730mm
	HT	2100mm	2015mm	2025mm
	地板		数量	
			坊50×20 大理石嵌条	

储藏室门				
型号	结构尺寸		洞口尺寸	门嵌板尺寸
D4 –	W	630mm	500mm	520mm
	HT	2100mm	2015mm	2025mm
	地板		数量	
	a 校订每扇褐色门			

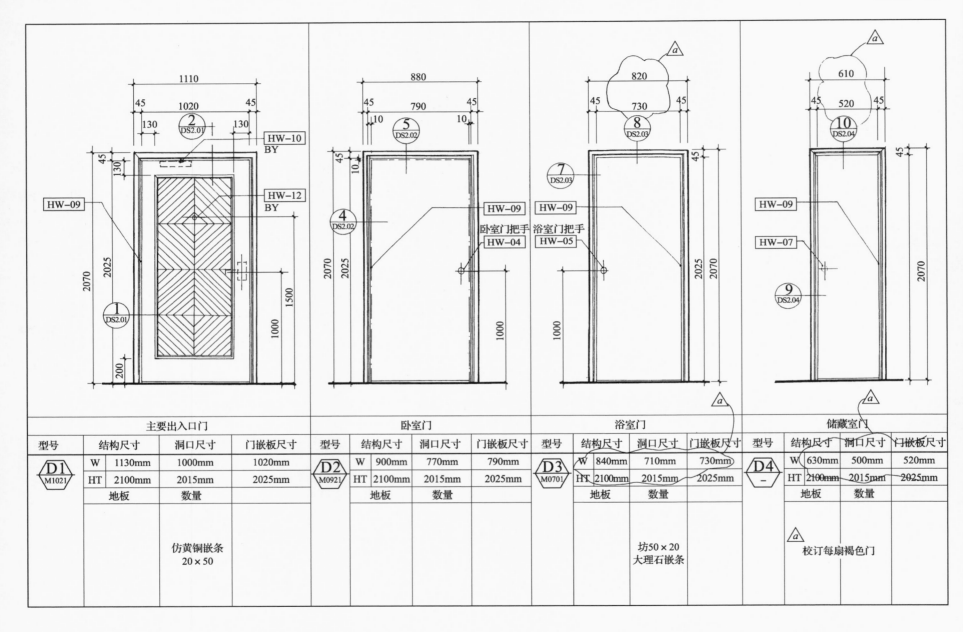

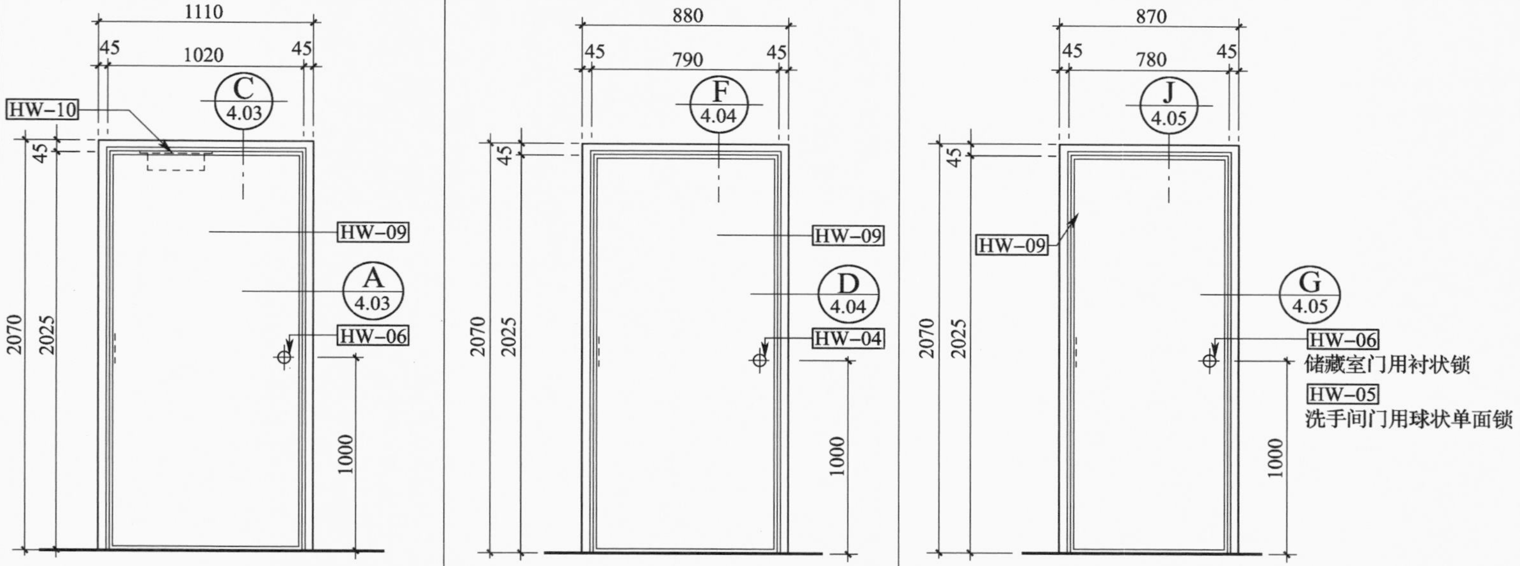

过道门

代码		建筑尺寸	安全尺寸	门嵌板尺寸
DTA M1021	W	1130mm	1000mm	1020mm
	HT	2100mm	2015mm	2025mm
		地板	数量	

控制室门/保安室门/办公室门

代码		建筑尺寸	安全尺寸	门嵌板尺寸
D2 M0921	W	990mm	850mm	870mm
	HT	2090mm	2000mm	2010mm
控制室门 D2A Fn0921	W	990mm	850mm	870mm
	HT	2090mm	2000mm	2010mm

备注：门必须集合当地礼仪和需要

储藏室门/洗手间门

代码		建筑尺寸	安全尺寸	门嵌板尺寸
D3 M0721	W	890mm	750mm	770mm
		2090mm	2000mm	2010mm

门详图D_1~D_3

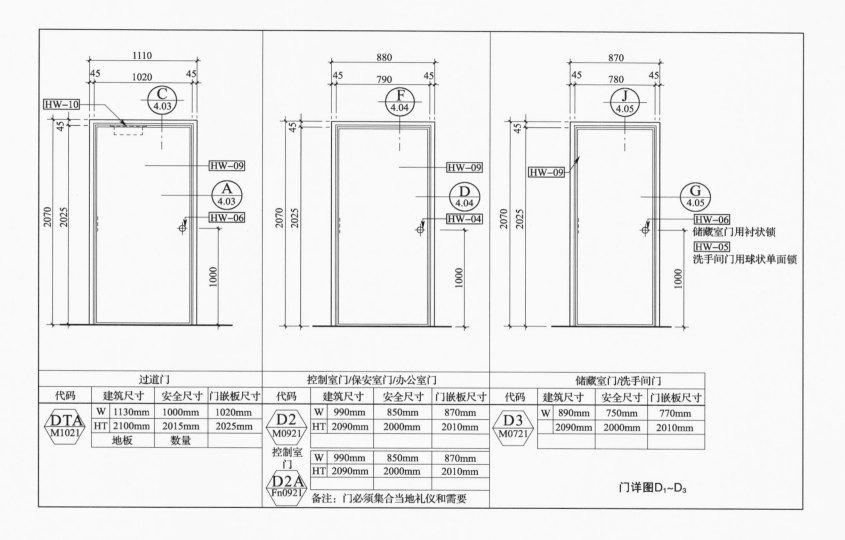

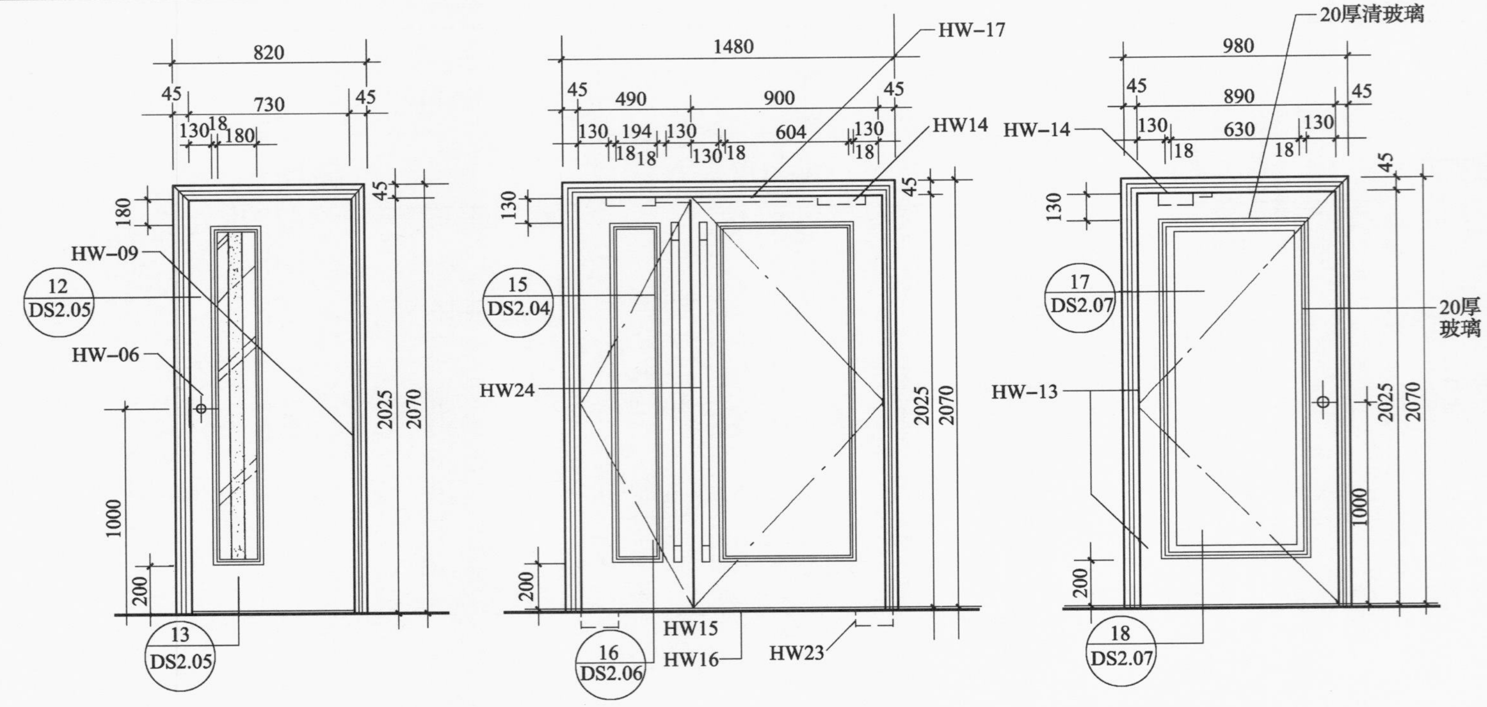

厨房门

型号	构造开启尺寸		净开启尺寸	门板尺寸
D3a M0721	宽	840mm	710mm	730mm
	高	2100mm	2015mm	2025mm

门廊/回廊

型号	构造开启尺寸		净开启尺寸	门板尺寸
D4 FMb1521	宽	1500mm	1370mm	1390mm
	高	2100mm	2015mm	2025mm

过道门

型号	构造开启尺寸		净开启尺寸	门板尺寸
D5 M1021	宽	1000mm	870mm	890mm
	高	2100mm	2015mm	2035mm

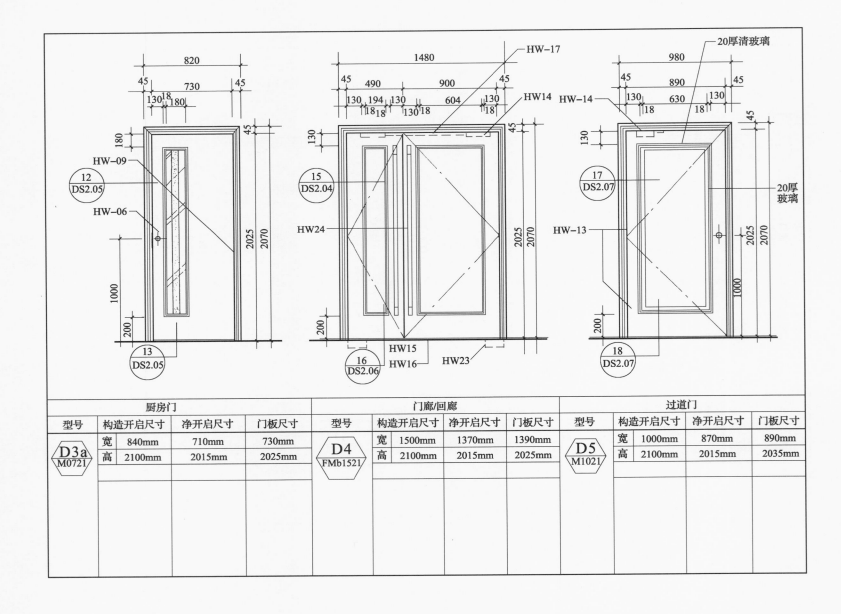

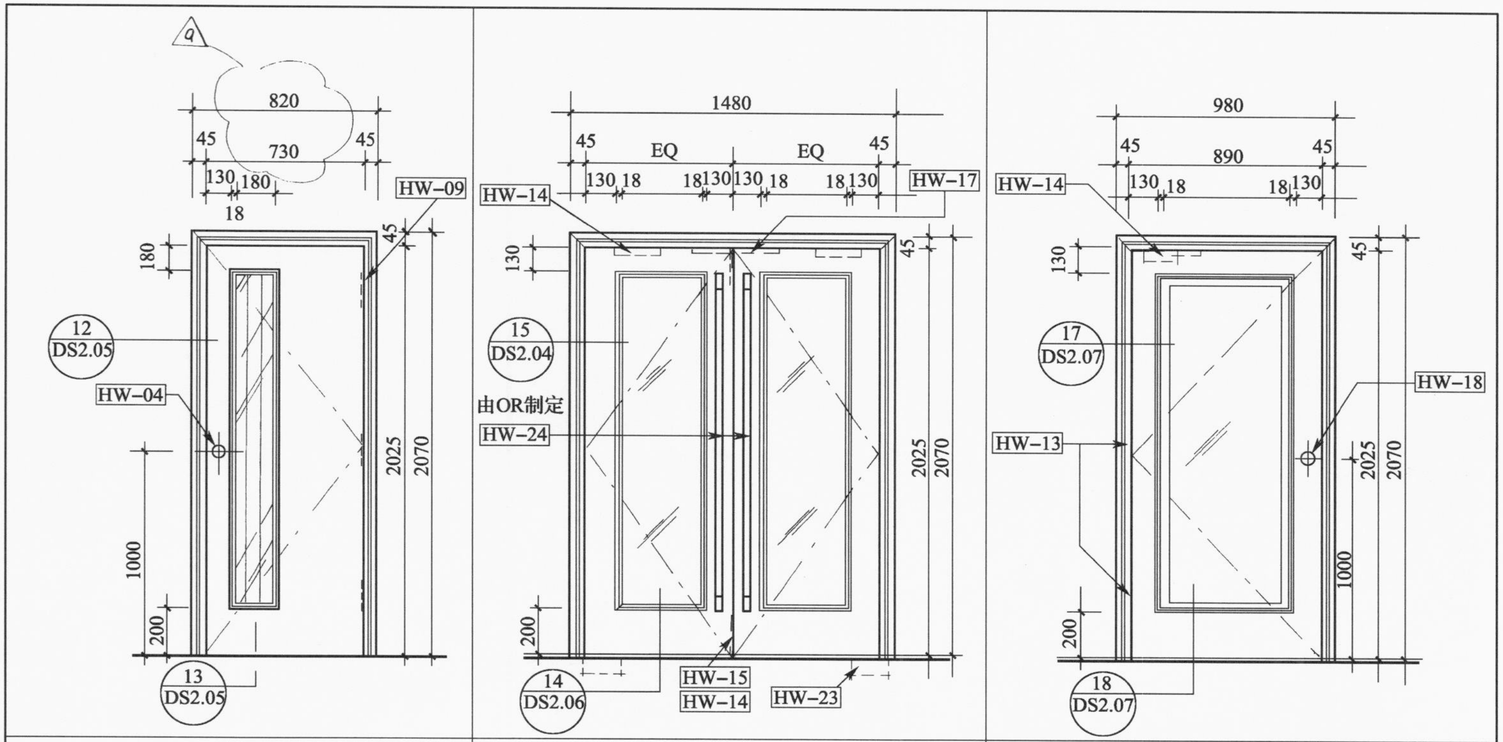

厨房门			
规格	标准开启尺寸	完全开启尺寸	门框尺寸
D3a M0721	宽 840mm	710mm	730mm
	高 2100mm	2015mm	2025mm

电梯门廊/走廊			
规格	标准开启尺寸	完全开启尺寸	门框尺寸
D4 FMb1521	宽 1500mm	1370mm	1390mm
	高 2100mm	2015mm	2025mm

过道门			
规格	标准开启尺寸	完全开启尺寸	门框尺寸
D5 M1021	宽 1000mm	870mm	890mm
	高 2100mm	2015mm	2025mm

a 修正门开放尺寸

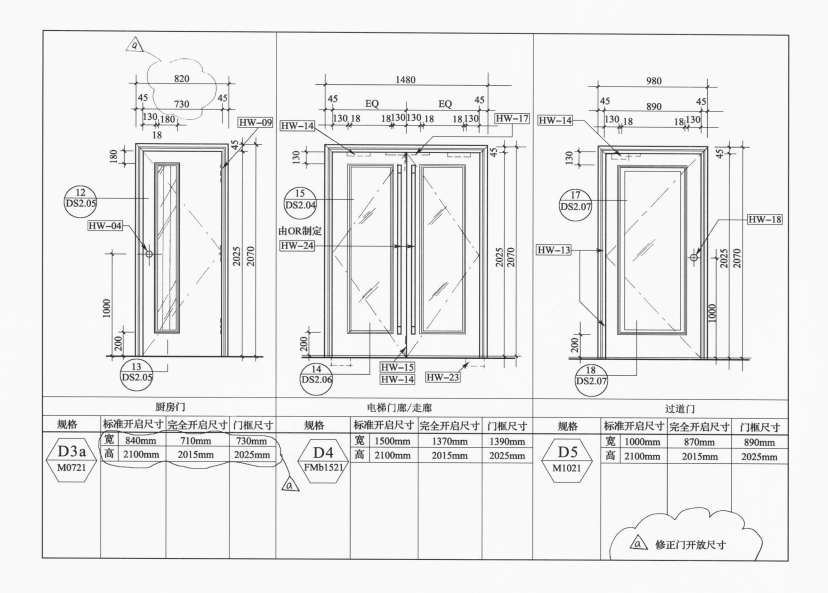

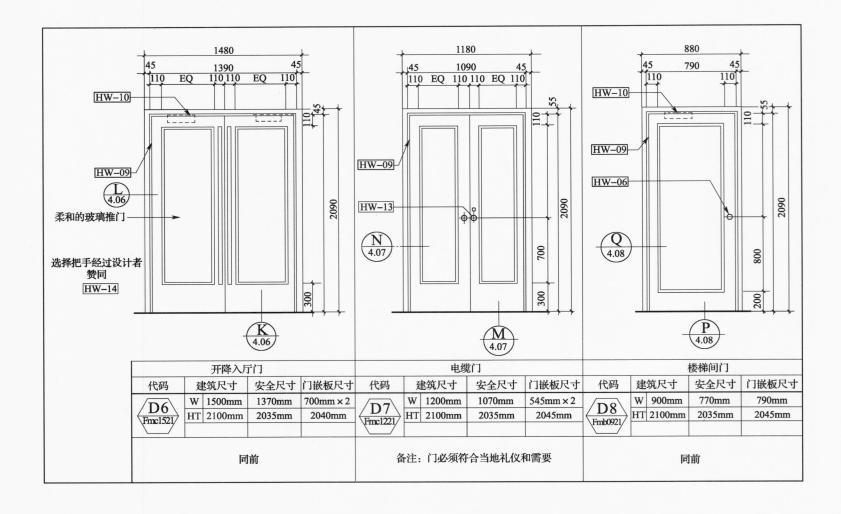

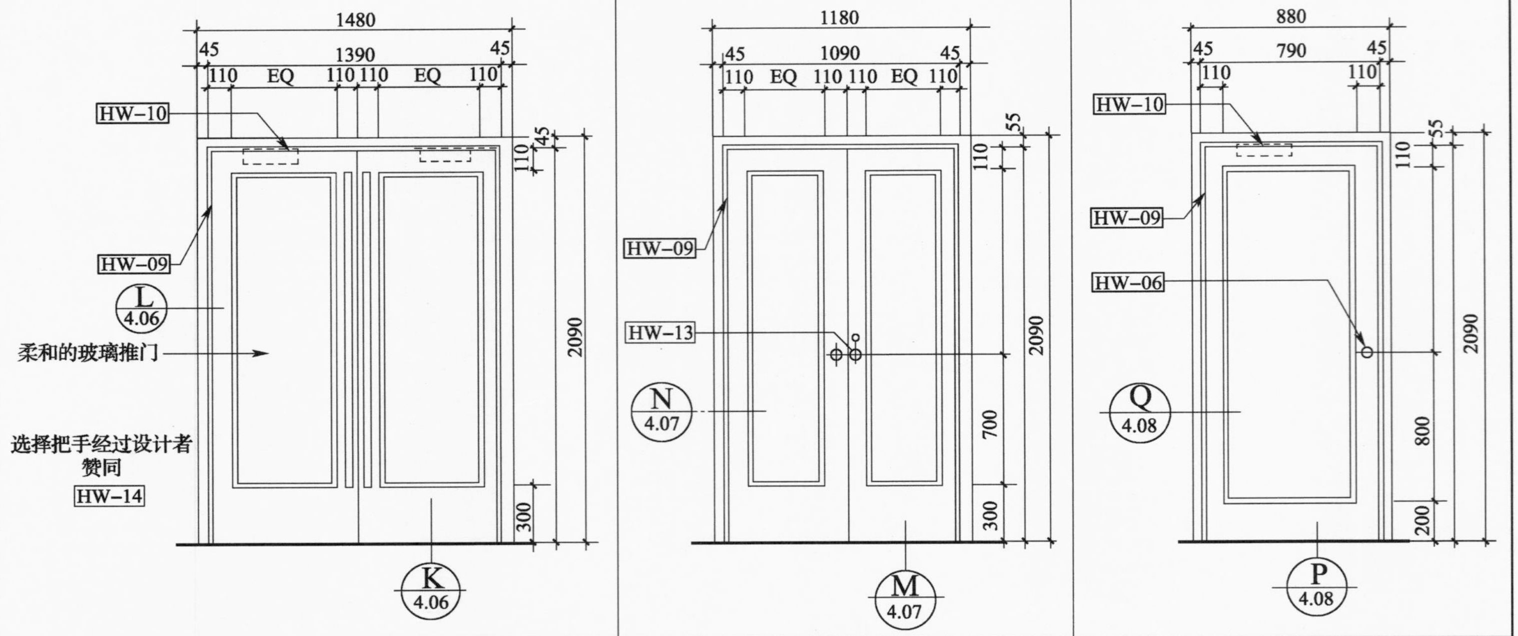
1480
45 1390 45
110 EQ 110 110 EQ 110
HW-10
HW-09
L 4.06
柔和的玻璃推门
选择把手经过设计者赞同
HW-14
45 110 2090 300
K 4.06
1180
45 1090 45
110 EQ 110 110 EQ 110
HW-09
HW-13
N 4.07
55 110 2090 700 300
M 4.07
880
45 790 45
110 110
HW-10
HW-09
HW-06
Q 4.08
55 110 2090 800 200
P 4.08

开降入厅门

代码		建筑尺寸	安全尺寸	门嵌板尺寸
D6 Fmc1521	W	1500mm	1370mm	700mm × 2
	HT	2100mm	2035mm	2040mm

同前

电缆门

代码		建筑尺寸	安全尺寸	门嵌板尺寸
D7 Fmc1221	W	1200mm	1070mm	545mm × 2
	HT	2100mm	2035mm	2045mm

备注：门必须符合当地礼仪和需要

楼梯间门

代码		建筑尺寸	安全尺寸	门嵌板尺寸
D8 Fmb0921	W	900mm	770mm	790mm
	HT	2100mm	2035mm	2045mm

同前

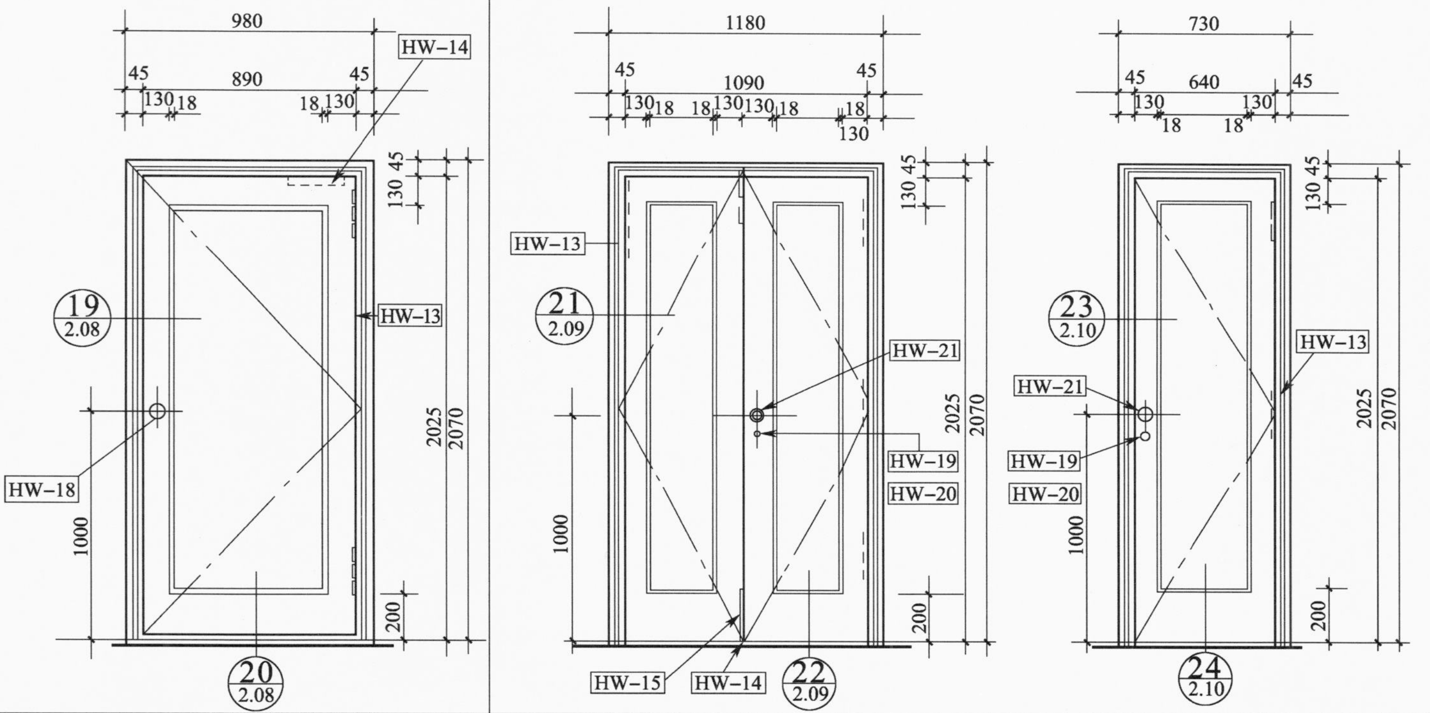

D6 FMb0921	楼梯			
	标准开启尺寸		完全开启尺寸	门框尺寸
	宽	1000mm	870mm	890mm
	高	2100mm	2015mm	2025mm

	电缆门			
	标准开启尺寸		完全开启尺寸	门框尺寸
D7a FM1221	宽	1200mm	1070mm	1090mm
	高	2100mm	2015mm	2025mm
D7 FM1221	宽	1500mm	1370mm	1040mm
	高	2100mm	2015mm	2025mm

D8 M0721	公共设施门			
	标准开启尺寸		完全开启尺寸	门框尺寸
	宽	750mm	620mm	640mm
	高	2100mm	2015mm	2025mm

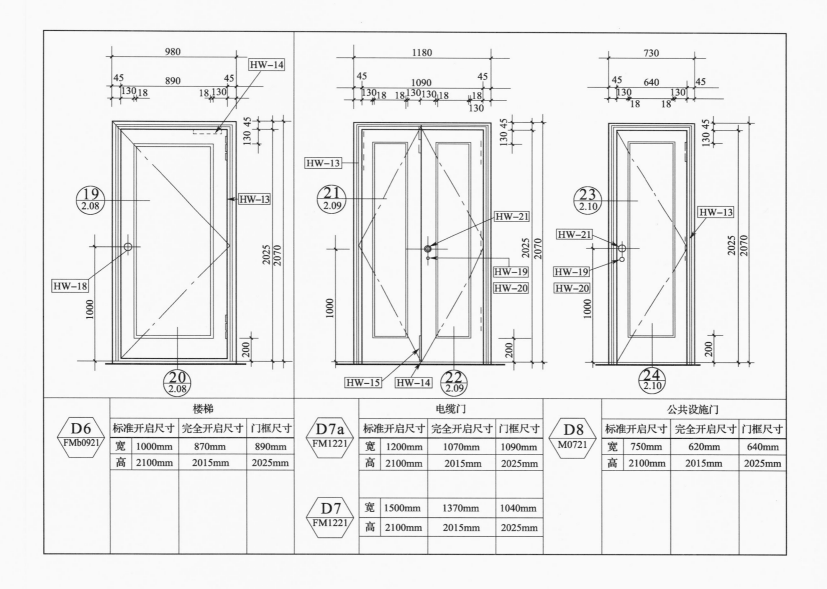

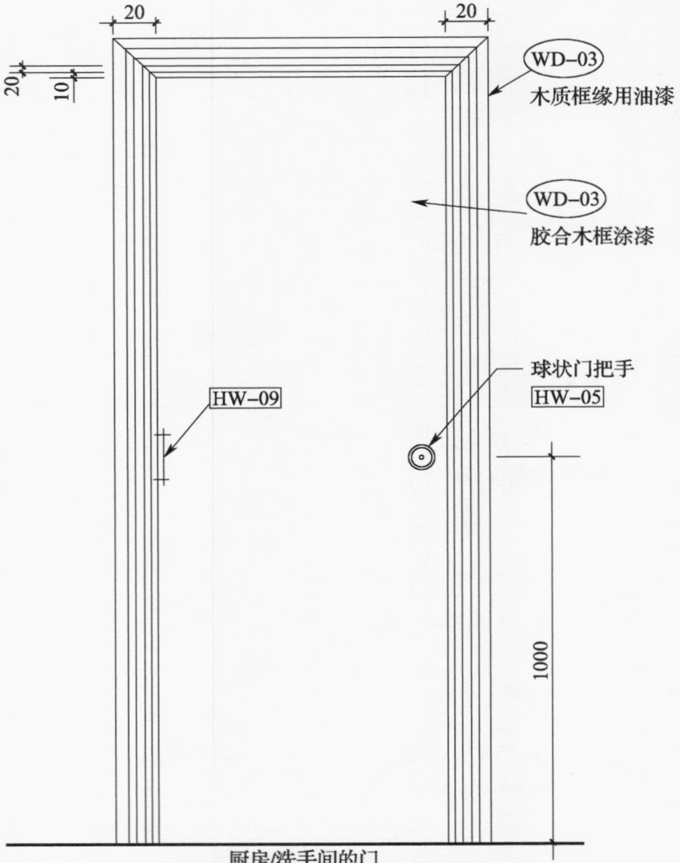

厨房/洗手间的门

代号		结构开口尺寸	洞口净尺寸	门扇尺寸
D3 M0721	宽	890mm	750mm	770mm
	高	2090mm	2000mm	2010mm

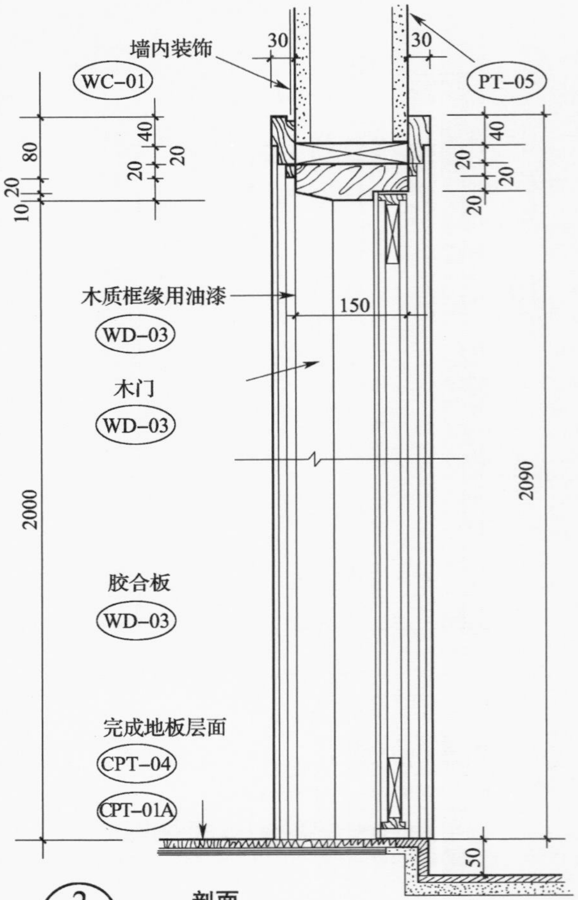

2 EL-2.01 剖面

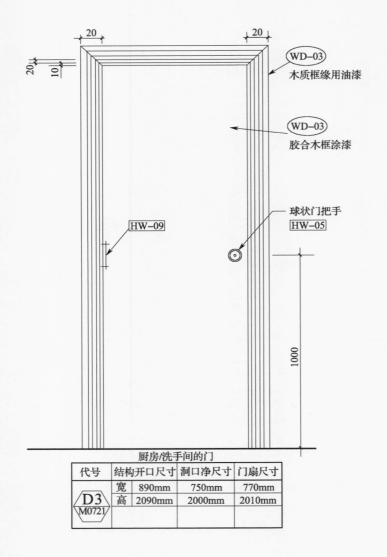

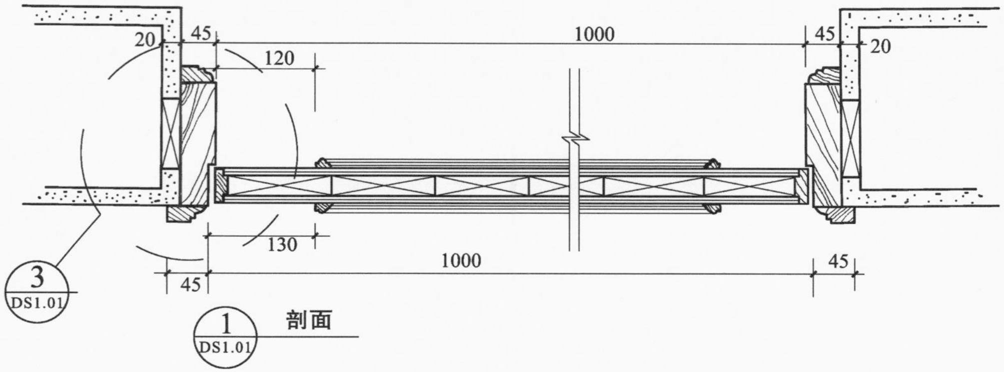

20
45
120
1000
45
20
130
1000
45
45
3
DS1.01
1
DS1.01
剖面

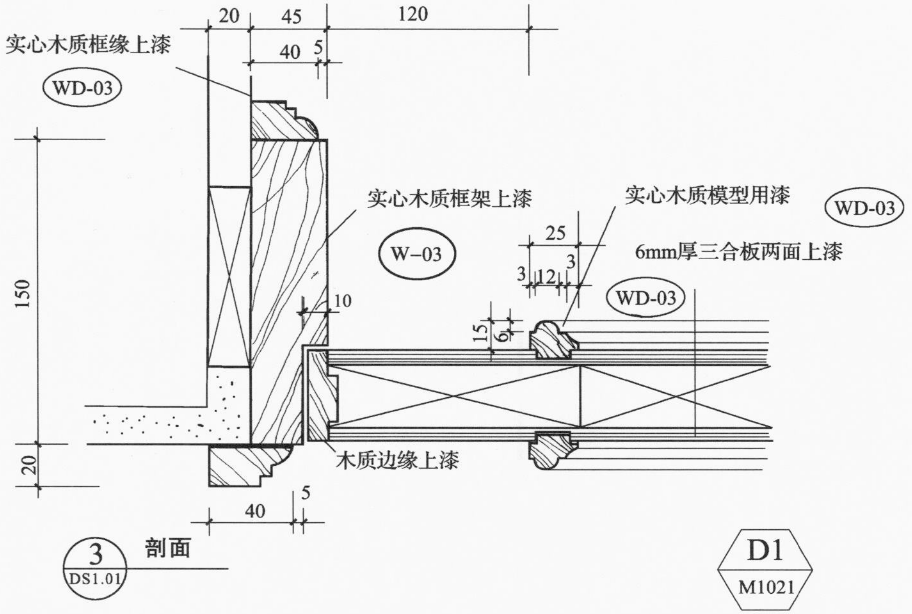

20
45
120
40
5
实心木质框缘上漆
WD-03
150
20
实心木质框架上漆
W–03
实心木质模型用漆
WD-03
6mm厚三合板两面上漆
25
3
12
3
WD-03
10
15
6
木质边缘上漆
40
5
3
DS1.01
剖面
D1
M1021

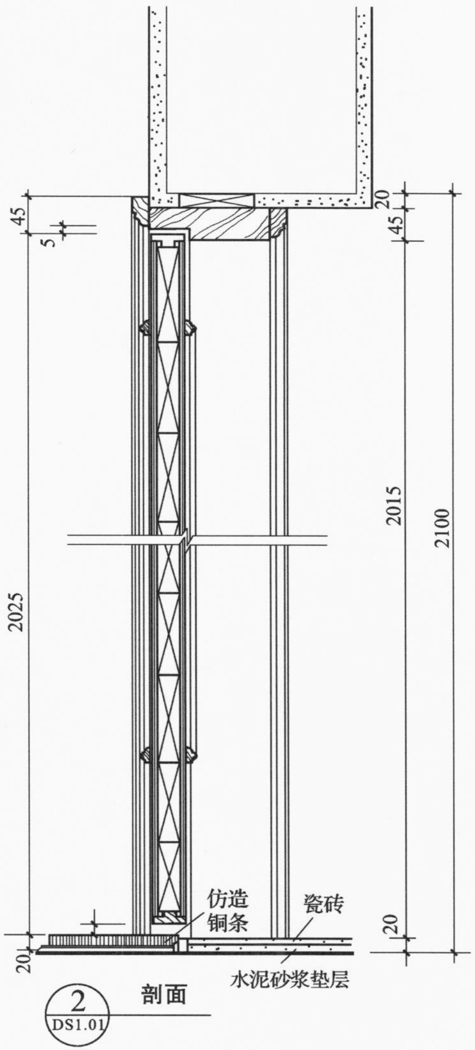

45
5
2025
20
20
45
2015
2100
20
仿造
铜条
瓷砖
水泥砂浆垫层
2
DS1.01
剖面

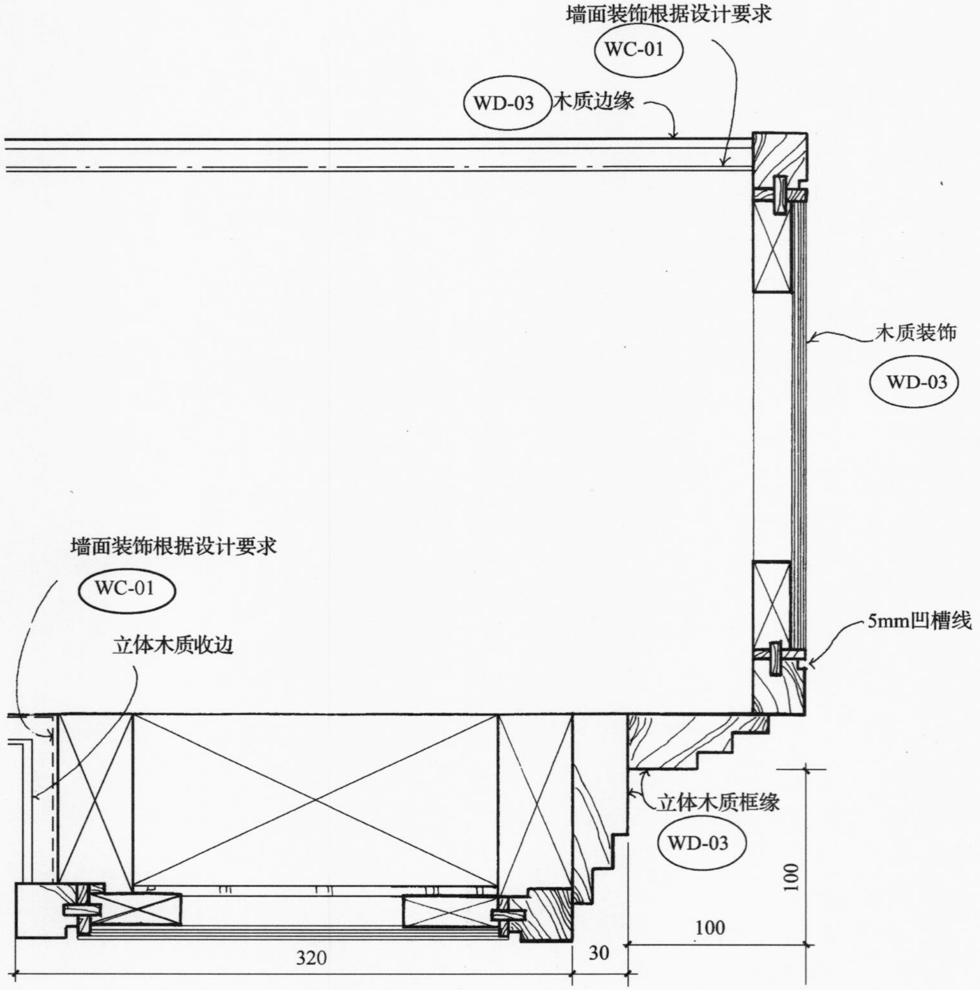
墙面装饰根据设计要求
WC-01
WD-03
木质边缘
木质装饰
WD-03
5mm凹槽线
墙面装饰根据设计要求
WC-01
立体木质收边
立体木质框缘
WD-03
100
100
320
30

5 0.01 节点详图

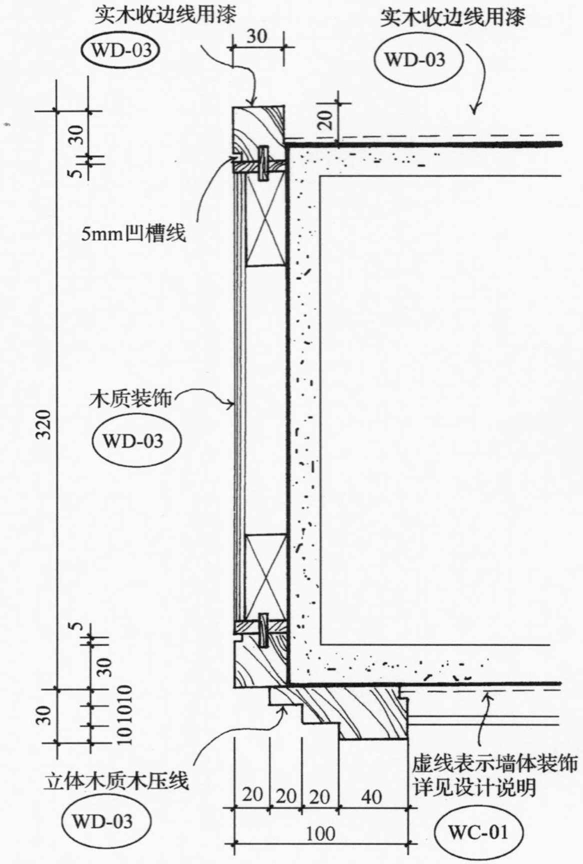
实木收边线用漆
WD-03
30
实木收边线用漆
WD-03
20
30
5
5mm凹槽线
木质装饰
WD-03
320
5
30
30
10
10
10
立体木质木压线
WD-03
20
20
20
40
100
虚线表示墙体装饰
详见设计说明
WC-01

4 0.01 节点详图

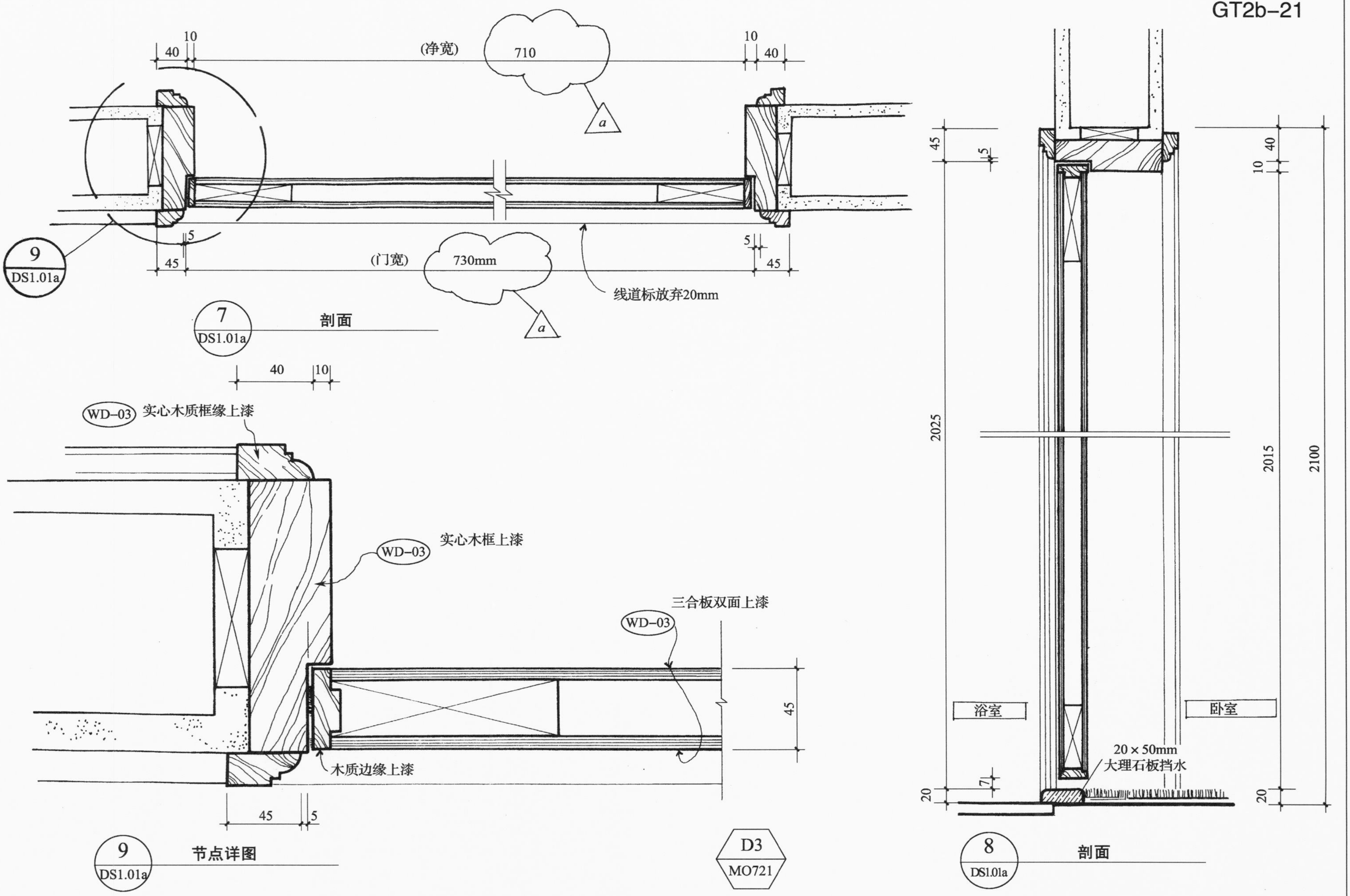

40
10
(净宽)
710
10
40
a
9
DS1.01a
5
45
(门宽)
730mm
5
45
a
线道标放弃20mm
7
DS1.01a
剖面
40
10
WD-03
实心木质框缘上漆
WD-03
实心木框上漆
三合板双面上漆
WD-03
45
木质边缘上漆
45
5
9
DS1.01a
节点详图
D3
MO721
45
5
2025
20
7
浴室
卧室
20×50mm
大理石板挡水
40
10
2015
2100
20
8
DS1.01a
剖面

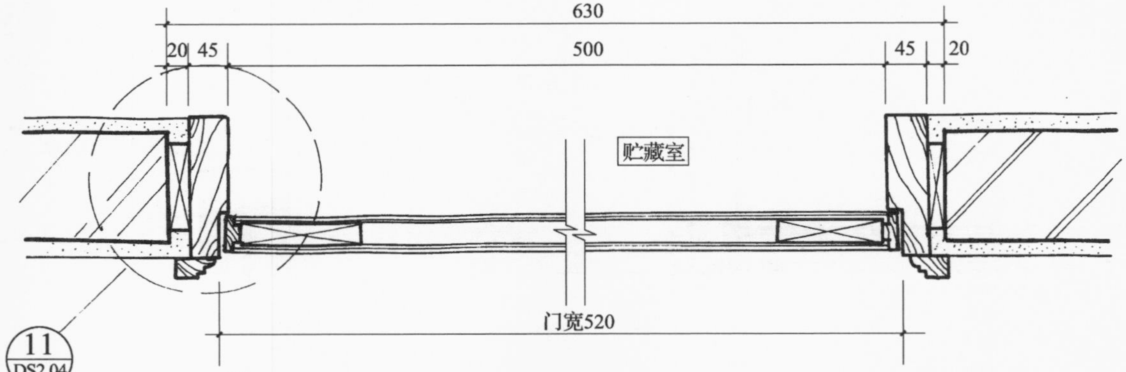
630
20
45
500
45
20
贮藏室
门宽520
11
DS2.04

9 DS1.01 剖面

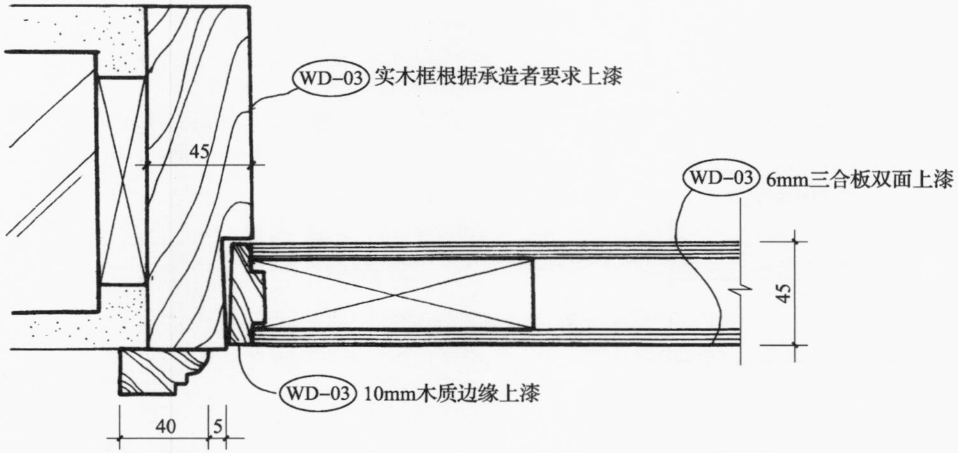
WD-03 实木框根据承造者要求上漆
45
WD-03 6mm三合板双面上漆
45
WD-03 10mm木质边缘上漆
40
5

11 DS1.01 节点详图

D4 HO821

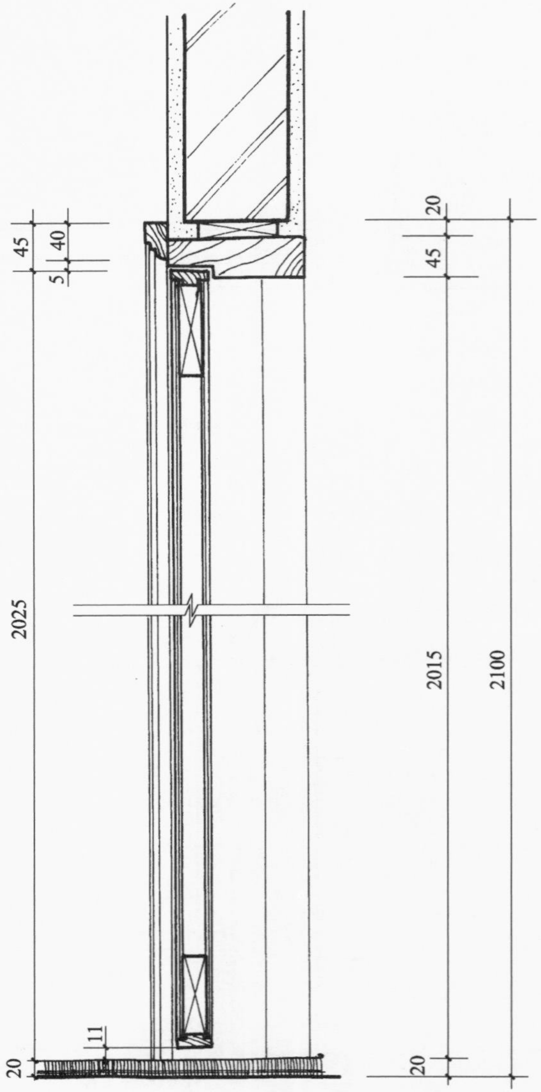
45
40
5
2025
11
20
20
45
2015
2100
20

10 DS1.01 剖面

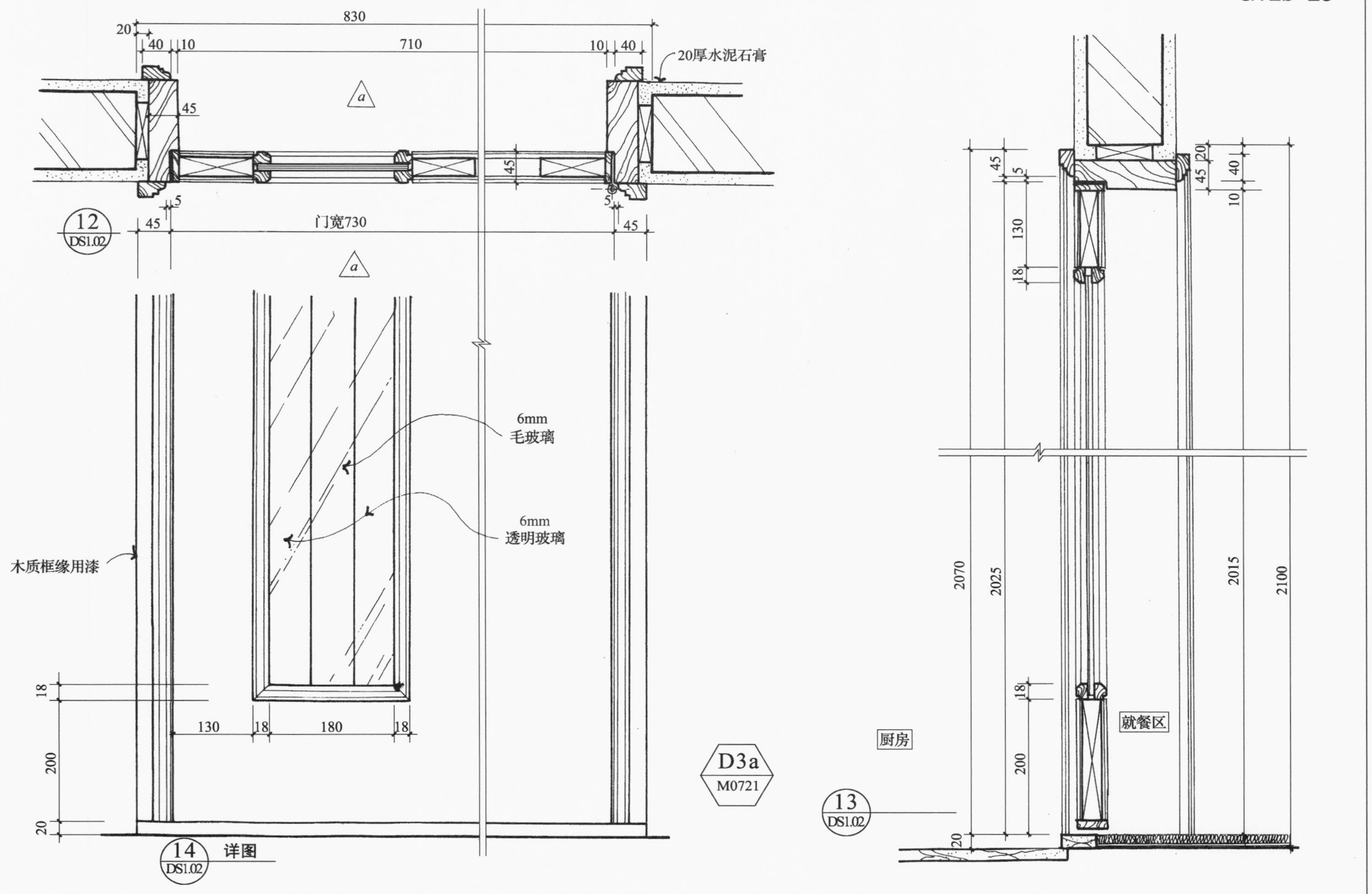
830
20
40
10
710
10
40
20厚水泥石膏
45
a
45
5
5
12
DS1.02
45
门宽730
45
a
6mm
毛玻璃
6mm
透明玻璃
木质框缘用漆
18
130
18
180
18
200
20
D3a
M0721
14
DS1.02
详图
45
5
130
18
20
45
40
10
2070
2025
2015
2100
18
200
就餐区
厨房
13
DS1.02
20

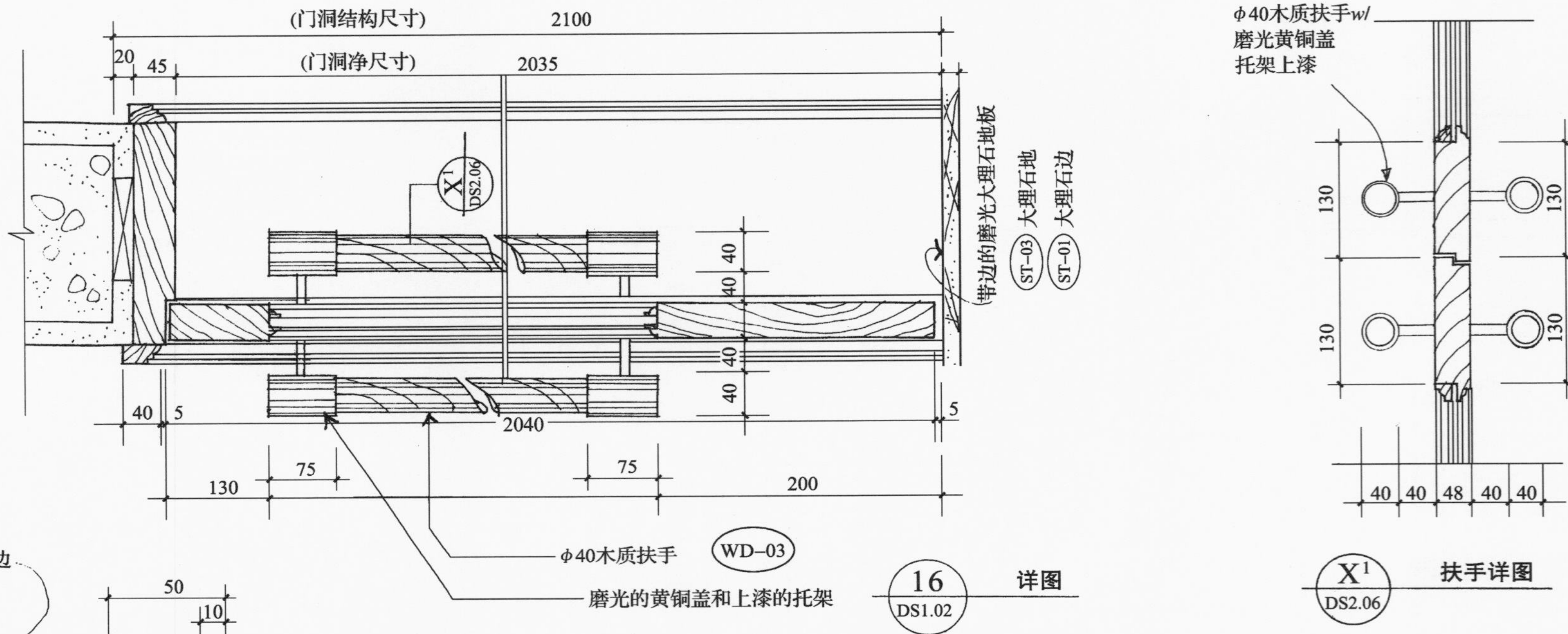
(门洞结构尺寸)
2100
(门洞净尺寸)
2035
20
45
X1
DS2.06
带边的磨光大理石地板
ST-03 大理石地
ST-01 大理石边
40
40
40
40
40
5
2040
5
130
75
75
200
φ40木质扶手
WD-03
磨光的黄铜盖和上漆的托架
16
DS1.02
详图
φ40木质扶手w/
磨光黄铜盖
托架上漆
130
130
130
130
40
40
48
40
40
X1
DS2.06
扶手详图

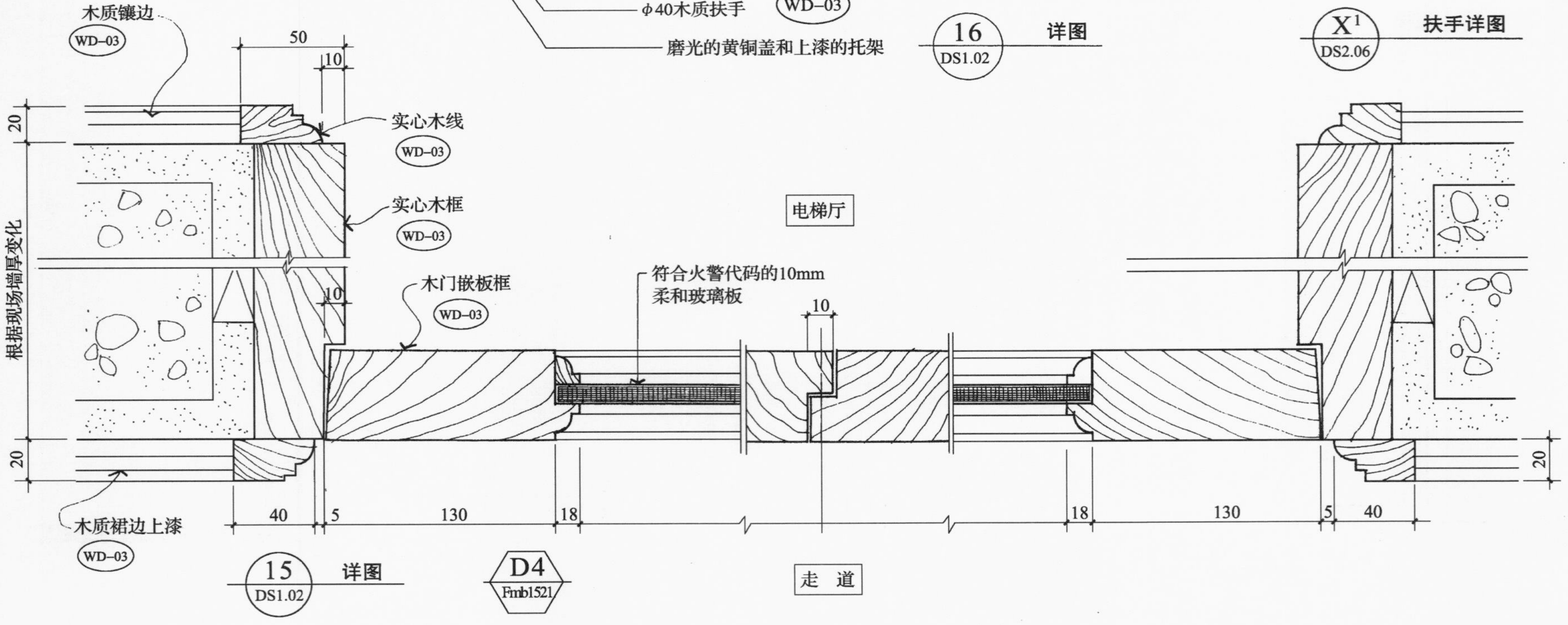
木质镶边
WD-03
50
10
20
实心木线
WD-03
实心木框
WD-03
电梯厅
根据现场墙厚变化
10
木门嵌板框
WD-03
符合火警代码的10mm
柔和玻璃板
10
20
20
木质裙边上漆
WD-03
40
5
130
18
18
130
5
40
15
DS1.02
详图
D4
Fmb1521
走 道

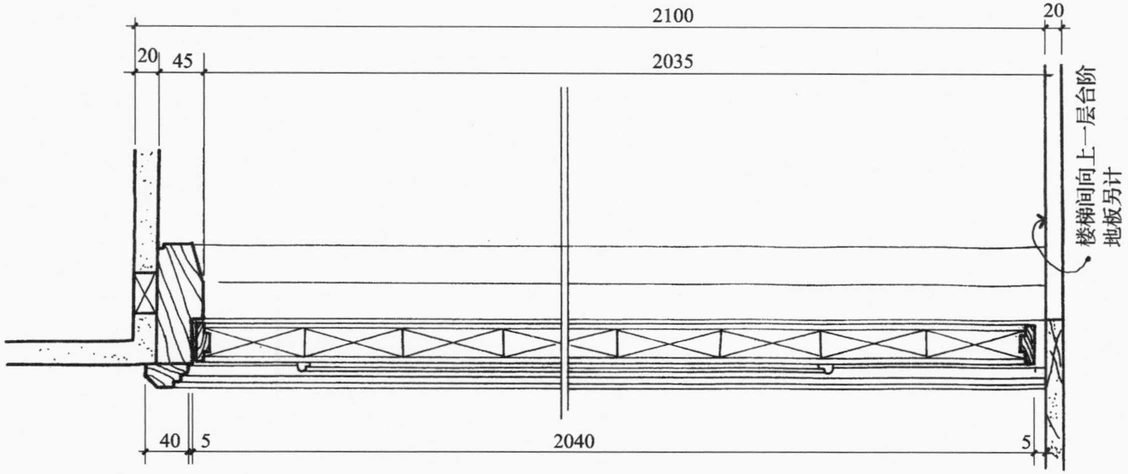
2100
20
20
45
2035
楼梯间向上一层台阶
地板另计
40
5
2040
5

20
DS1.03
详图

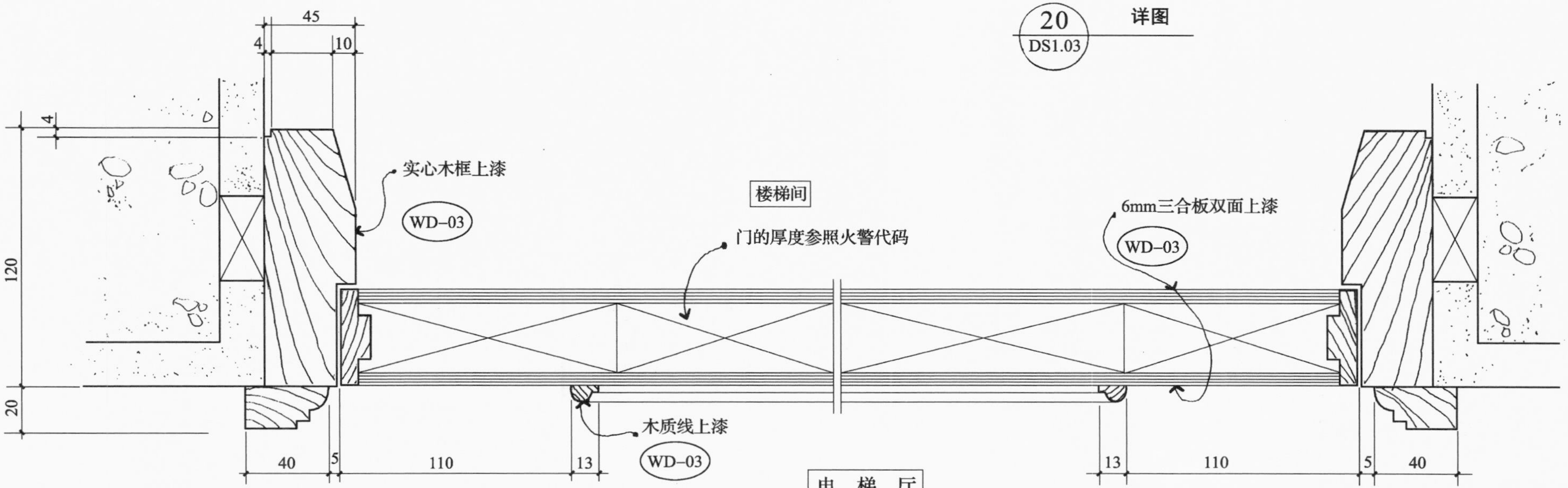
45
4
10
4
120
20
实心木框上漆
WD-03
楼梯间
门的厚度参照火警代码
6mm三合板双面上漆
WD-03
木质线上漆
WD-03
40
5
110
13
13
110
5
40
电 梯 厅

19
DS1.03
详图

D6
FMB
0921

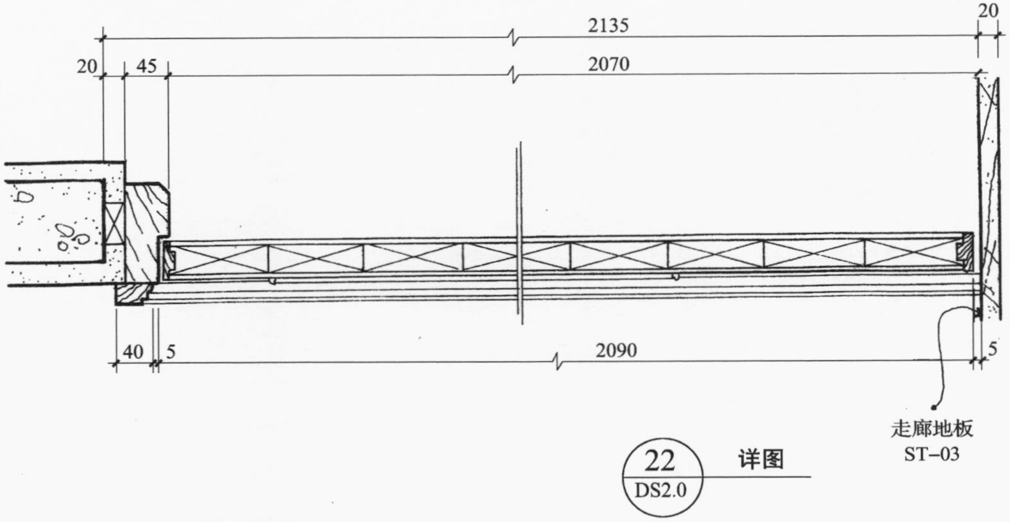
2135
20
20
45
2070
40
5
2090
5
走廊地板
ST–03
22
DS2.0
详图

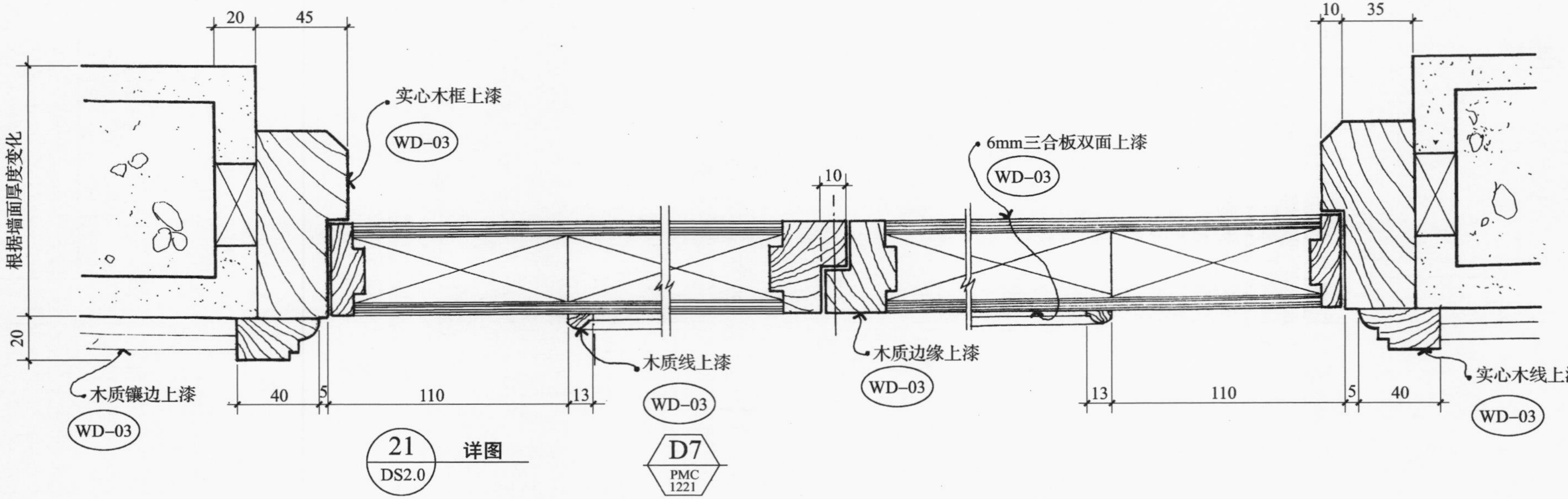
20
45
10
35
实心木框上漆
WD–03
6mm三合板双面上漆
WD–03
10
根据墙面厚度变化
20
木质镶边上漆
WD–03
木质线上漆
WD–03
木质边缘上漆
WD–03
实心木线上漆
WD–03
40
5
110
13
13
110
5
40
21
DS2.0
详图
D7
PMC
1221

GT3-1

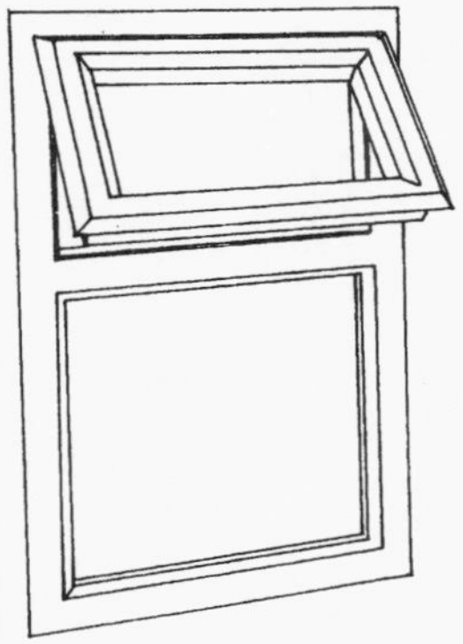

带上亮固定窗

带上亮平开窗

平开固定组合窗

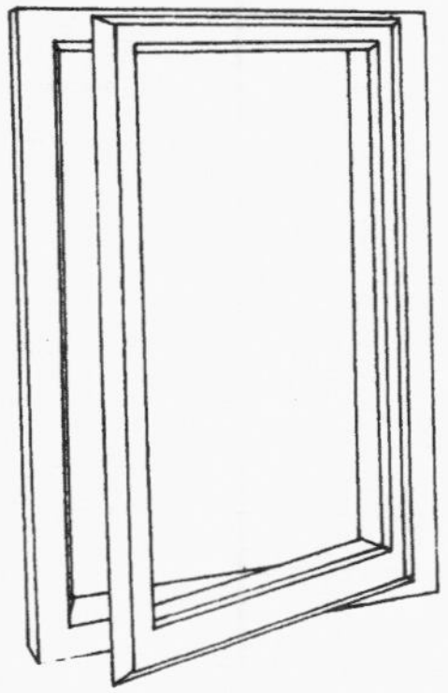

平开窗

GT3-2

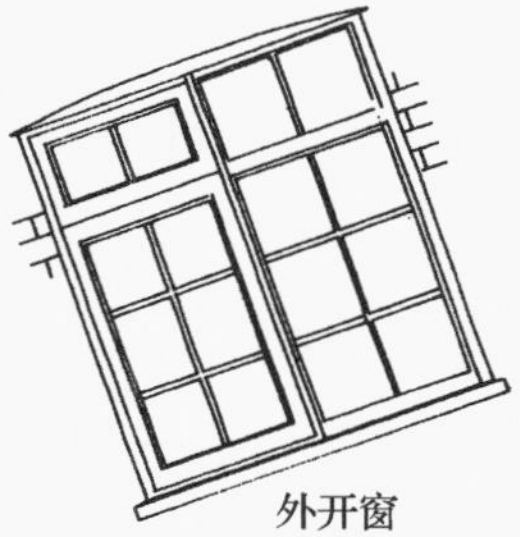

外开窗

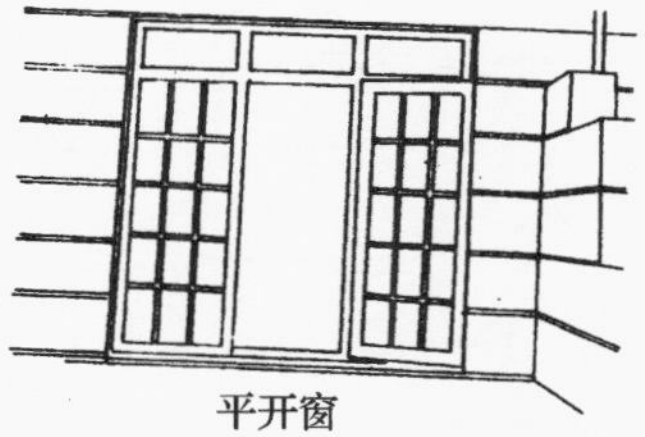

平开窗

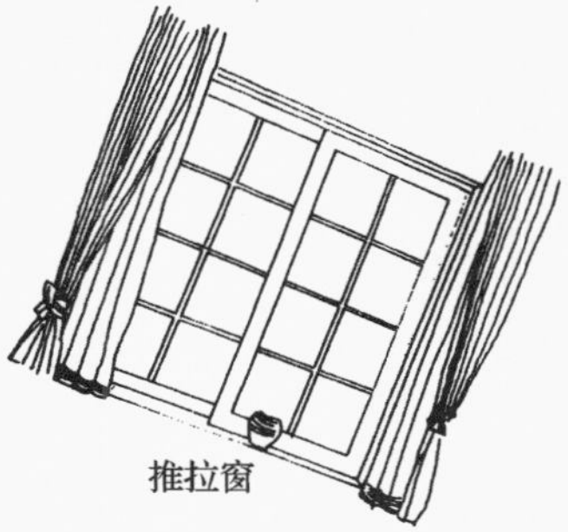

推拉窗

内开下悬窗

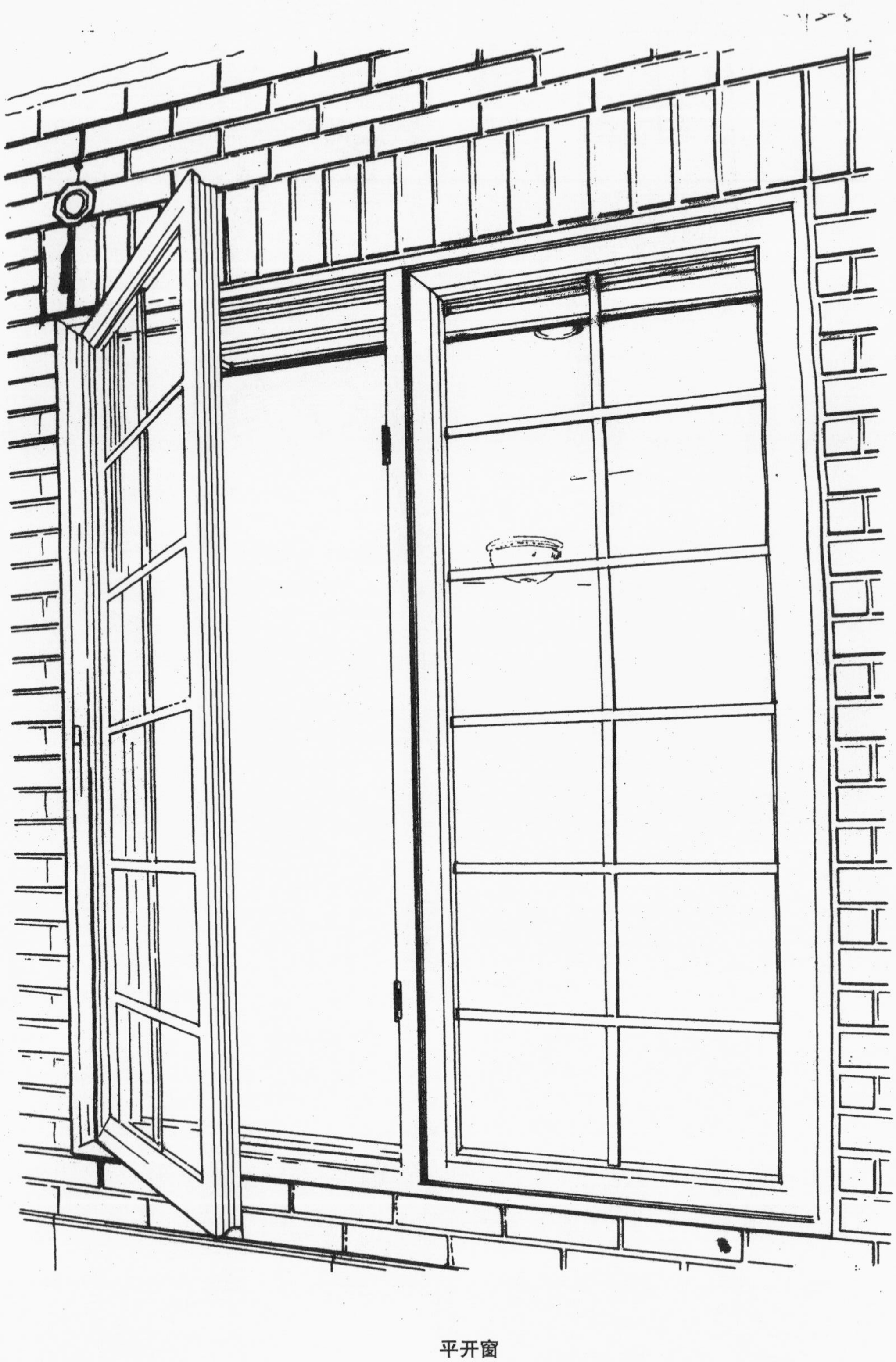

平开窗

平开窗外观

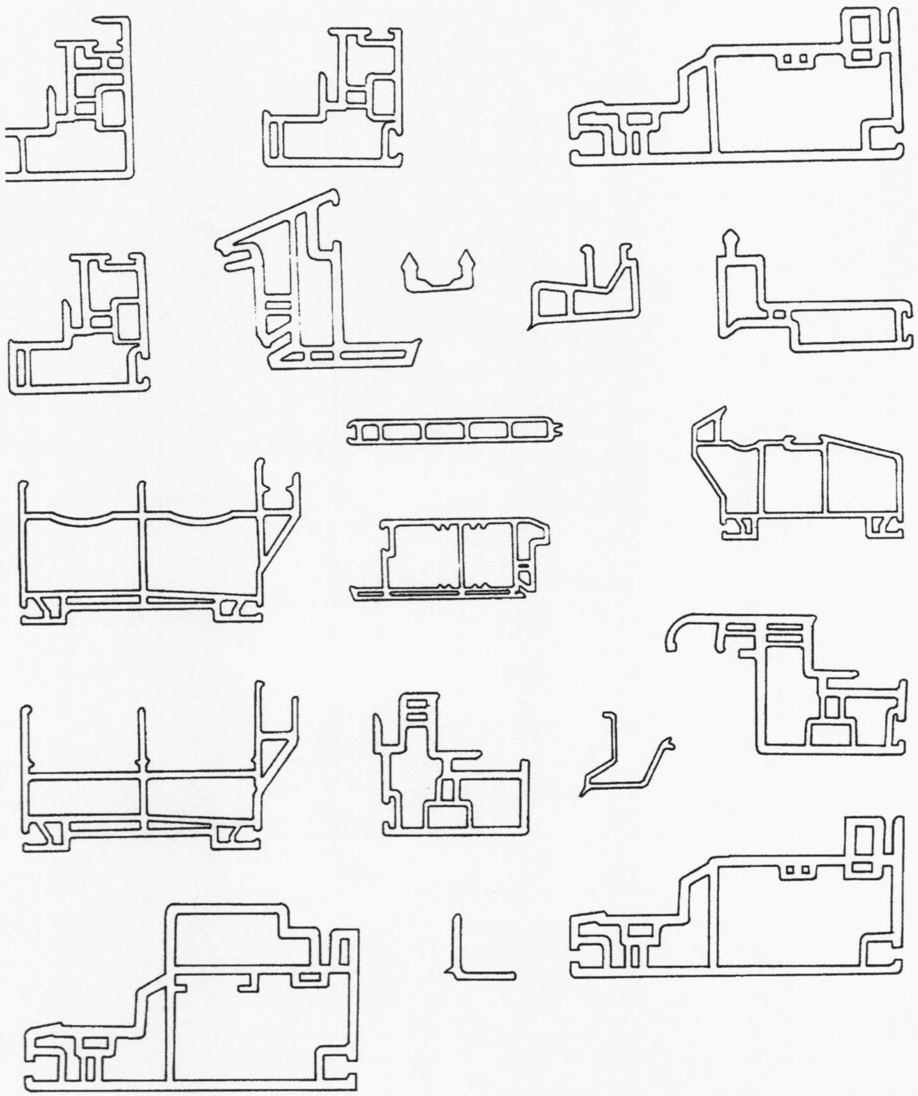

塑钢门窗用异型材（美国型）

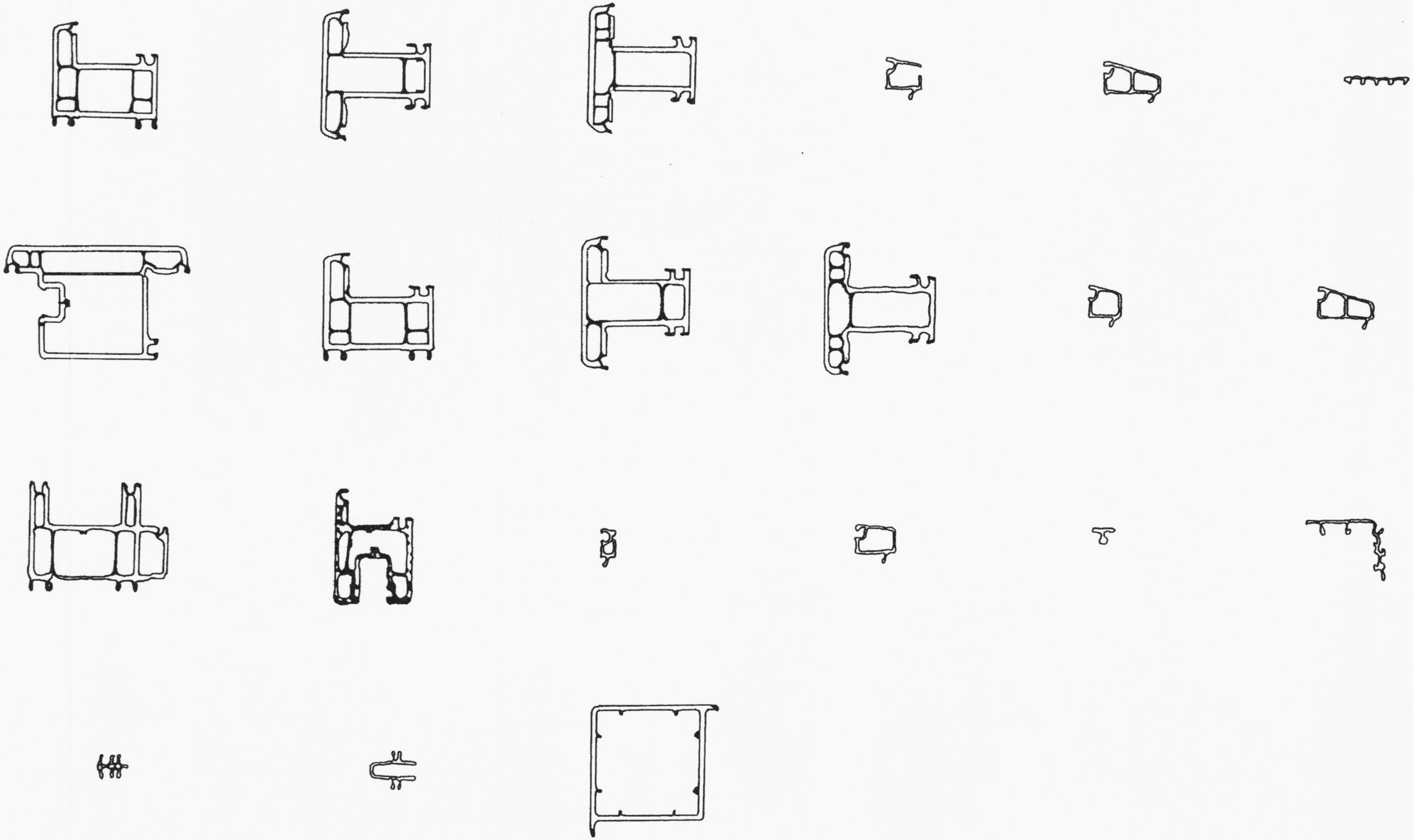

塑钢门窗用异型材（欧洲型）

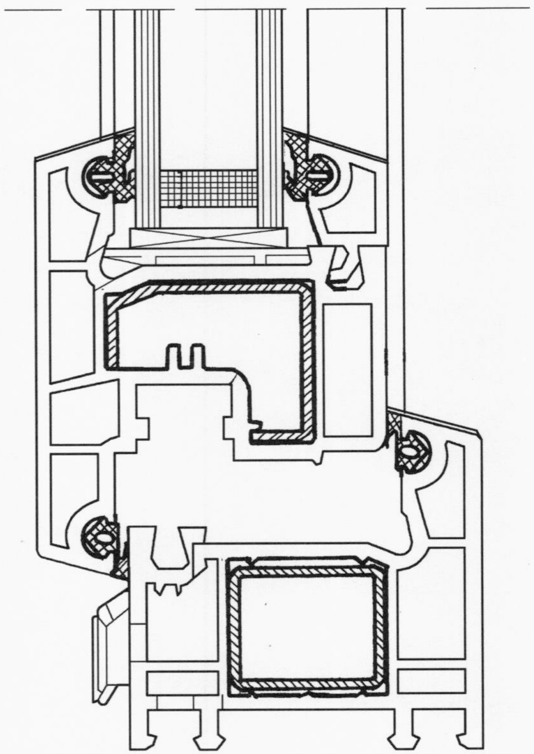

平开式

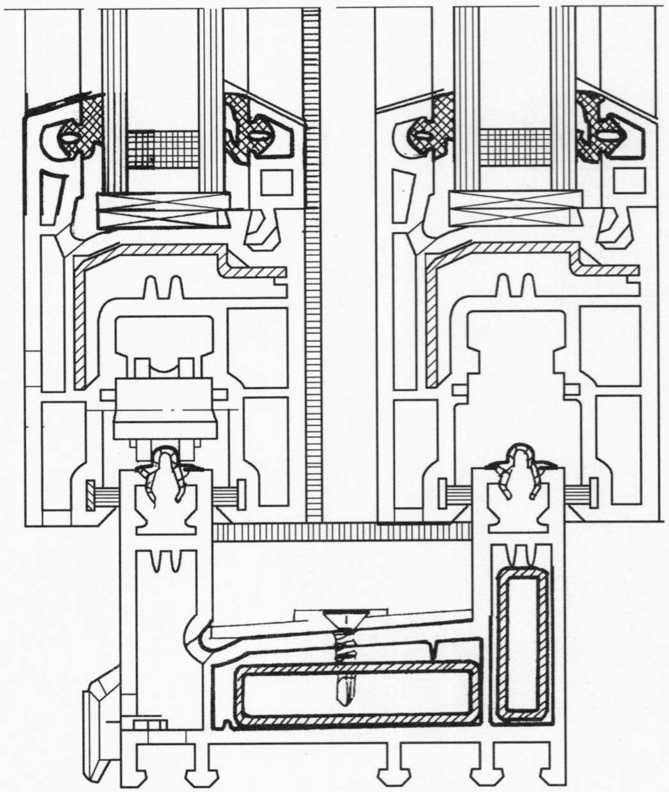

推拉式

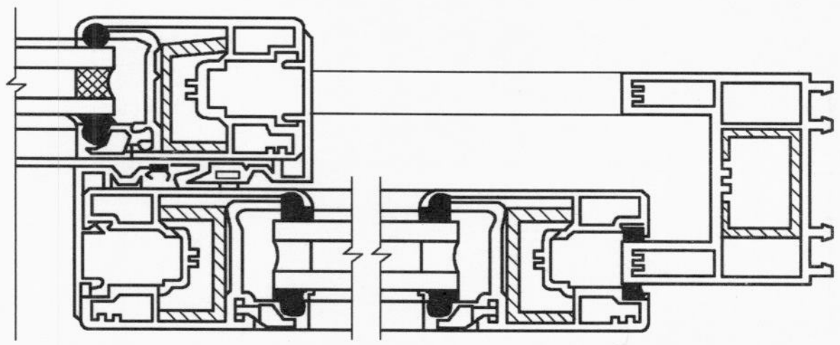

水平推拉窗截面图

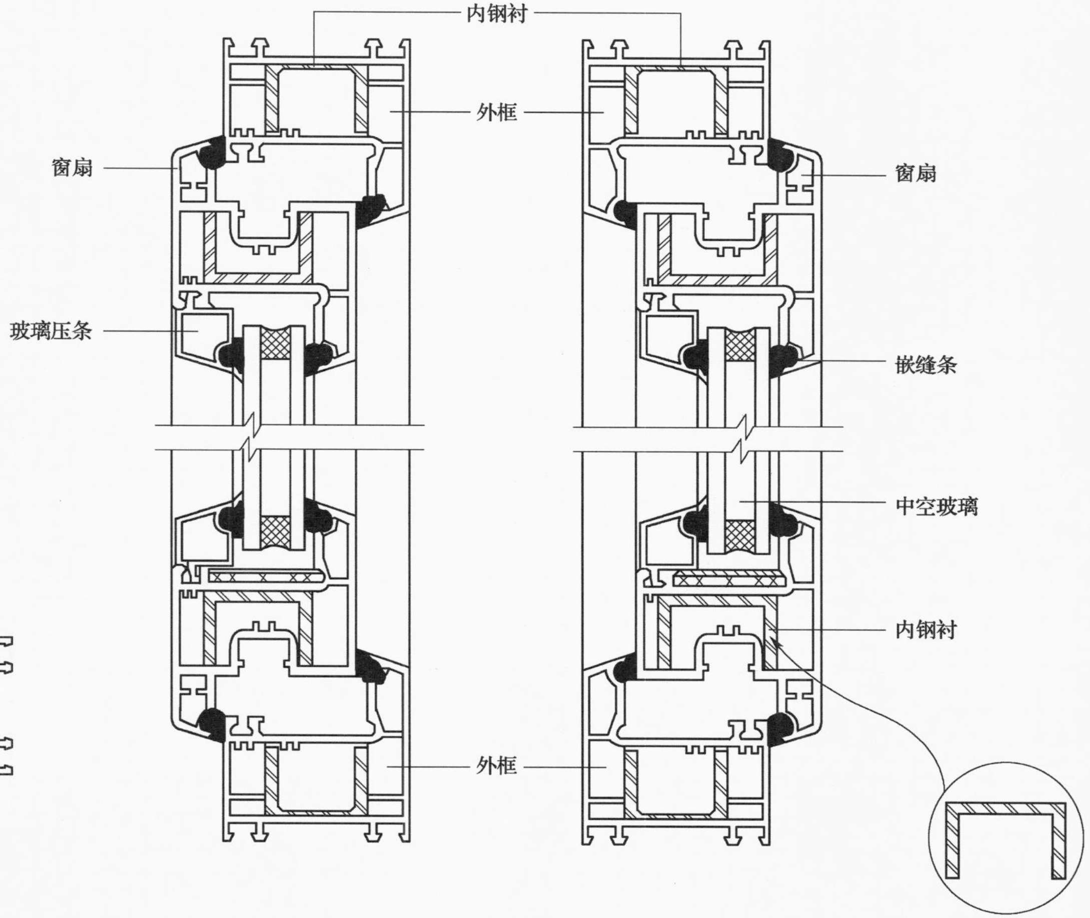
内钢衬
外框
窗扇
玻璃压条
窗扇
嵌缝条
中空玻璃
内钢衬
外框

平开悬转组合窗截面图

平开窗截面图

内钢衬图例

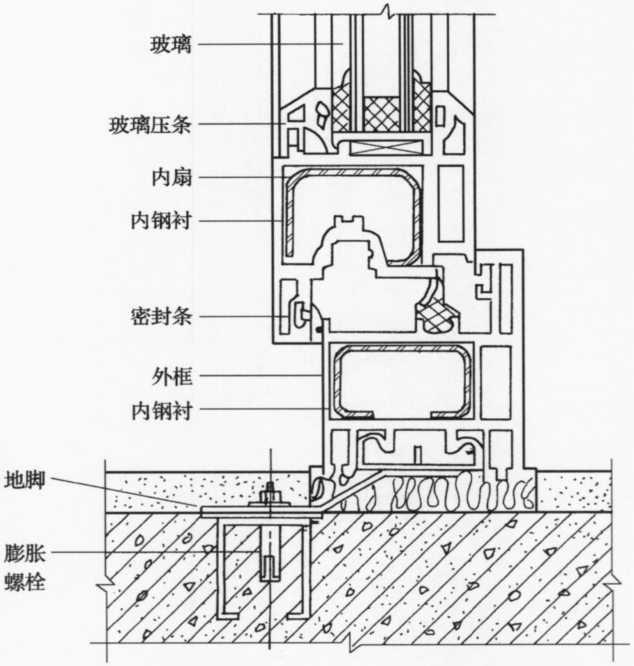
玻璃
玻璃压条
内扇
内钢衬
密封条
外框
内钢衬
地脚
膨胀
螺栓

塑料门窗安装节点示意图

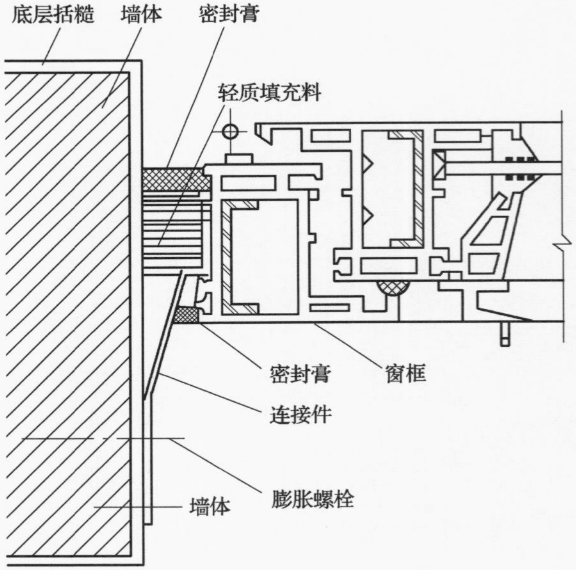
底层括糙
墙体
密封膏
轻质填充料
密封膏
窗框
连接件
膨胀螺栓
墙体

硬PVC门窗框填缝示意图

侧开式组合

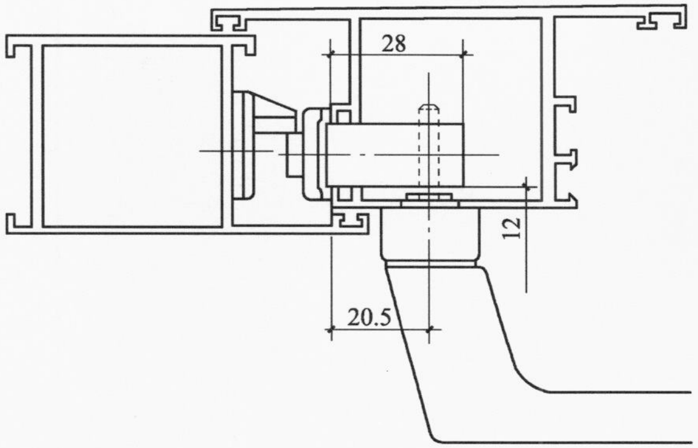

铝料的安装锁沟厚度及窗扇与窗框空隙重点剖面图

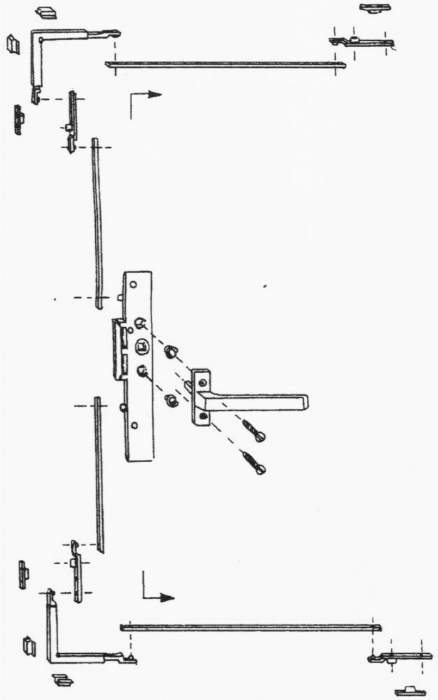

全隐式多点锁执手

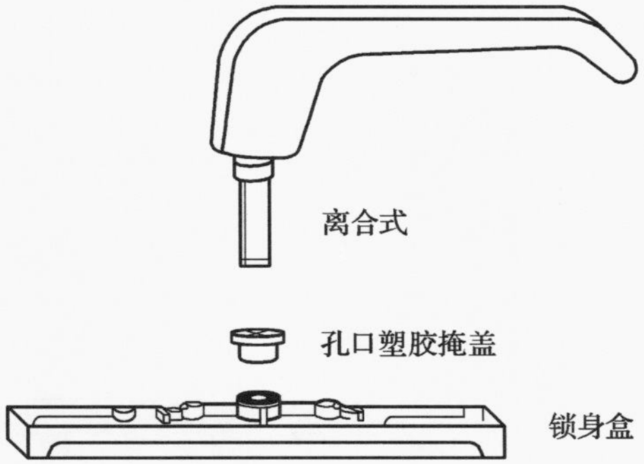

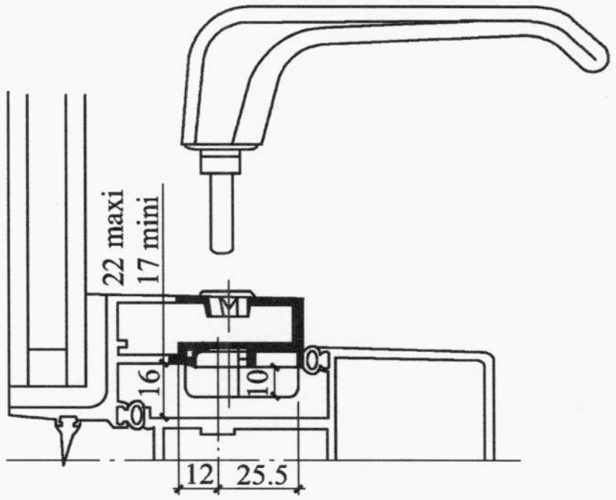

铝料标准及安装重点剖面图

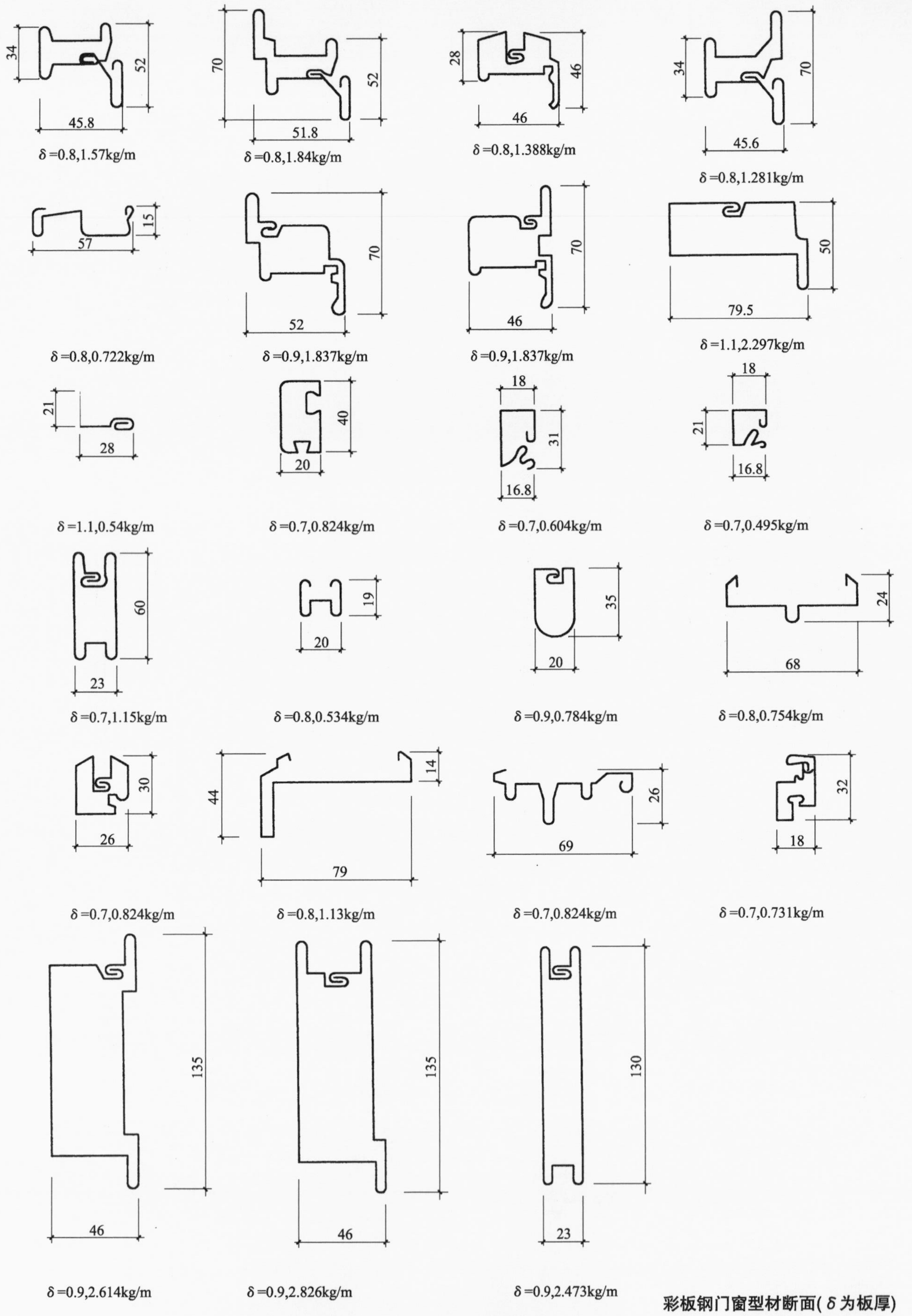
34
52
45.8
δ=0.8,1.57kg/m
70
52
51.8
δ=0.8,1.84kg/m
28
46
46
δ=0.8,1.388kg/m
34
70
45.6
δ=0.8,1.281kg/m
15
57
δ=0.8,0.722kg/m
70
52
δ=0.9,1.837kg/m
70
46
δ=0.9,1.837kg/m
50
79.5
δ=1.1,2.297kg/m
21
28
δ=1.1,0.54kg/m
40
20
δ=0.7,0.824kg/m
18
31
16.8
δ=0.7,0.604kg/m
18
21
16.8
δ=0.7,0.495kg/m
60
23
δ=0.7,1.15kg/m
19
20
δ=0.8,0.534kg/m
35
20
δ=0.9,0.784kg/m
24
68
δ=0.8,0.754kg/m
30
26
δ=0.7,0.824kg/m
44
14
79
δ=0.8,1.13kg/m
26
69
δ=0.7,0.824kg/m
32
18
δ=0.7,0.731kg/m
135
46
δ=0.9,2.614kg/m
135
46
δ=0.9,2.826kg/m
130
23
δ=0.9,2.473kg/m

彩板钢门窗型材断面(δ为板厚)

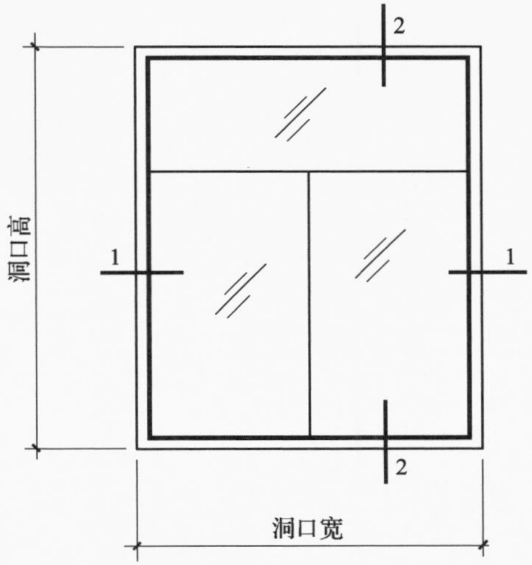

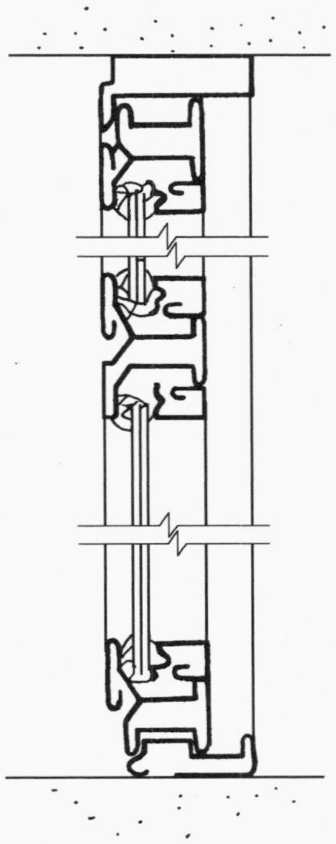

2—2

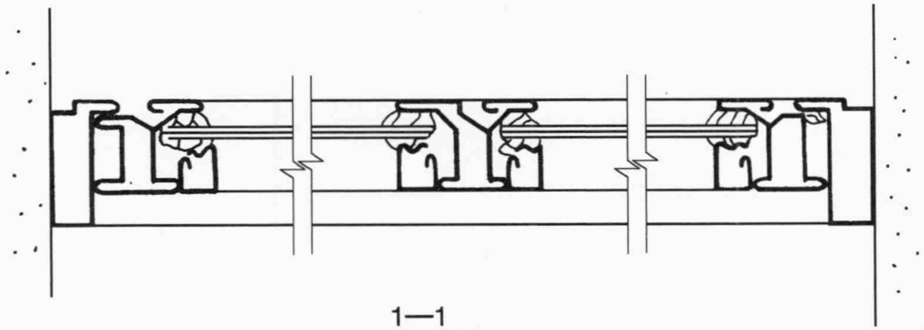

1—1

PGC固定窗剖面图

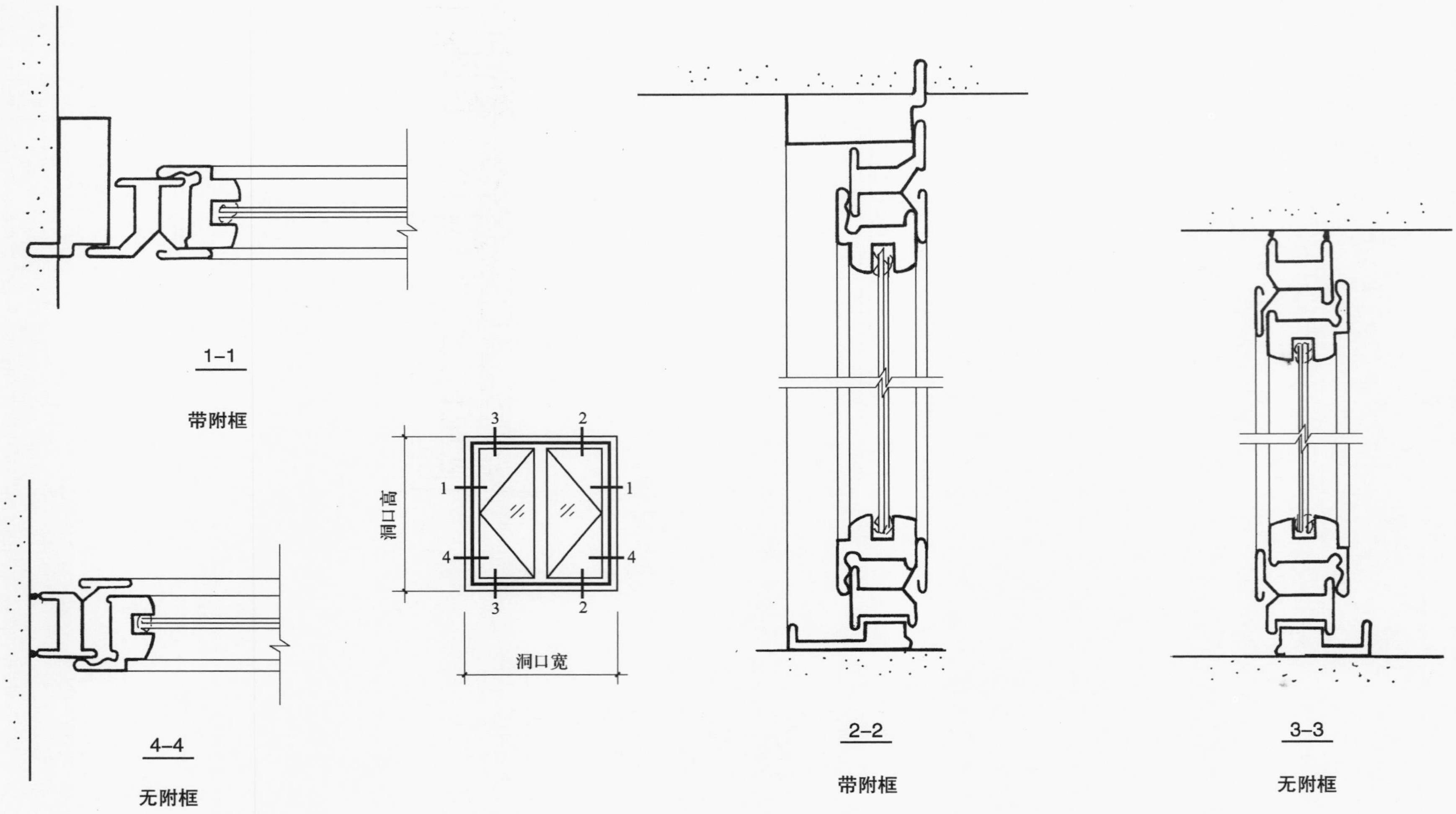
1–1
带附框
4–4
无附框
3
2
1
1
4
4
3
2
洞口高
洞口宽
2–2
带附框
3–3
无附框

PGC平开窗安装图

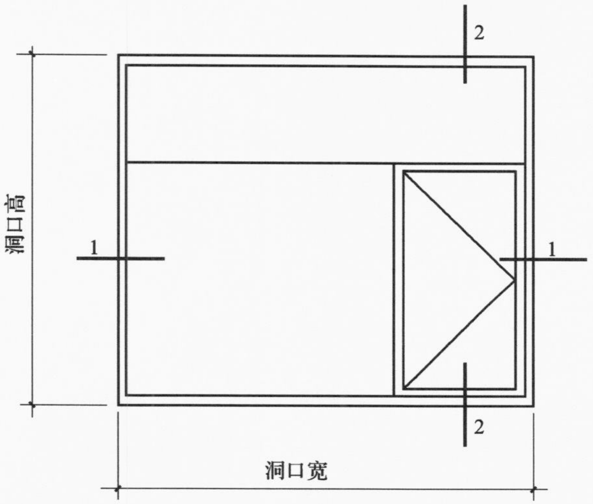

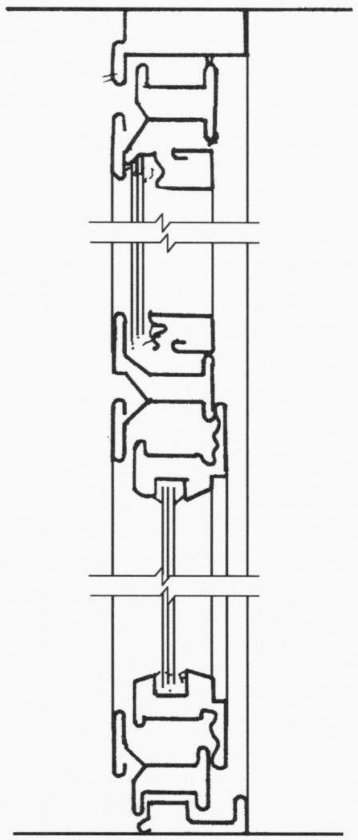

2–2

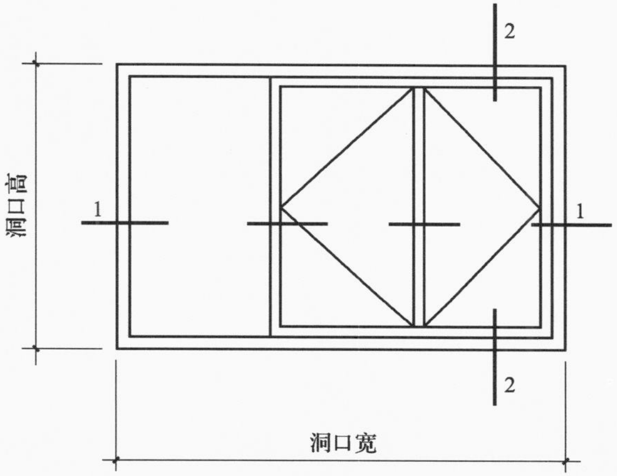

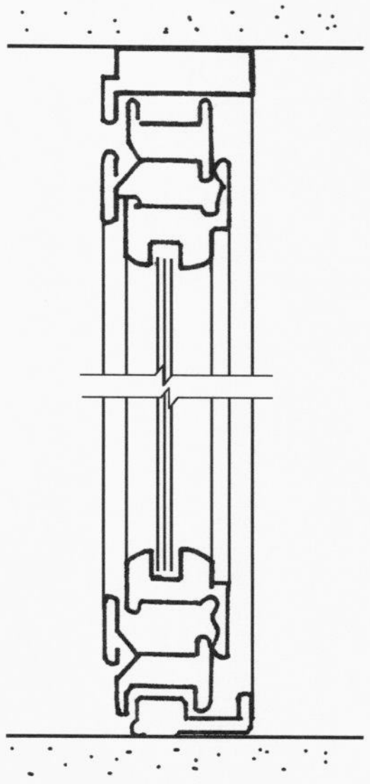

2–2

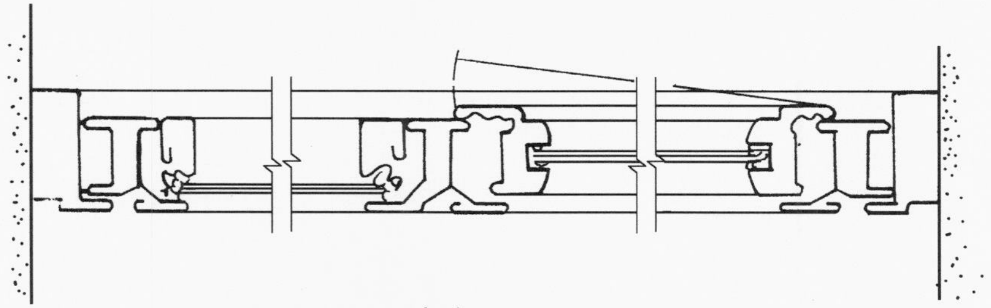

1–1

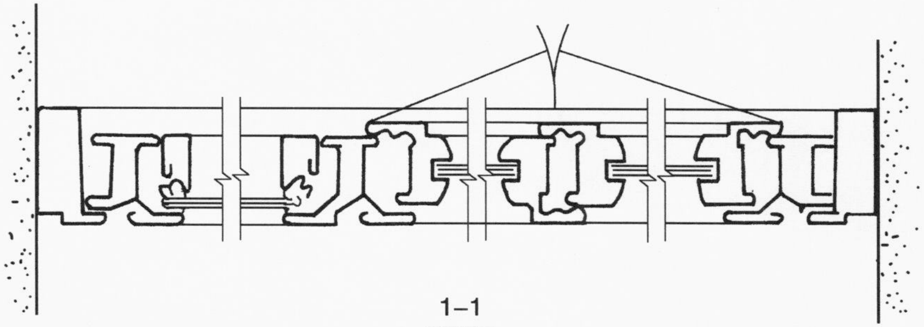

1–1

PGC平开窗剖面图

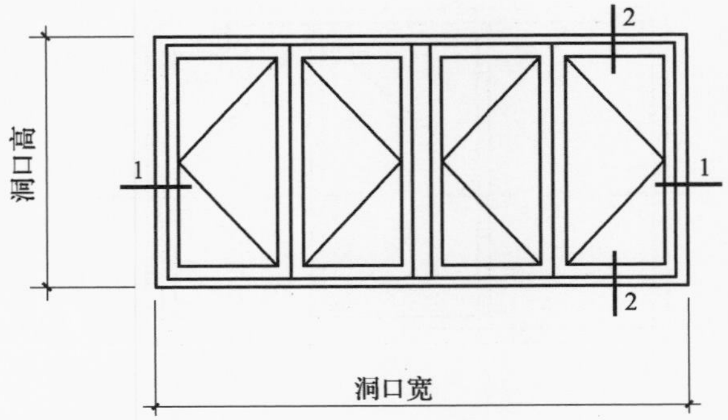

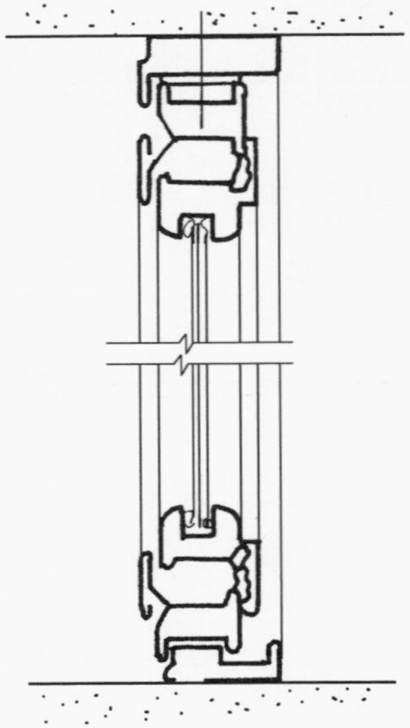

2-2

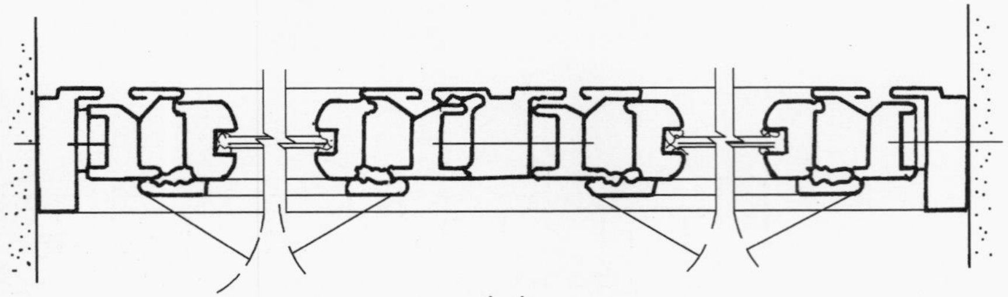

1-1

PGC组合平开窗剖面图

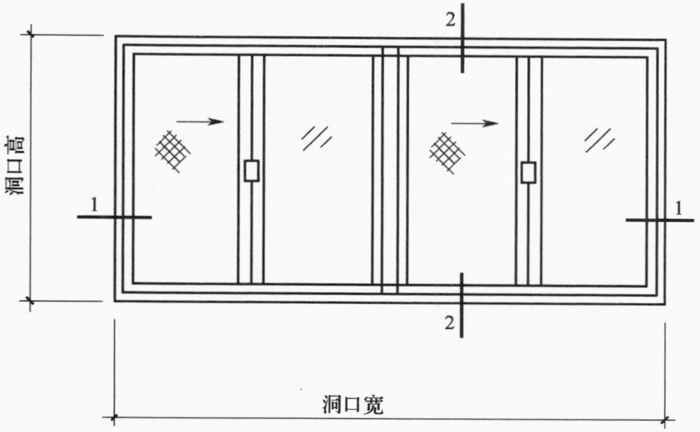

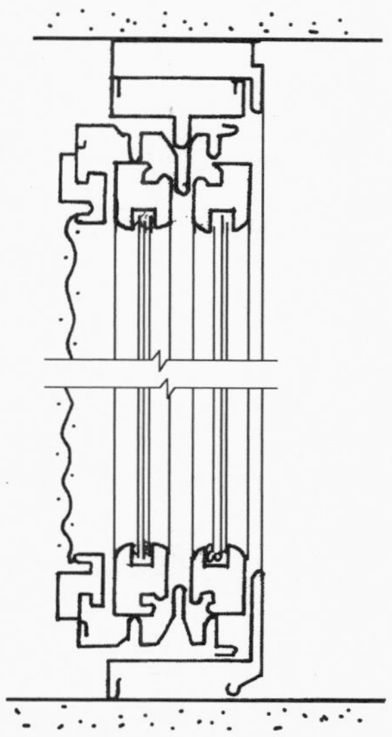

2–2

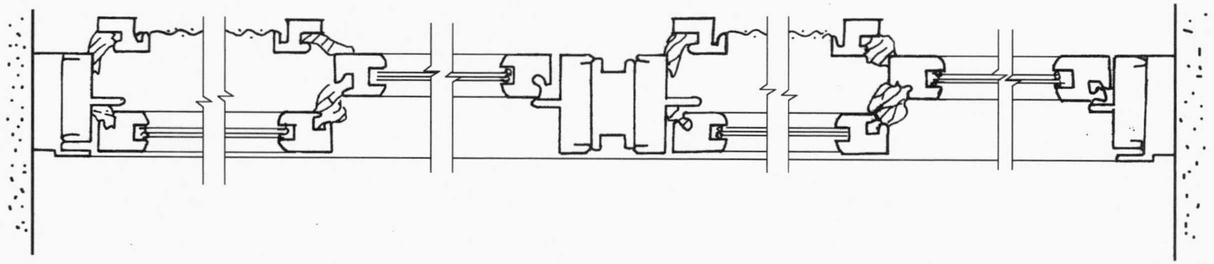

1–1

TGC推拉窗剖面图

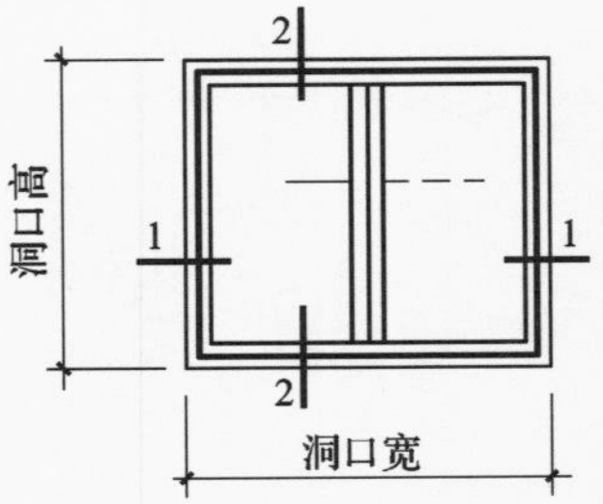

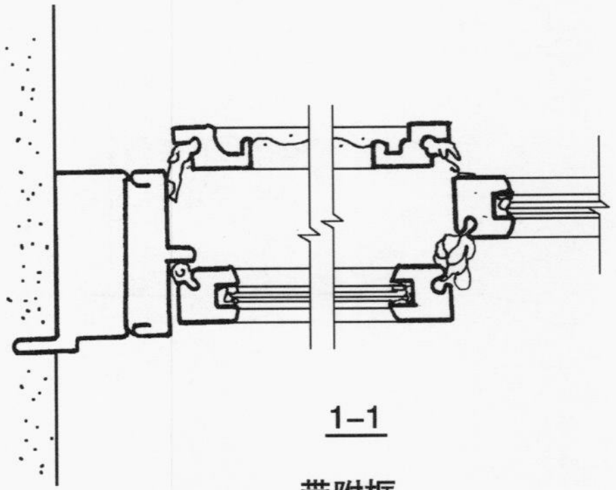

1–1

带附框

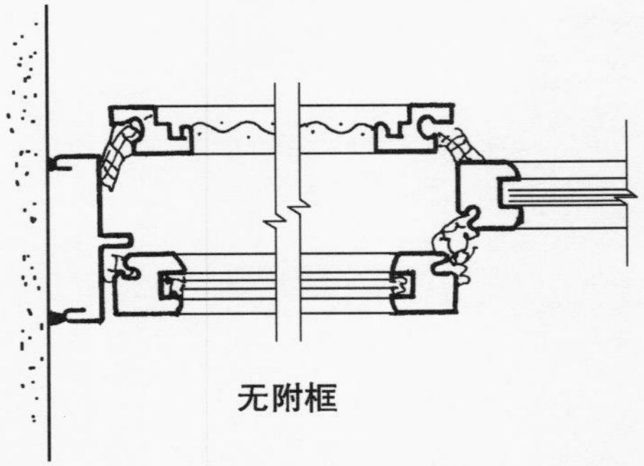

无附框

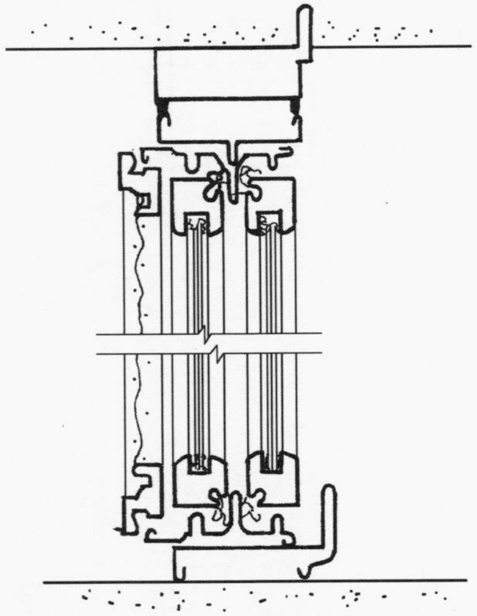

2–2

带附框

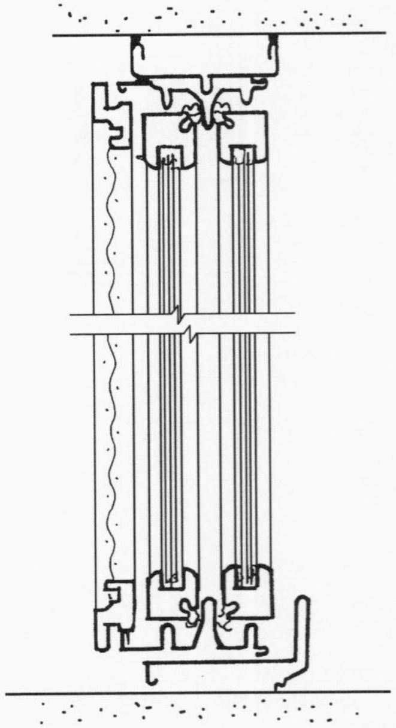

无附框

说明：窗在安装前，将室内外及窗洞口的墙粉刷完毕，将窗与洞口直接连接。

TGC推拉窗安装图

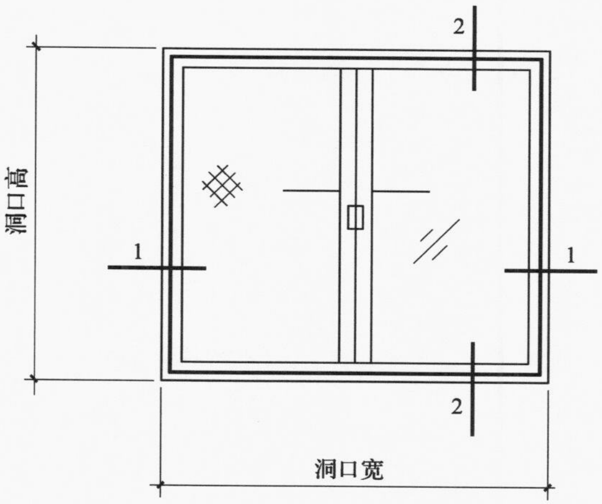

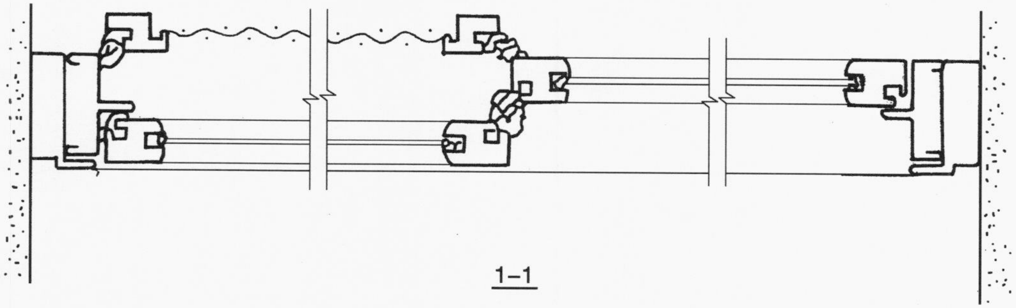

1-1

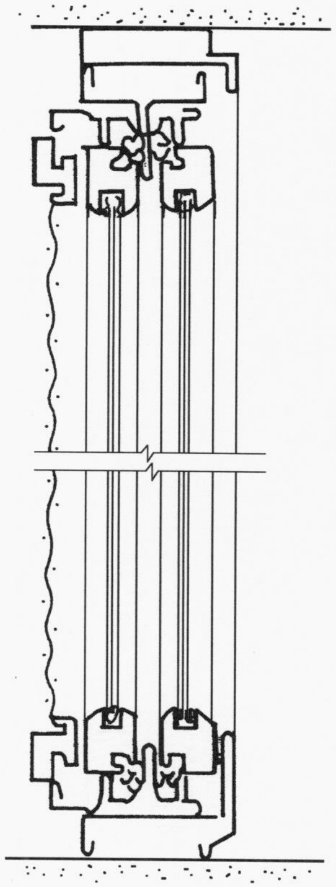

2-2

ATGC附纱推拉窗剖面图

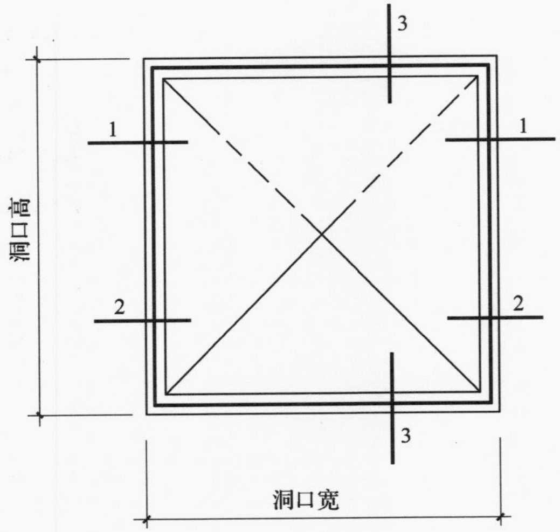

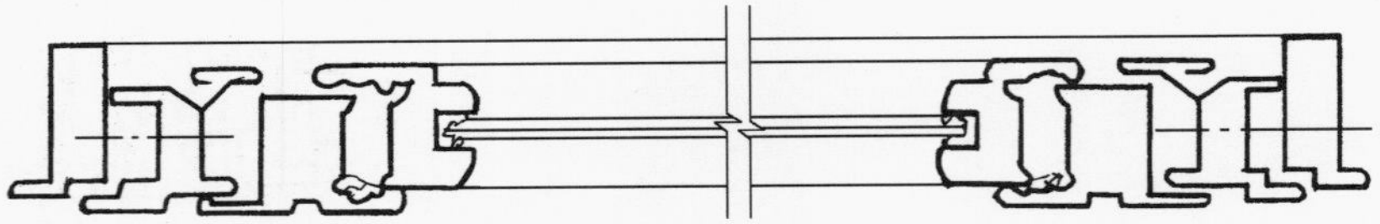

2–2

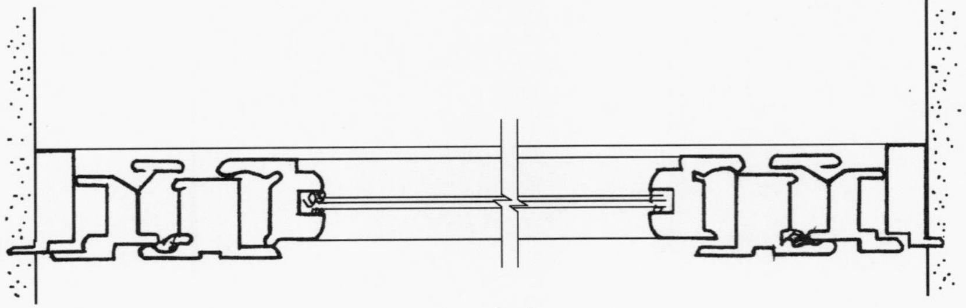

1–1

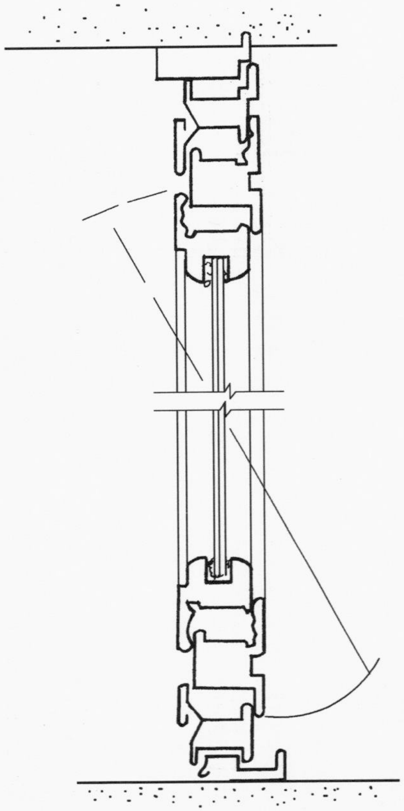

3–3

ZGC中悬窗剖面图

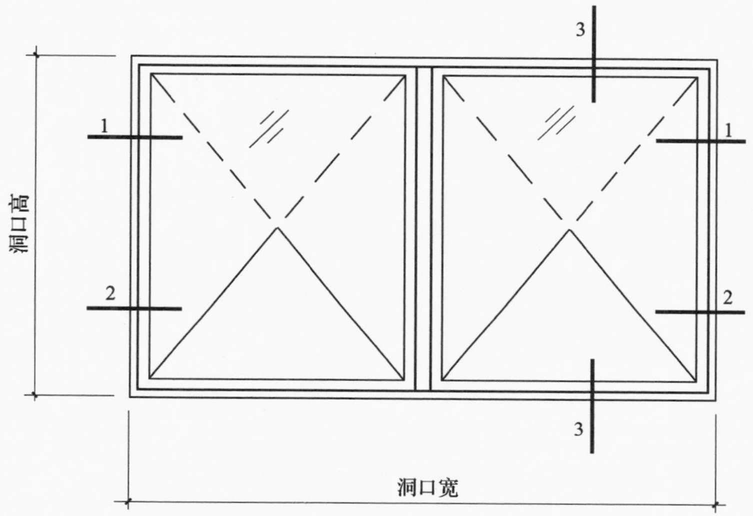

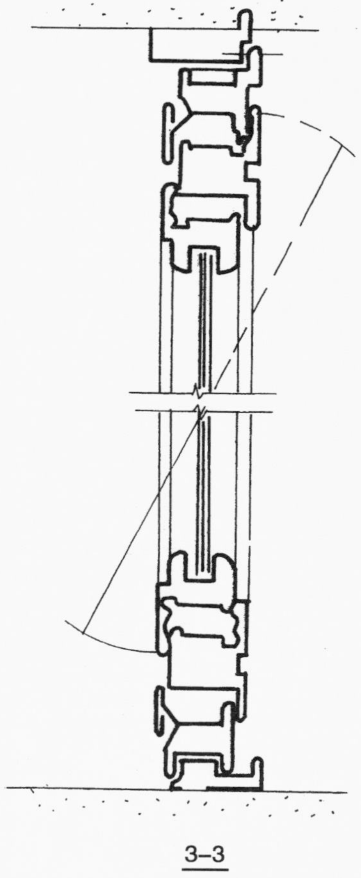

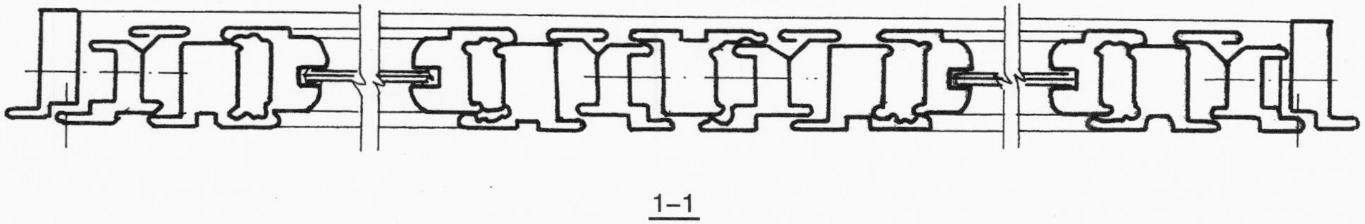

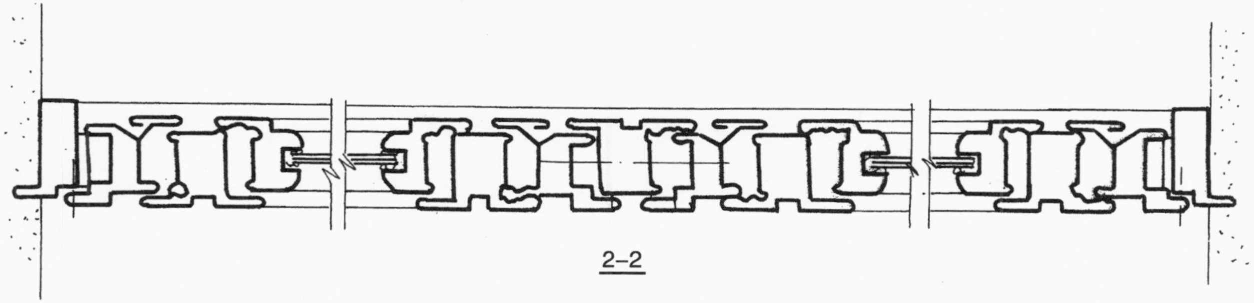

ZGC组合中悬窗剖面图

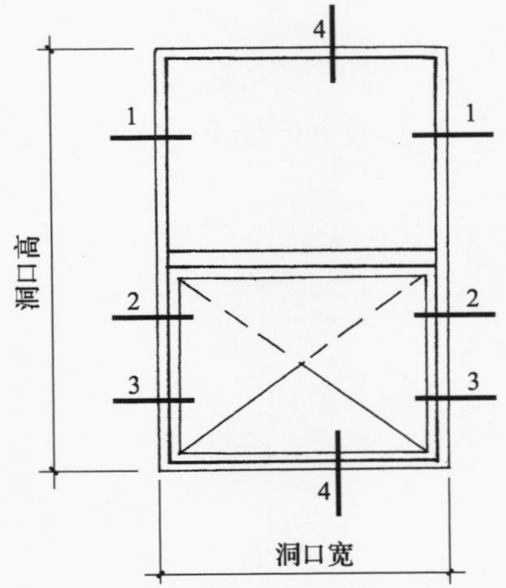

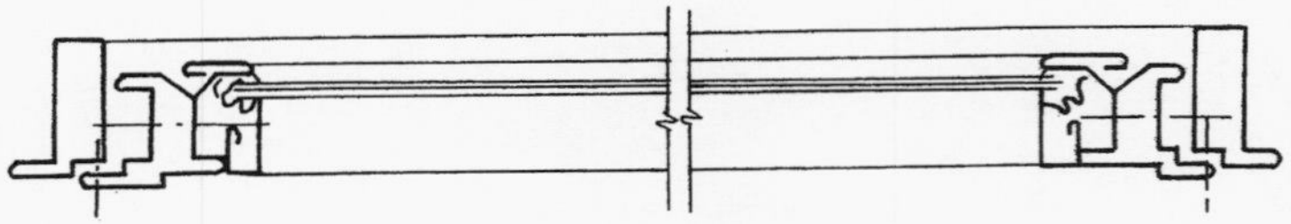

1–1

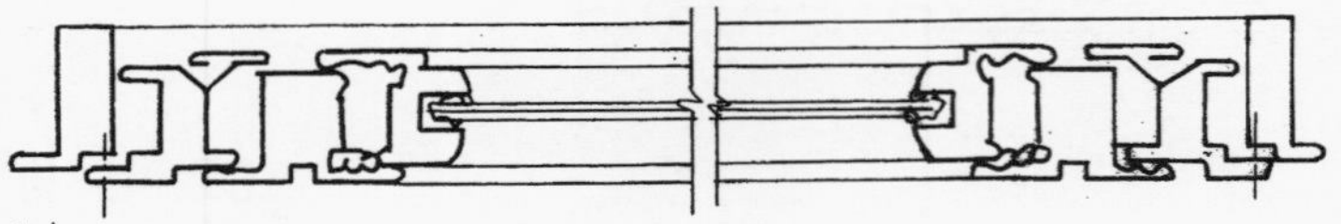

3–3

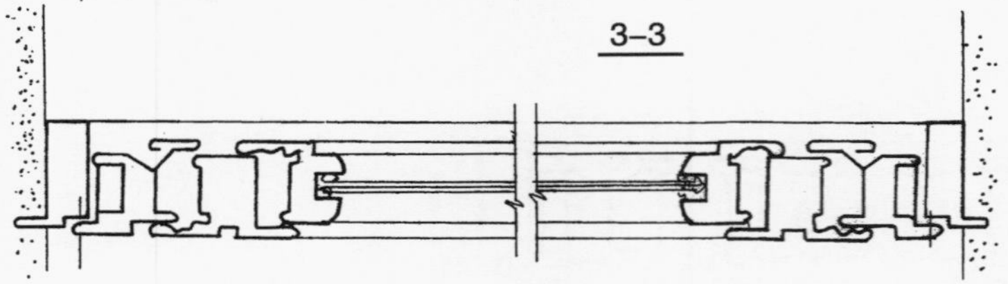

2–2

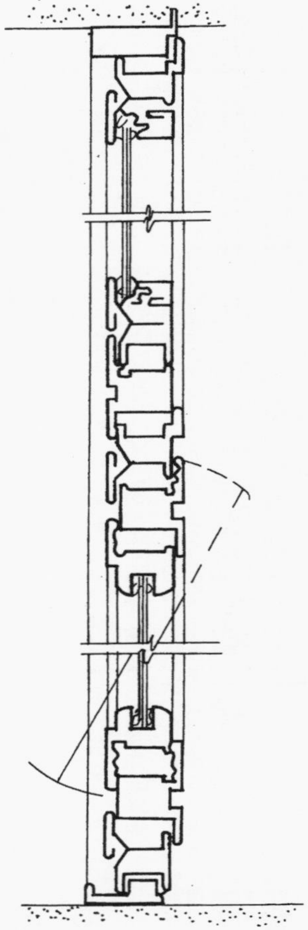

4–4

ZGC组合中悬窗剖面图

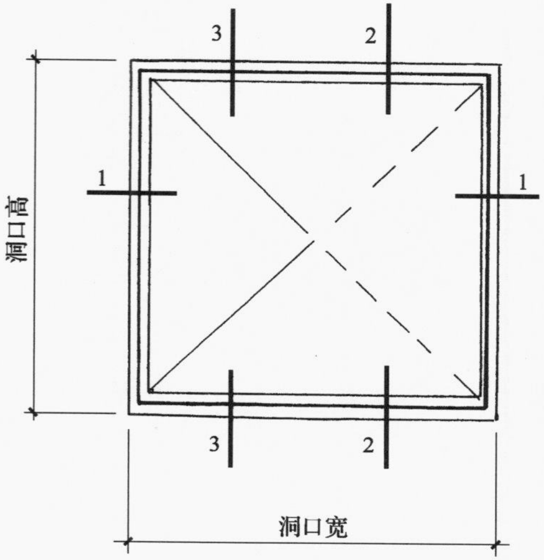

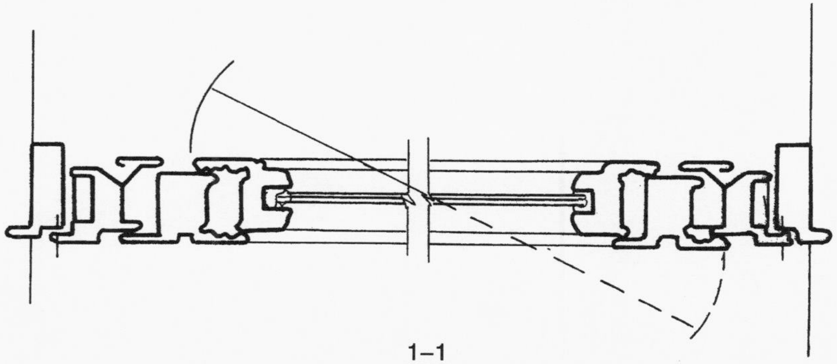

1-1

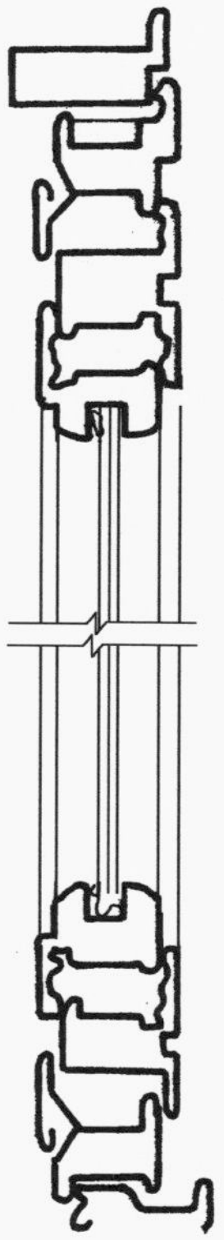

3-3

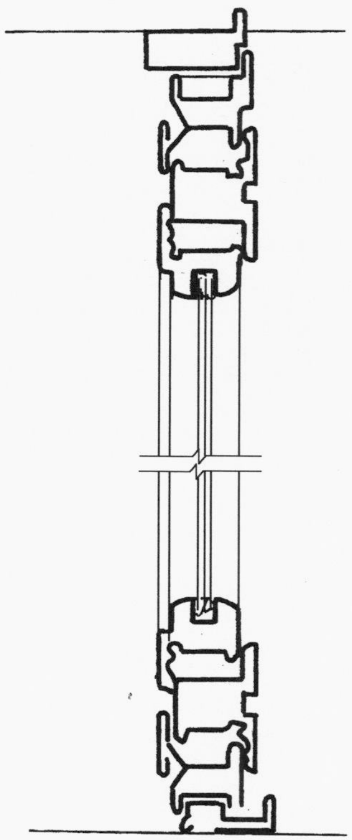

2-2

LGC立转窗剖面图

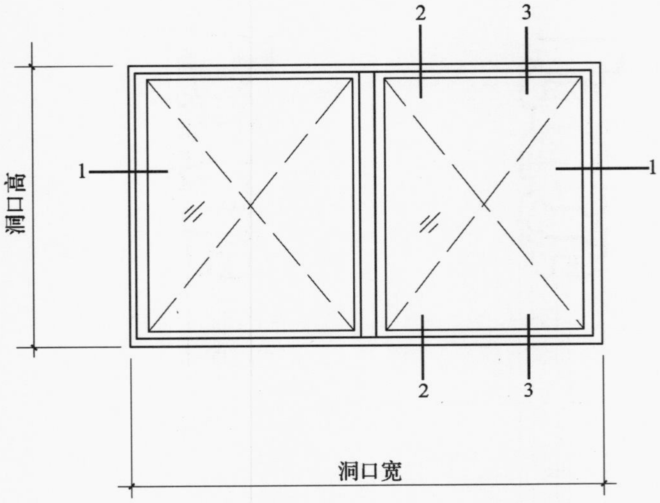

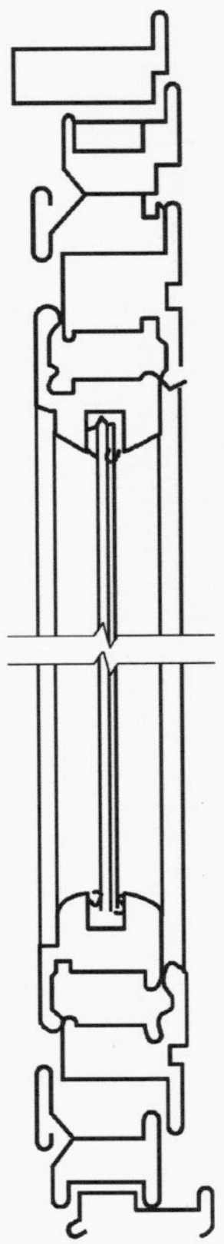

2-2

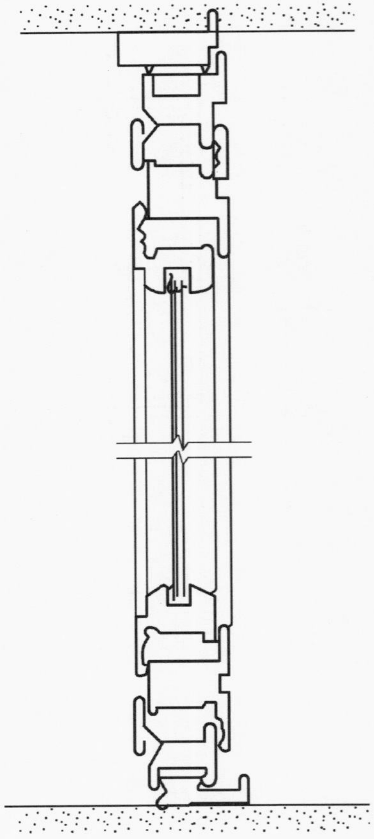

3-3

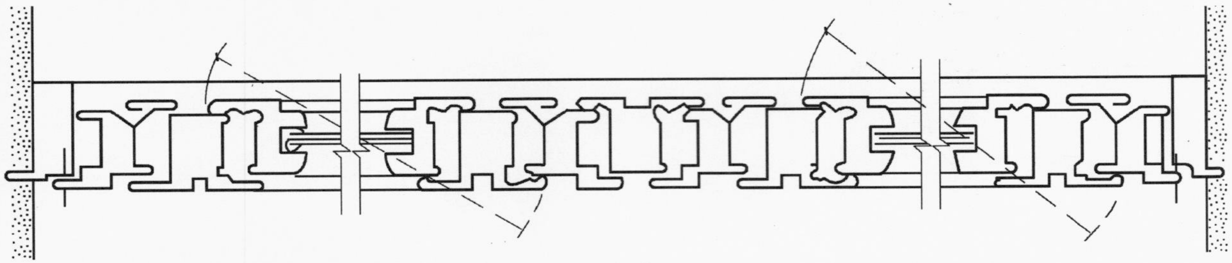

1-1

LGC组合立转窗剖面图

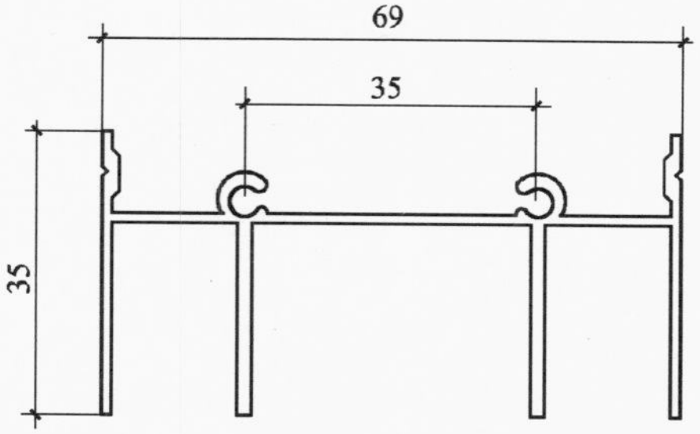

编号 \ 米重 kg/m \ 壁厚mm	1.2	1.4
70001	0.73	0.79

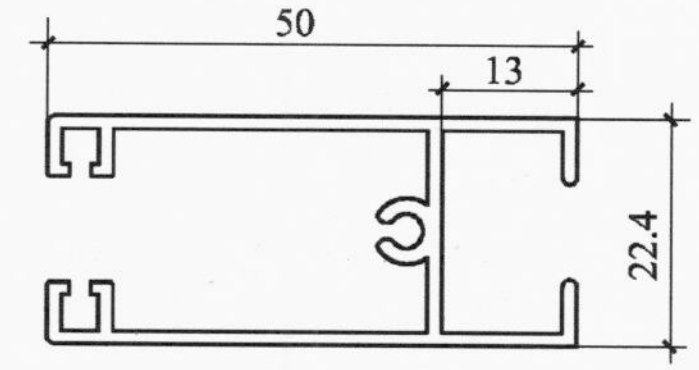

编号 \ 米重 kg/m \ 壁厚mm	1.2	1.4
70016	0.53	0.60

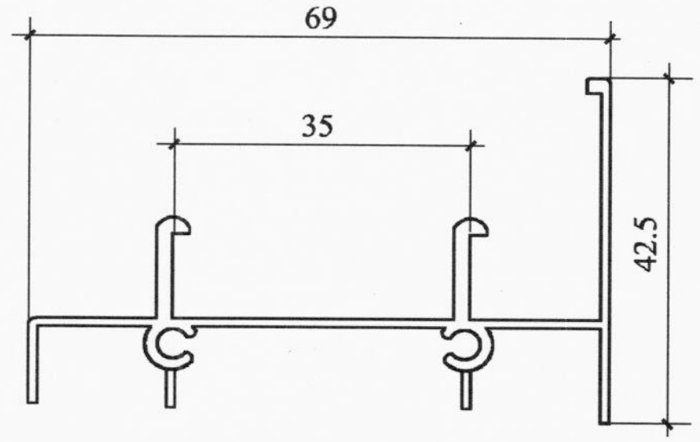

编号 \ 米重 kg/m \ 壁厚mm	1.2	1.4
70002	0.63	0.68

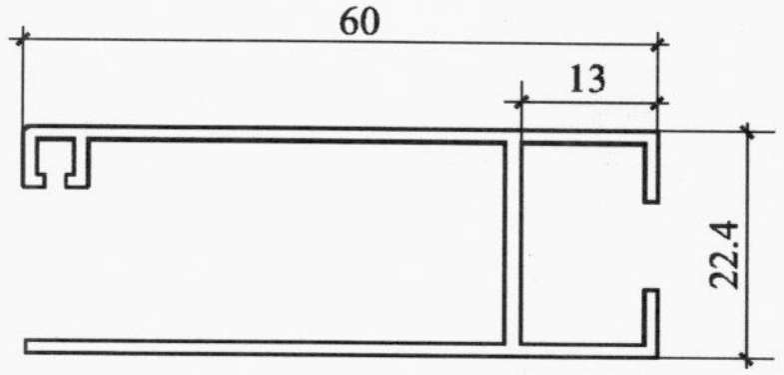

编号 \ 米重 kg/m \ 壁厚mm	1.2	1.4
70017	0.52	0.60

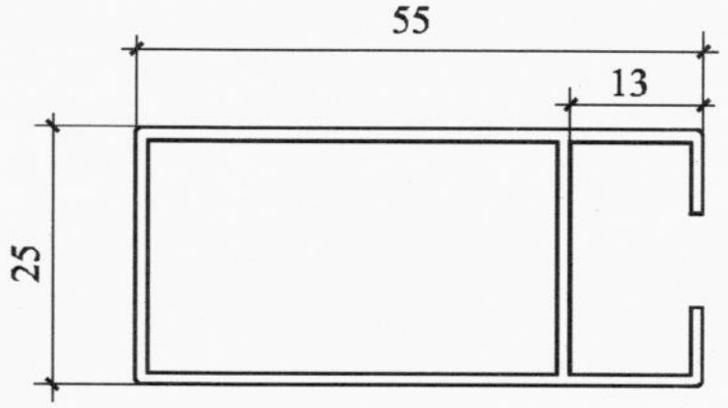

编号 \ 米重 kg/m \ 壁厚mm	1.2	1.4
70018	0.55	0.63

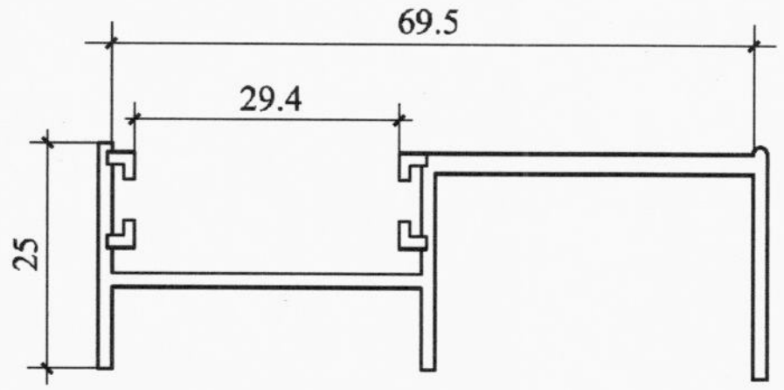

编号 \ 米重 kg/m \ 壁厚mm	1.2	1.4
70003	0.52	0.58

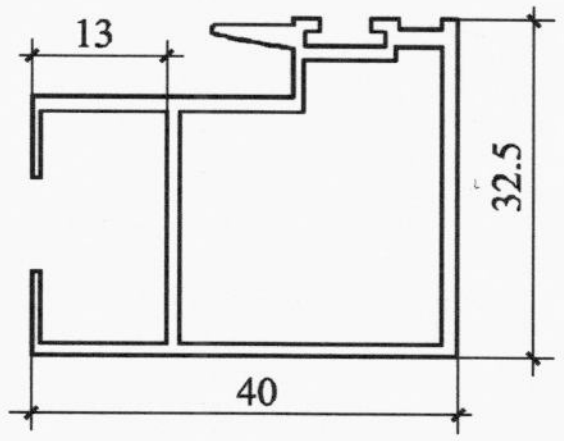

编号 \ 米重 kg/m \ 壁厚mm	1.2	1.4
70019	0.55	0.62

70–推拉窗型材

GT 图分类

1—推拉窗　2—平开窗　3—特殊窗型材　天棚，幕墙

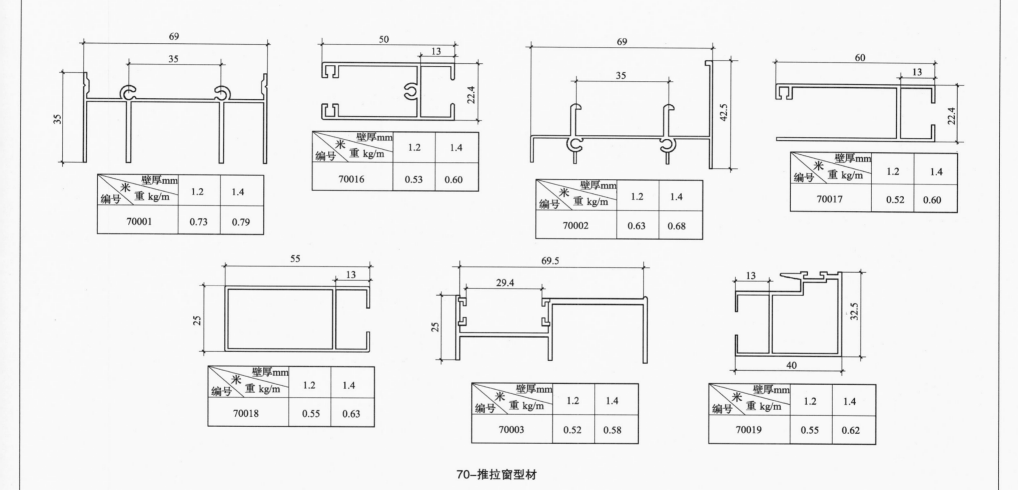

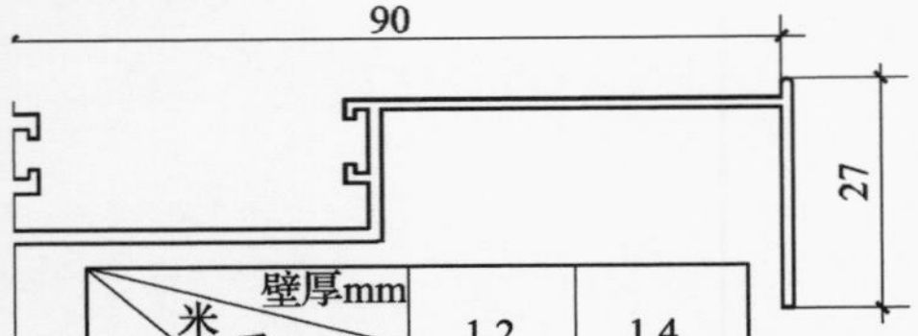

编号 \ 米重 kg/m \ 壁厚mm	1.2	1.4
90033	0.65	0.73

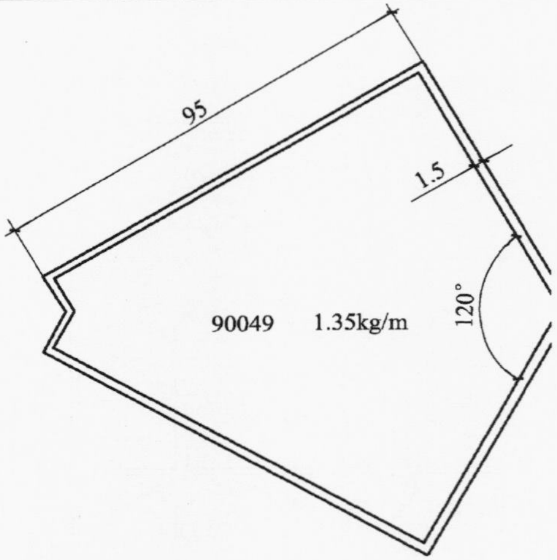

90049 1.35kg/m

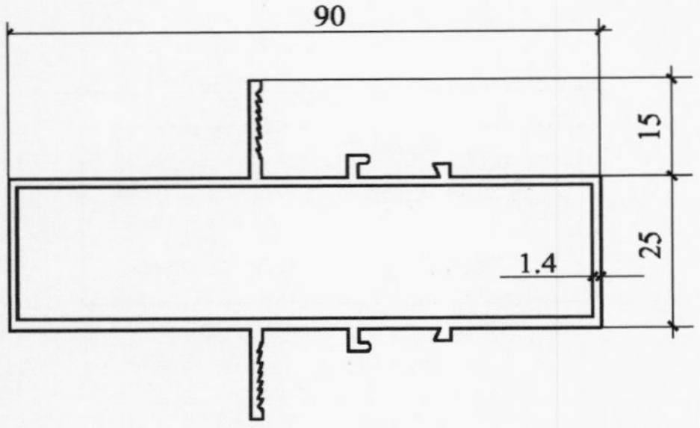

90038 0.9kg/m

(配DT005或DT008)

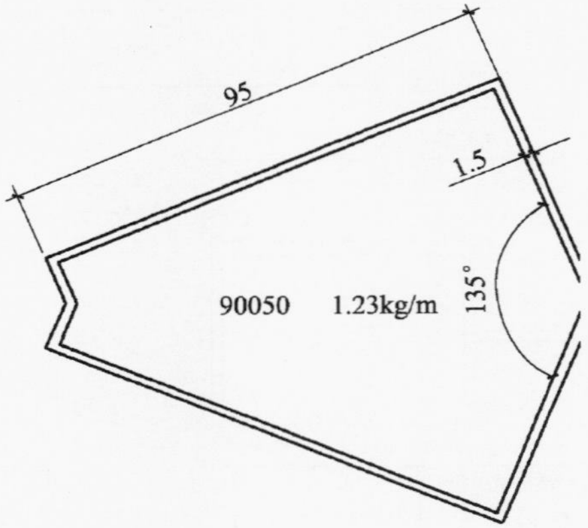

90050 1.23kg/m

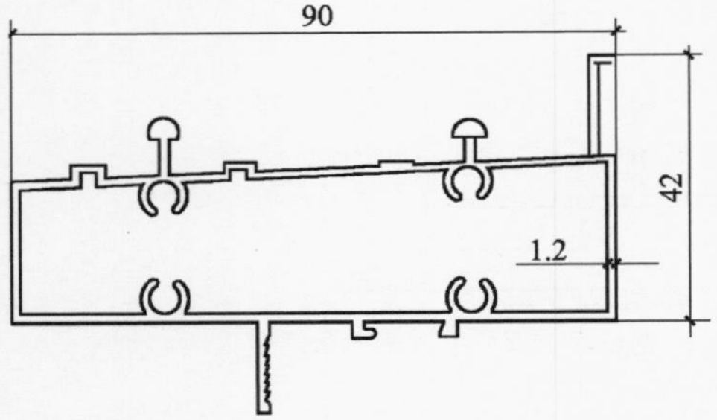

90047 1.15kg/m

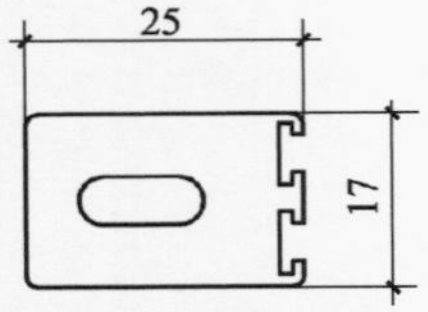

90037 0.96kg/m

(止风块)

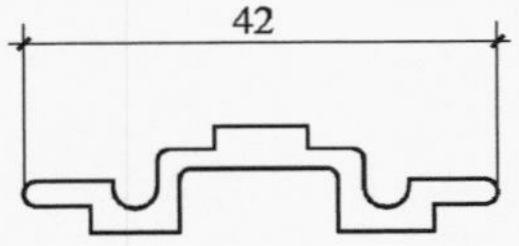

90040 0.38kg/m

(防脱块 配90002)

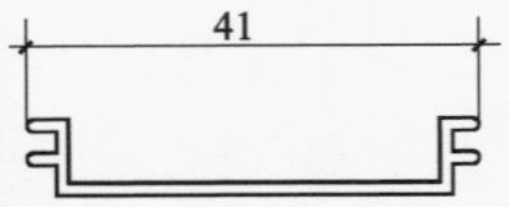

90039 0.17kg/m

(配90033)

90系列推拉窗型材

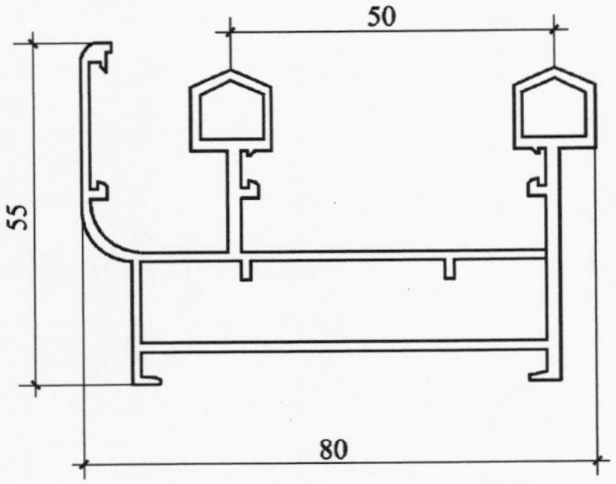

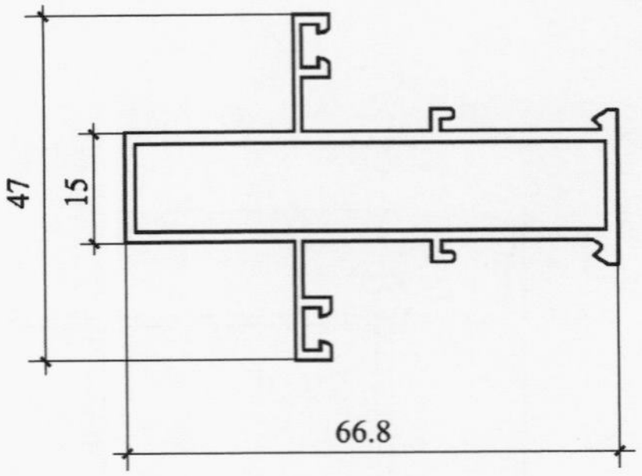

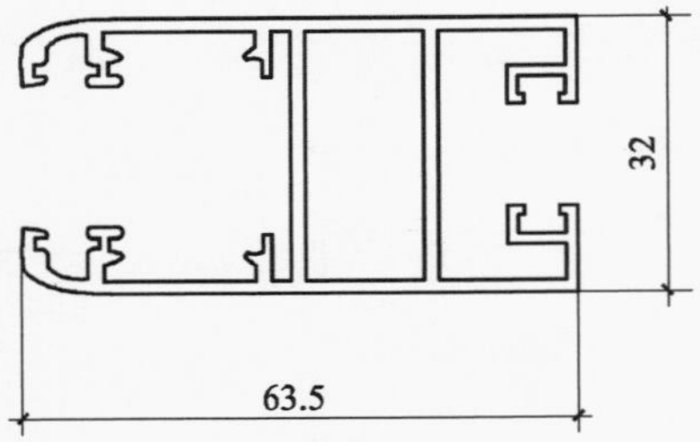

80003 0.97kg/m

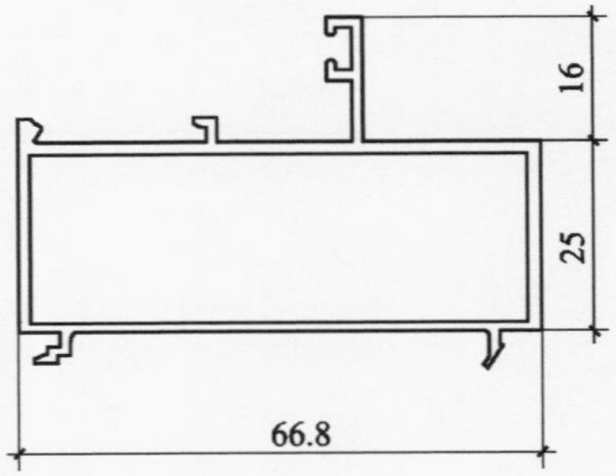

80004 0.79kg/m

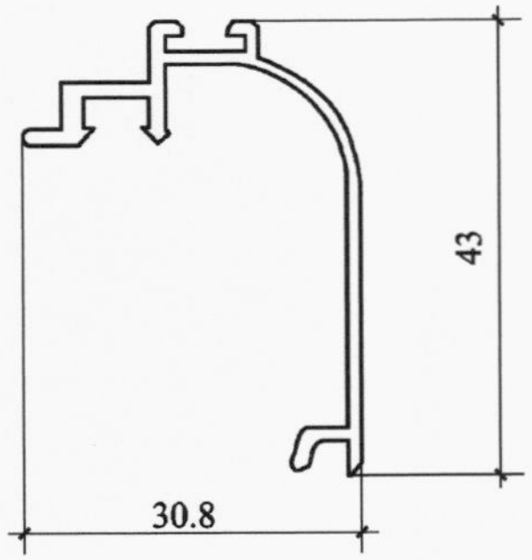

80006 0.32kg/m

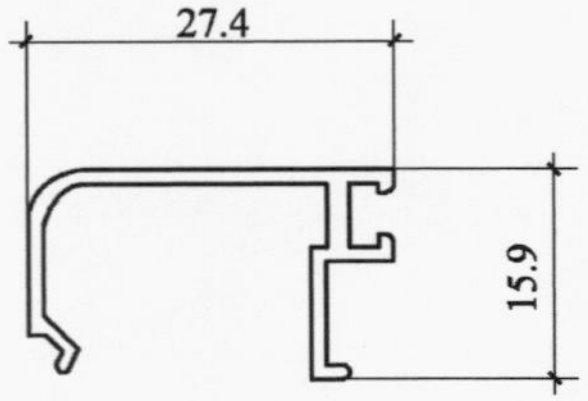

80005 0.21kg/m

80系列推拉窗型材

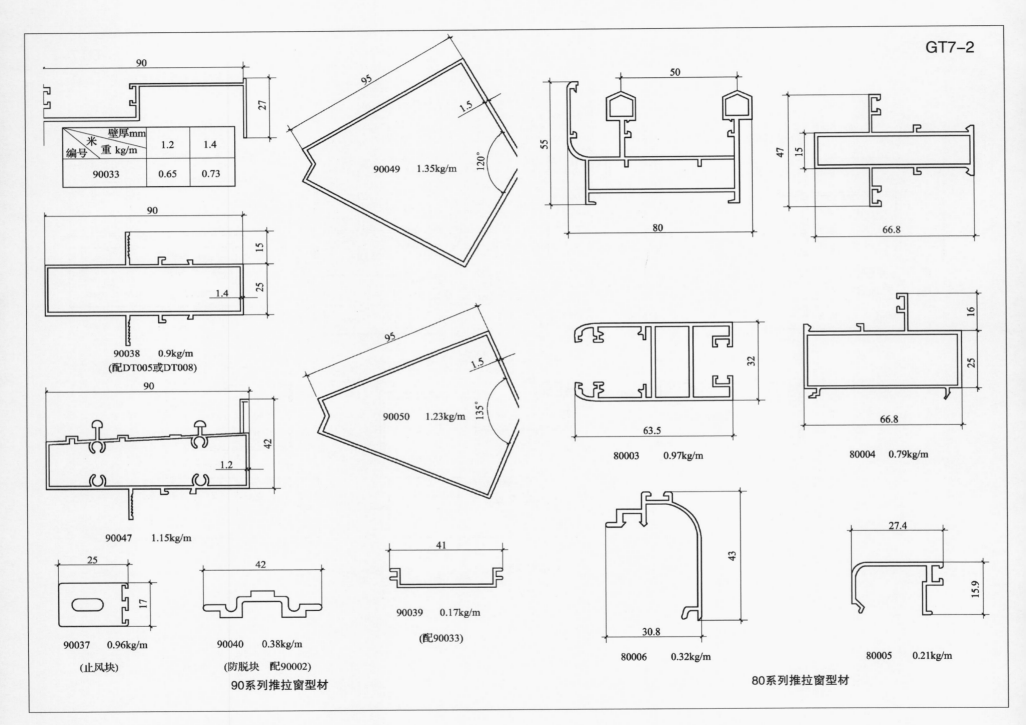

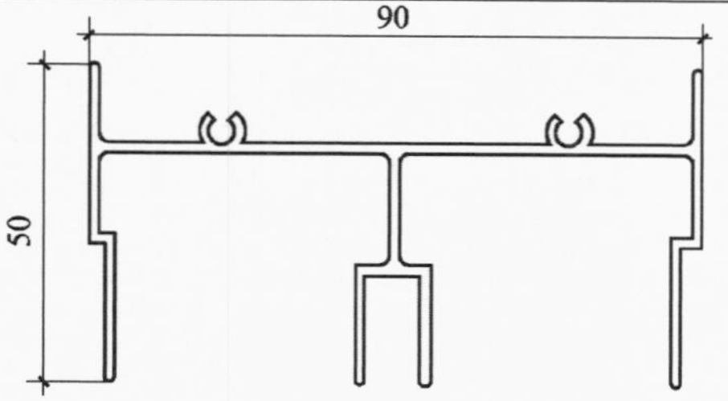

壁厚mm / 米重kg/m / 编号	1.2	1.4	1.6
90401	0.91	1.06	1.20

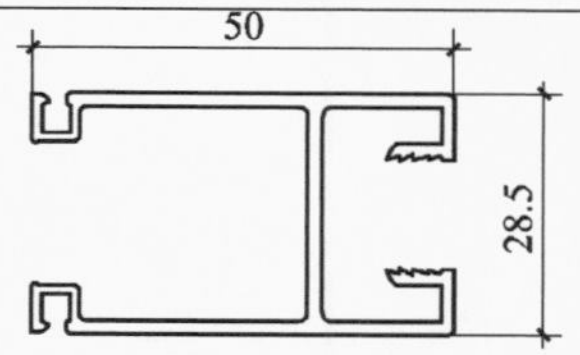

壁厚mm / 米重kg/m / 编号	1.2	1.4	1.6
90404	0.57	0.64	0.70

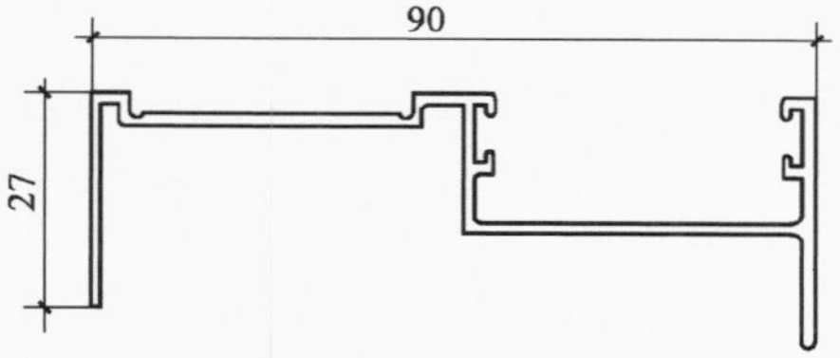

壁厚mm / 米重kg/m / 编号	1.2	1.4	1.6
90402	0.59	0.67	0.75

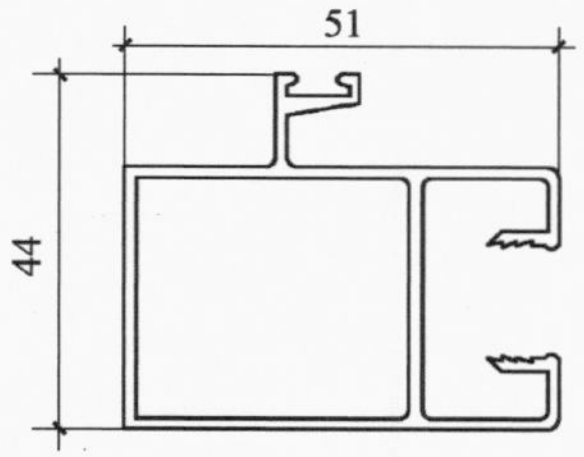

壁厚mm / 米重kg/m / 编号	1.2	1.4	1.6
90406	0.72	0.82	0.90

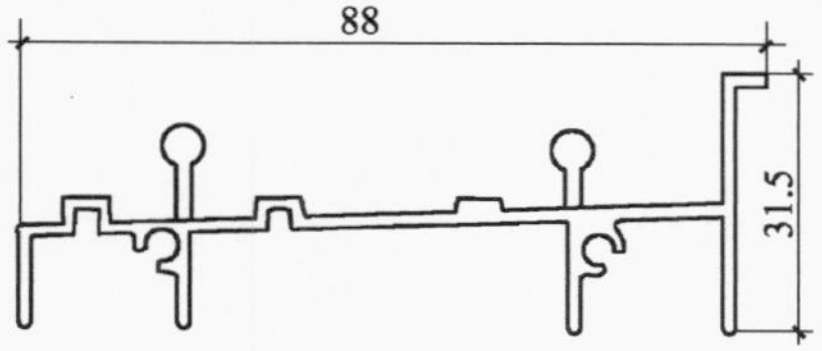

壁厚mm / 米重kg/m / 编号	1.2	1.4	1.6
90403	0.71	0.81	0.91

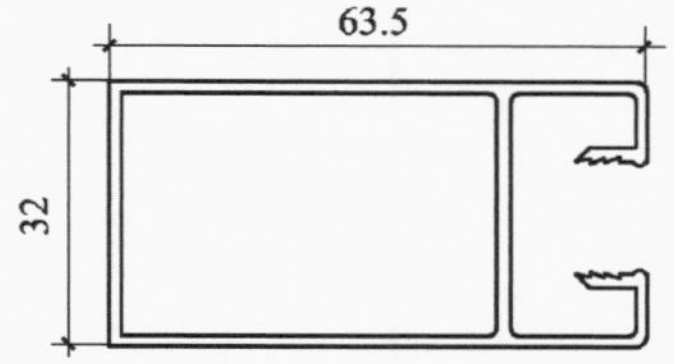

壁厚mm / 米重kg/m / 编号	1.2	1.4	1.6
90407	0.72	0.82	0.92

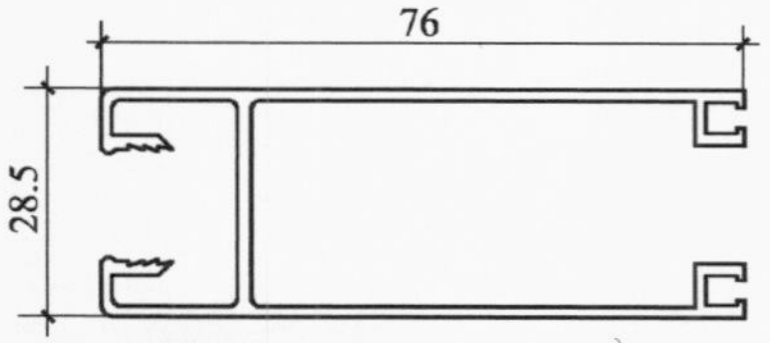

壁厚mm / 米重kg/m / 编号	1.2	1.4	1.6
90405	0.77	0.87	0.93

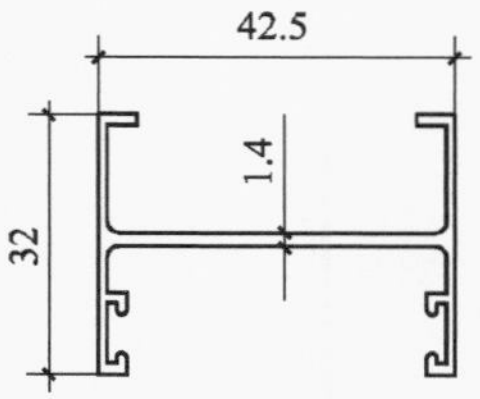

90408　0.46kg/m

90系列推拉窗型材

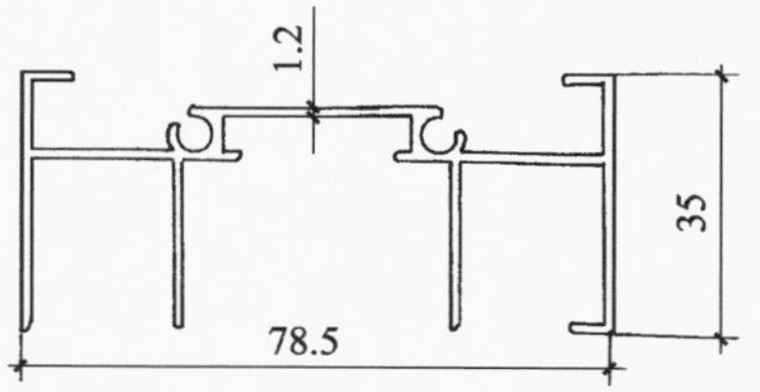

82001　0.80kg/m

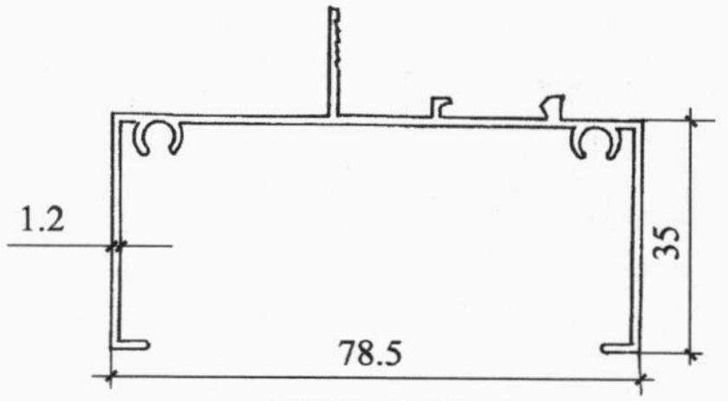

82002　0.67kg/m

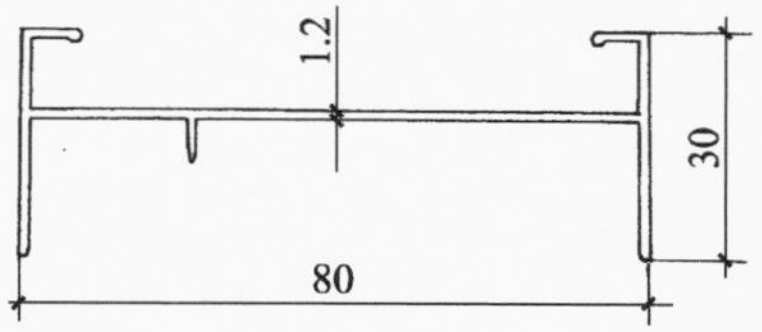

82003　0.51kg/m

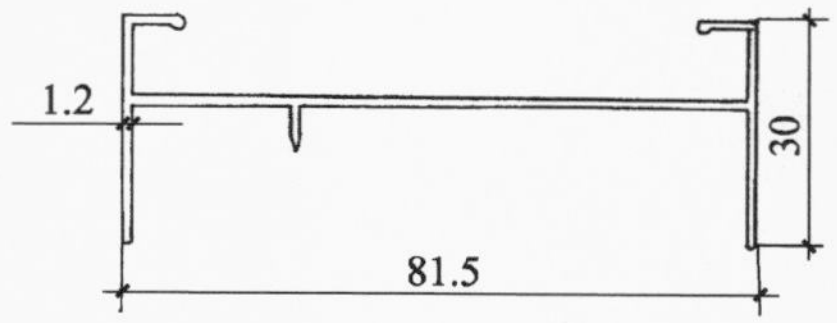

82004　0.52kg/m

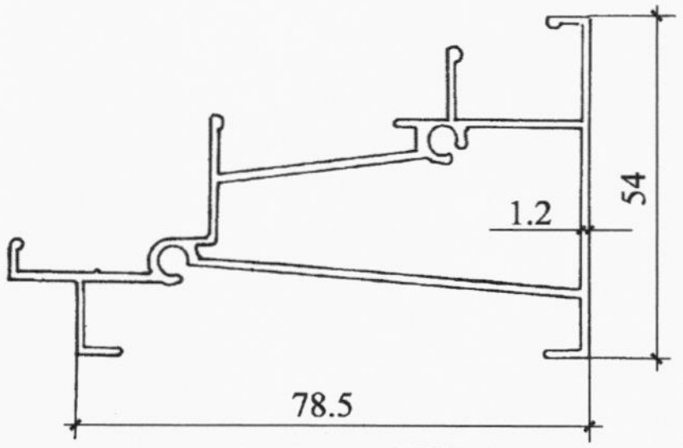

82005　0.99kg/m

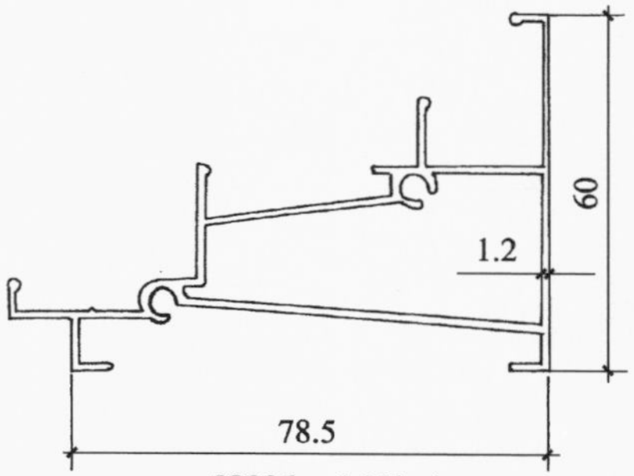

82006　1.00kg/m

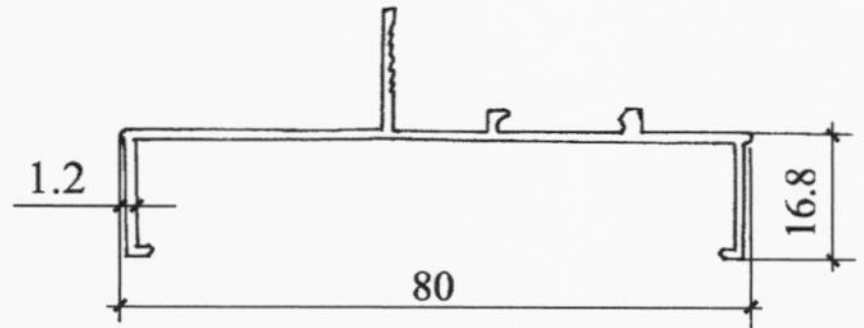

82007　0.46kg/m

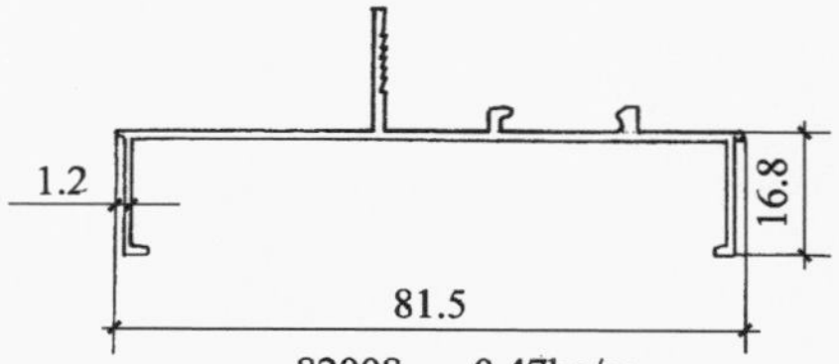

82008　0.47kg/m

82系列推拉型（带纱）型材

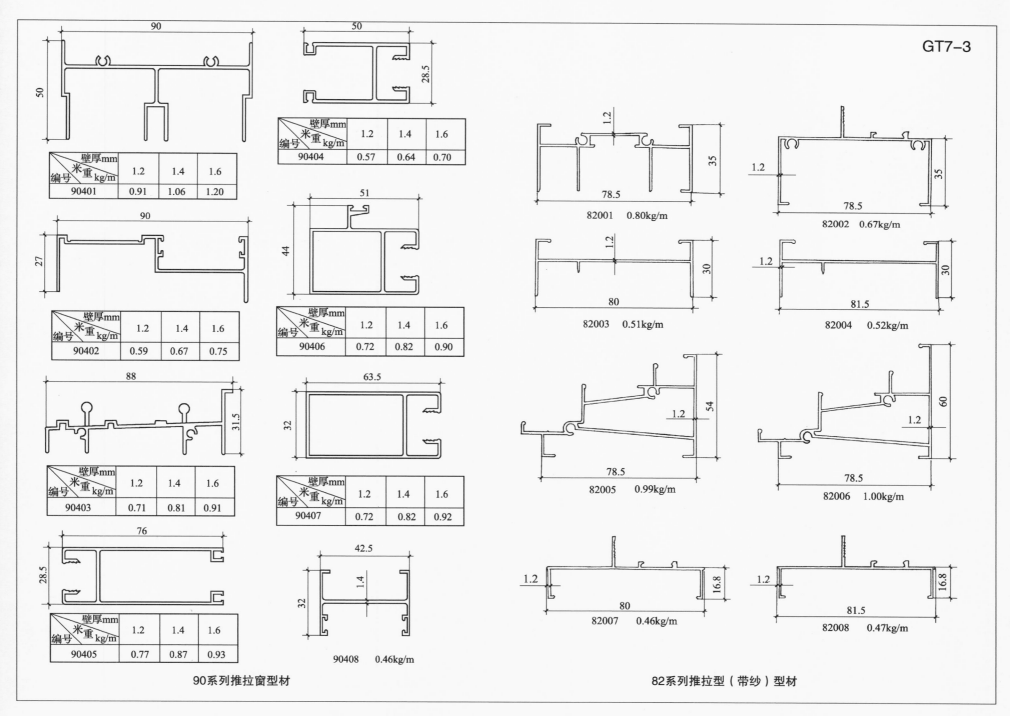

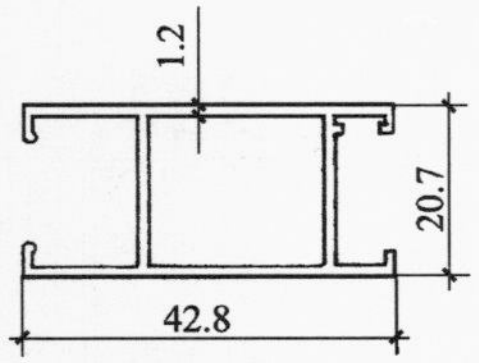

82009 0.44kg/m

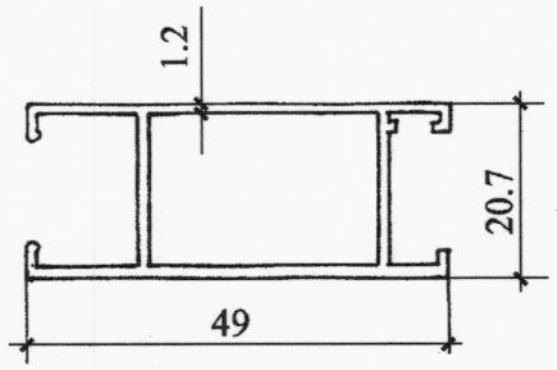

82010 0.48kg/m

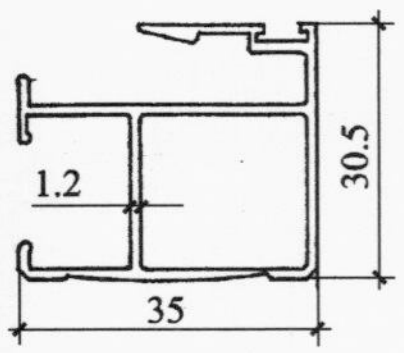

82011 0.48kg/m

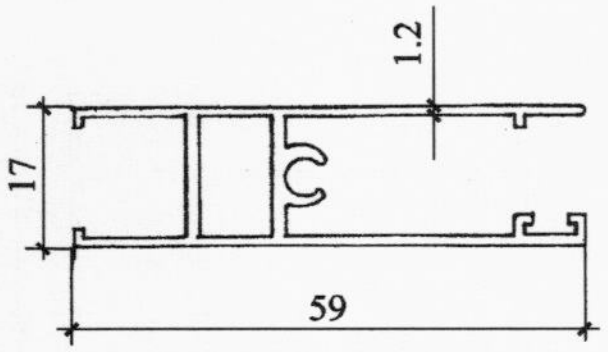

82012 0.55kg/m

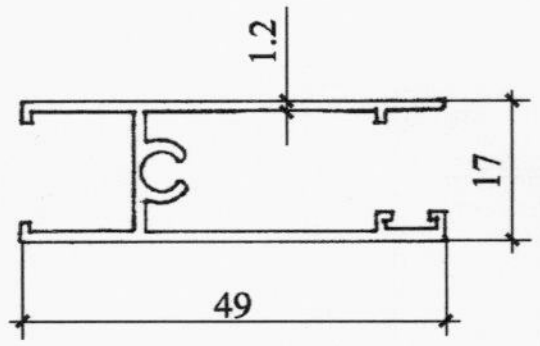

82013 0.44kg/m

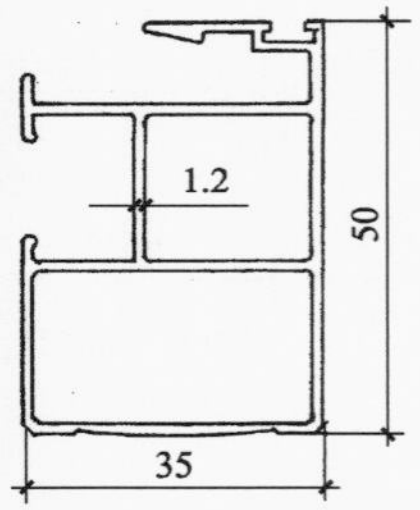

82014 0.71kg/m

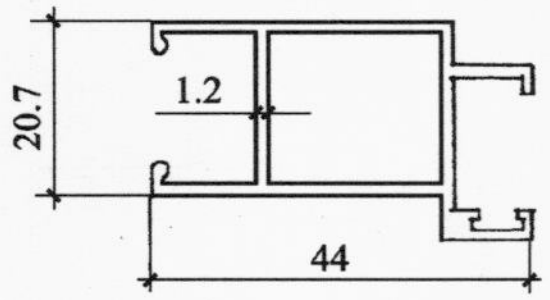

82015 0.48kg/m

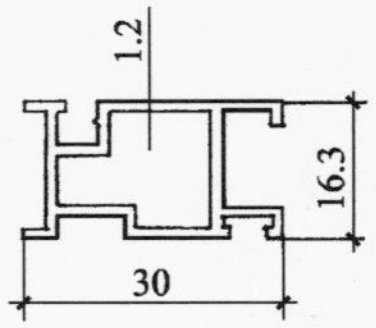

82016 0.33kg/m

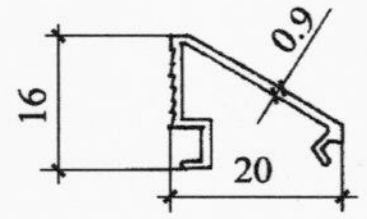

82017 0.13kg/m
(压线：配 82002 82007
82008 82022 82024)

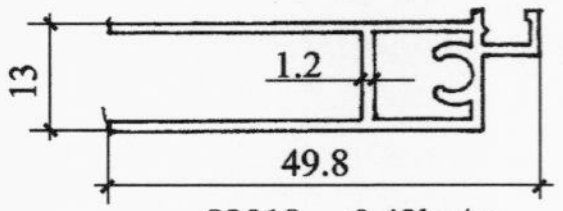

82018 0.43kg/m

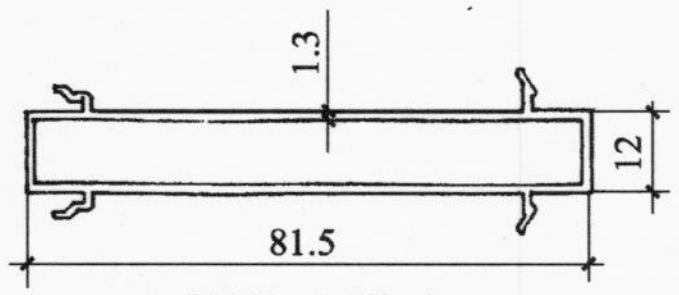

82019 0.68kg/m

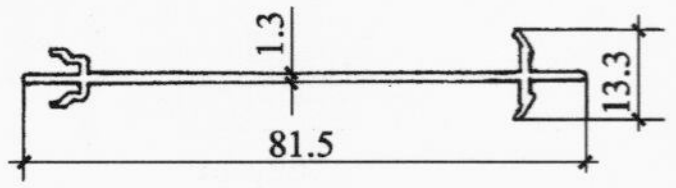

82020 0.38kg/m

82系列推拉窗（带纱）型材

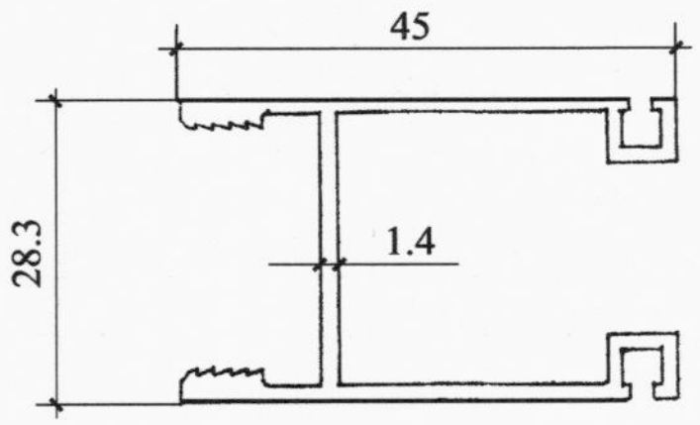

90304 0.54kg/m

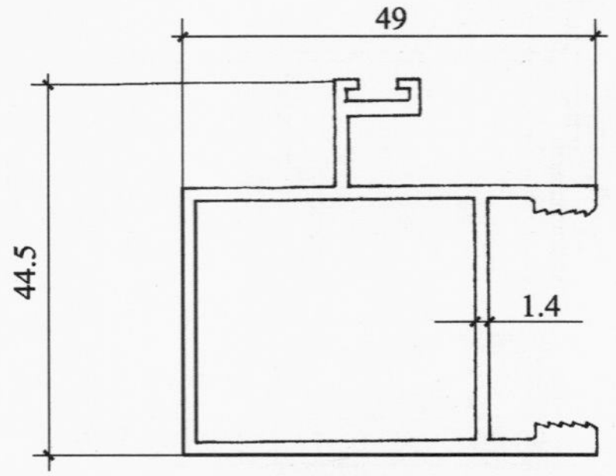

90306 0.72kg/m

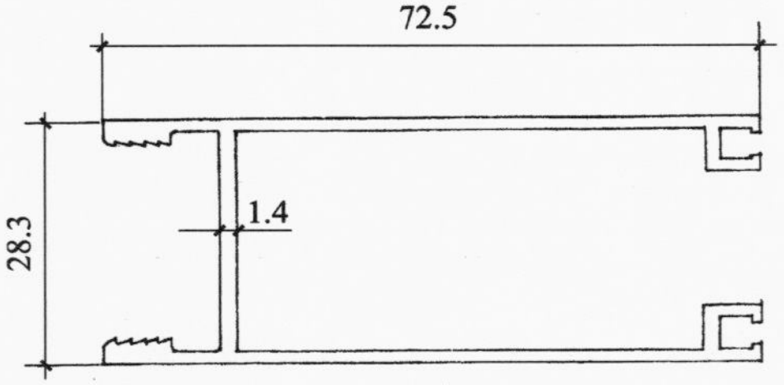

90305 0.70kg/m

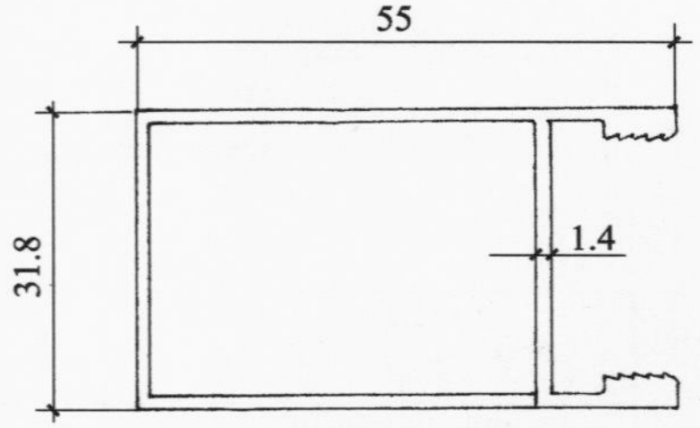

90307 0.65kg/m

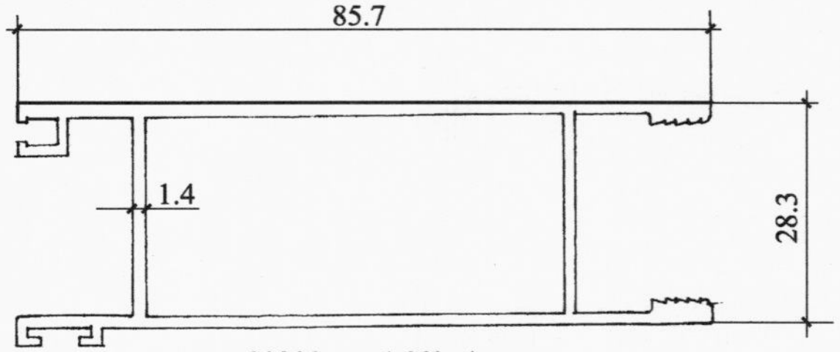

90309 1.00kg/m

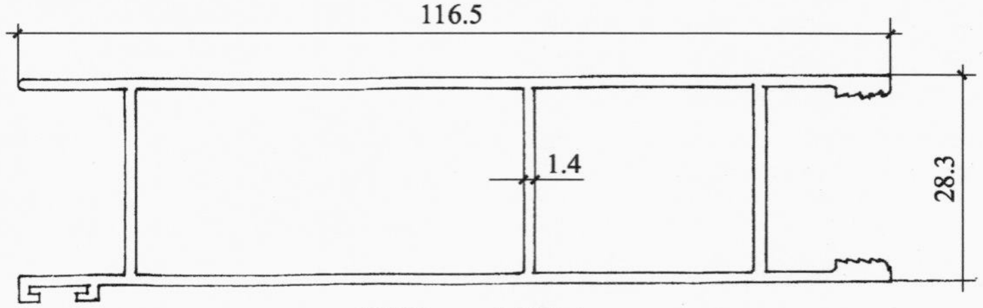

90308 1.30kg/m

90系列推拉窗型材

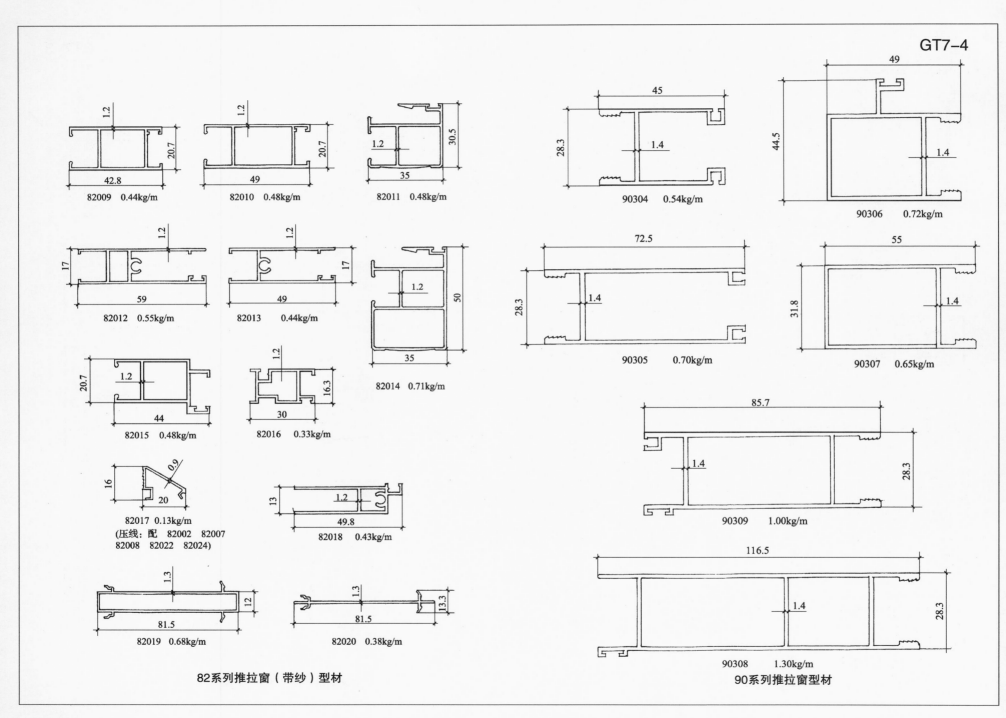

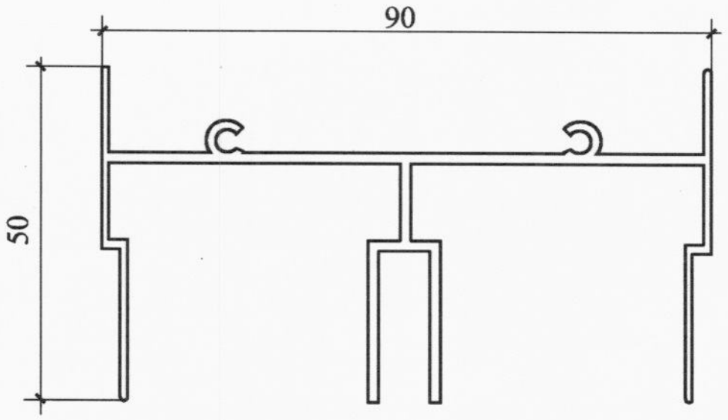

编号 \ 米重kg/m \ 壁厚mm	1.2	1.4	1.6
90001	0.93	1.05	1.19

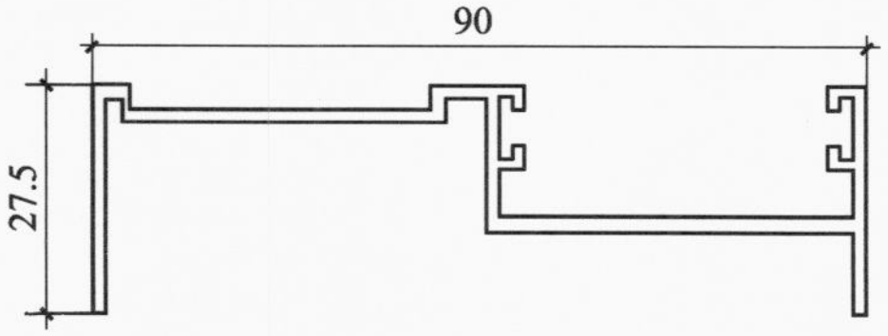

编号 \ 米重kg/m \ 壁厚mm	1.2	1.4	1.6
90002	0.60	0.67	0.73

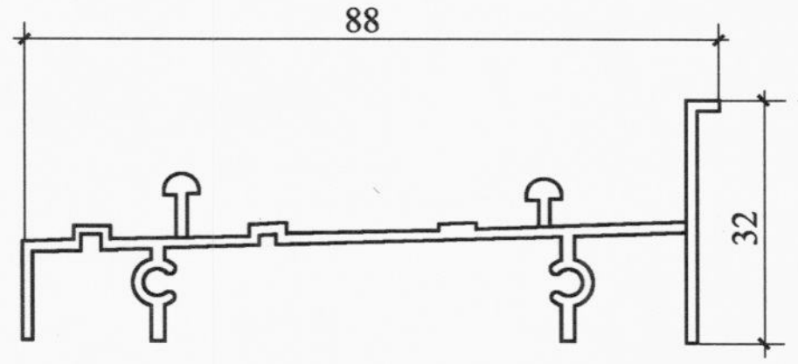

编号 \ 米重kg/m \ 壁厚mm	1.2	1.4	1.6
90003	0.68	0.77	0.85

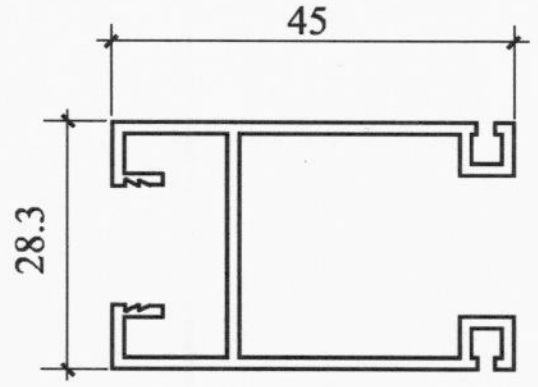

编号 \ 米重kg/m \ 壁厚mm	1.2	1.4	1.6
90004	0.51	0.60	0.67

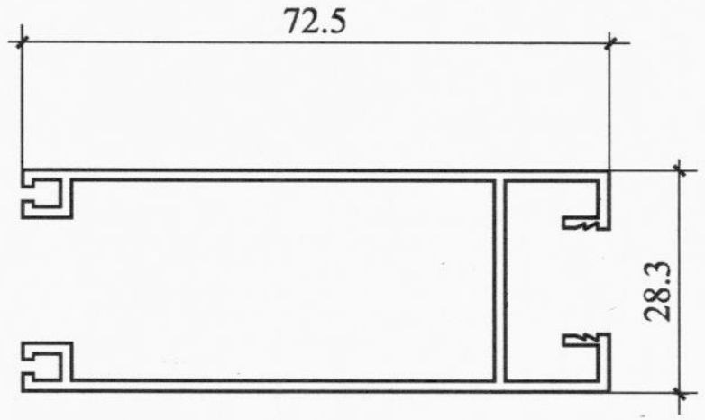

编号 \ 米重kg/m \ 壁厚mm	1.2	1.4	1.6
90005	0.70	0.80	0.92

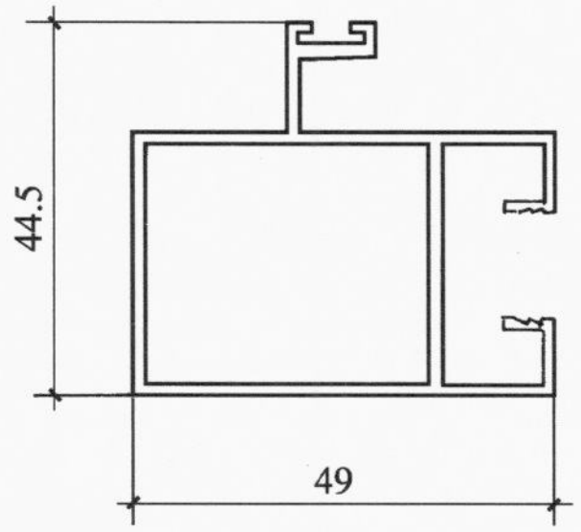

编号 \ 米重kg/m \ 壁厚mm	1.2	1.4	1.6
90006	0.71	0.79	0.89

90系列普通型推拉窗用铝合金型材

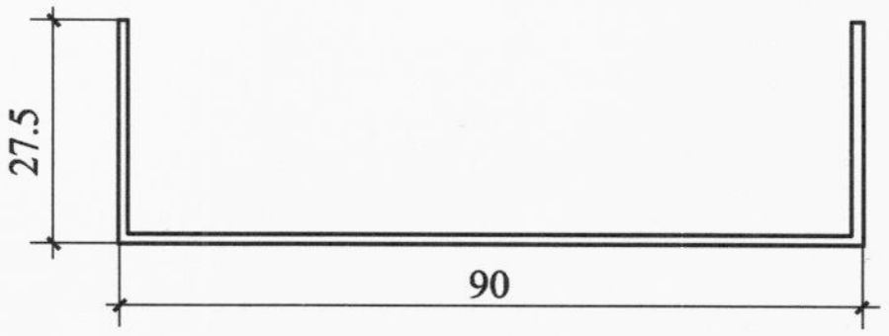

编号 \ 米重kg/m \ 壁厚mm	1.2	1.4	1.6
90008	0.46	0.54	0.62

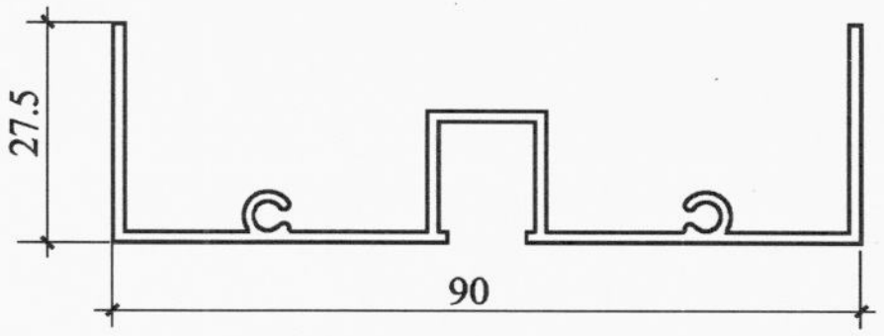

编号 \ 米重kg/m \ 壁厚mm	1.2	1.4	1.6
90009	0.64	0.72	0.80

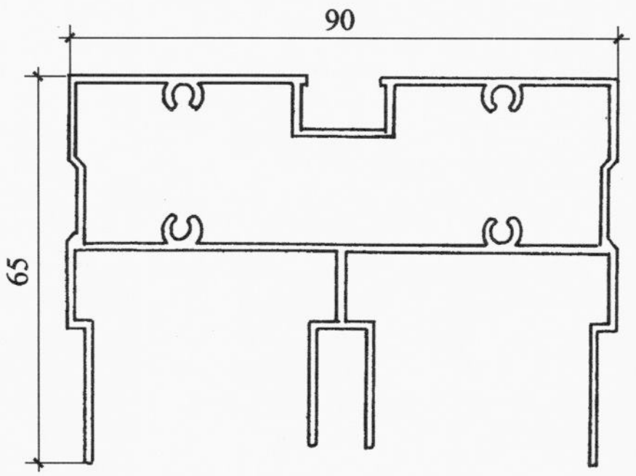

编号 \ 米重kg/m \ 壁厚mm	1.2	1.4	1.6
90053	1.44	1.68	1.89

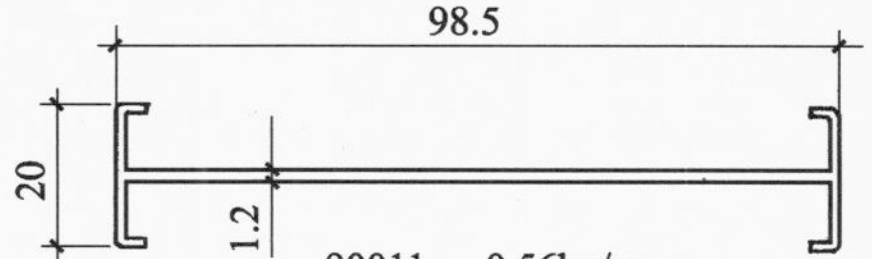

90011　0.56kg/m

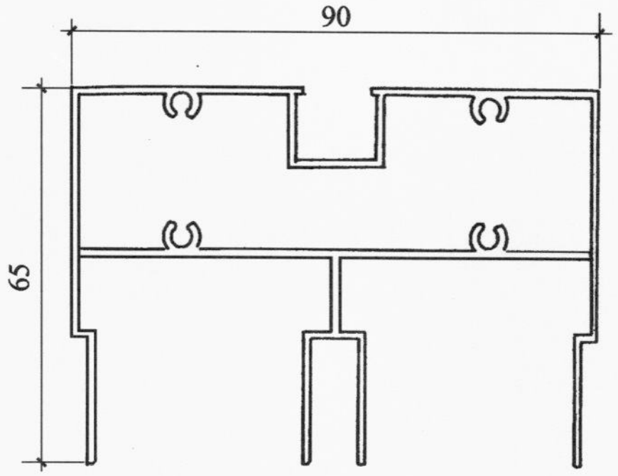

编号 \ 米重kg/m \ 壁厚mm	1.2	1.4	1.6
90010	1.42	1.65	1.85

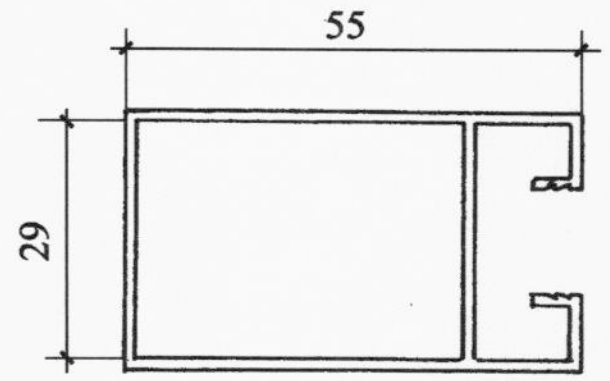

编号 \ 米重kg/m \ 壁厚mm	1.2	1.4	1.6
90007	0.64	0.73	0.84

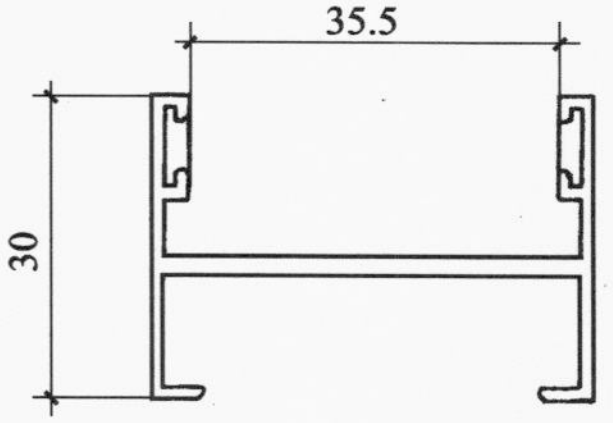

90012　0.48kg/m

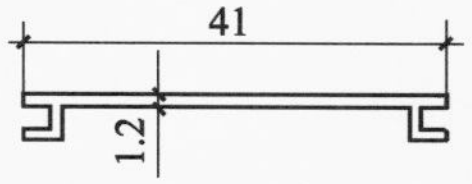

90022　0.17kg/m

90系列普通型推拉窗用铝合金型材

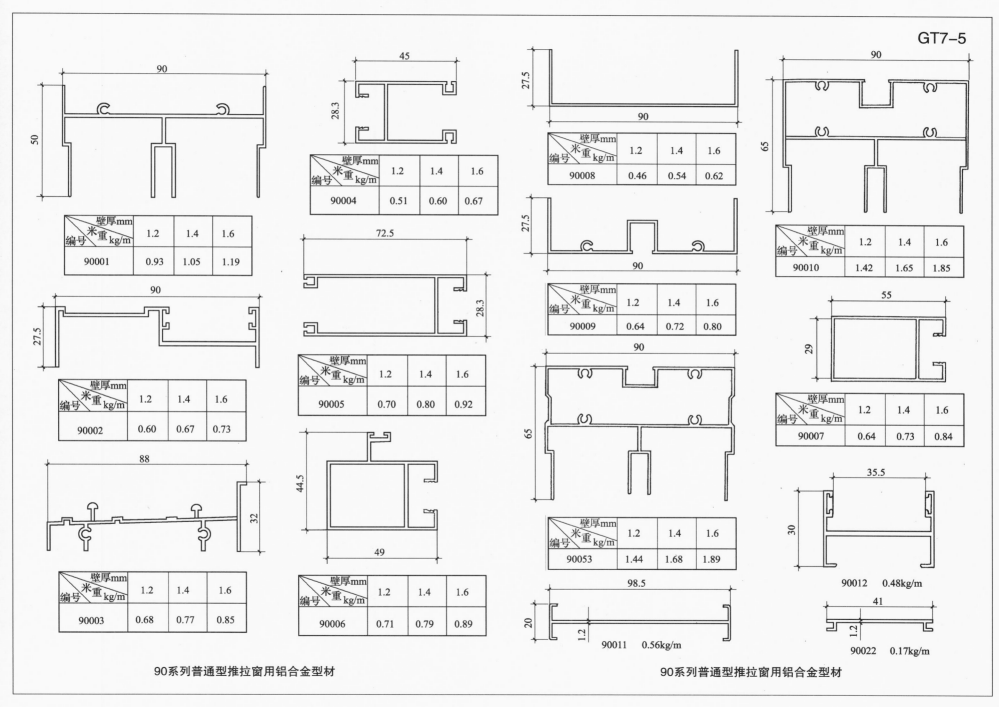

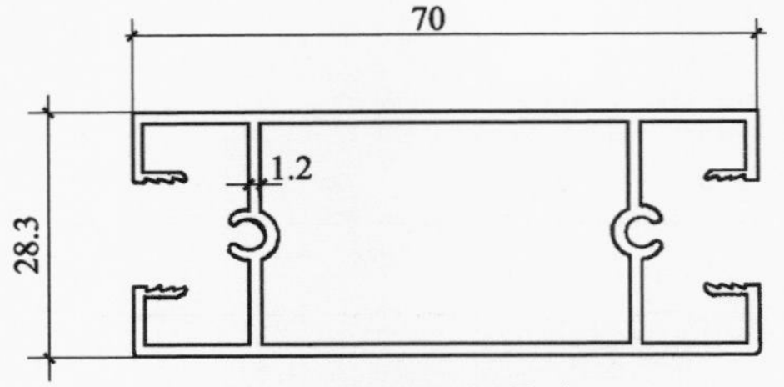
70
28.3
1.2

90013　0.92kg/m

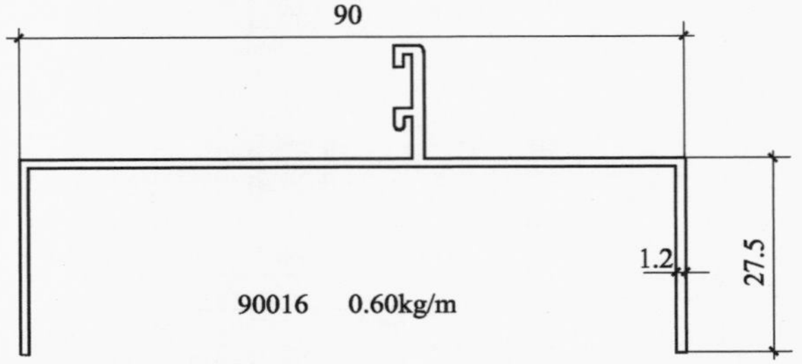
90
1.2
27.5

90016　0.60kg/m

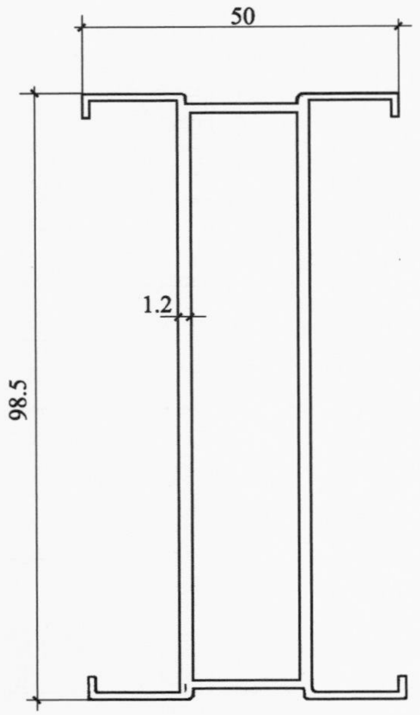
50
1.2
98.5

90014　1.12kg/m

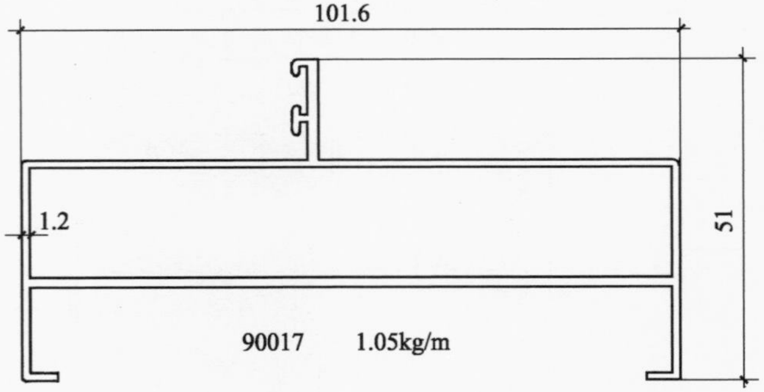
101.6
1.2
51

90017　1.05kg/m

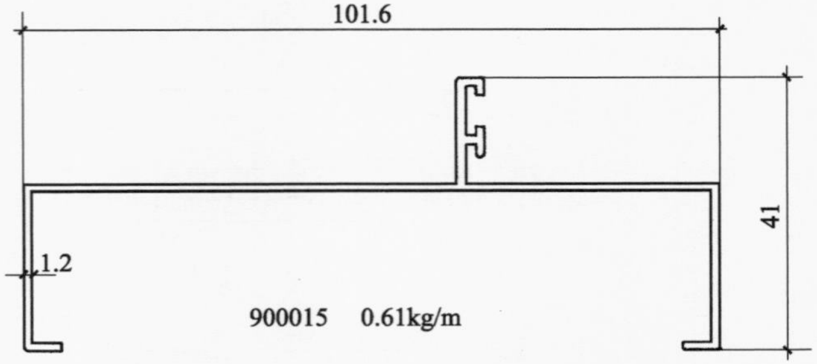
101.6
41
1.2

900015　0.61kg/m

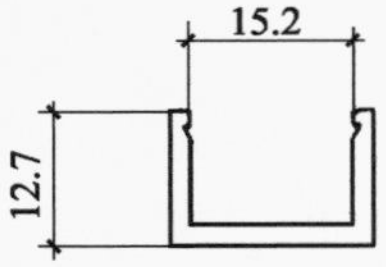
15.2
12.7

90409　0.21kg/m

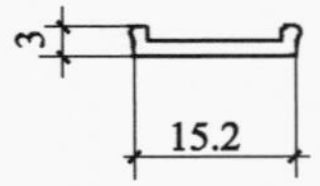
3
15.2

90410　0.08kg/m

90普通推拉窗型材

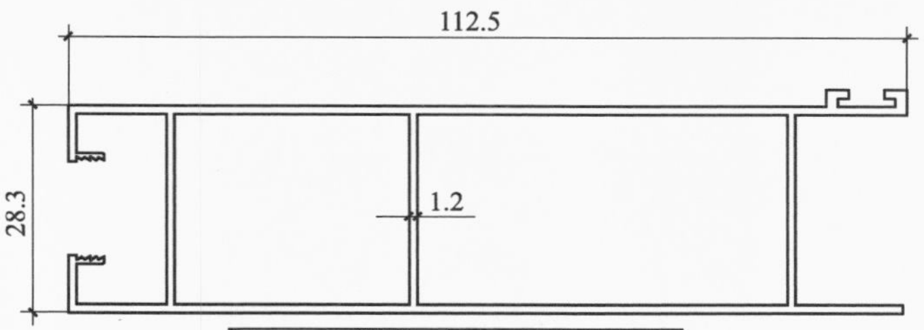

编号 \ 米重 kg/m \ 壁厚mm	1.2	1.4
90201	1.03	1.23

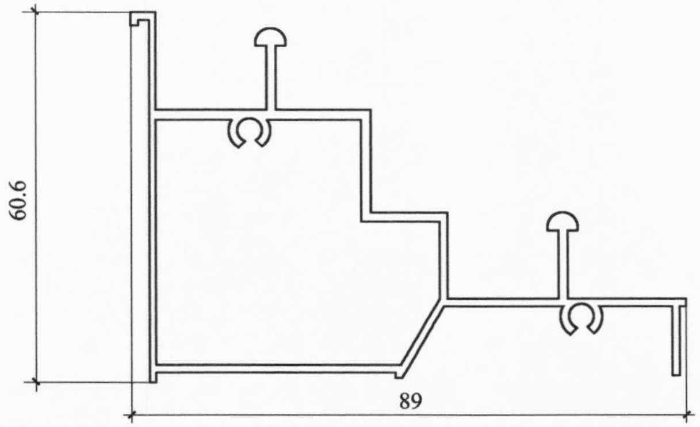

编号 \ 米重 kg/m \ 壁厚mm	1.2	1.4
90202	1.03	1.25

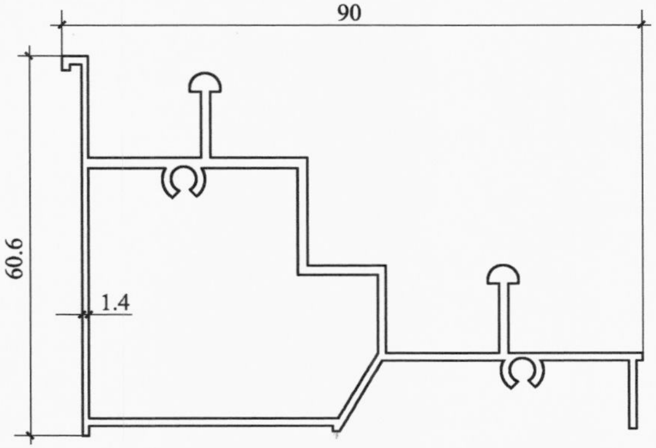

90205　1.26kg/m

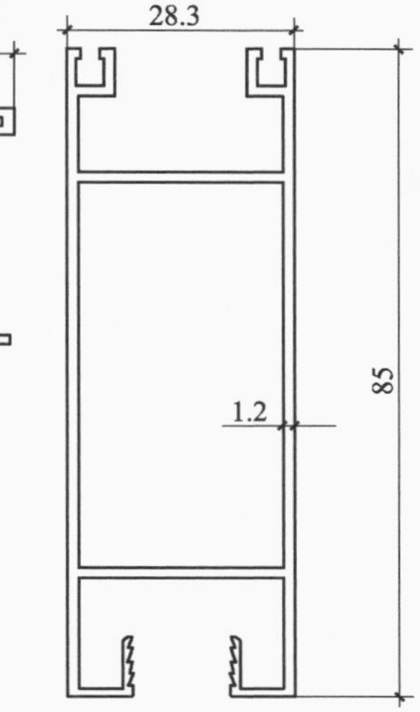

90034　1.05kg/m

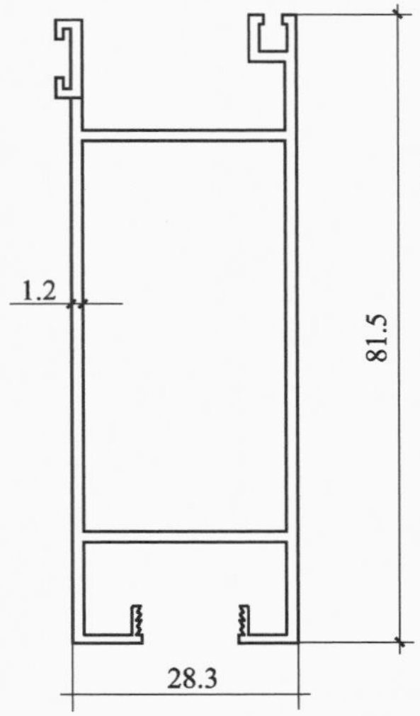

编号 \ 米重 kg/m \ 壁厚mm	1.2	1.4
90203	0.8	0.94

90系列推拉窗（高低轨）型材

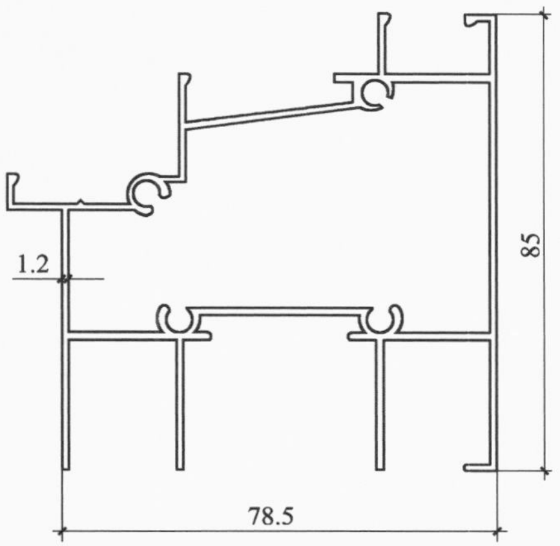

82021　1.48kg/m

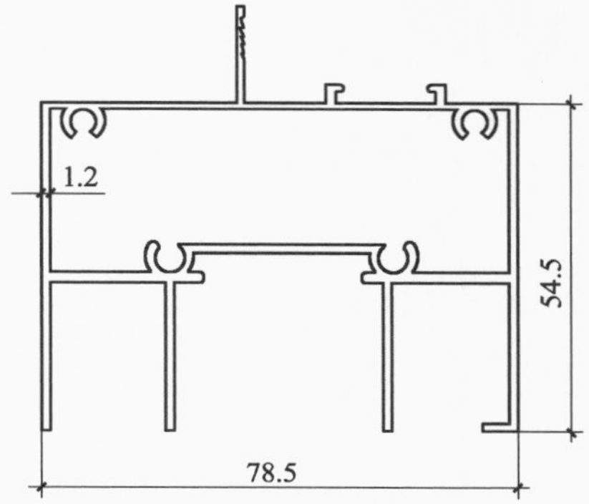

82022　1.29kg/m

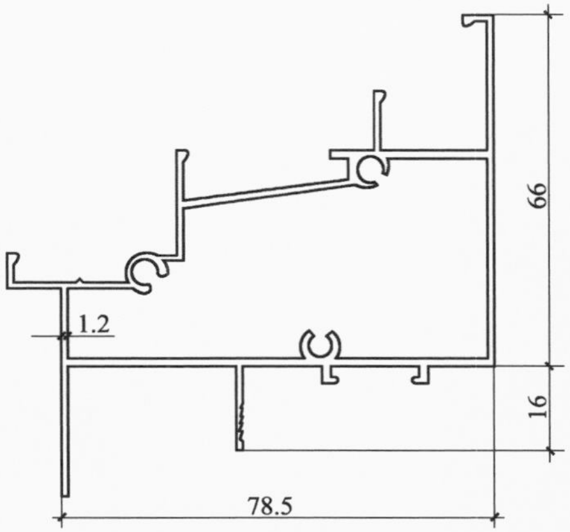

82023　1.18kg/m

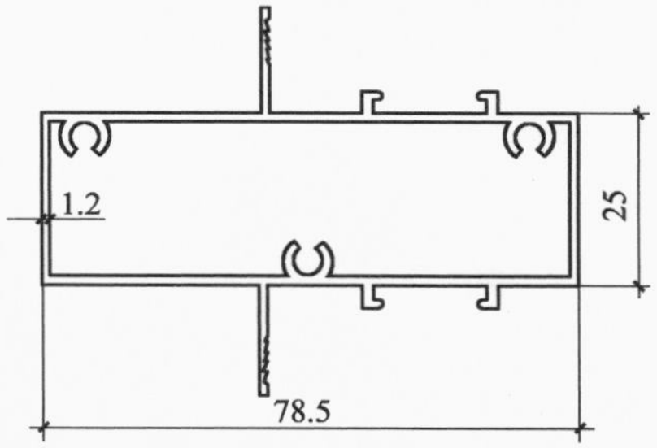

82024　0.95kg/m

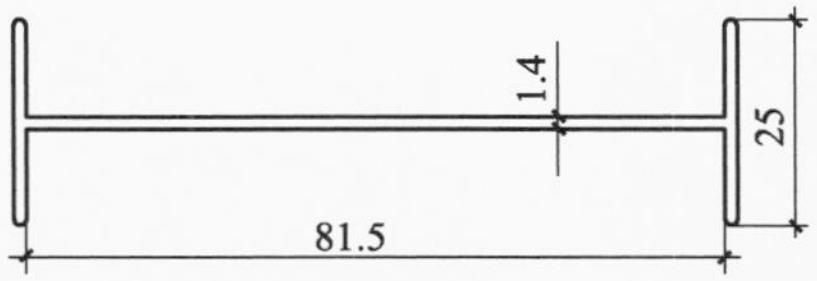

82025　0.50kg/m

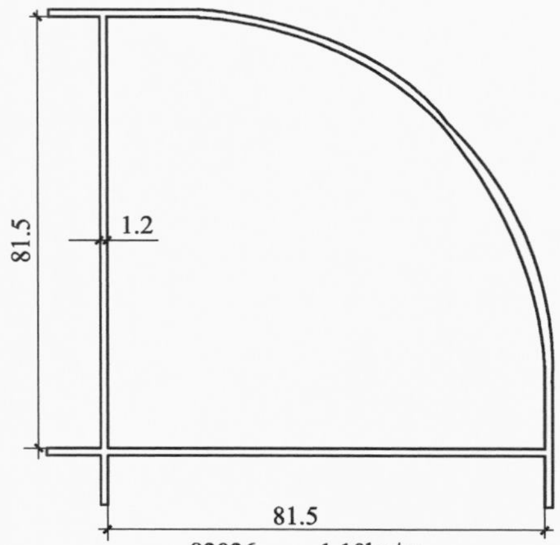

82026　1.10kg/m

82系列推拉窗（带纱）型材

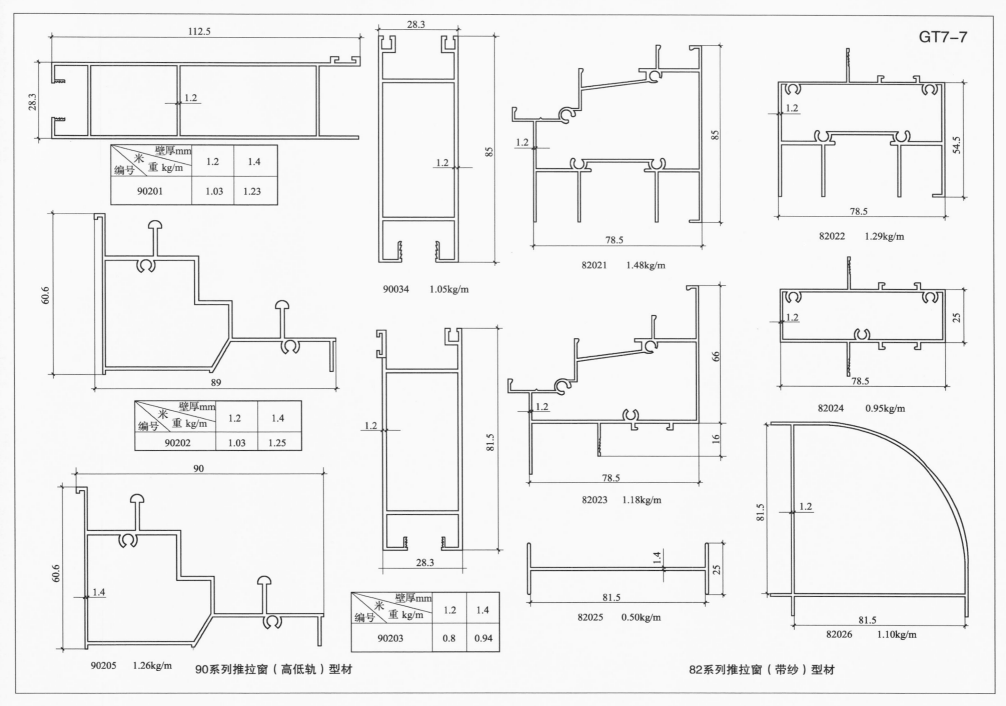

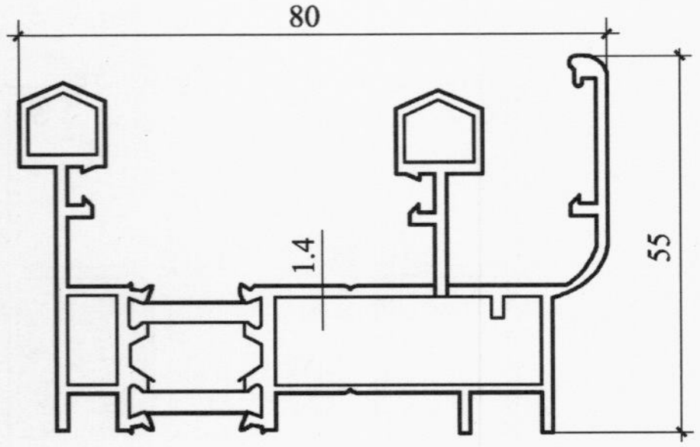

DRC01　1.55kg/m

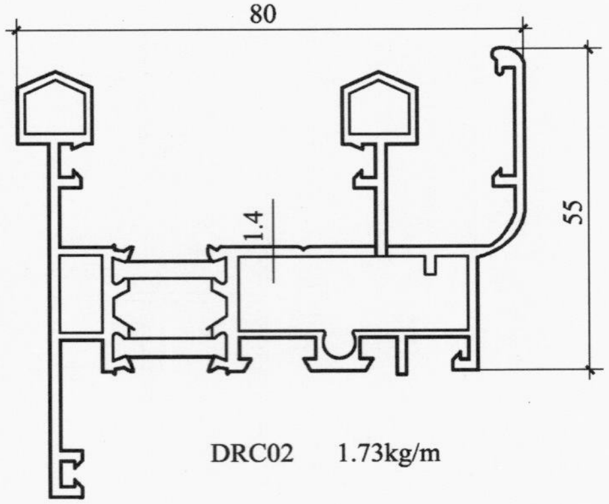

DRC02　1.73kg/m

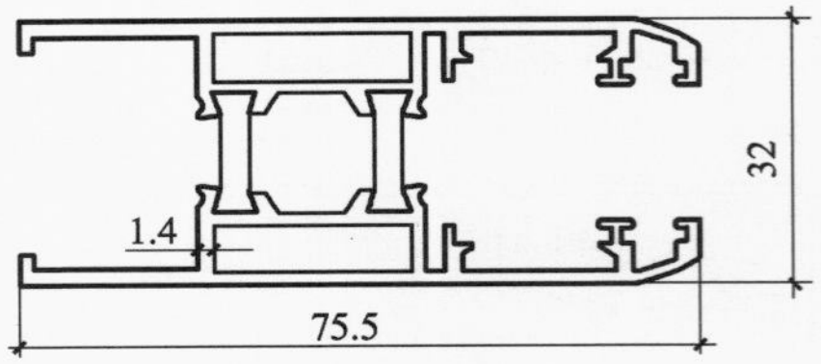

DRC03　0.58kg/m

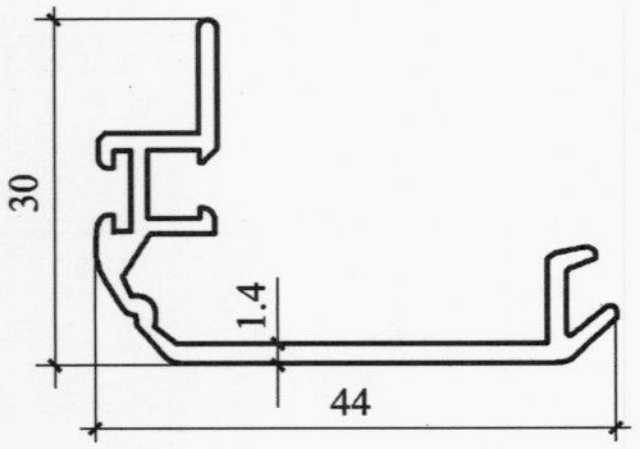

DRC04　0.39kg/m

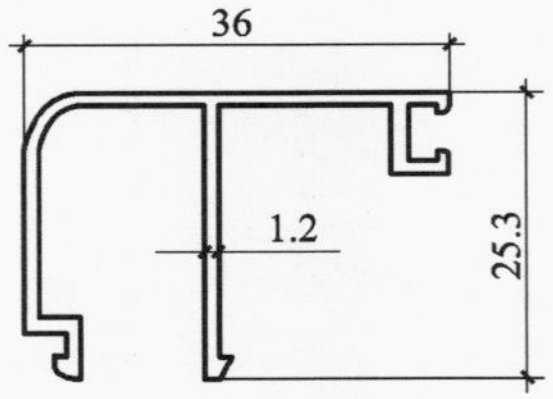

DRC05　0.32kg/m
(配 DRC01、DRC02)

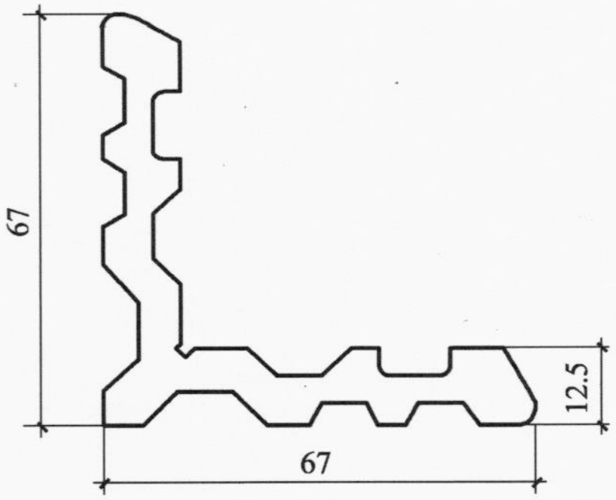

DRC06　2.65kg/m

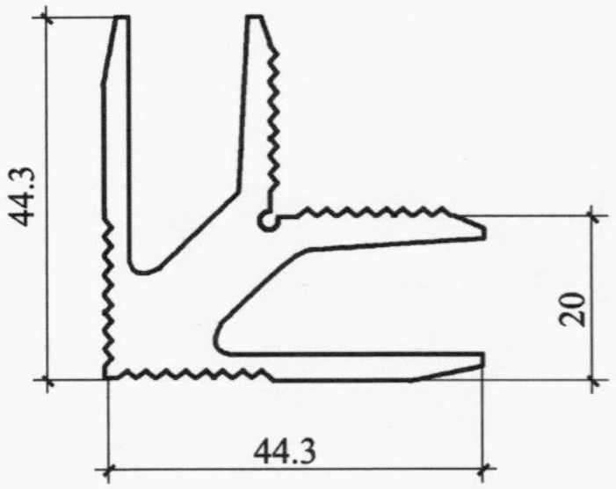

DRC07　1.63kg/m

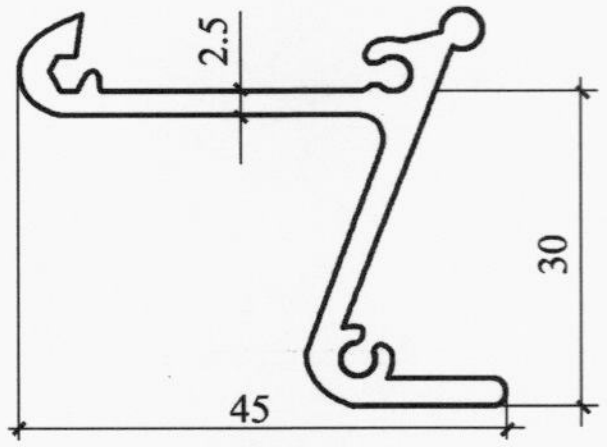

DRC09　0.75kg/m

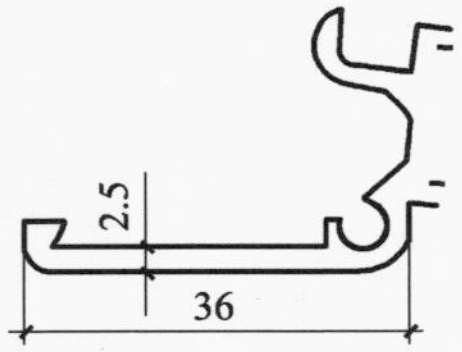

DRC08　0.52kg/m

推拉窗型材

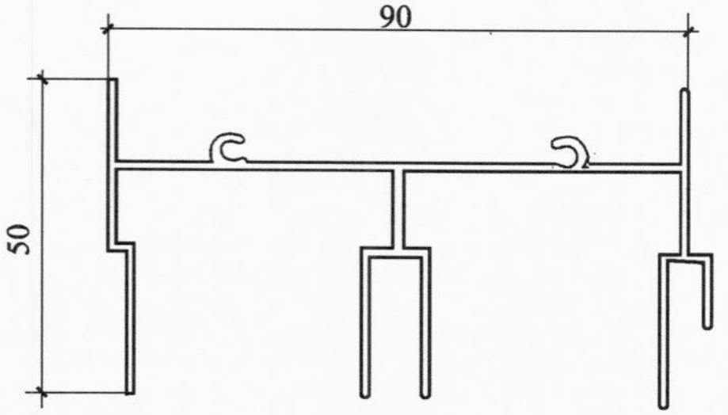

壁厚mm / 米重 kg/m / 编号	1.2	1.4
90101	1.03	1.19

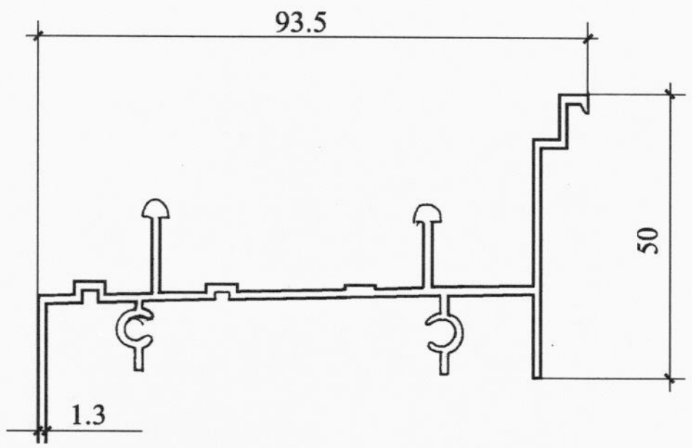

90035 0.90kg/m

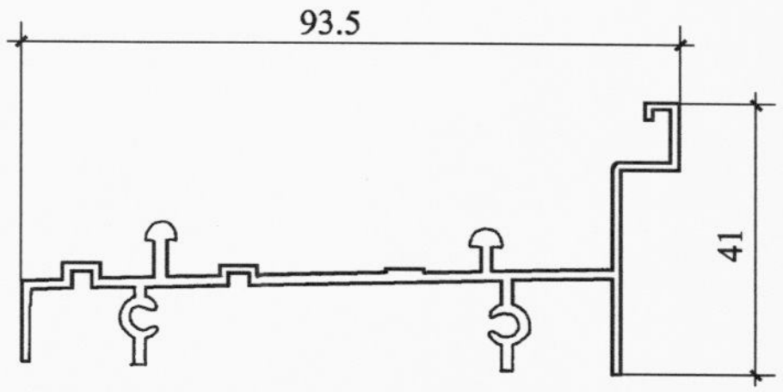

壁厚mm / 米重 kg/m / 编号	1.2	1.4
90102	0.80	0.87

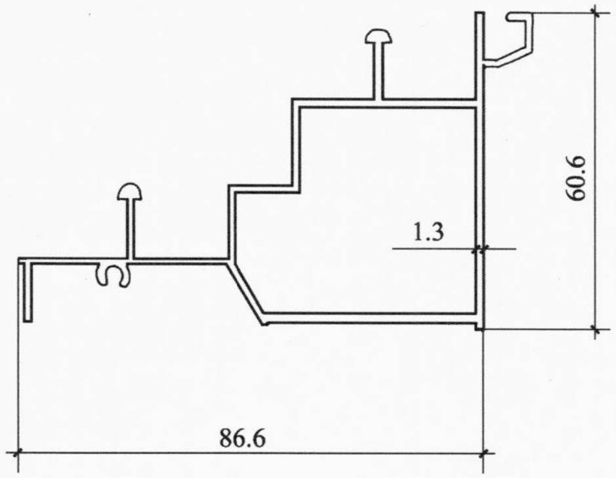

90103 1.18kg/m

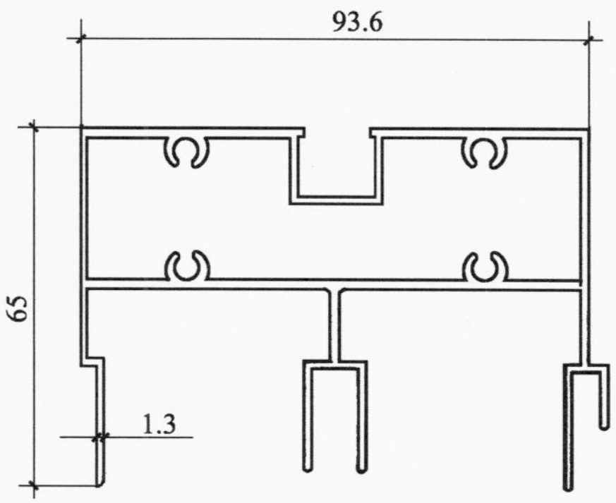

90036 1.6kg/m

90推拉窗型材

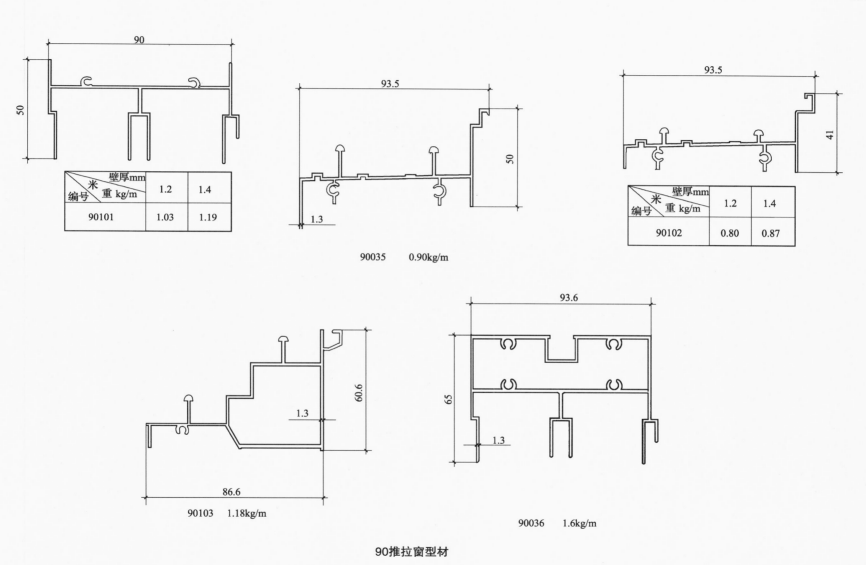

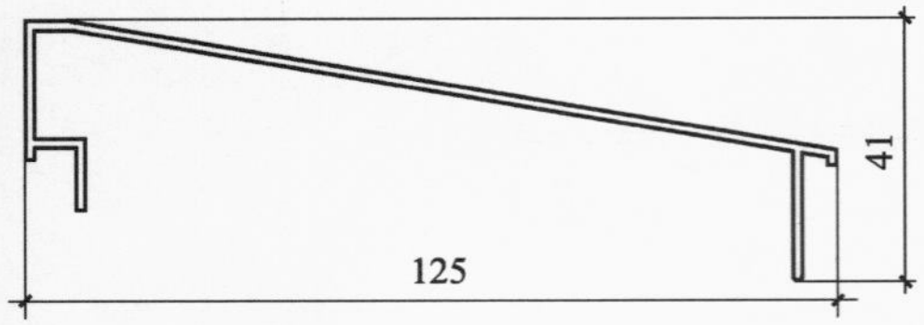

TP005 0.68kg/m

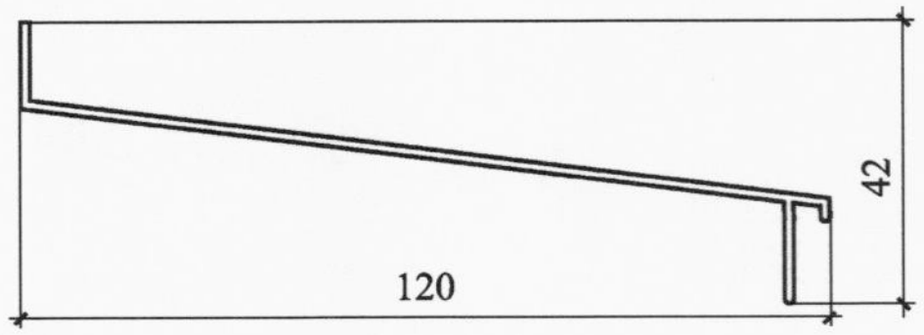

TP006 0.54kg/m

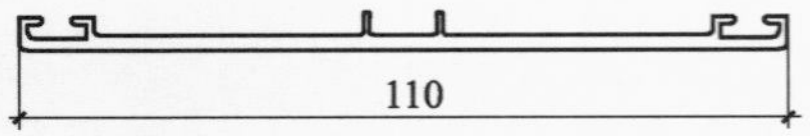

TP014 0.80kg/m

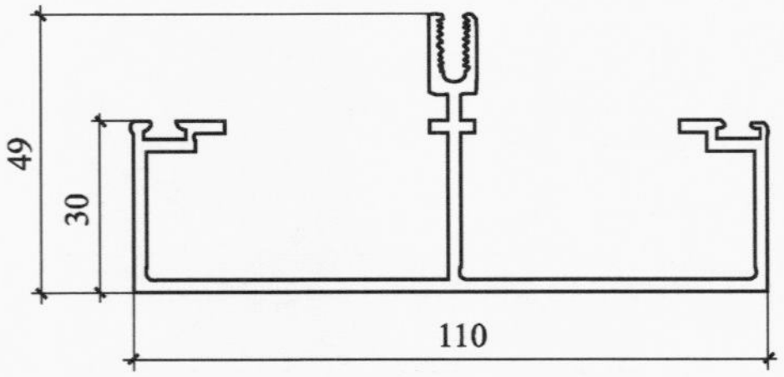

TP015 1.46kg/m

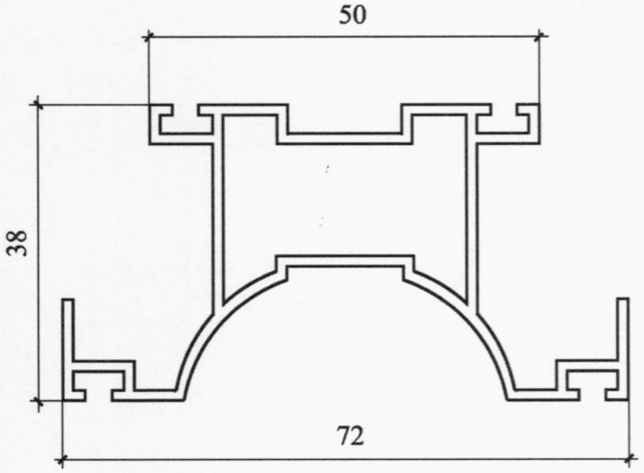

TP021 0.94kg/m

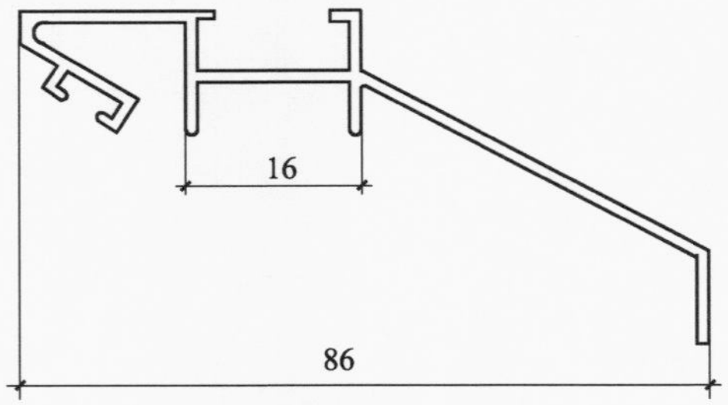

TP010 0.64kg/m

天棚用铝合金型材

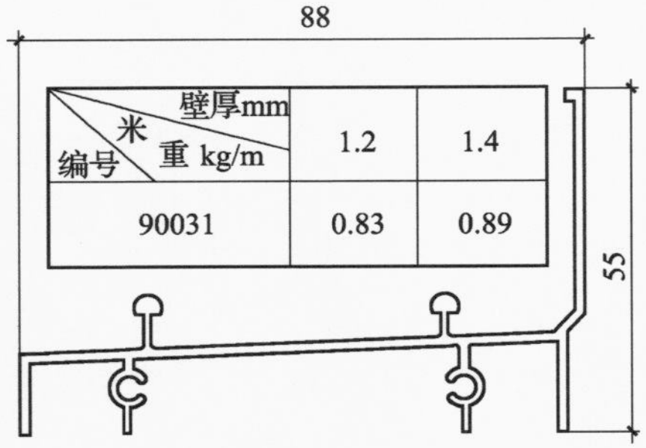

编号 \ 米重 kg/m \ 壁厚mm	1.2	1.4
90031	0.83	0.89

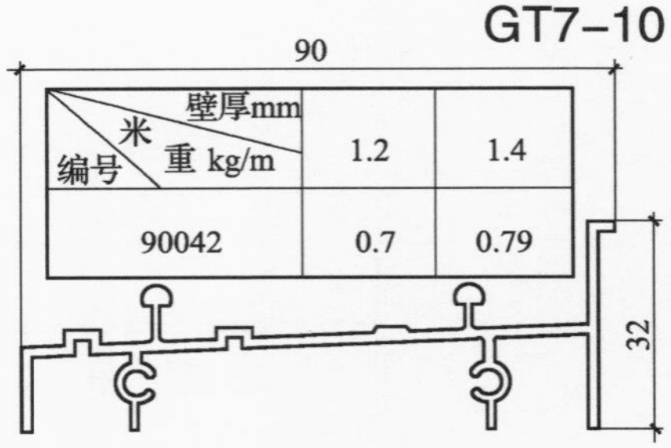

编号 \ 米重 kg/m \ 壁厚mm	1.2	1.4
90042	0.7	0.79

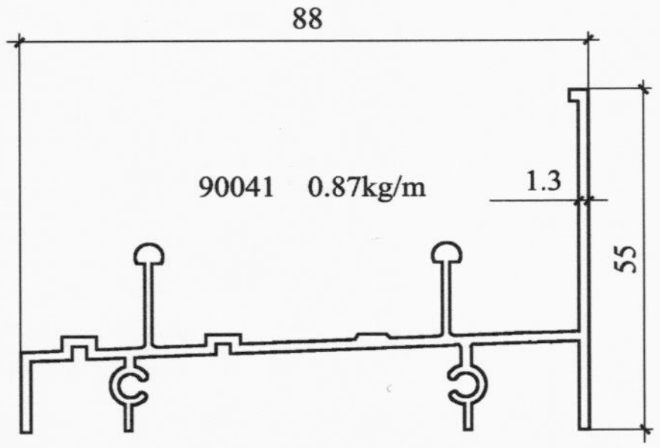

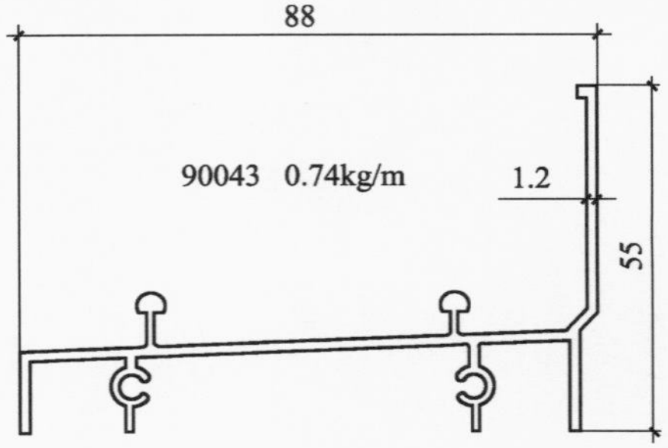

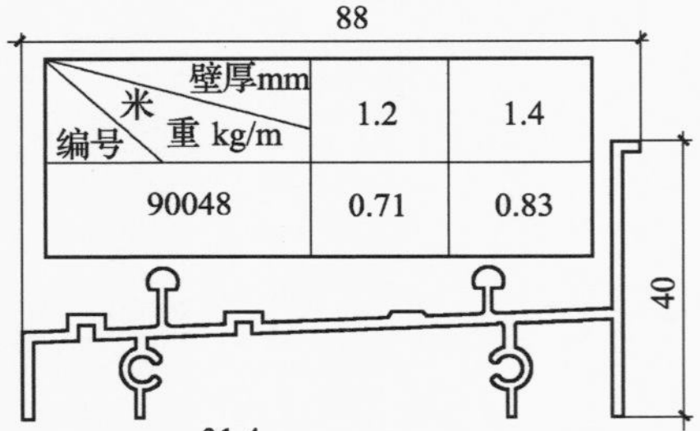

编号 \ 米重 kg/m \ 壁厚mm	1.2	1.4
90048	0.71	0.83

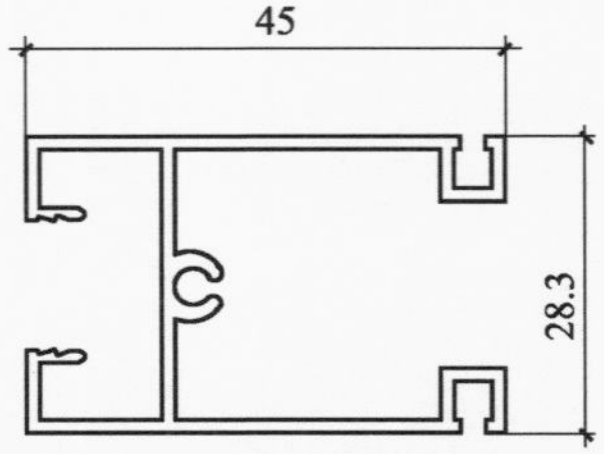

90028 0.61kg/m

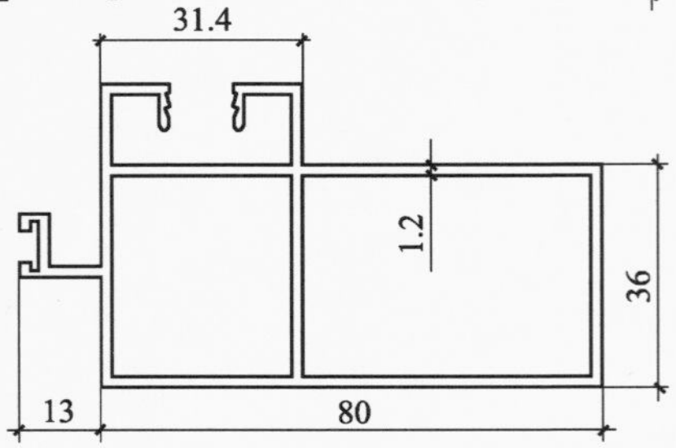

90051 1.15kg/m

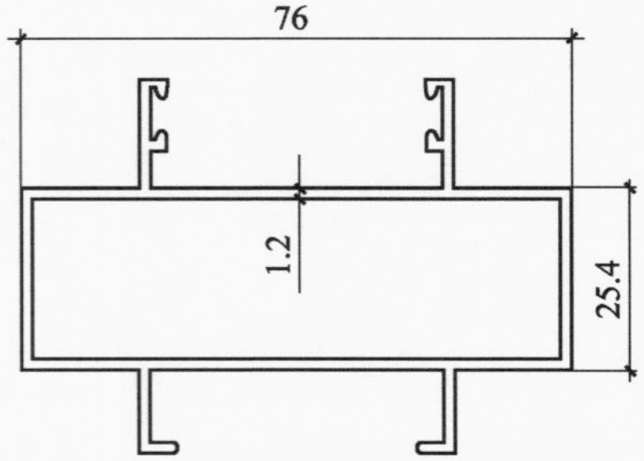

90052 0.90kg/m

90系列推拉窗选用铝合金型材

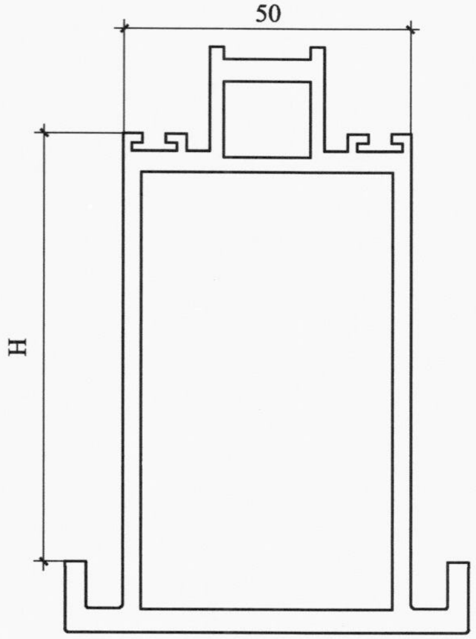

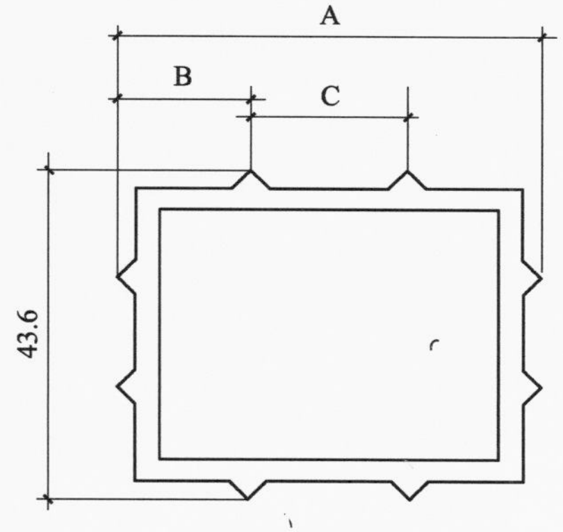

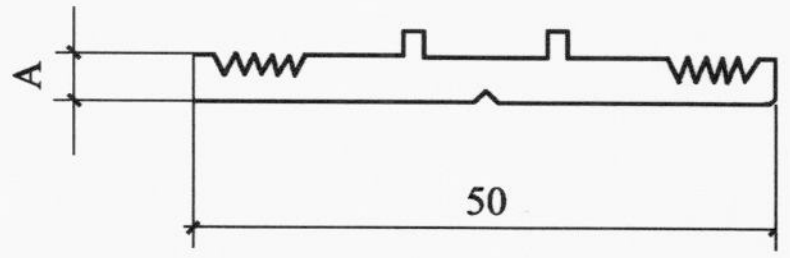

TP004 0.57kg/m

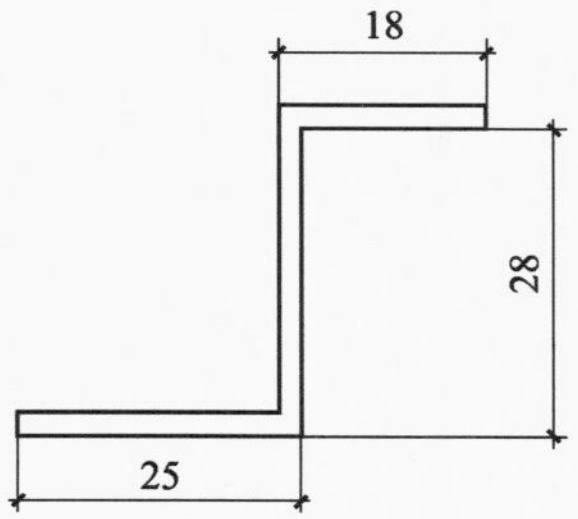

TP016 0.37kg/m

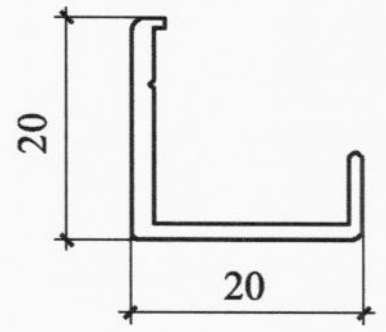

TP013 0.19kg/m

天棚型材

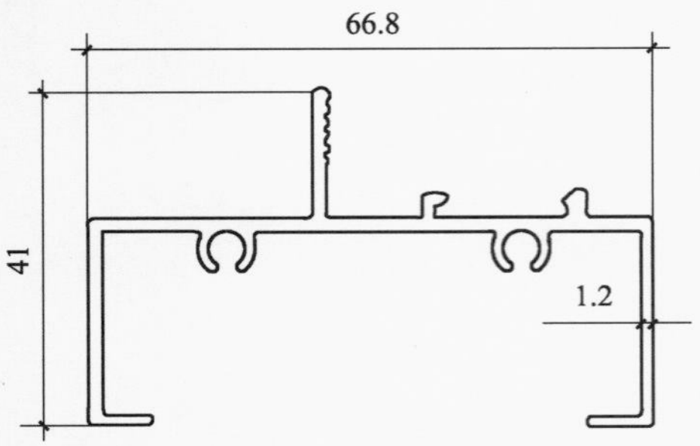

70301 0.64kg/m

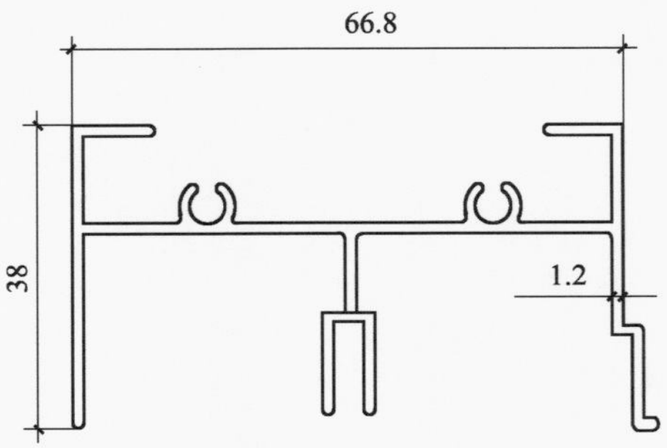

70314 0.69kg/m

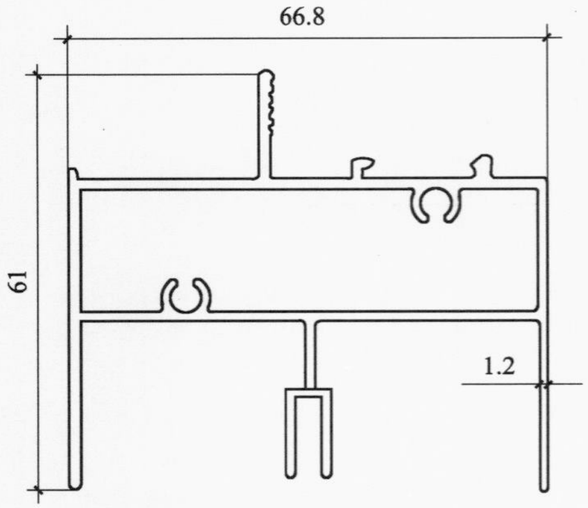

70302 1.05kg/m

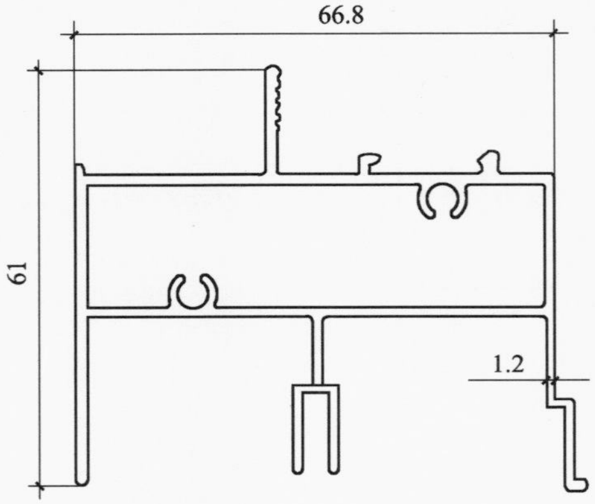

70312 1.08kg/m

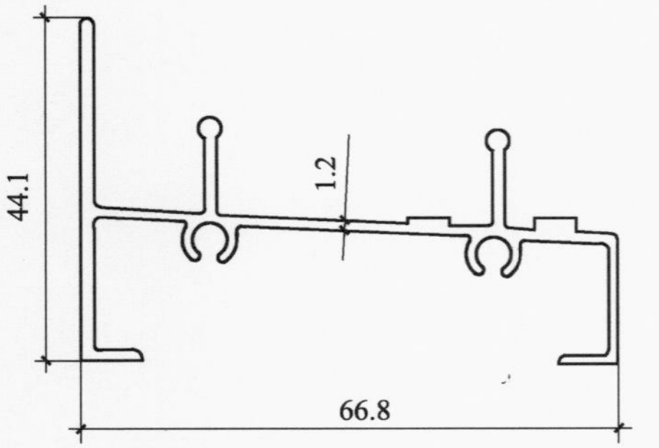

70305 0.79kg/m

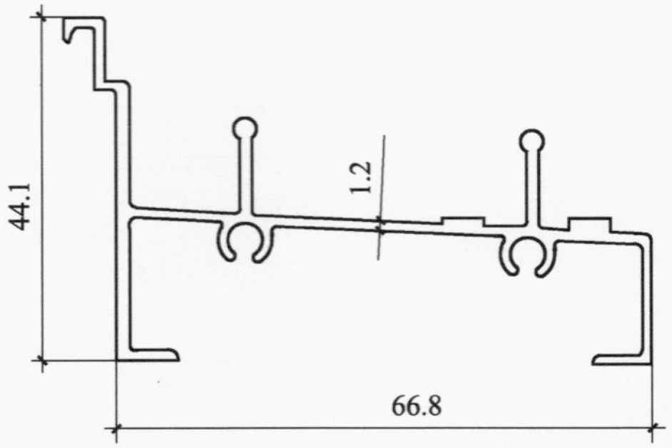

70313 0.80kg/m

70系列推拉门窗型材

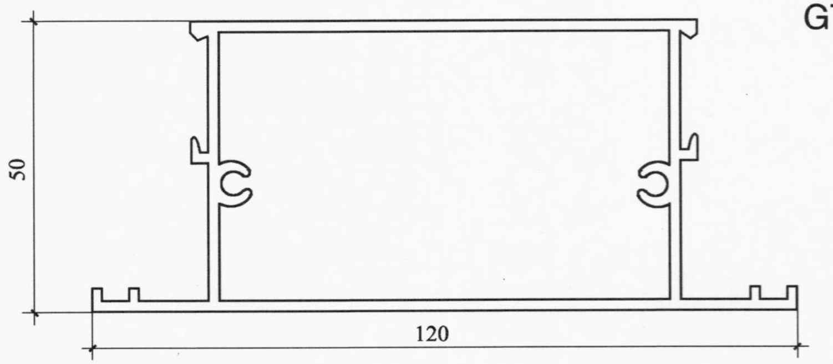

编号 \ 米重 kg/m \ 壁厚mm	1.4	1.7
50224	1.33	1.58

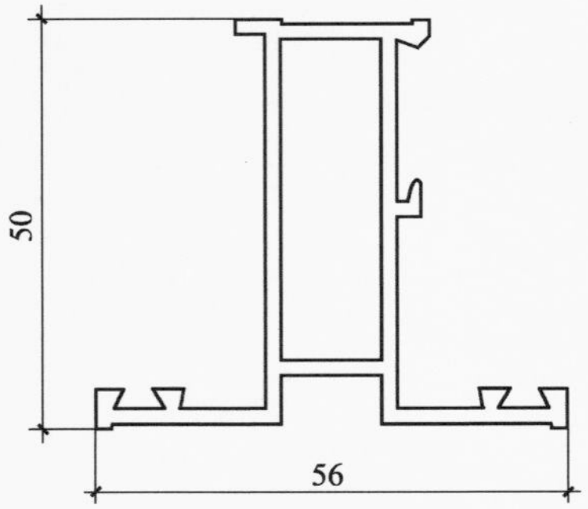

编号 \ 米重 kg/m \ 壁厚mm	1.4	1.7
50225	0.78	0.91

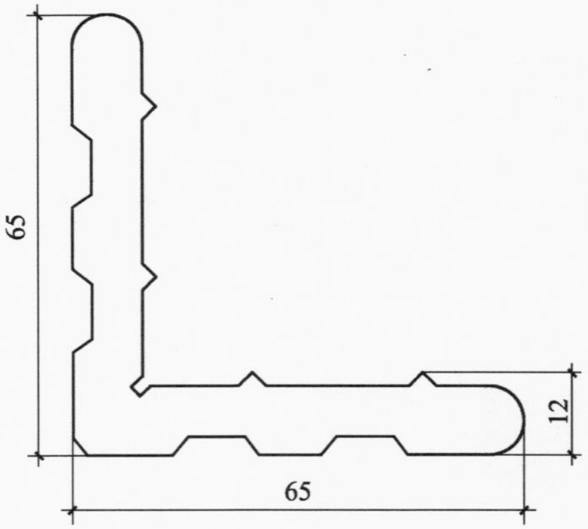

50220 2.88kg/m

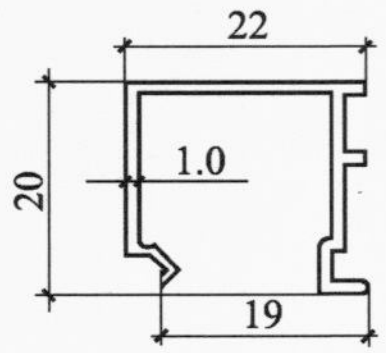

50218 0.19kg/m
(中空玻璃用压线)

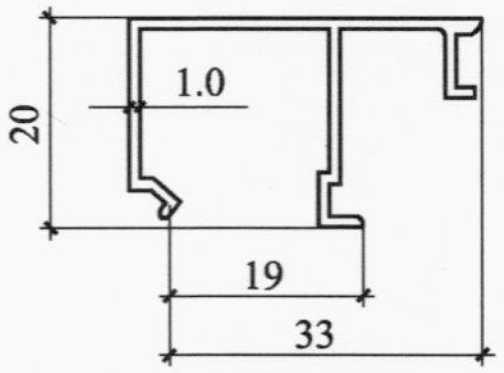

50219 0.24kg/m
(普通玻璃用压线)

50系列平开门型材

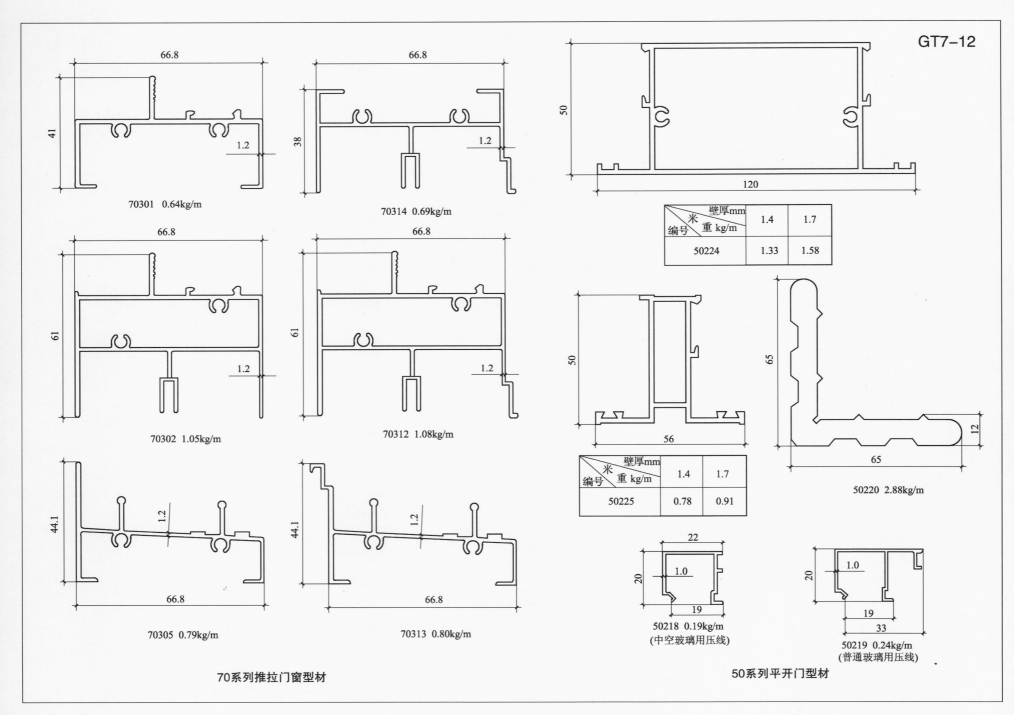

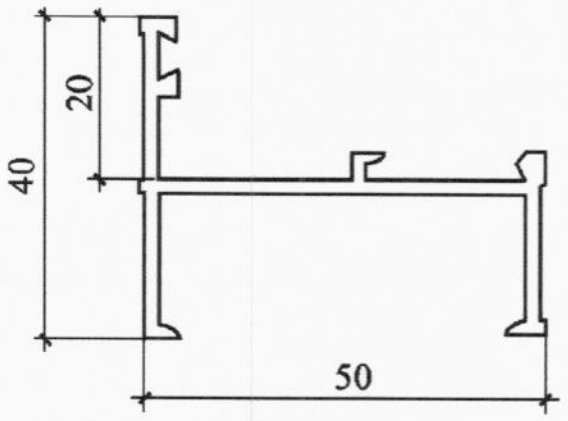

编号＼米重 kg/m＼壁厚mm	1.4	1.7
50214	0.52	0.61

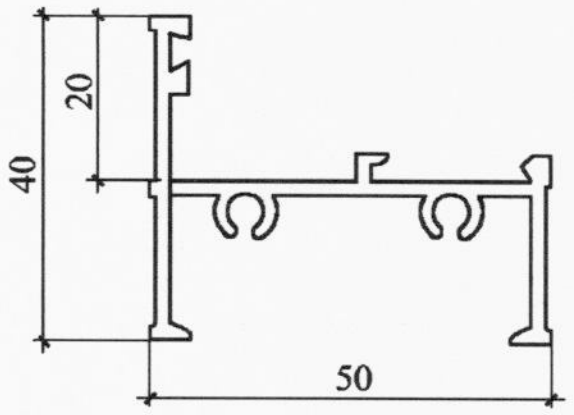

编号＼米重 kg/m＼壁厚mm	1.4	1.7
50215	0.61	0.70

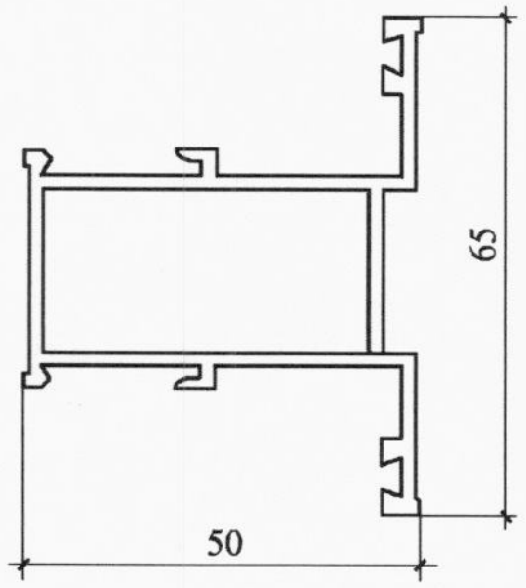

编号＼米重 kg/m＼壁厚mm	1.4	1.7
50216	0.87	1.01

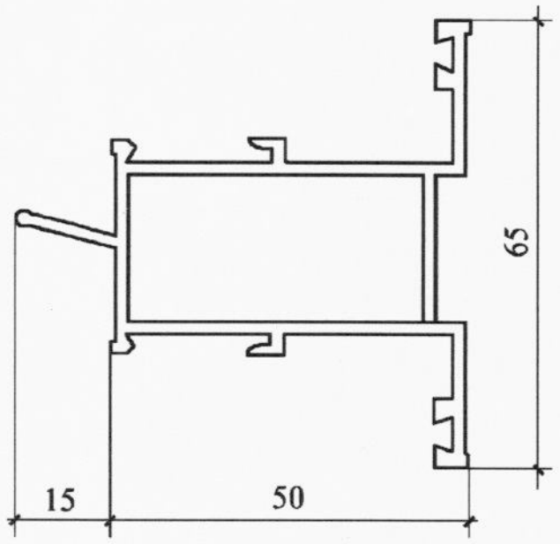

编号＼米重 kg/m＼壁厚mm	1.4	1.7
50217	0.93	1.07

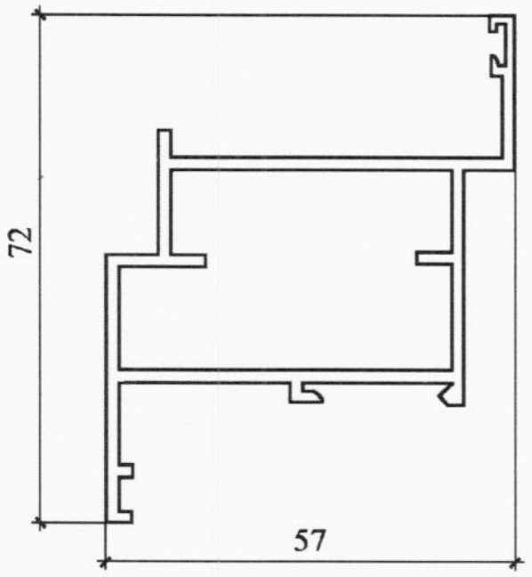

编号＼米重 kg/m＼壁厚mm	1.4	1.7
50223	0.92	1.08

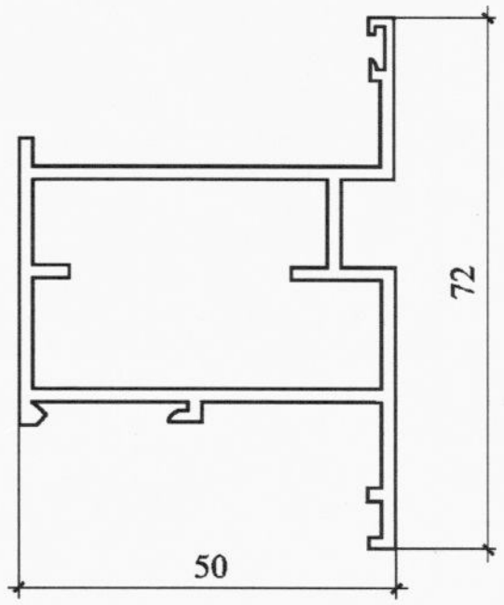

编号＼米重 kg/m＼壁厚mm	1.4	1.7
50222	0.92	1.08

50系列平开门型材

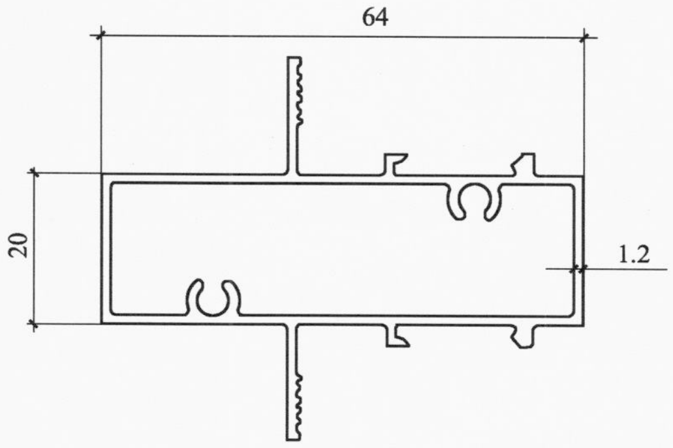

70306 0.90kg/m

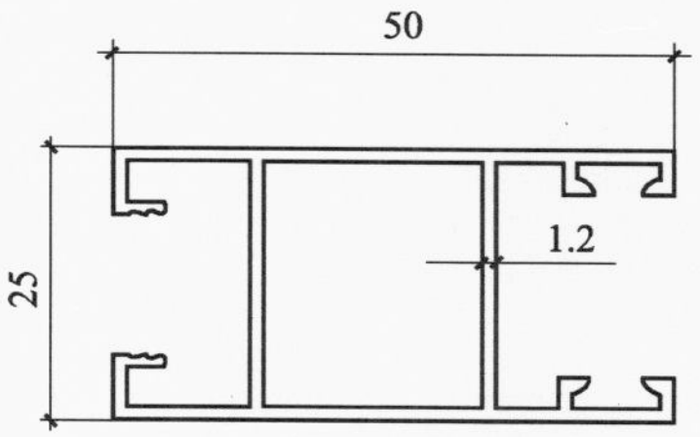

70307 0.60kg/m

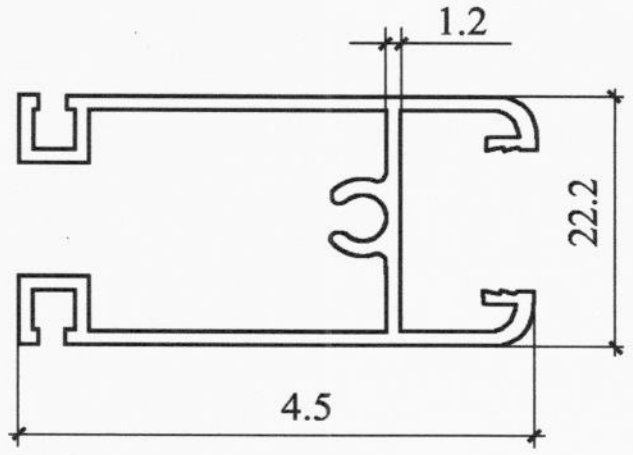

70308 0.49kg/m

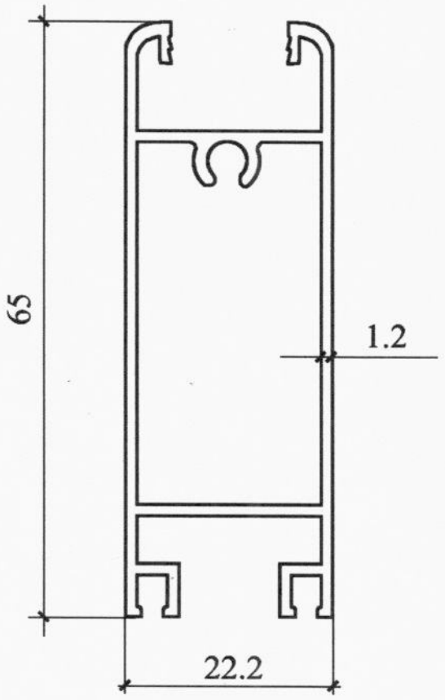

70309 0.74kg/m

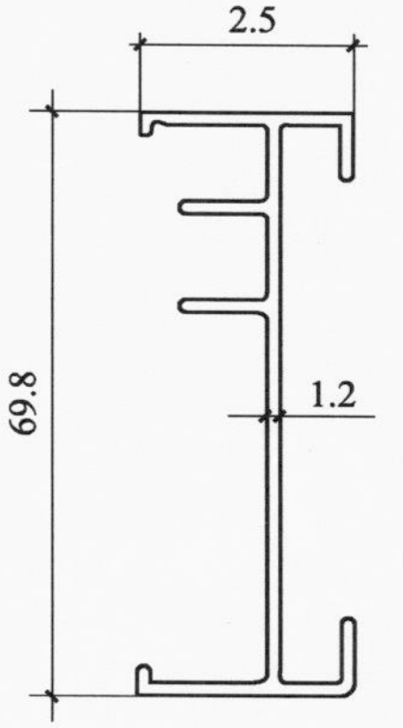

70303 0.54kg/m

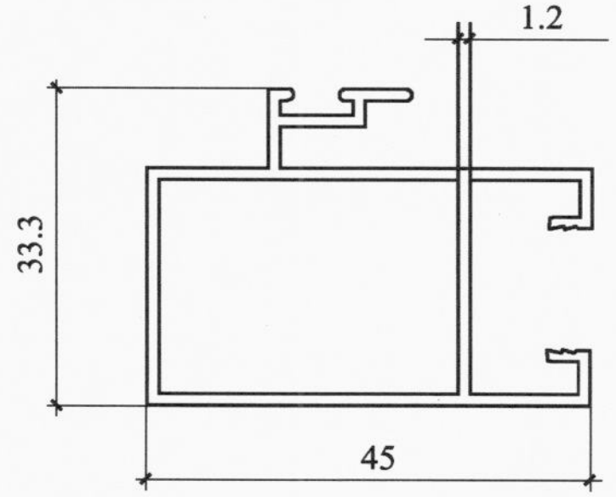

70310 0.67kg/m

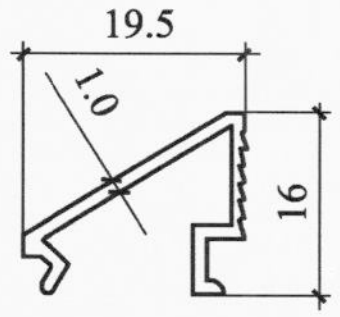

70311 0.14kg/m

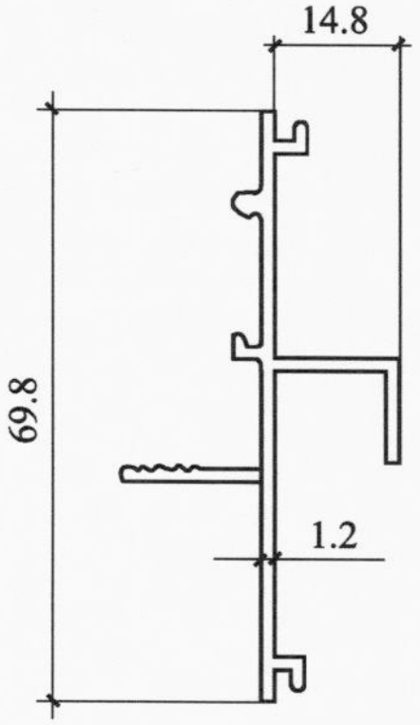

70304 0.40kg/m

70系列推拉门窗型材

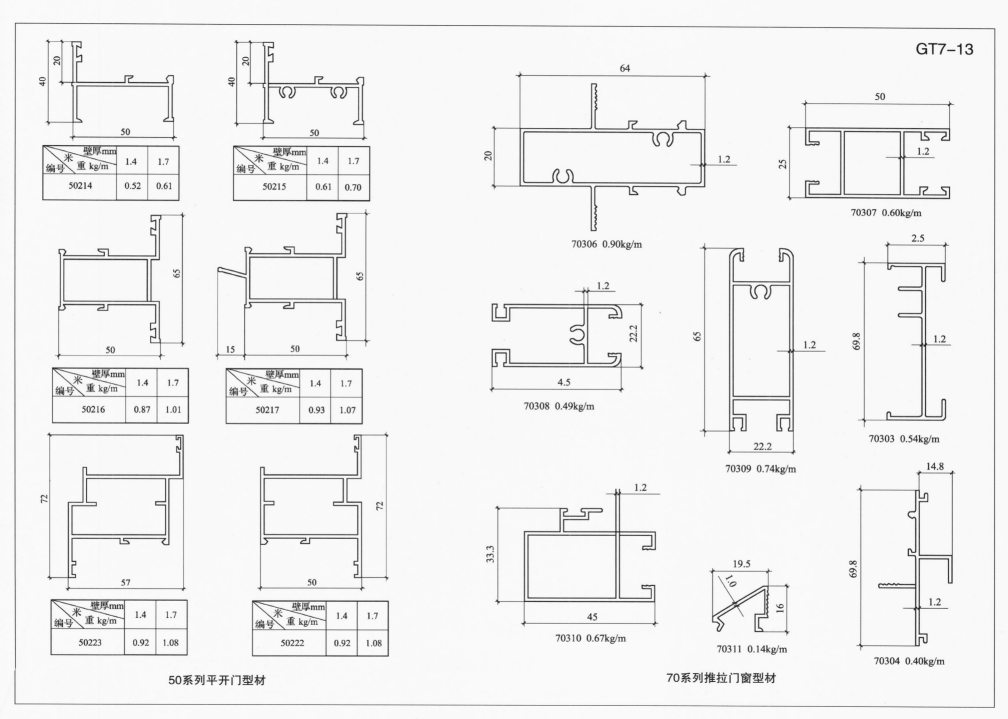

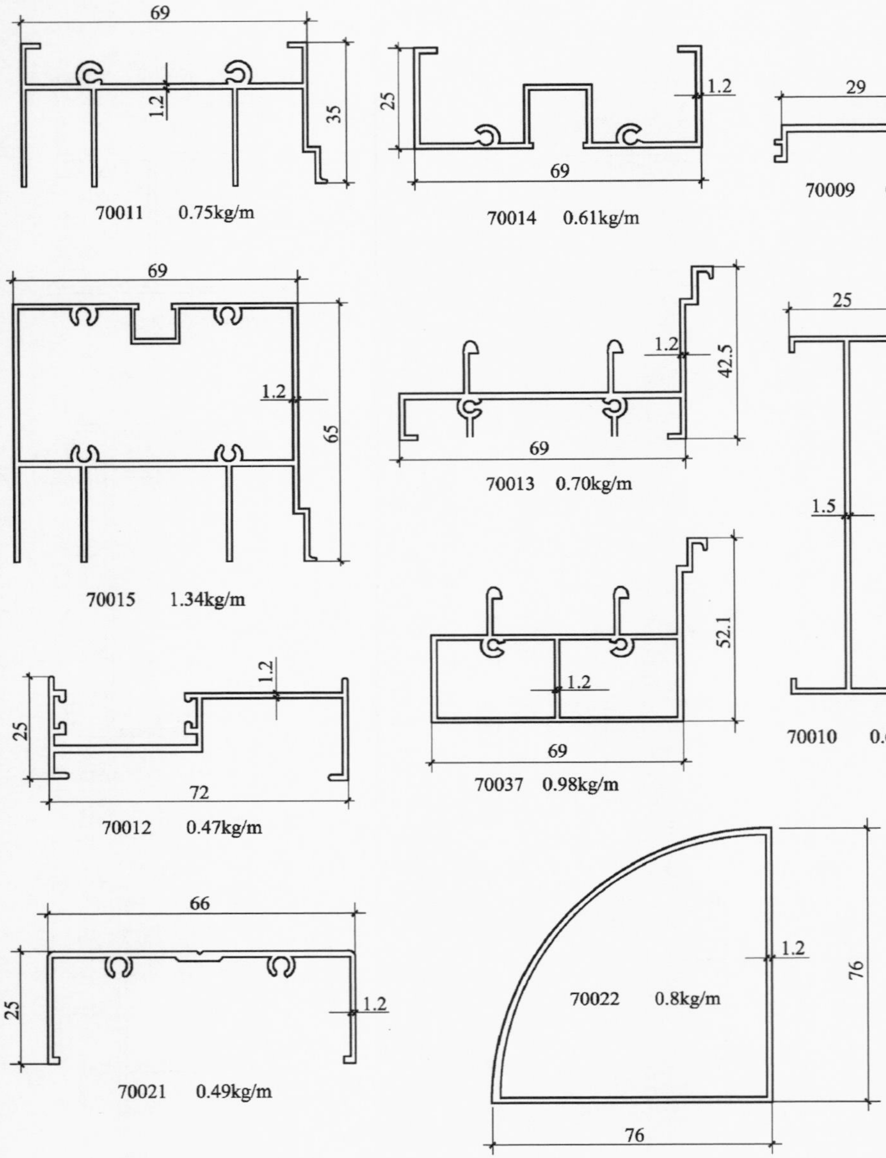
69
35
1.2
70011 0.75kg/m
25
1.2
69
70014 0.61kg/m
29
7
70009 0.15kg/m
69
1.2
65
70015 1.34kg/m
1.2
42.5
69
70013 0.70kg/m
25
1.5
80
70010 0.63kg/m
1.2
25
72
70012 0.47kg/m
52.1
1.2
69
70037 0.98kg/m
66
25
1.2
70021 0.49kg/m
1.2
70022 0.8kg/m
76
76

70系列推拉窗型材

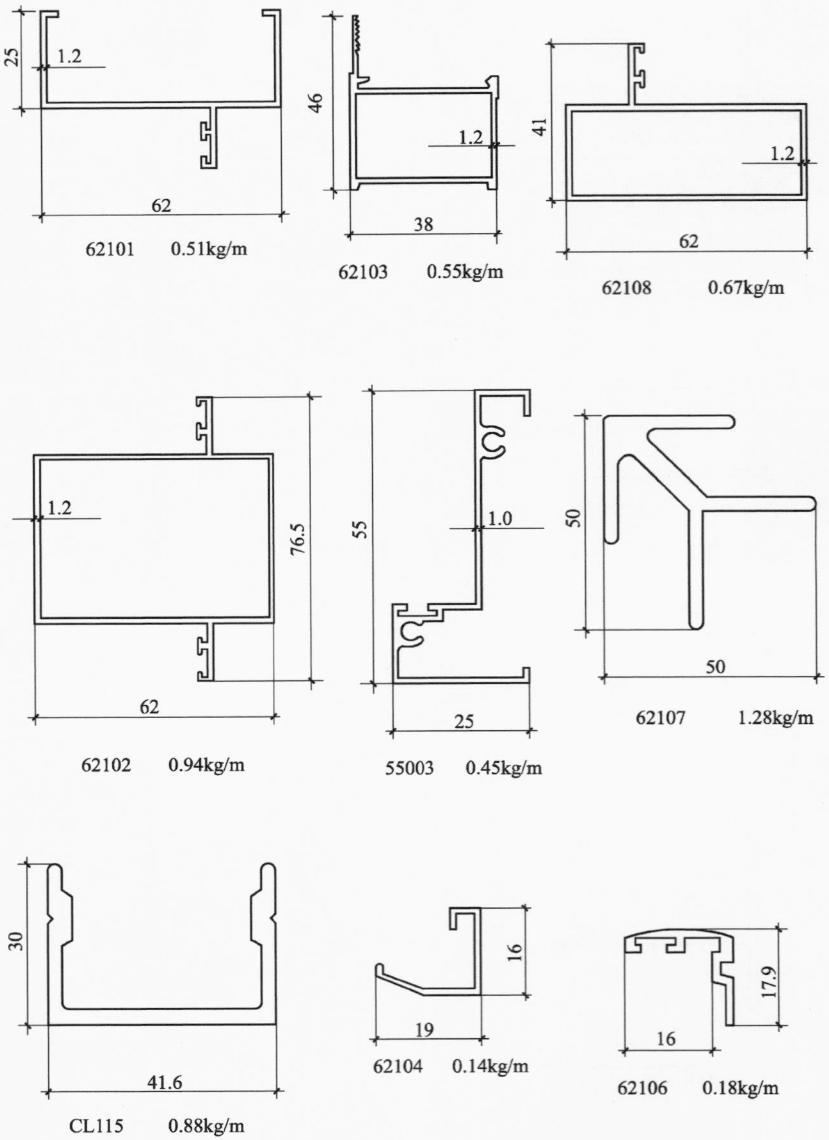
25
1.2
62
62101 0.51kg/m
46
1.2
38
62103 0.55kg/m
41
1.2
62
62108 0.67kg/m
1.2
76.5
62
62102 0.94kg/m
55
1.0
25
55003 0.45kg/m
50
50
62107 1.28kg/m
30
41.6
CL115 0.88kg/m
16
19
62104 0.14kg/m
17.9
16
62106 0.18kg/m

62系列平开门用型材

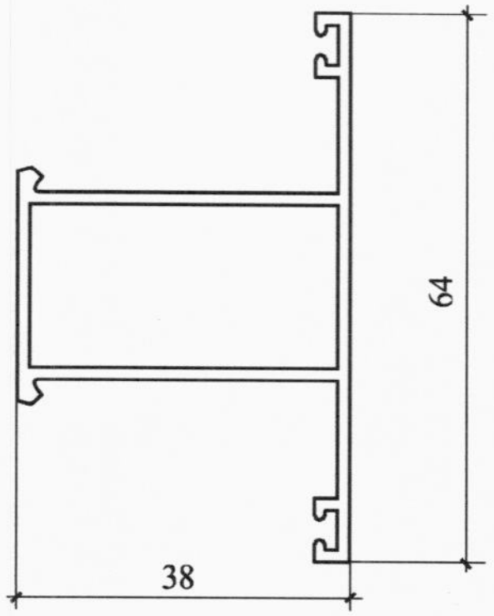

编号 \ 米重 kg/m \ 壁厚mm	1.2	1.4
38507	0.61	0.67

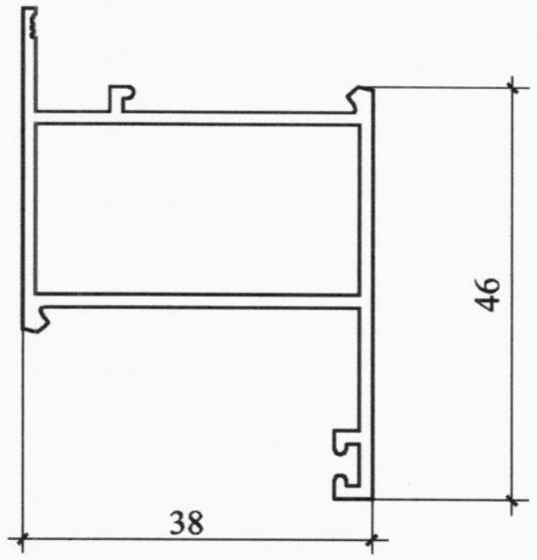

编号 \ 米重 kg/m \ 壁厚mm	1.2	1.4
38509	0.57	0.64

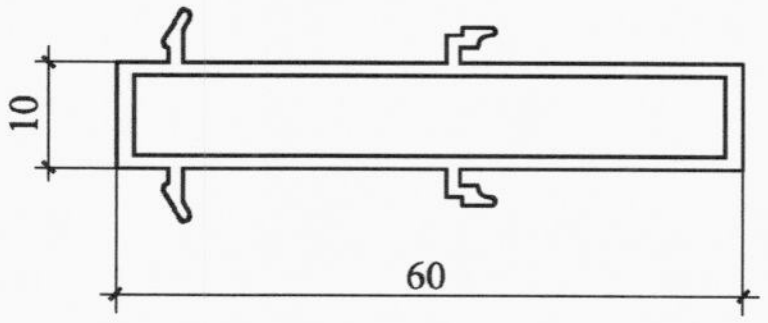

38511 0.56kg/m

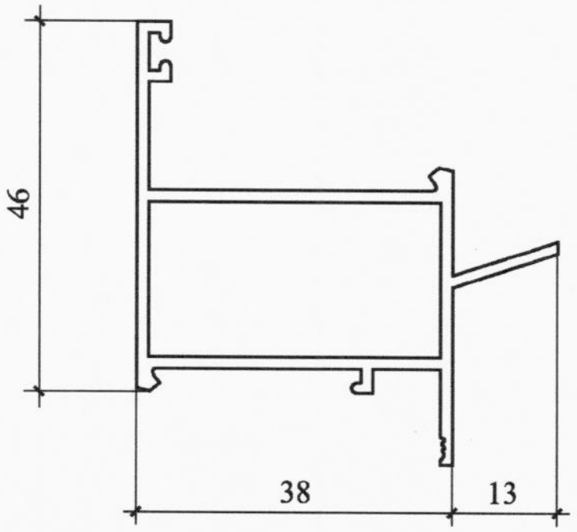

编号 \ 米重 kg/m \ 壁厚mm	1.2	1.4
38502	0.60	0.68

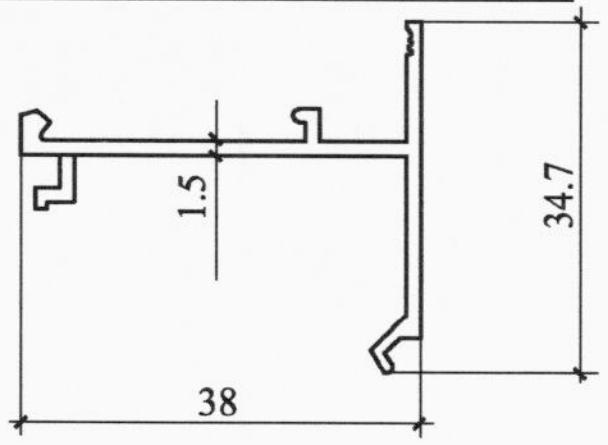

编号 \ 米重 kg/m \ 壁厚mm	1.2	1.4
38510	0.33	0.35

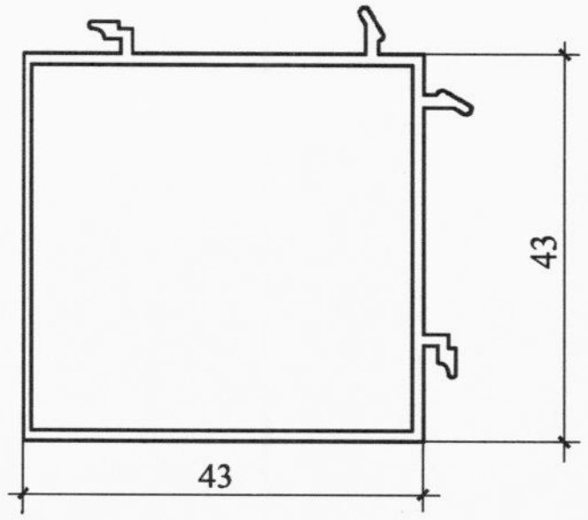

编号 \ 米重 kg/m \ 壁厚mm	1.2	1.4
38516	0.62	0.71

38系列平开窗型材

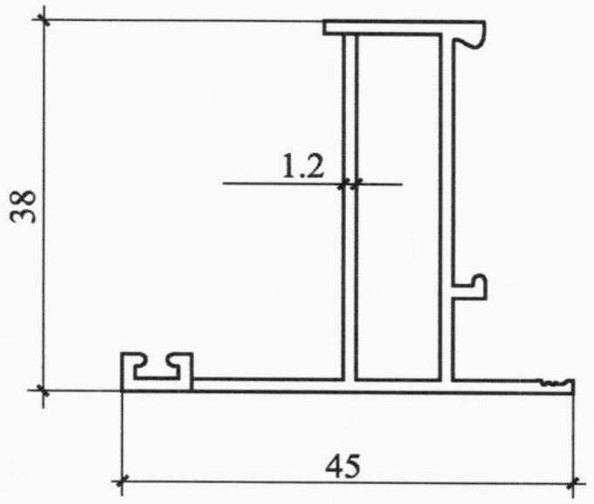

38512 0.48kg/m

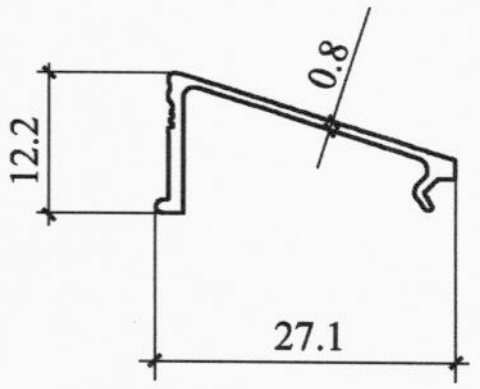

38513 0.11kg/m

(配：38512、38504、38505、38506、38509、32510、38520)

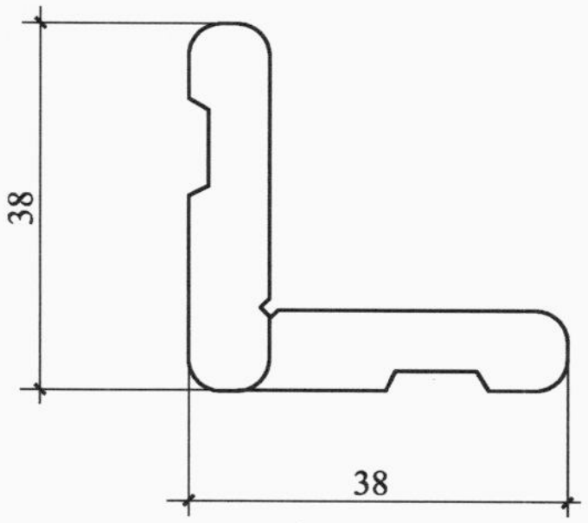

38514 1.35kg/m

(扇角码：配 38512)

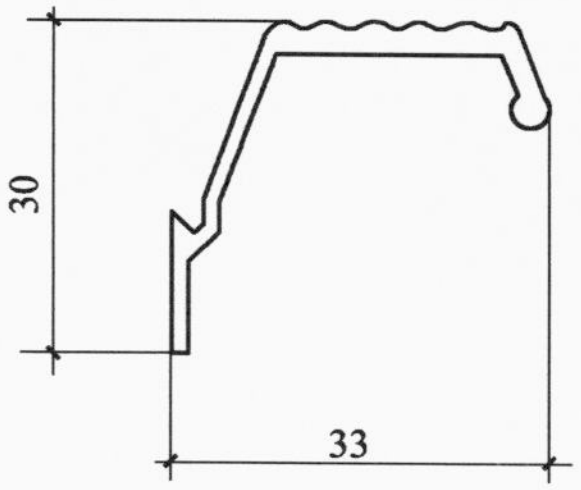

38515 0.34kg/m

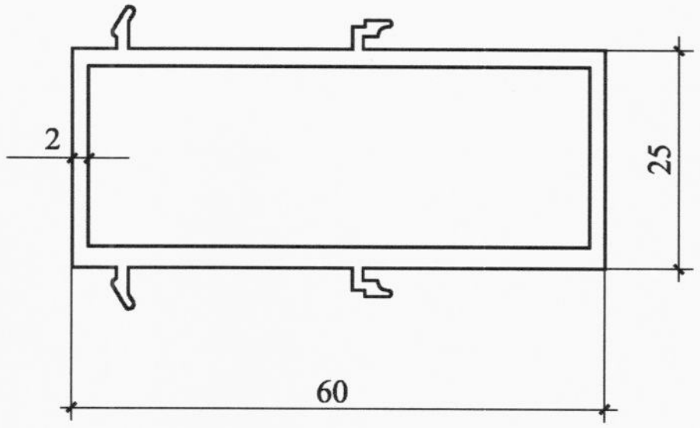

38517 0.96kg/m

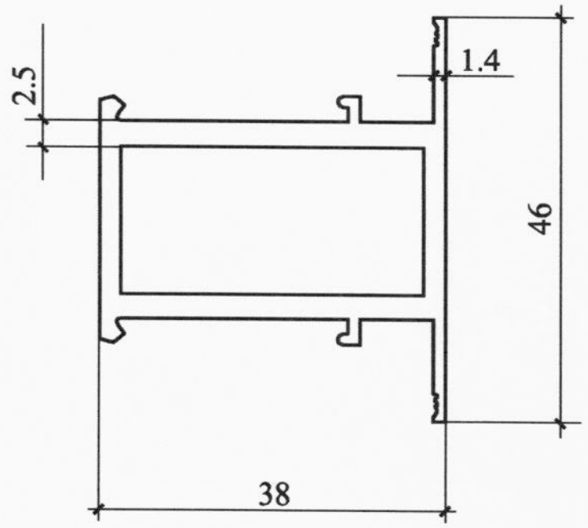

38518 0.90kg/m

38系列平开窗型材

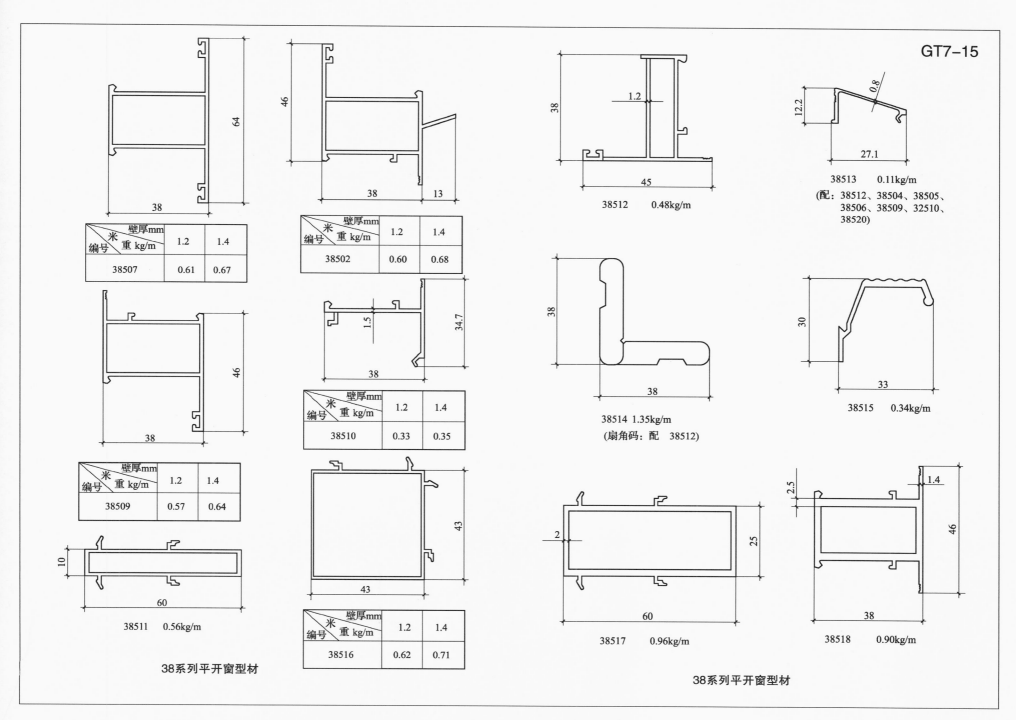

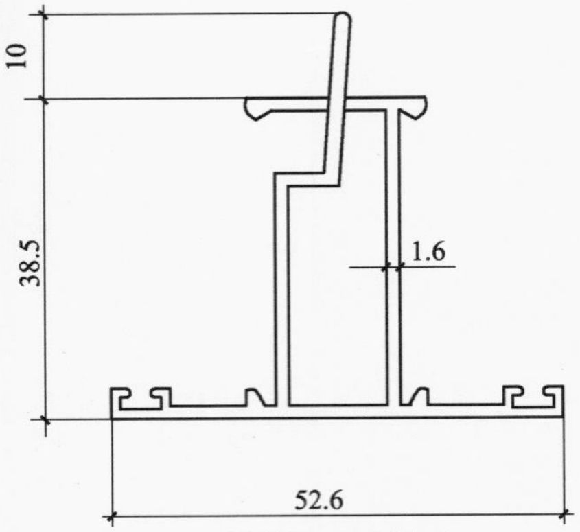

38108　0.75kg/m

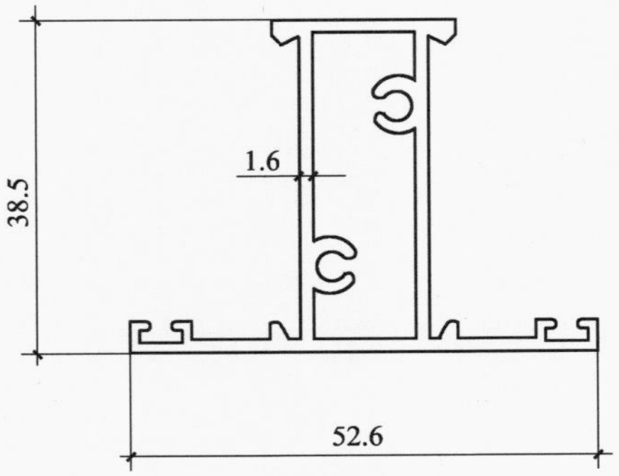

38109　0.75kg/m

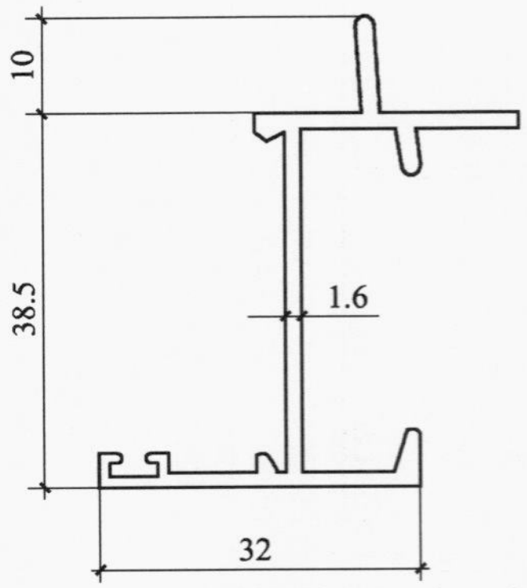

38110　0.51kg/m

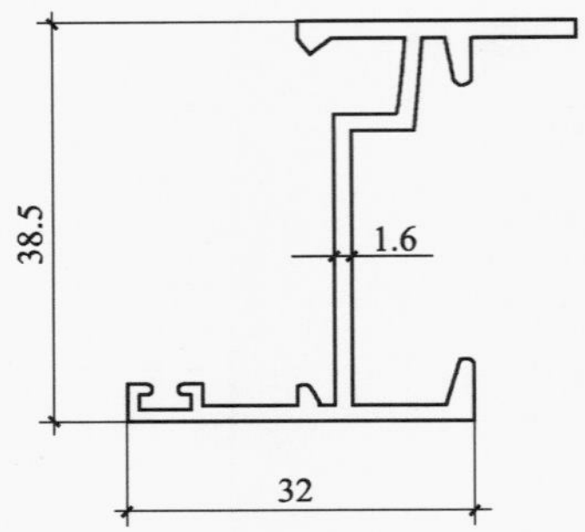

38111　0.54kg/m

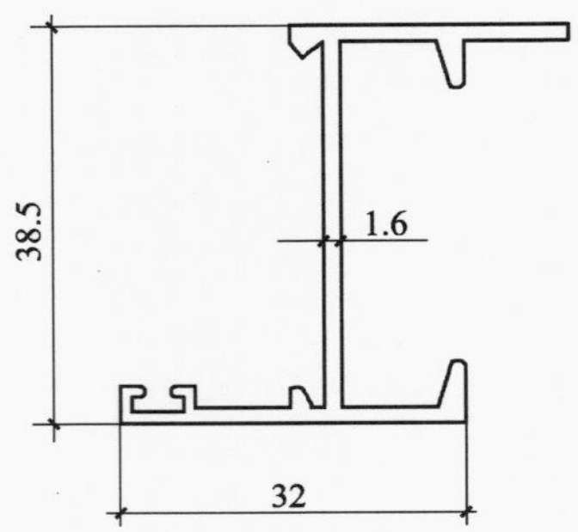

38112　0.46kg/m

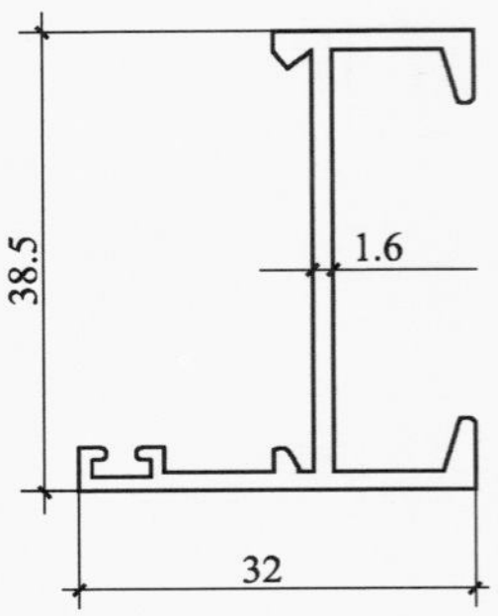

38113　0.45kg/m

38平开窗型材

GT7图分类

1—推拉窗　2—平开窗

3—特殊窗型材　天棚、幕墙

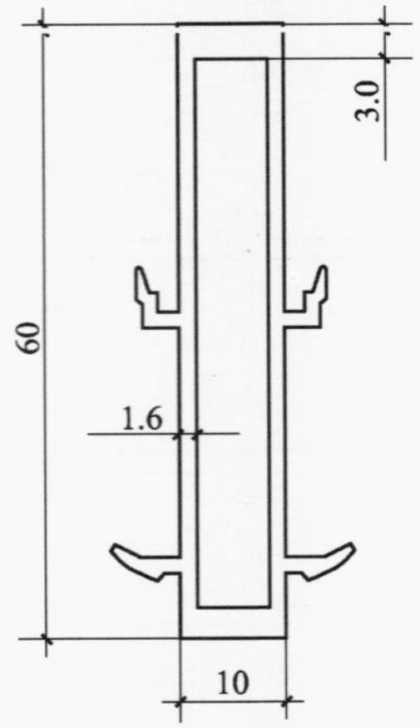

38114　0.66kg/m

(拼樘：配38113)

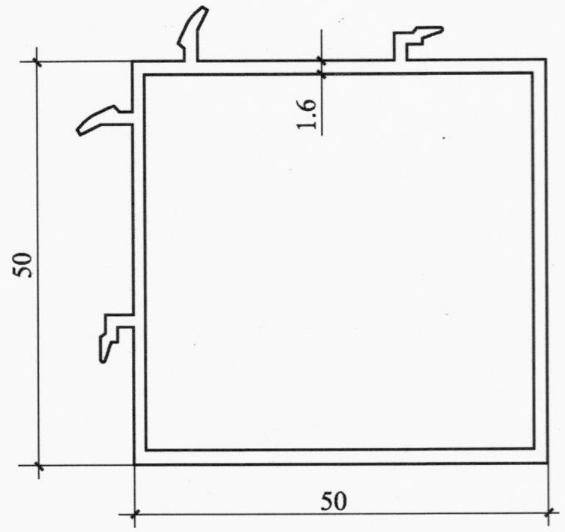

38115　0.92kg/m

(拼樘：配38113)

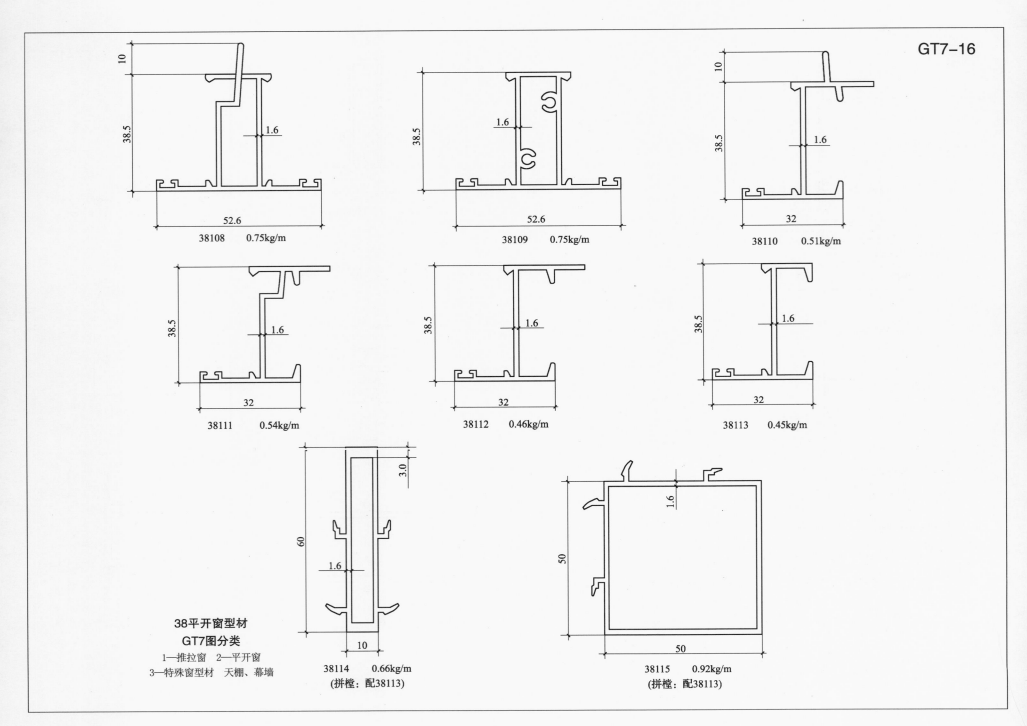

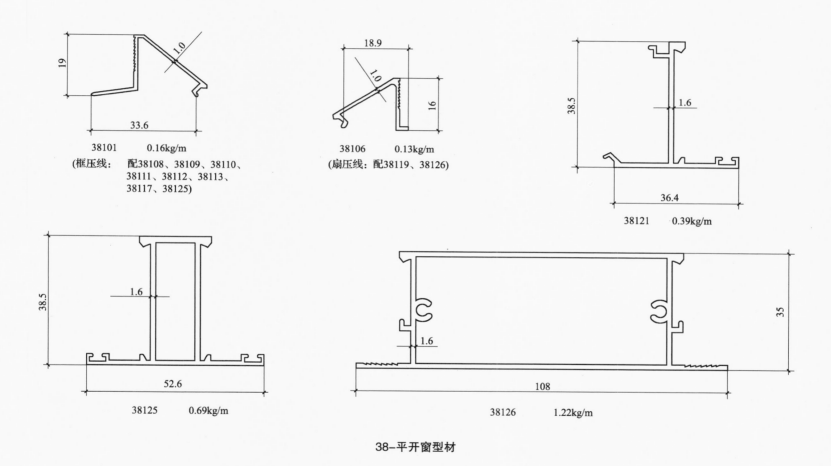

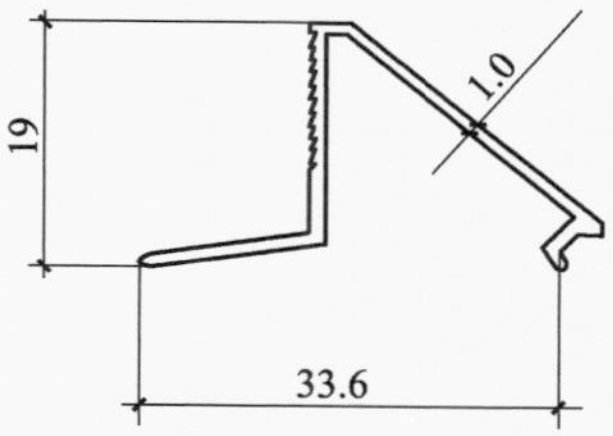
19
1.0
33.6

38101　　0.16kg/m

(框压线：　配38108、38109、38110、
38111、38112、38113、
38117、38125)

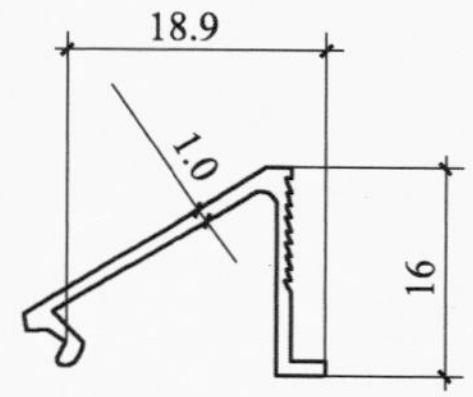
18.9
1.0
16

38106　　0.13kg/m

(扇压线：配38119、38126)

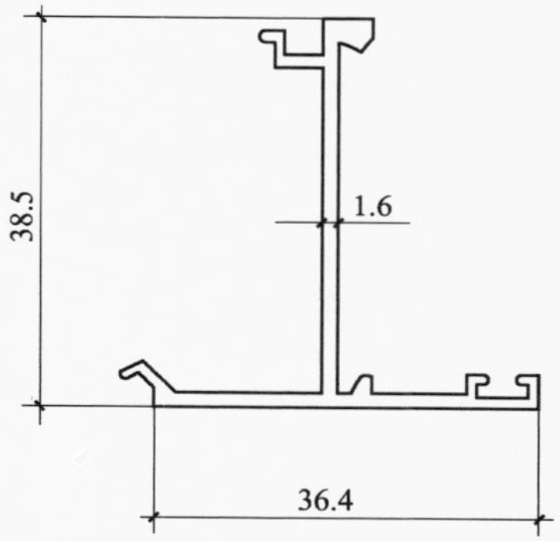
38.5
1.6
36.4

38121　　0.39kg/m

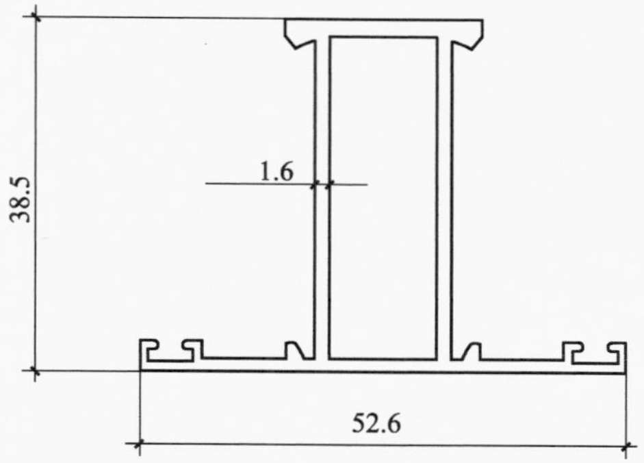
38.5
1.6
52.6

38125　　0.69kg/m

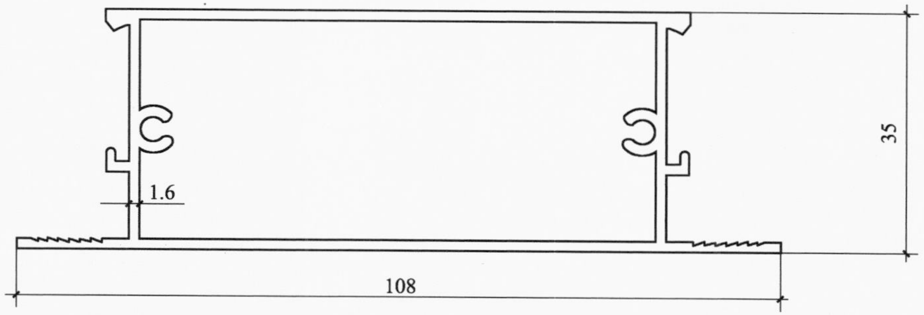
1.6
35
108

38126　　1.22kg/m

38-平开窗型材

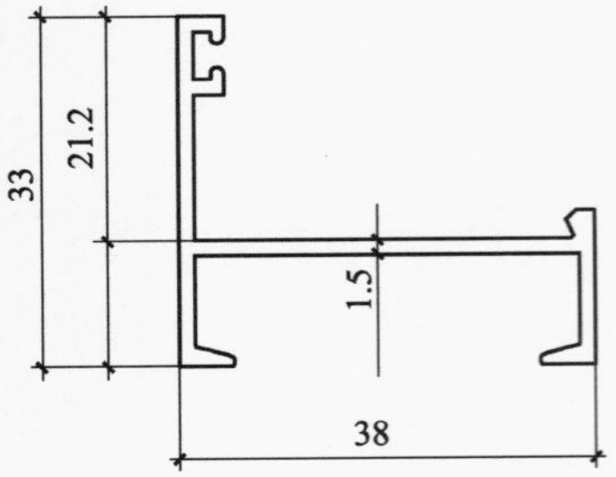

编号 \ 米重 kg/m \ 壁厚mm	1.2	1.4
38501	0.37	0.39

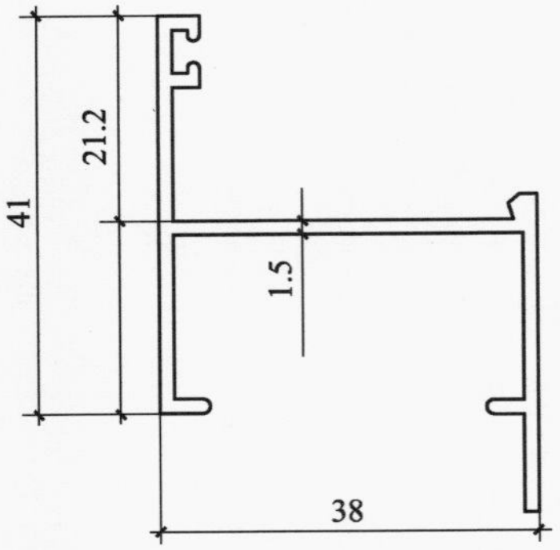

编号 \ 米重 kg/m \ 壁厚mm	1.2	1.4
38502	0.45	0.48

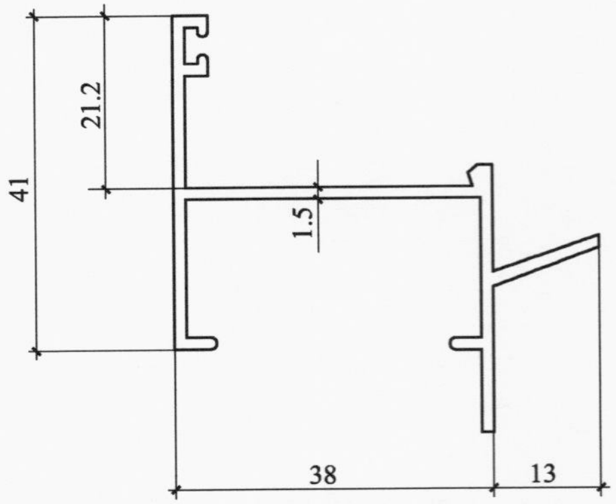

编号 \ 米重 kg/m \ 壁厚mm	1.2	1.4
38519	0.50	0.53

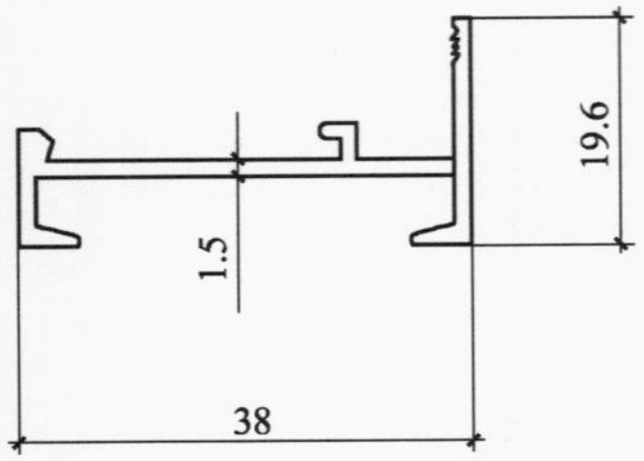

编号 \ 米重 kg/m \ 壁厚mm	1.2	1.4
38504	0.30	0.31

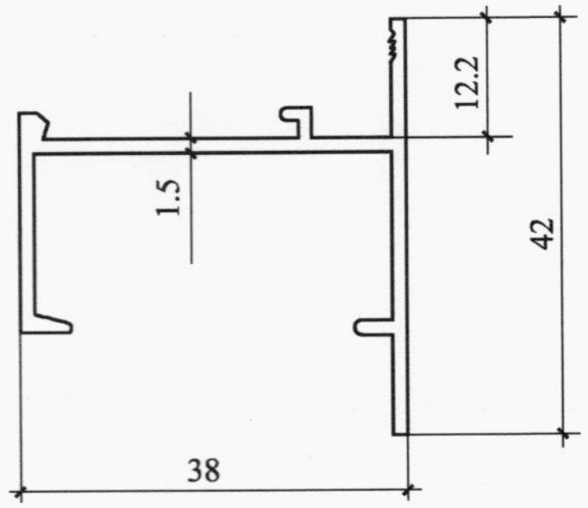

编号 \ 米重 kg/m \ 壁厚mm	1.2	1.4
38505	0.41	0.44

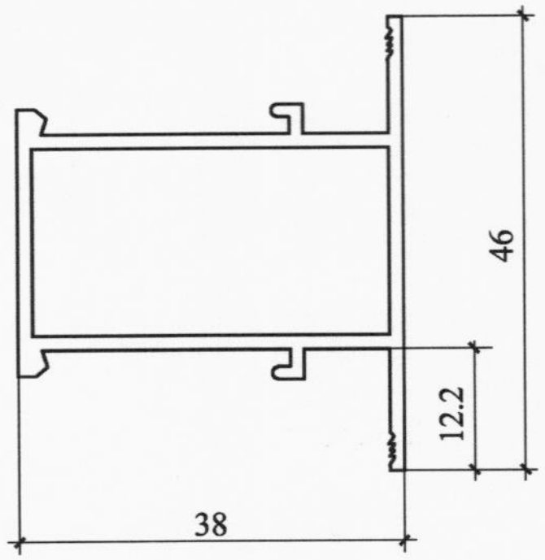

编号 \ 米重 kg/m \ 壁厚mm	1.2	1.4
38506	0.52	0.59

38–平开窗铝合金型材

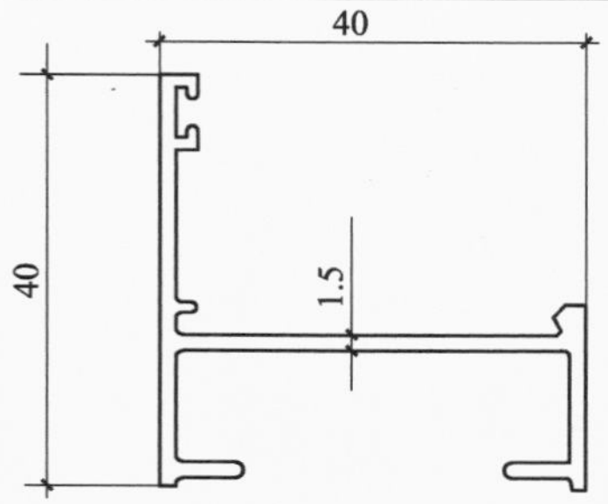

40001　0.47kg/m

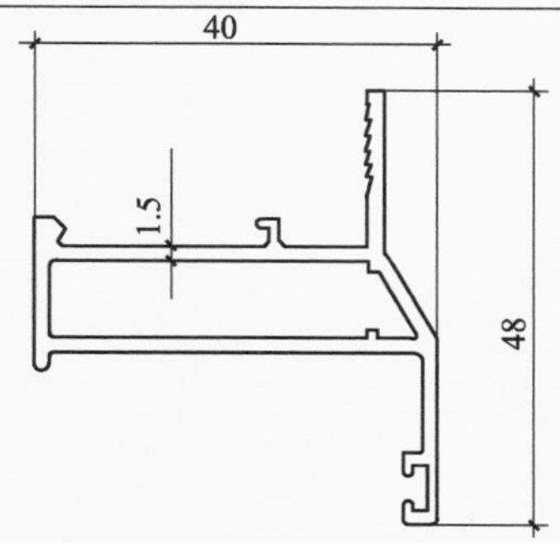

40005　0.60kg/m

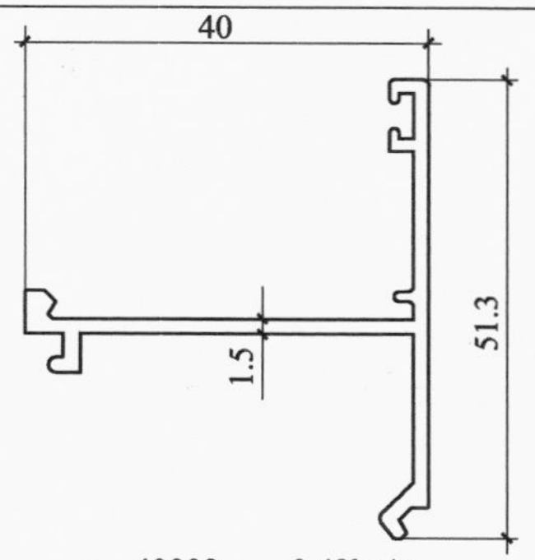

40009　0.43kg/m

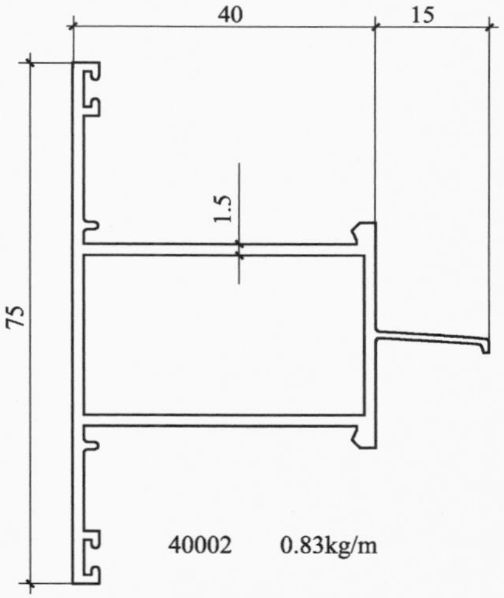

40002　0.83kg/m

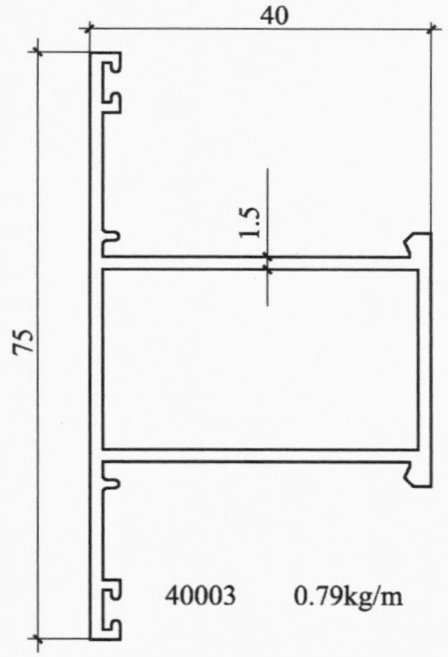

40003　0.79kg/m

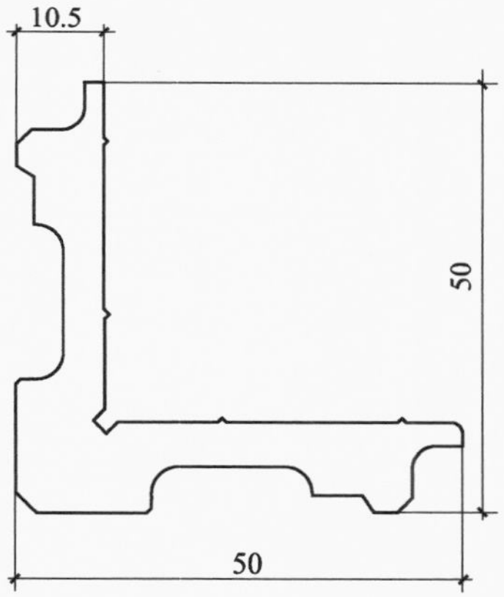

40008　1.66kg/m
(框角码：配　40001)

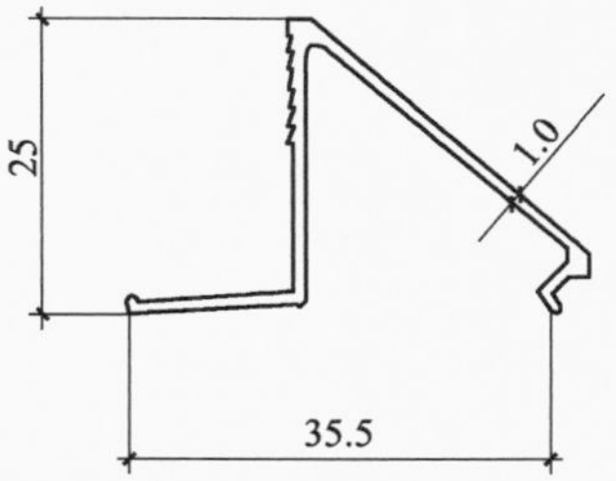

40004　0.22kg/m
(框压线：配　40001、40002、40003)

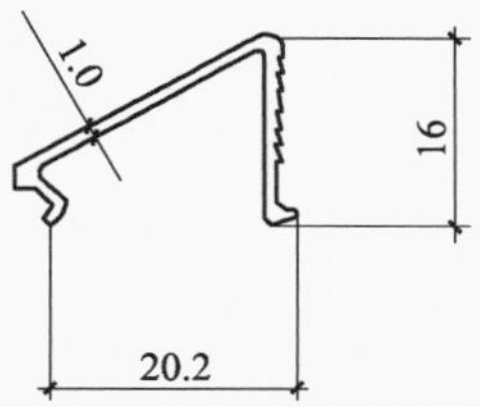

40006　0.13kg/m
(扇压线：配　40005)

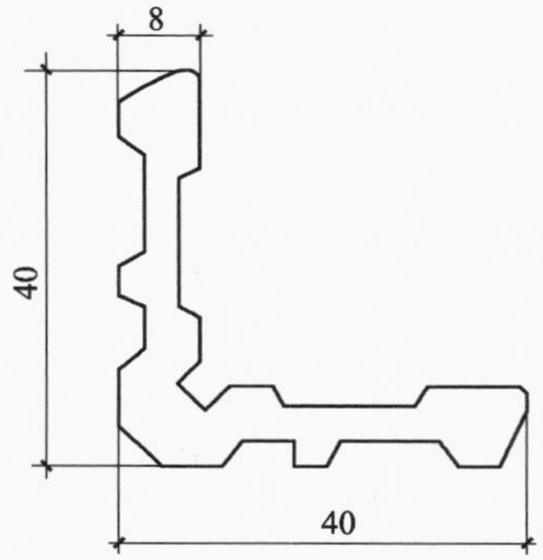

40007　1.07kg/m
(扇角码：配　40005)

40系列平开窗用铝合金型材

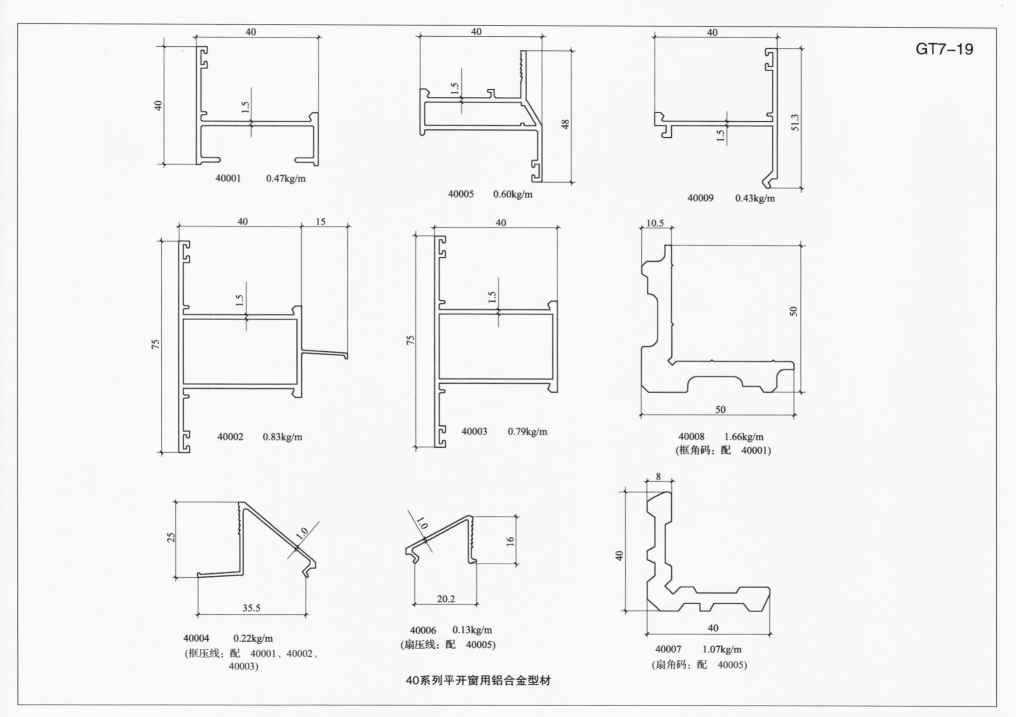

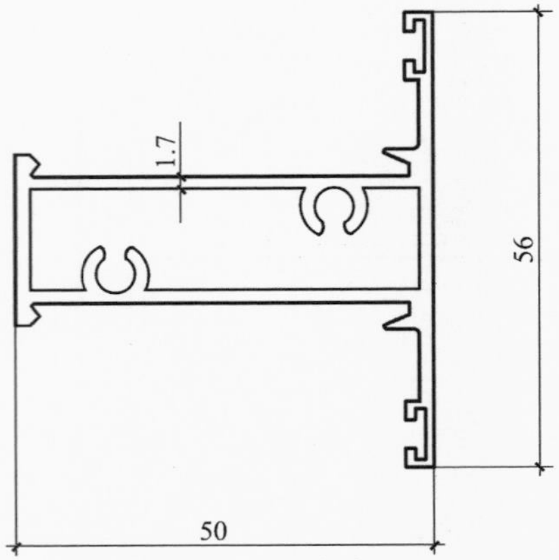
1.7
56
50

50212　　0.97kg/m

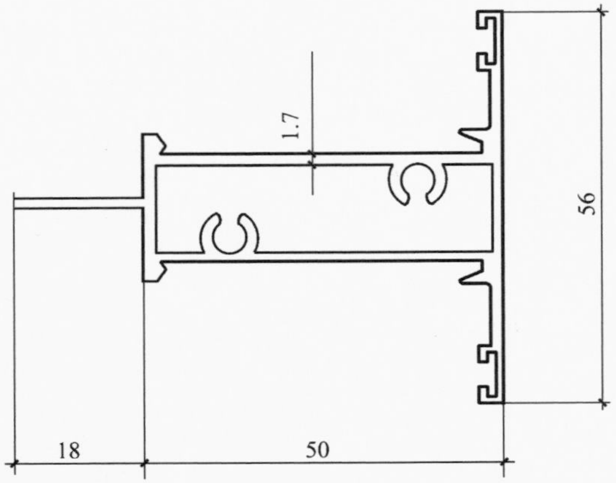
1.7
56
18
50

50213　　1.02kg/m

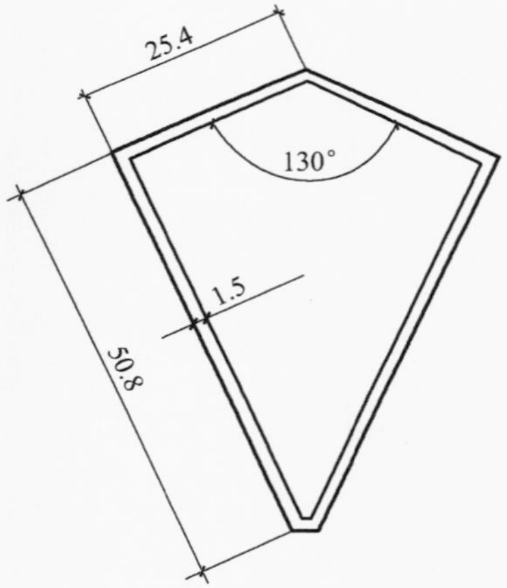
25.4
130°
1.5
50.8

50230　　0.63kg/m

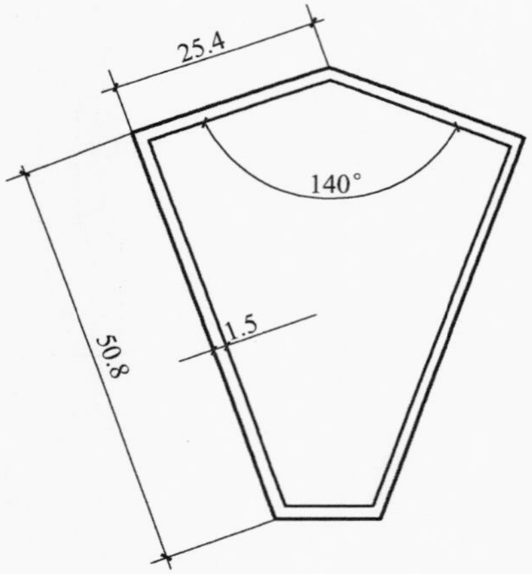
25.4
140°
1.5
50.8

50229　　0.65kg/m

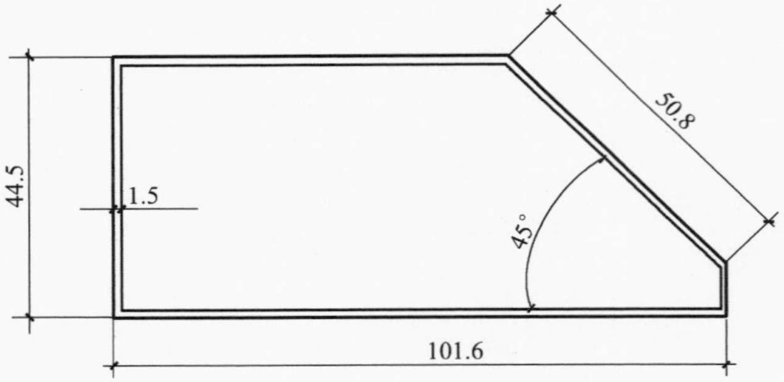
50.8
44.5
1.5
45°
101.6

50231　　1.07kg/m

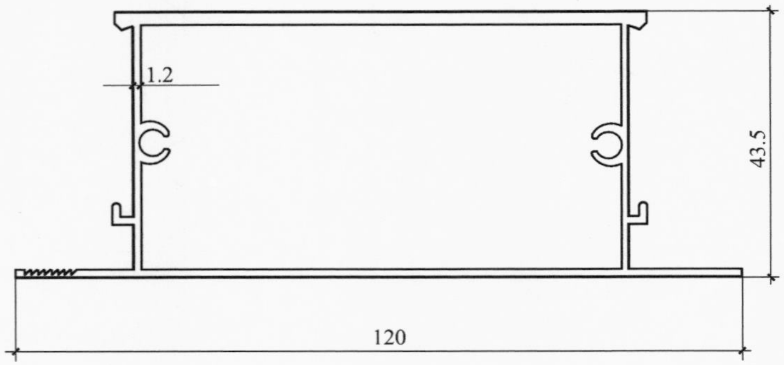
1.2
43.5
120

50238　　1.07kg/m

50系列平开窗用铝合金型材

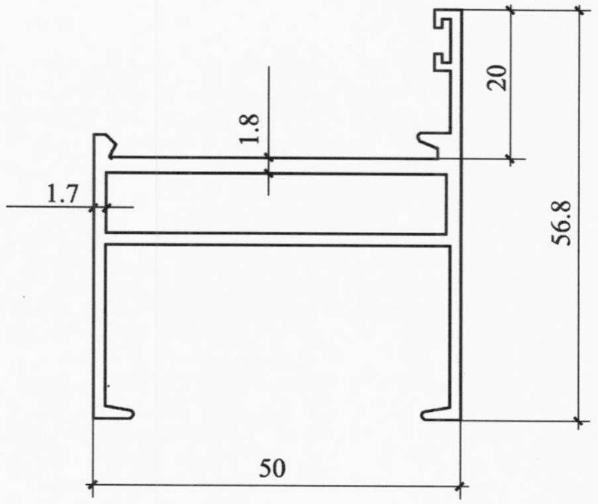

50207 0.80kg/m
(框角码：配38413)

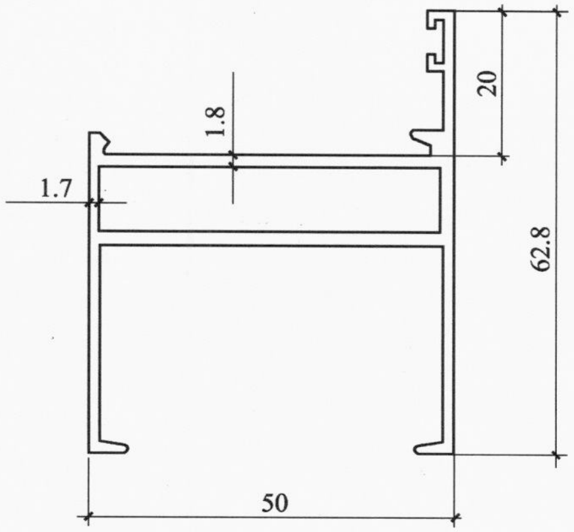

50221 1.02kg/m
(框角码：配38413)

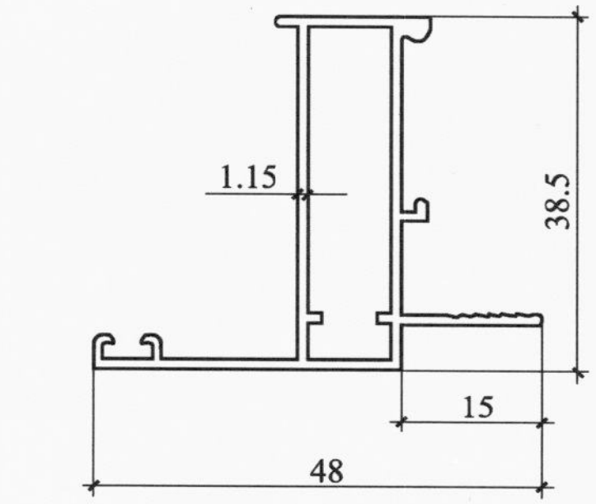

38417 0.465kg/m

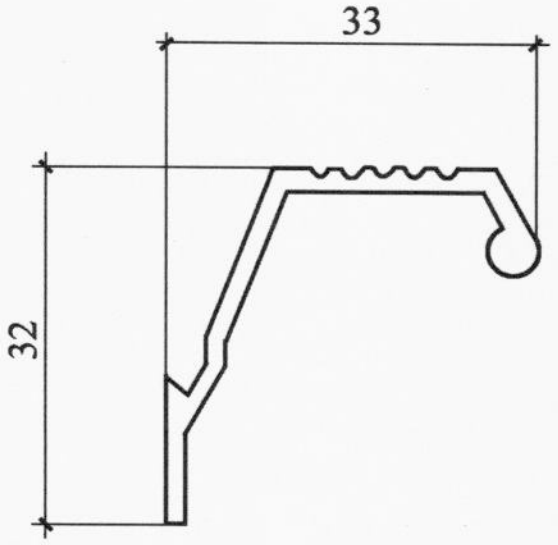

38412 0.34kg/m

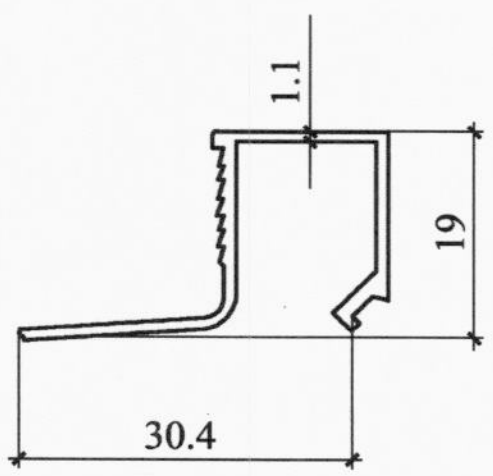

50227 0.22kg/m
(中空玻璃用扇压线: 配50206)

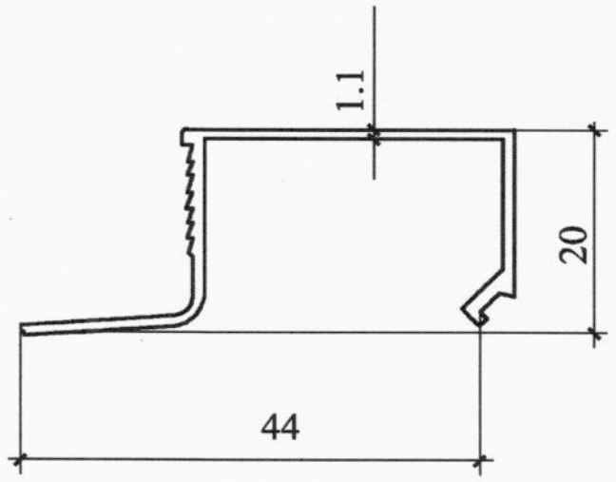

50228 0.27kg/m
(框压线: 配50201、50202、50203)

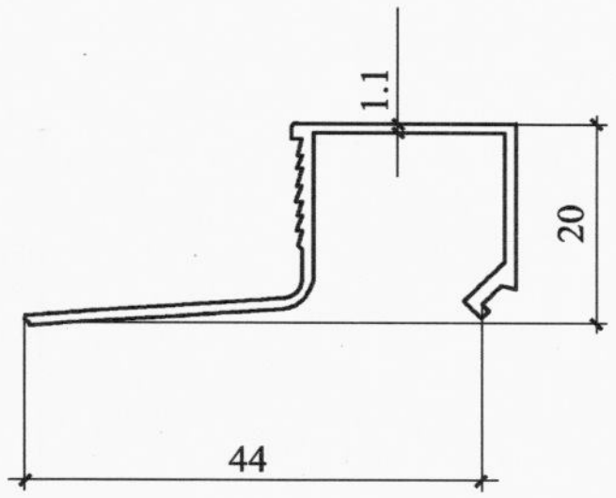

50226 0.26kg/m
(中空玻璃用框压线: 配50201、50202、50203)

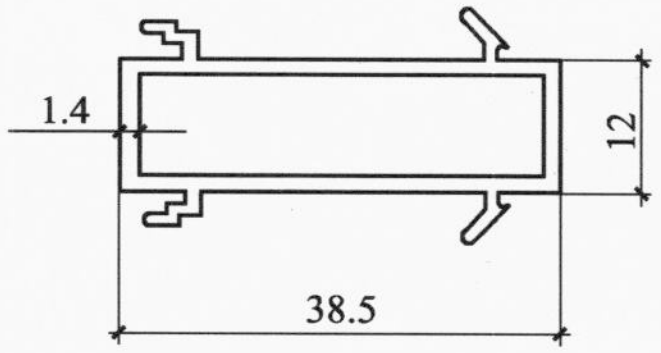

38410 0.43kg/m
(拼樘：配38415)

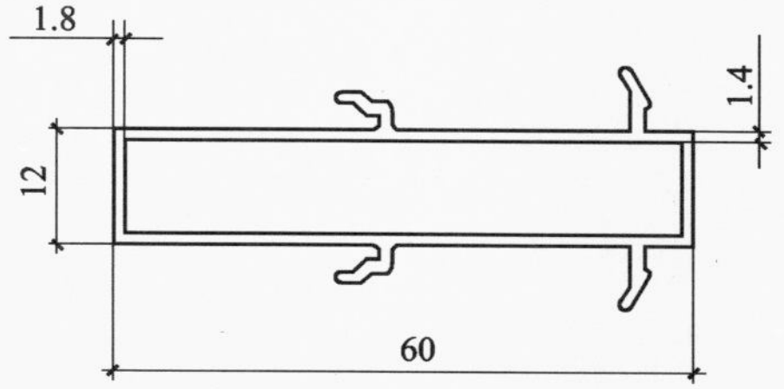

38411 0.64kg/m
(拼樘：配38415)

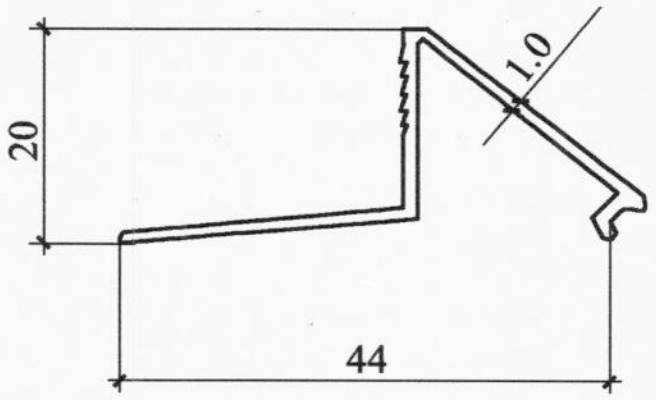

50234 0.21kg/m
(中空玻璃用框压线: 配50201、50202、50203)

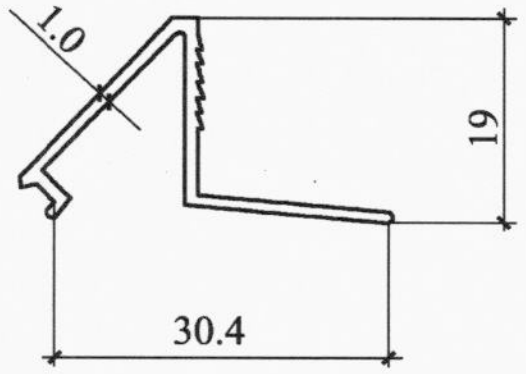

50235 0.17kg/m
(中空玻璃用扇压线: 配50206)

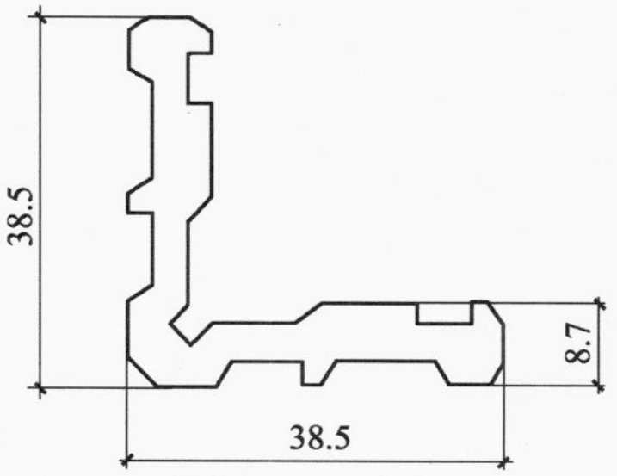

38422 1.088kg/m
(扇角码：配38417)

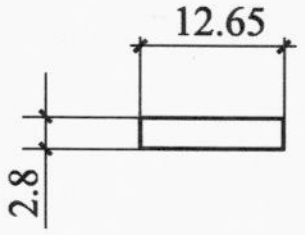

38414 0.09kg/m

50系列平开窗型材

38系列平开窗用型材

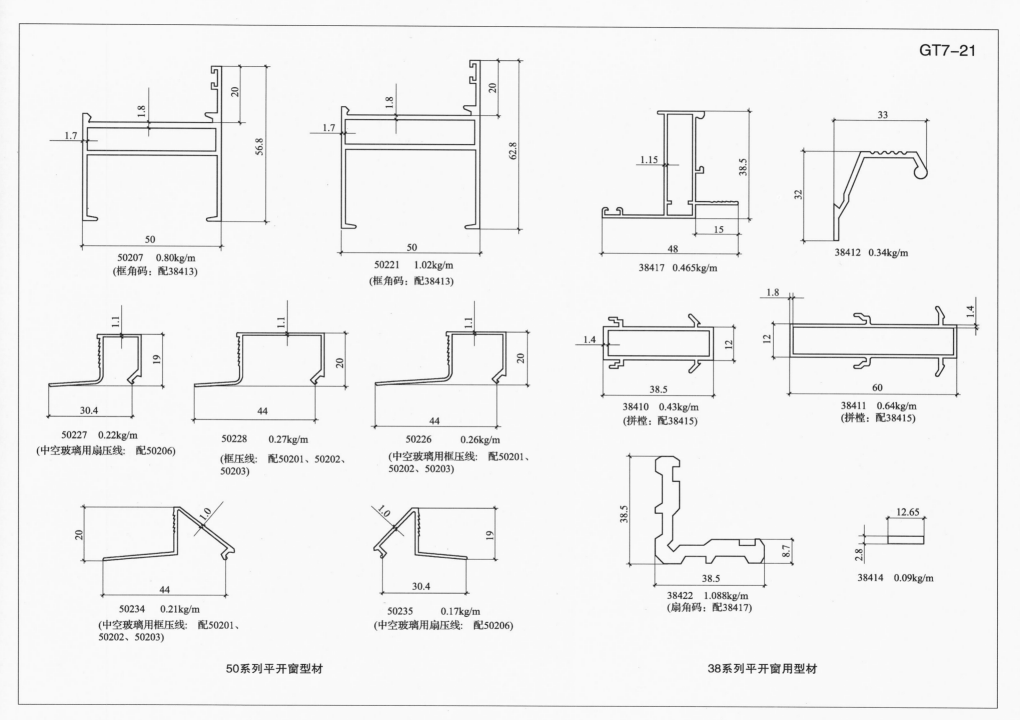

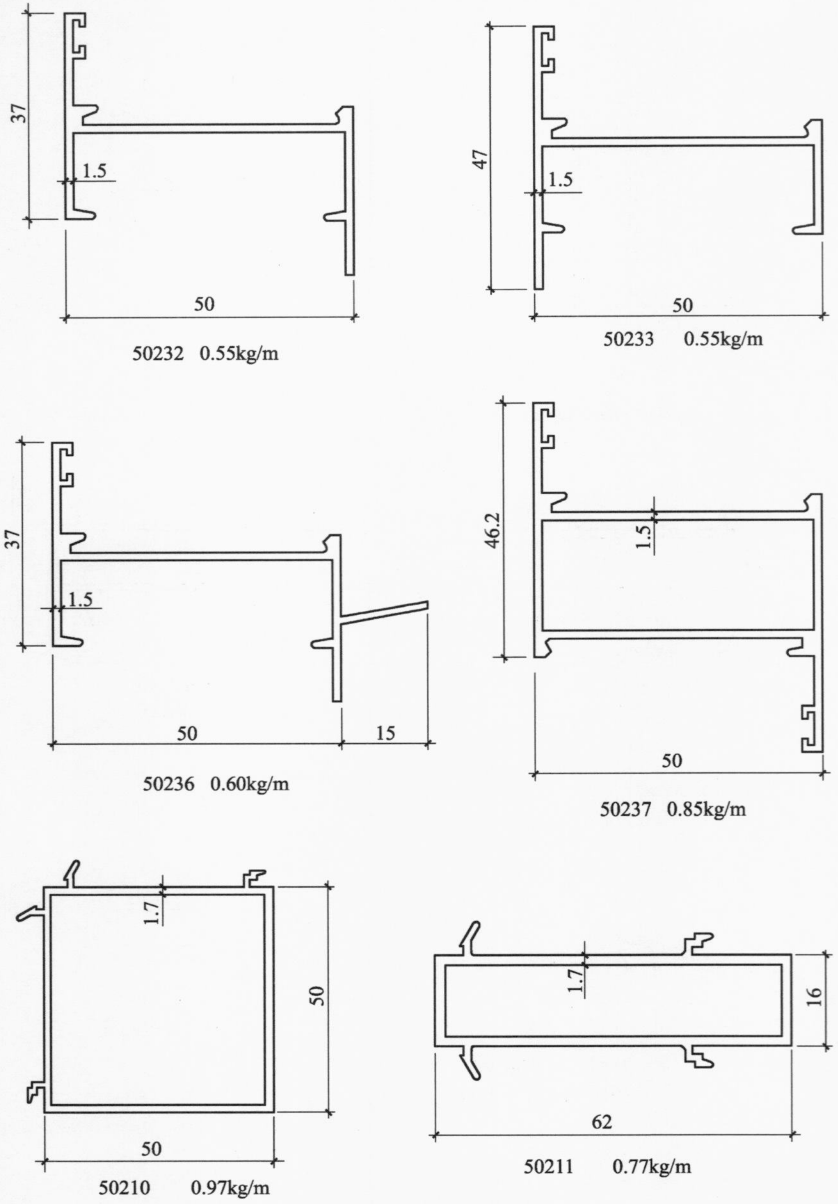
50232 0.55kg/m
50233 0.55kg/m
50236 0.60kg/m
50237 0.85kg/m
50210 0.97kg/m
50211 0.77kg/m
37
1.5
50
47
15
46.2
1.7
16
62

50系列平开窗型材

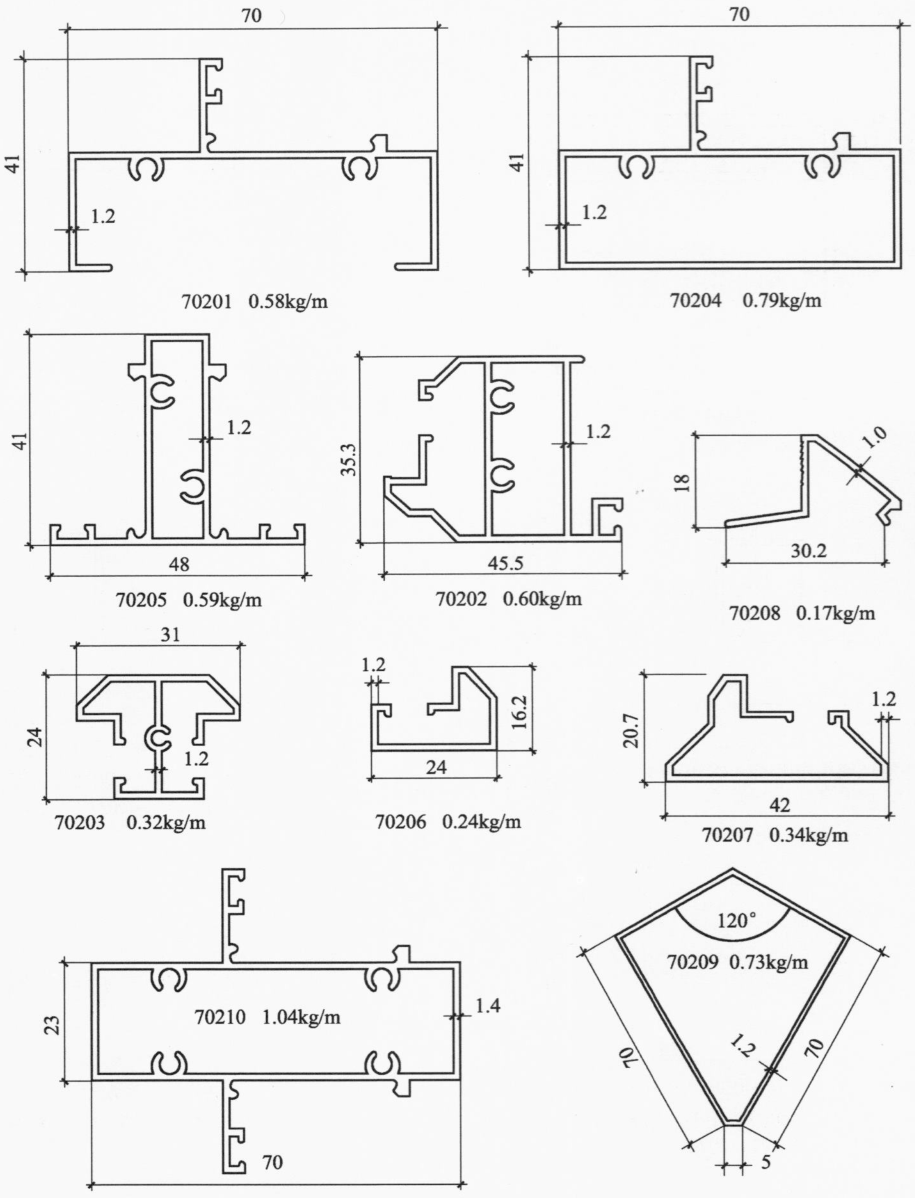
70201 0.58kg/m
70204 0.79kg/m
70205 0.59kg/m
70202 0.60kg/m
70208 0.17kg/m
70203 0.32kg/m
70206 0.24kg/m
70207 0.34kg/m
70210 1.04kg/m
70209 0.73kg/m
70
41
1.2
48
35.3
45.5
18
30.2
1.0
31
24
16.2
20.7
42
23
1.4
120°
5

70系列平开窗型材

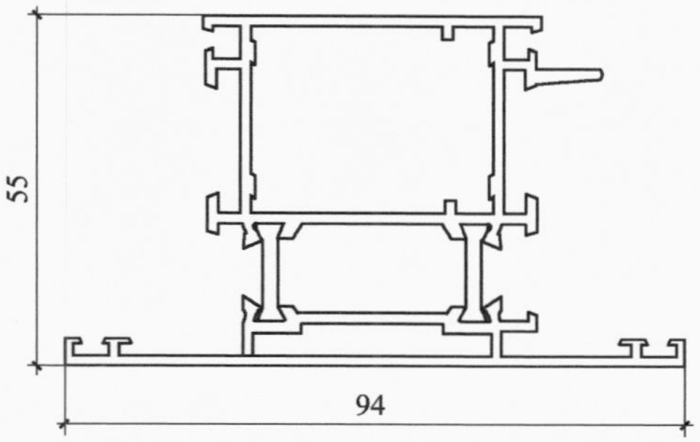

DRA02 1.82kg/m

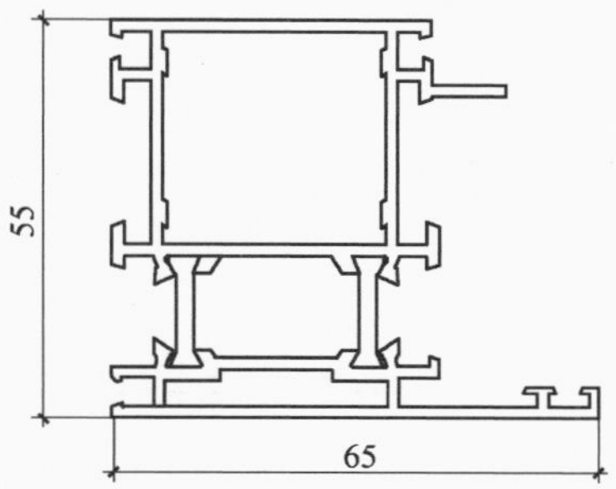

DRA01 1.56kg/m

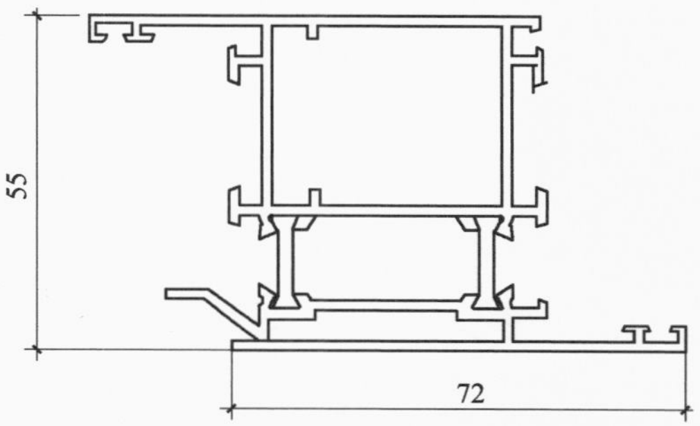

DRA03 1.85kg/m

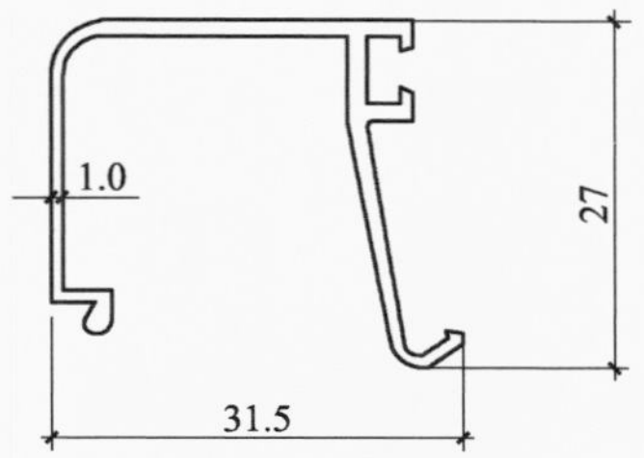

DRA05 0.28kg/m

(压线：配DRA01、DRA02、DRA03、DRA04)

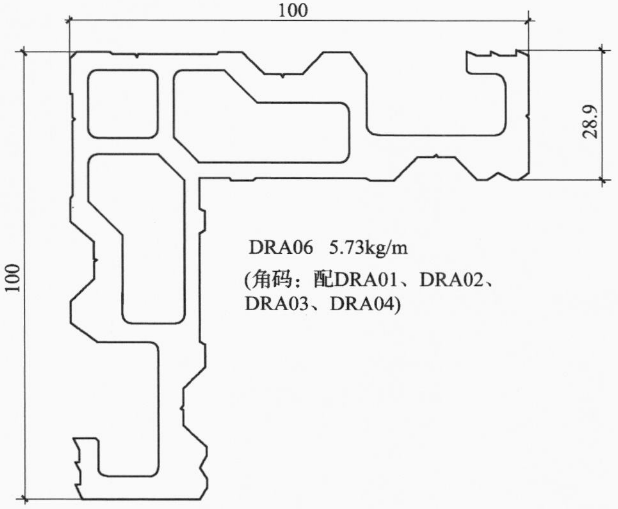

DRA06 5.73kg/m

(角码：配DRA01、DRA02、DRA03、DRA04)

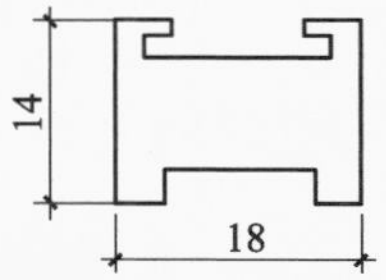

DRA11 0.51kg/m

平开门窗型材

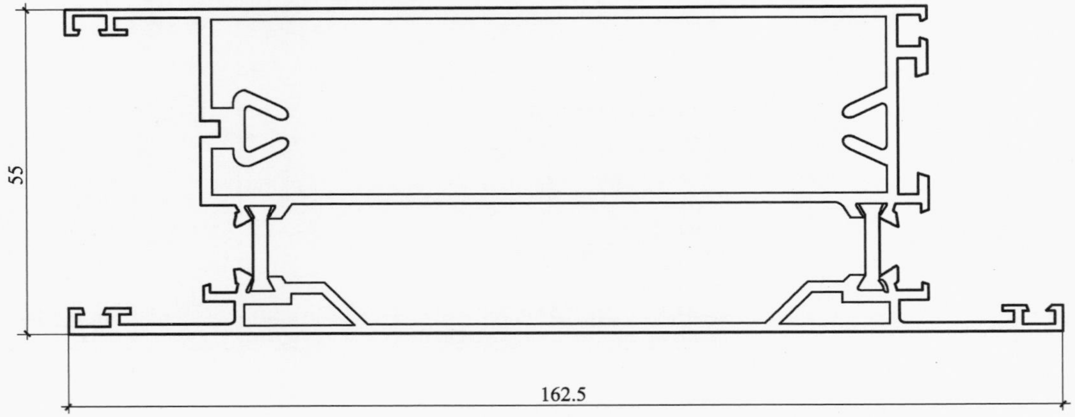

DRA04 3.05kg/m

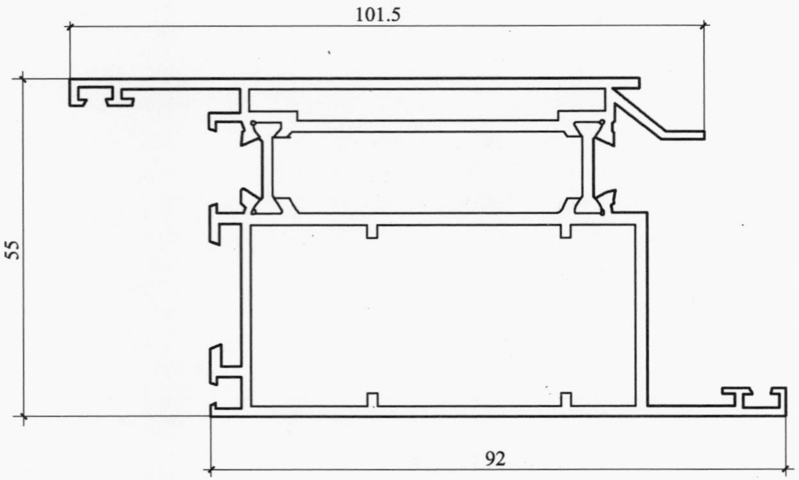

DRA12 2.16kg/m

平开门窗型材

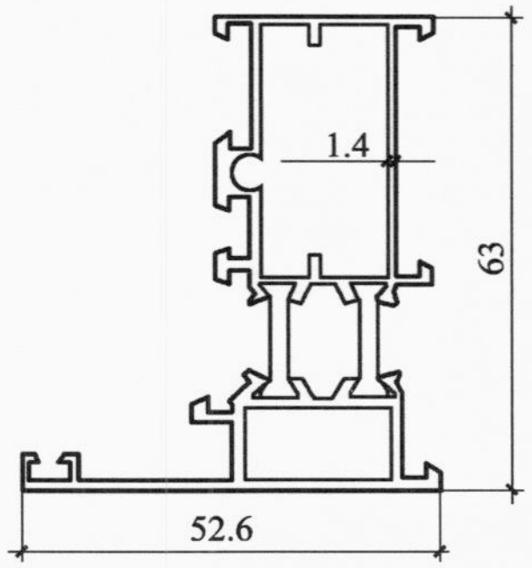

DRB01 1.14kg/m

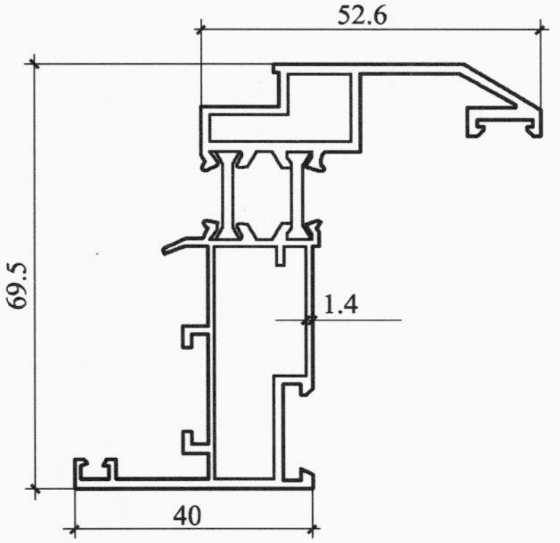

DRB02 1.26kg/m

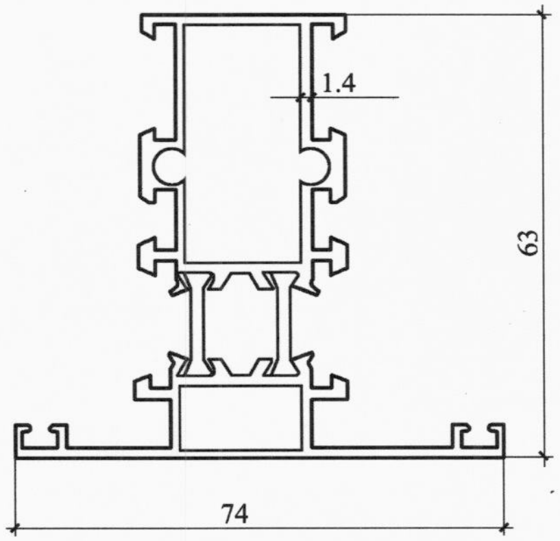

DRB03 1.28kg/m

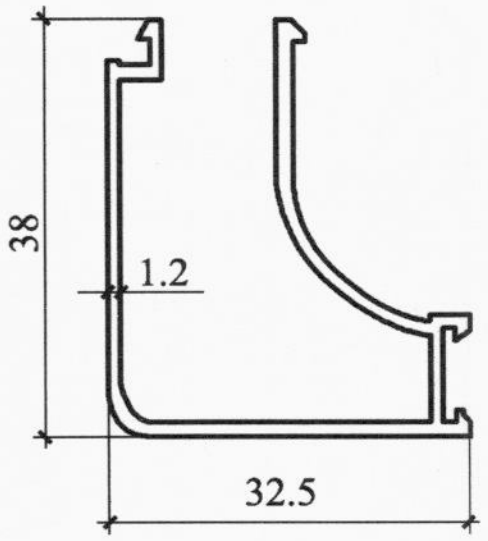

DRB04 0.40kg/m

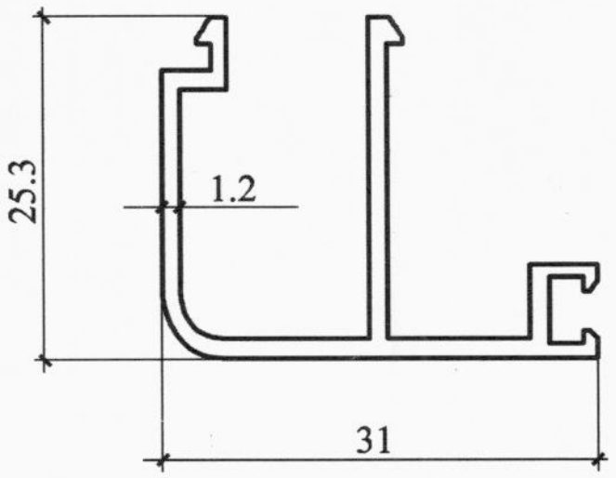

DRB05 0.31kg/m

内开窗用铝合金型材

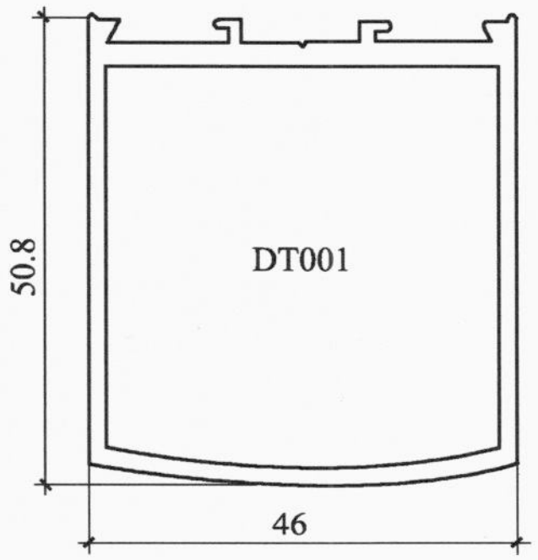

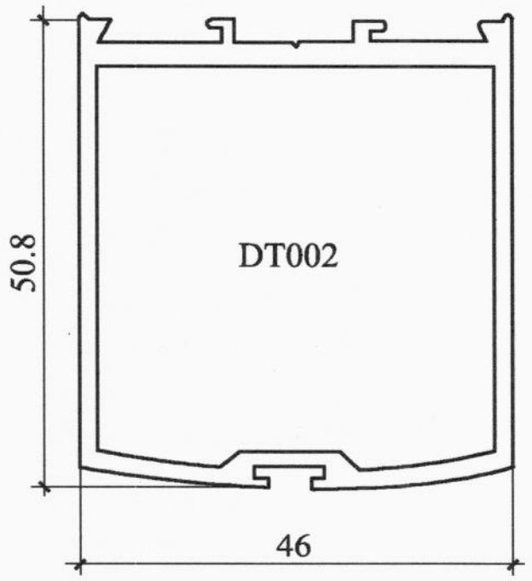

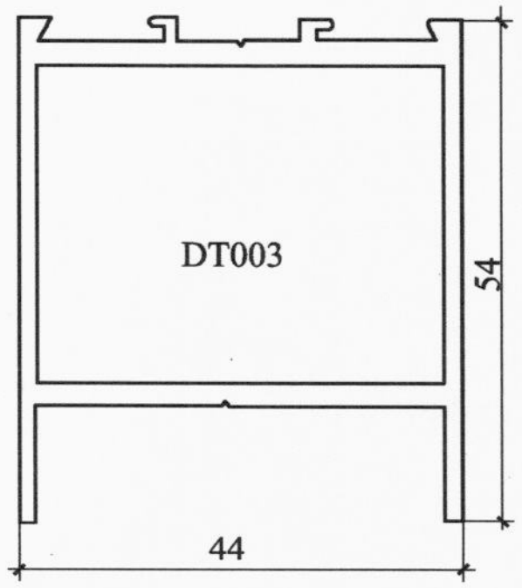

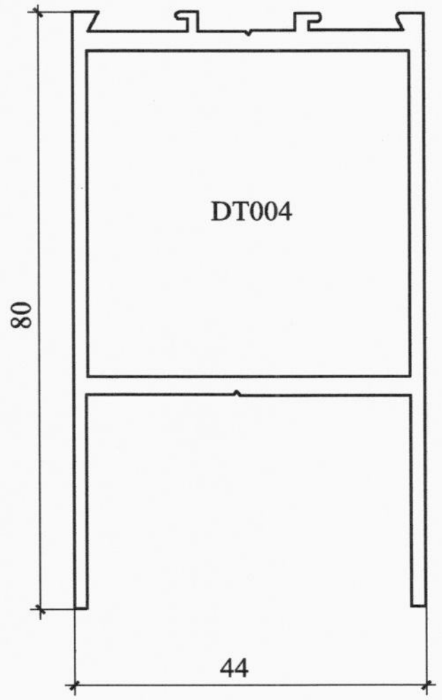

型　号	壁厚(mm)	(kg/m)
DT001	1.4	0.84
	1.8	0.98
DT002	1.4	0.89
	1.8	1.01
DT003	1.4	0.97
	1.8	1.07
DT004	1.4	1.16
	1.8	1.35

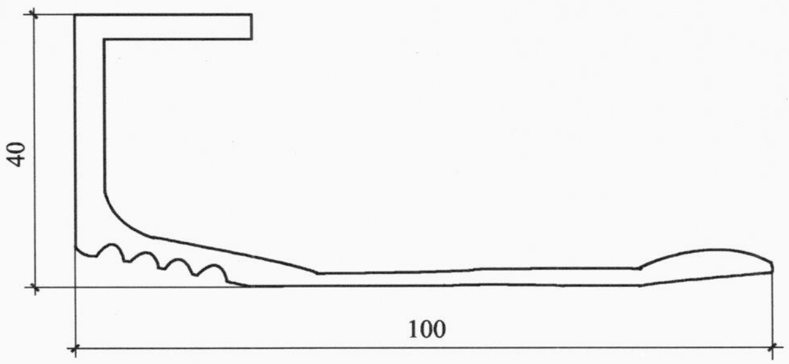

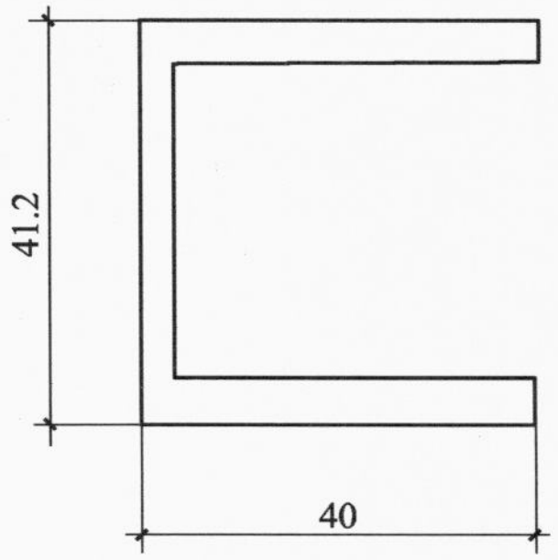

地弹簧门用铝合金型材

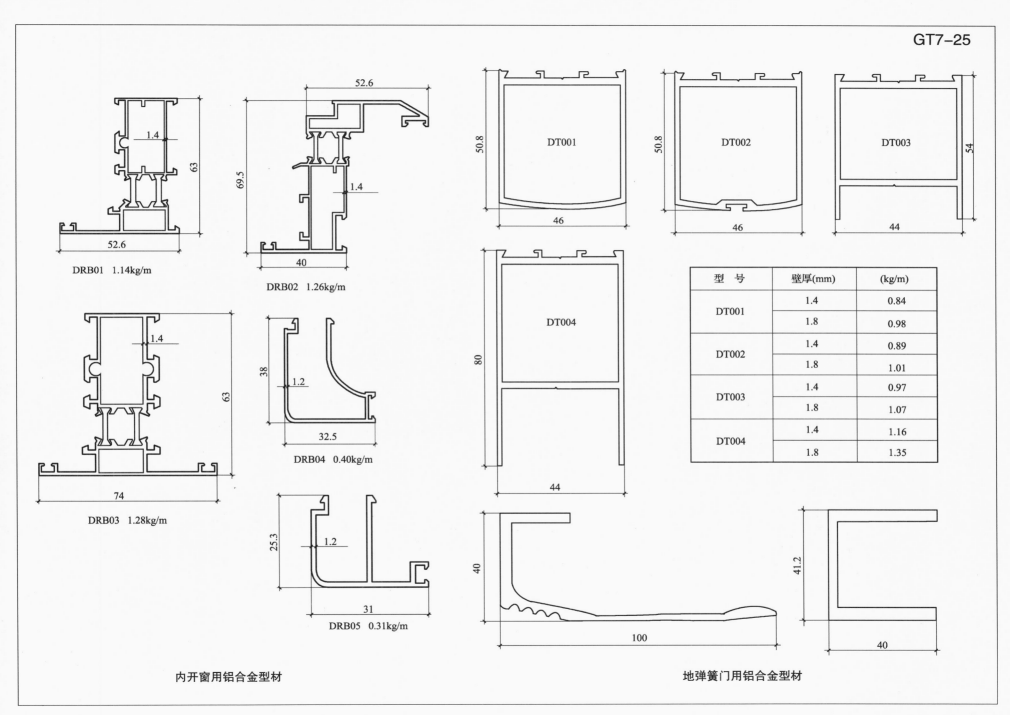

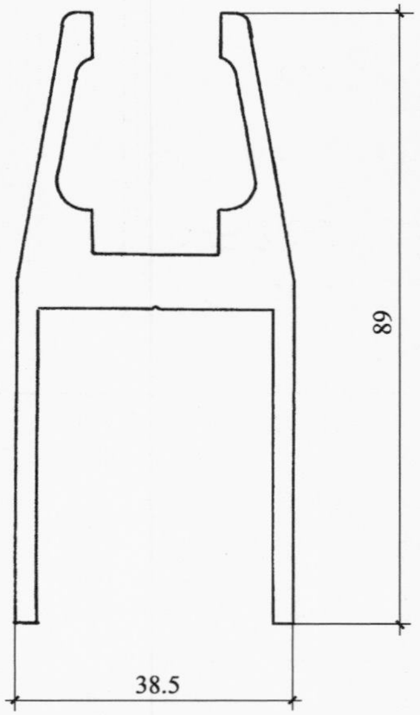

DT010　2.44kg/m

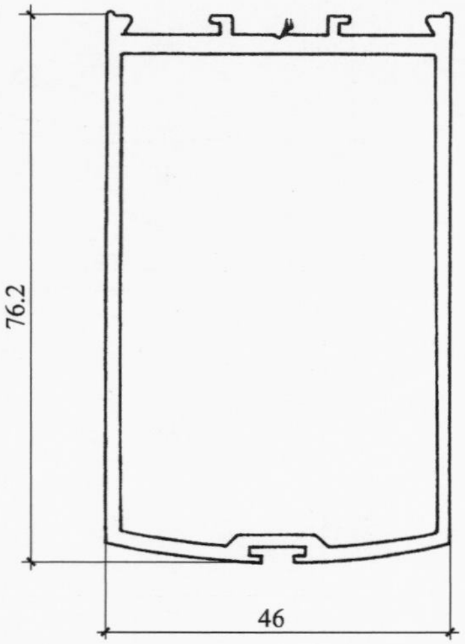

DT011

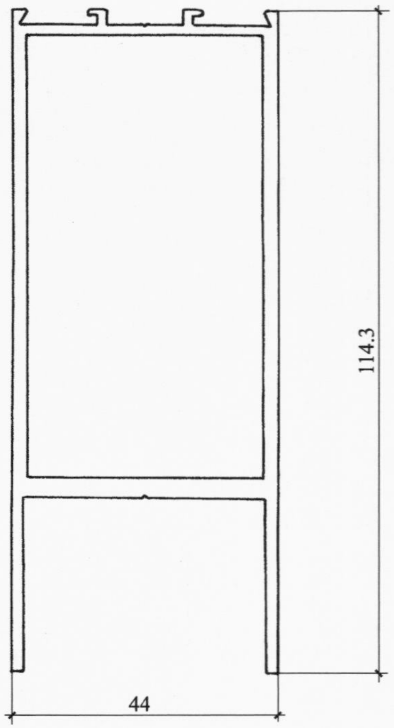

DT012　2.0 kg/m

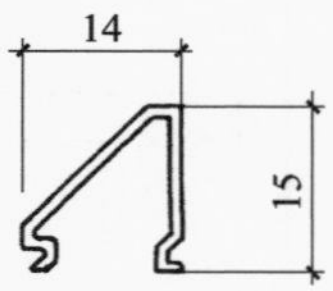

DT005　0.10kg/m

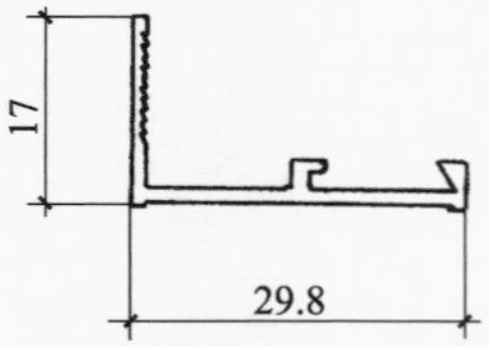

DT007　0.18kg/m

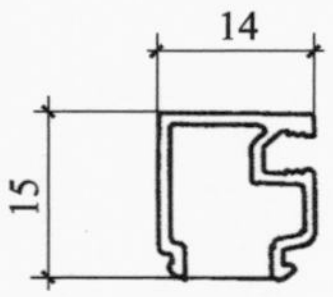

DT008　0.15kg/m

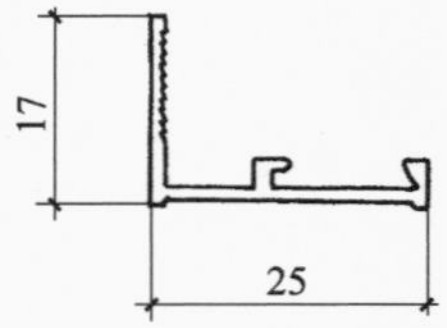

DT013　0.17kg/m

地弹簧门用铝合金型材

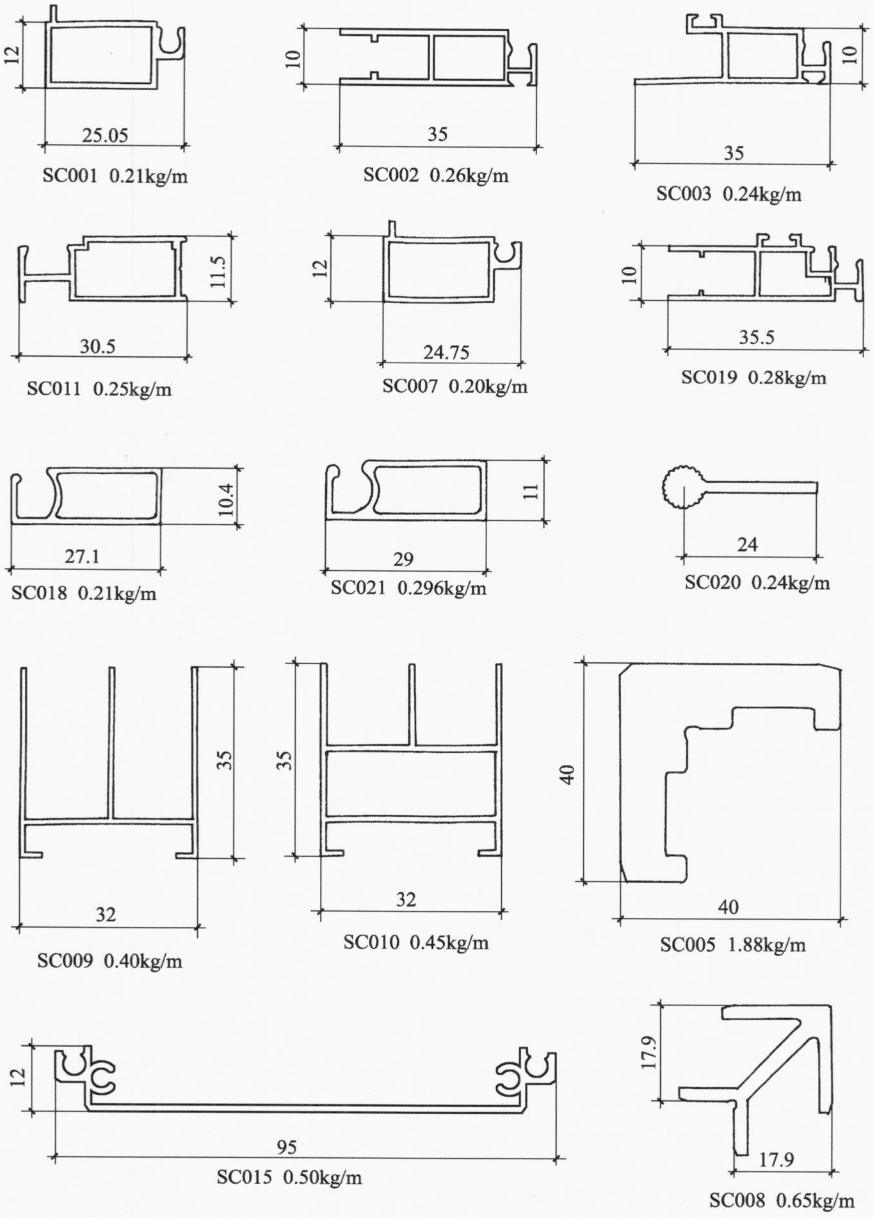
SC001 0.21kg/m
SC002 0.26kg/m
SC003 0.24kg/m
SC011 0.25kg/m
SC007 0.20kg/m
SC019 0.28kg/m
SC018 0.21kg/m
SC021 0.296kg/m
SC020 0.24kg/m
SC009 0.40kg/m
SC010 0.45kg/m
SC005 1.88kg/m
SC015 0.50kg/m
SC008 0.65kg/m

纱窗型材

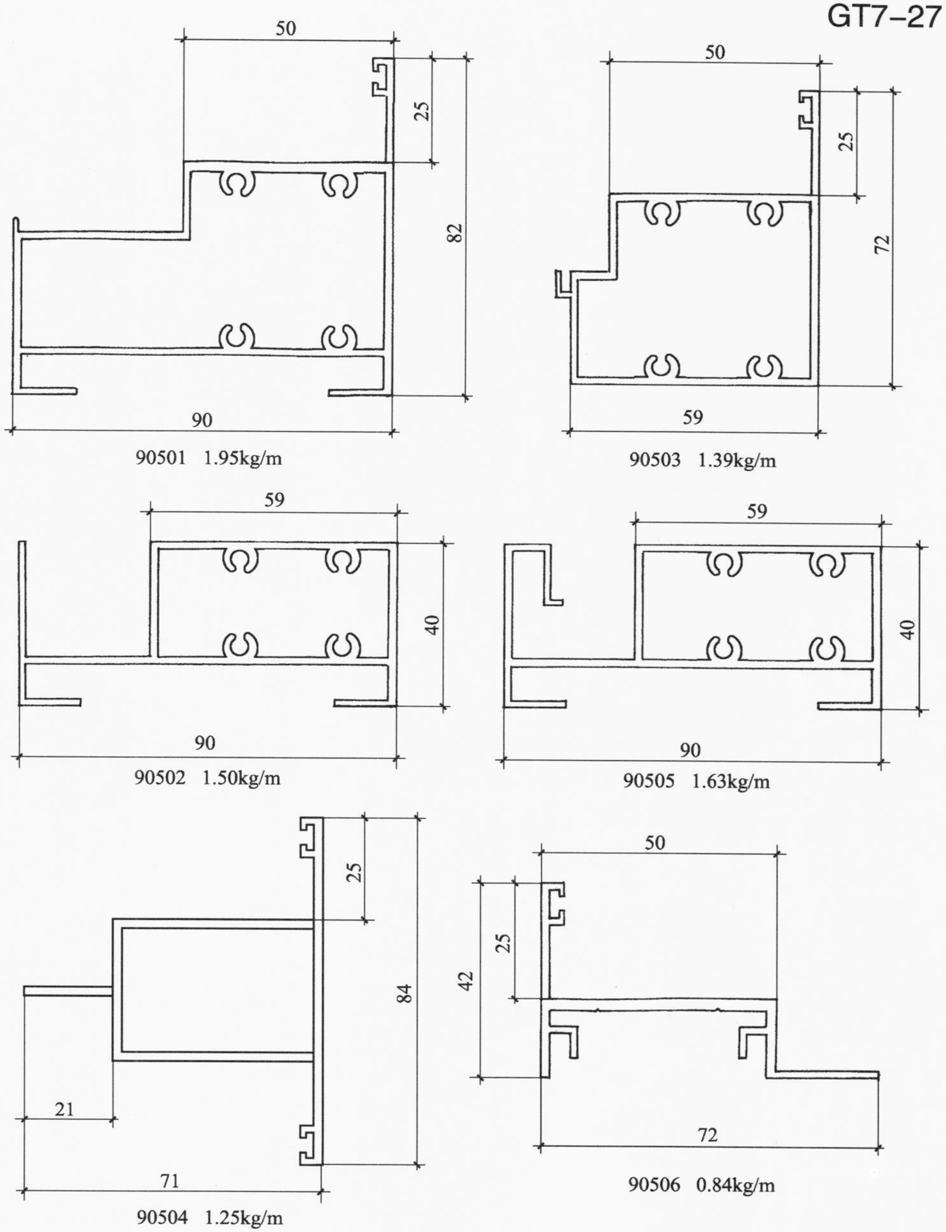
90501 1.95kg/m
90503 1.39kg/m
90502 1.50kg/m
90505 1.63kg/m
90504 1.25kg/m
90506 0.84kg/m

90系列隐框窗铝合金型材

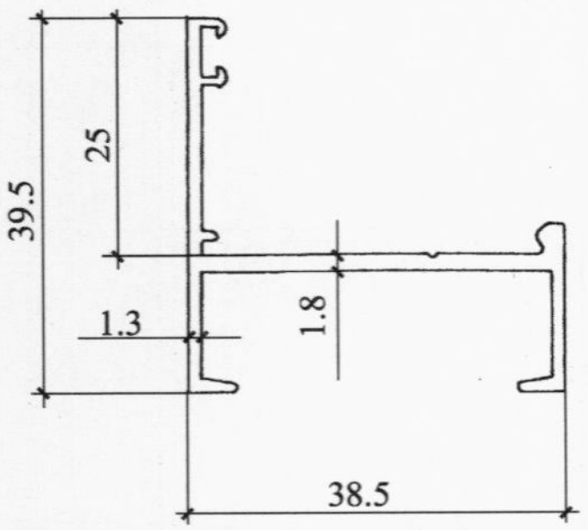
39.5
25
1.3
1.8
38.5

38415 0.435kg/m

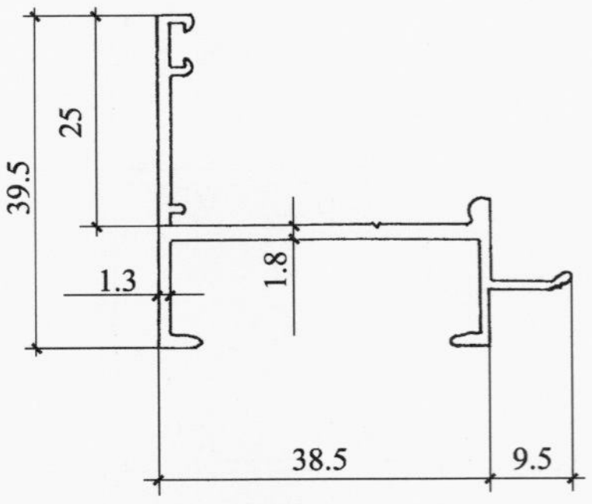
39.5
25
1.3
1.8
38.5
9.5

38416 0.46kg/m

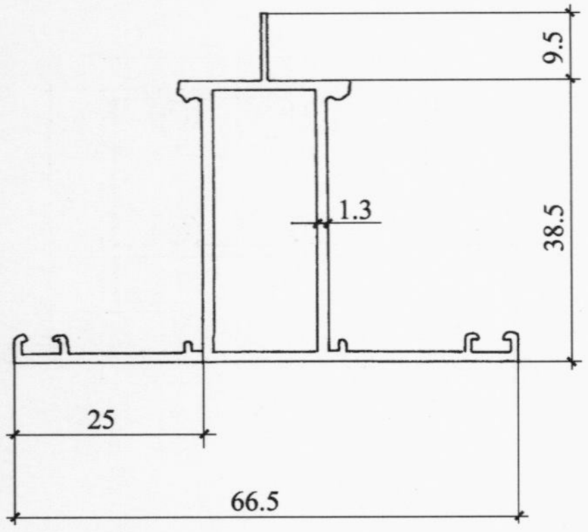
9.5
1.3
38.5
25
66.5

38418 0.652kg/m

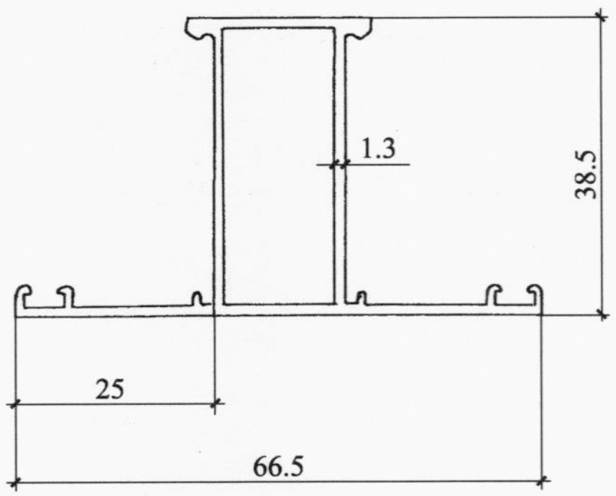
1.3
38.5
25
66.5

38419 0.629kg/m

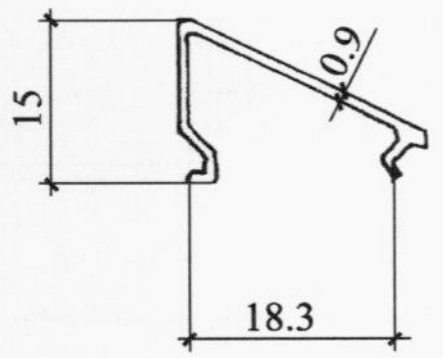
15
0.9
18.3

38420 0.115kg/m

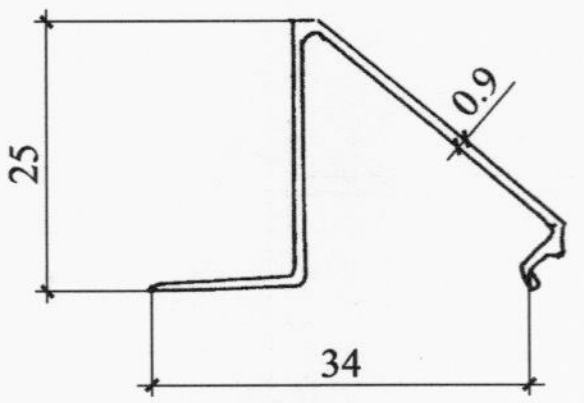
25
0.9
34

38421 0.183kg/m

38系列平开窗用型材

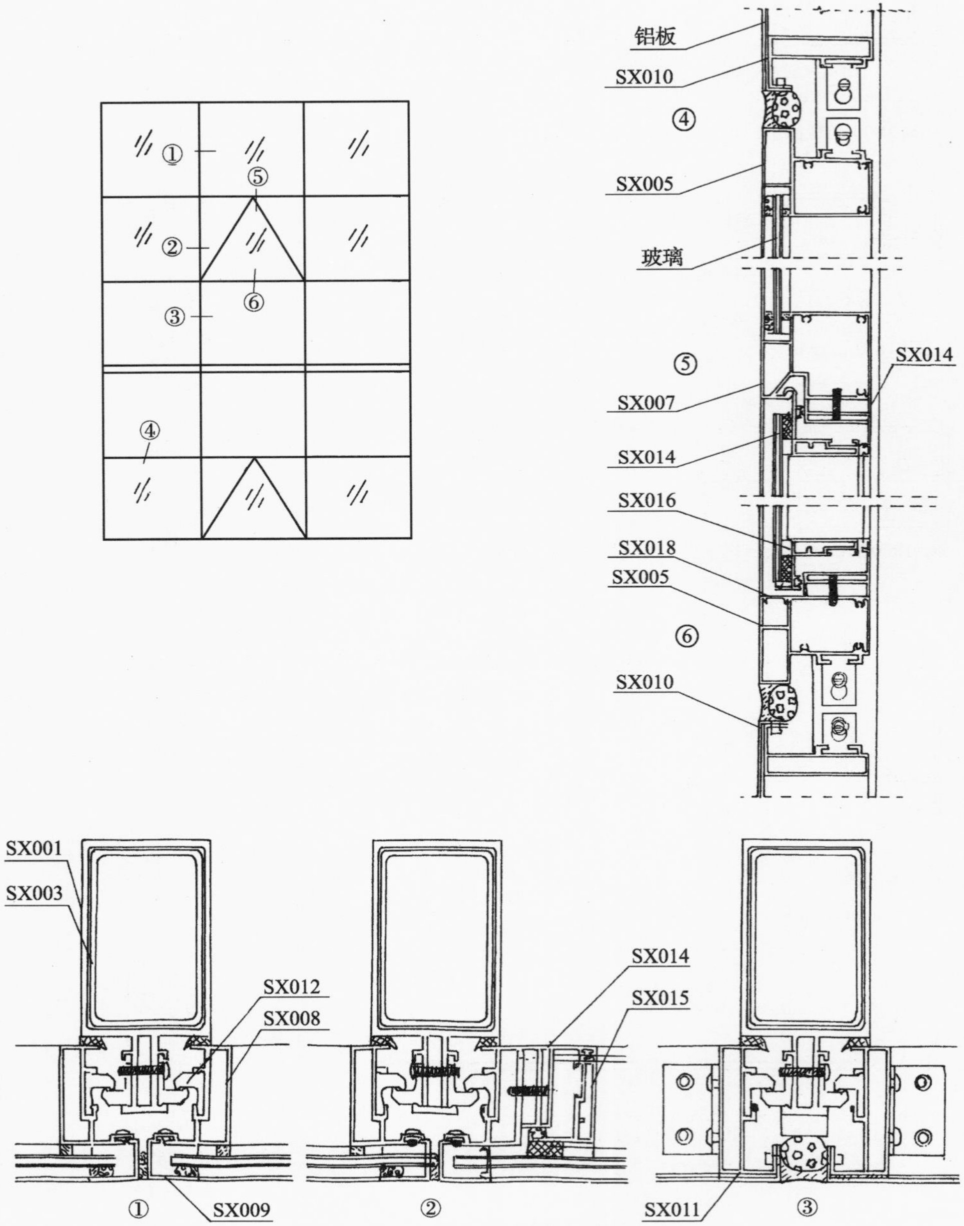
①
②
③
④
⑤
⑥
铝板
SX010
④
SX005
玻璃
⑤
SX007
SX014
SX014
SX016
SX018
SX005
⑥
SX010
SX001
SX003
SX012
SX008
SX009
SX014
SX015
SX011
①
②
③

150系列明框幕墙结构图

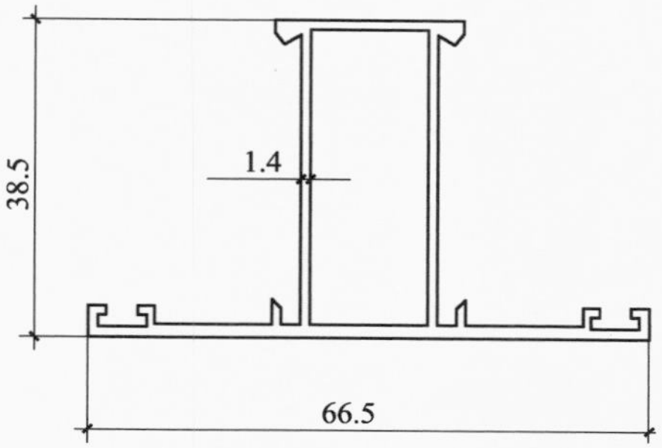

38301 0.69kg/m

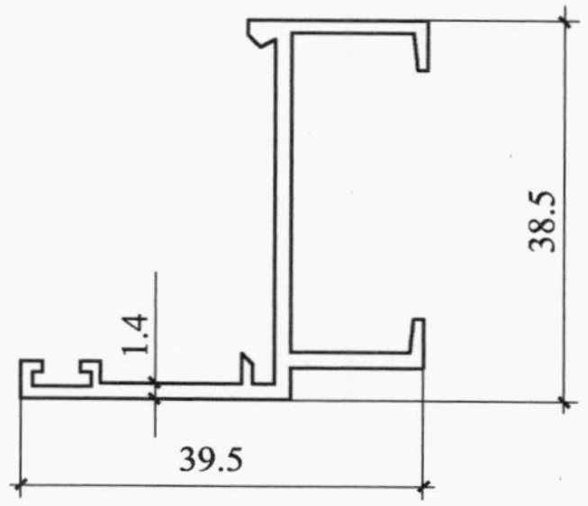

38302 0.41kg/m

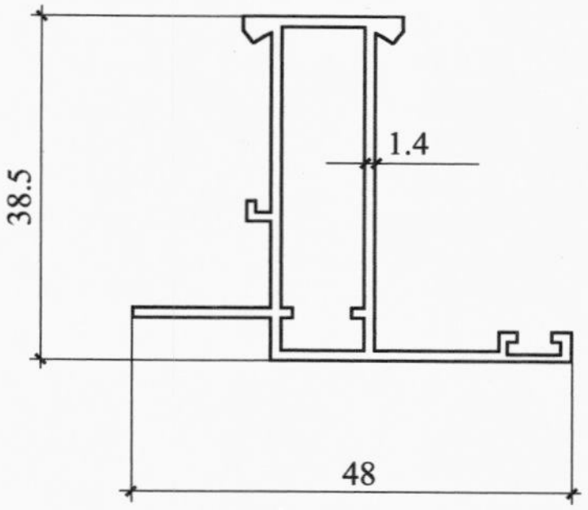

38303 0.52kg/m

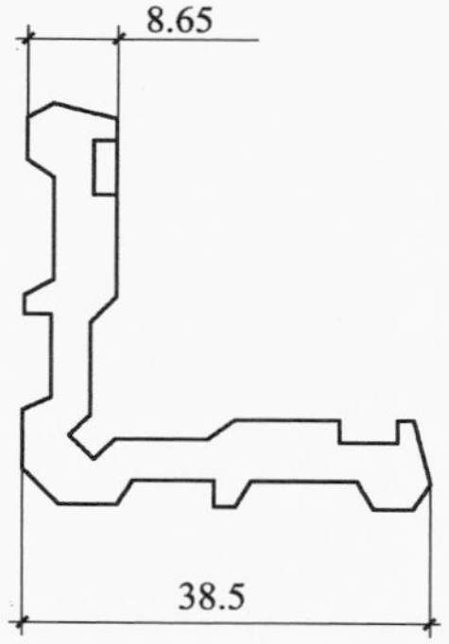

38304 1.08kg/m
(扉角码: 配38303)

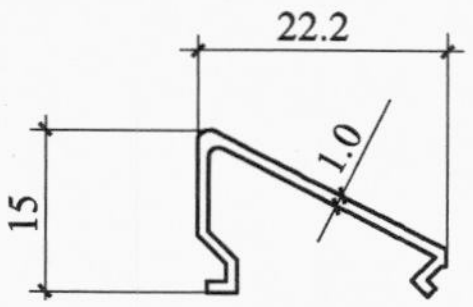

38305 0.12kg/m
(扇压线: 配38303)

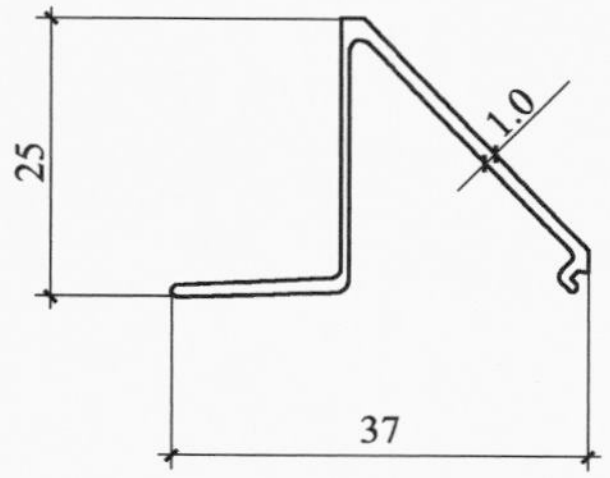

38306 0.20kg/m
(框压线: 配38301、38302)

38系列普通型门窗型材

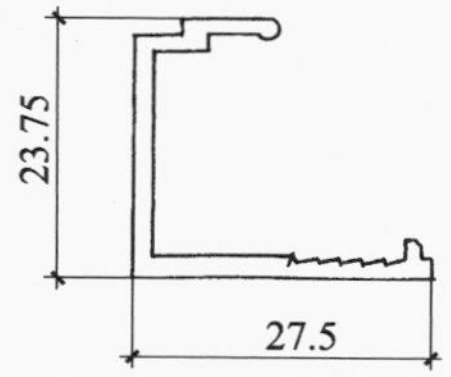

SX009 0.32kg/m

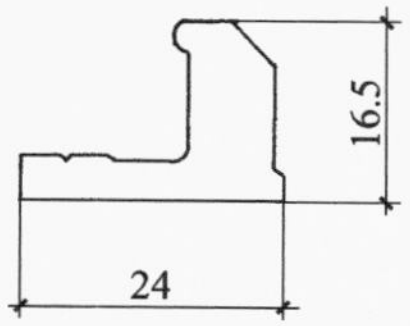

SX012 0.50kg/m

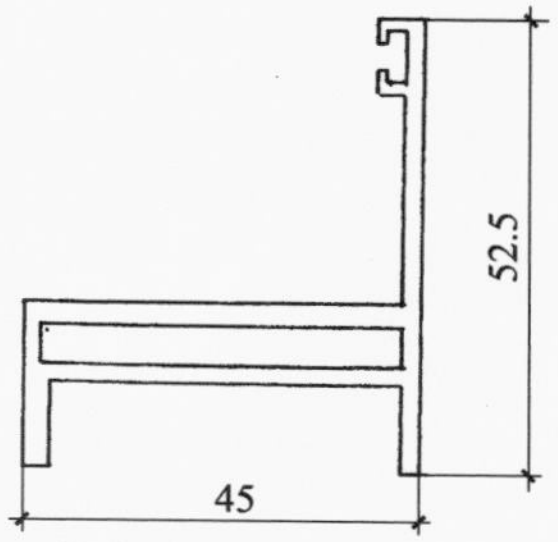

SX013 0.96kg/m

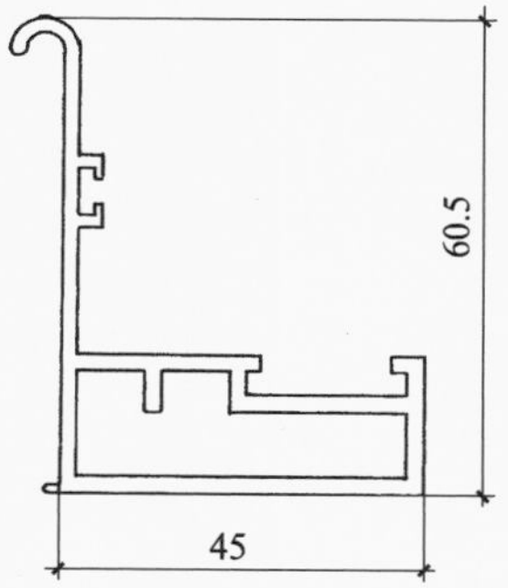

SX014 1.08kg/m

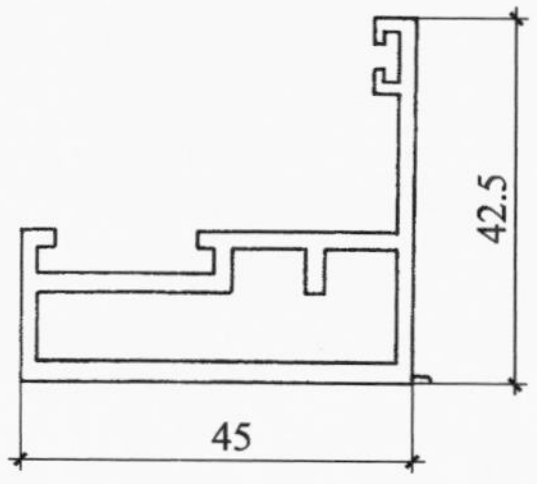

SX015 0.91kg/m

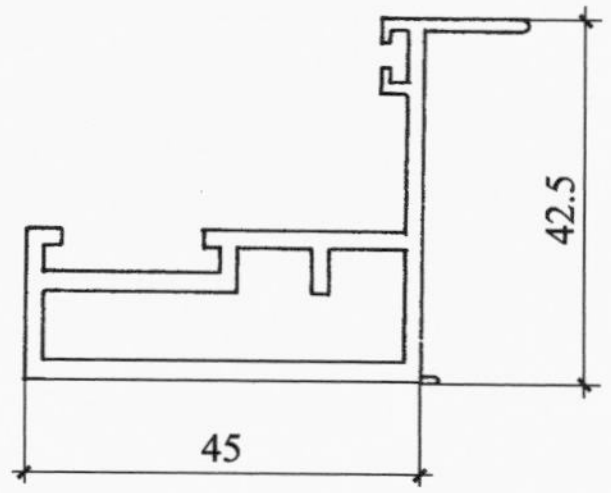

SX016 0.96kg/m

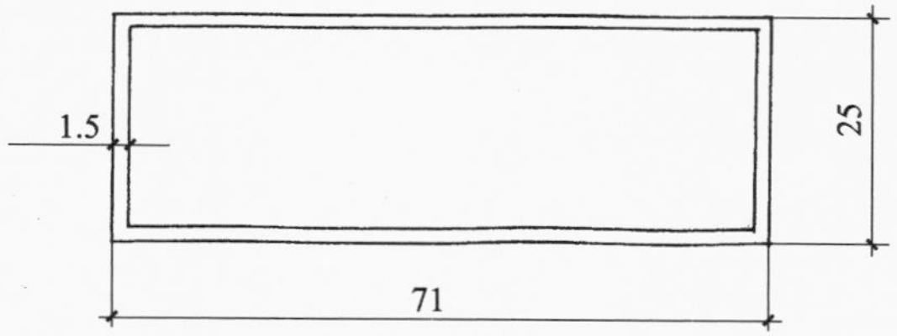

SX017 0.75kg/m

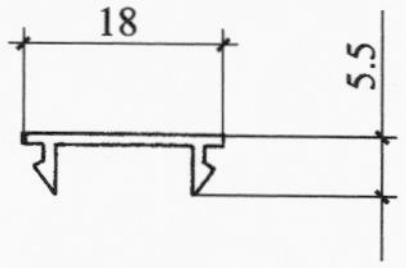

SX018 0.08kg/m

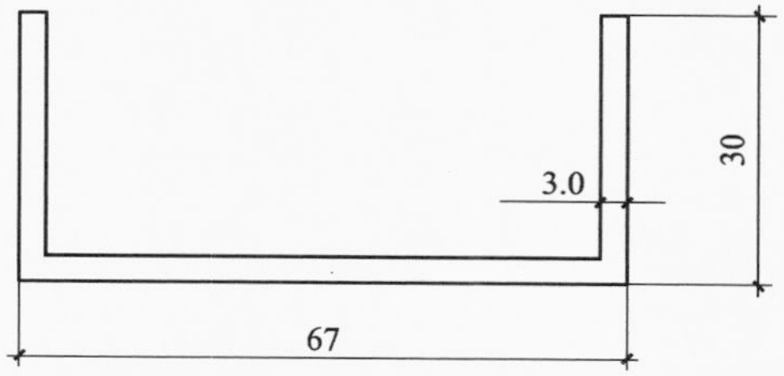

SX031 0.98kg/m

150系列明框玻璃幕墙、铝板幕墙型材

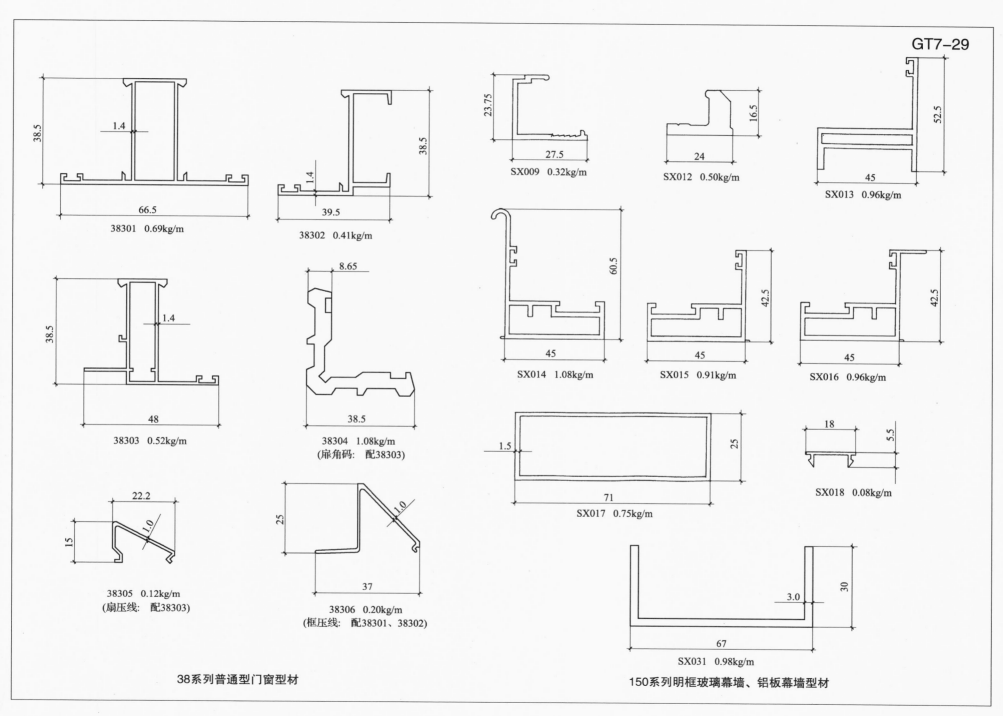

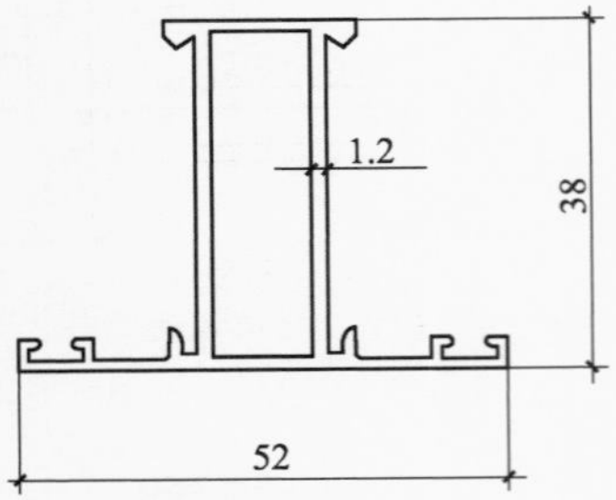

38014 0.55kg/m

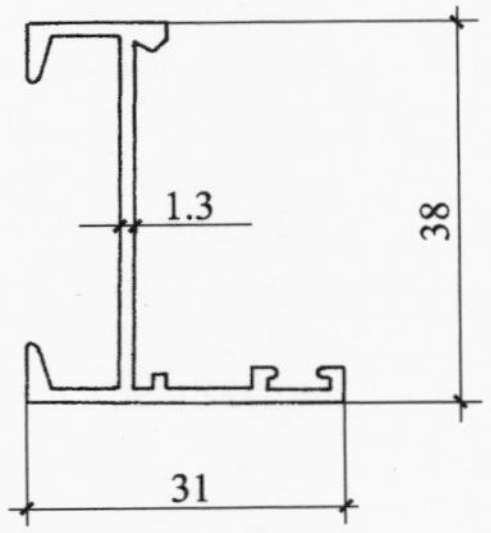

38015 0.38kg/m

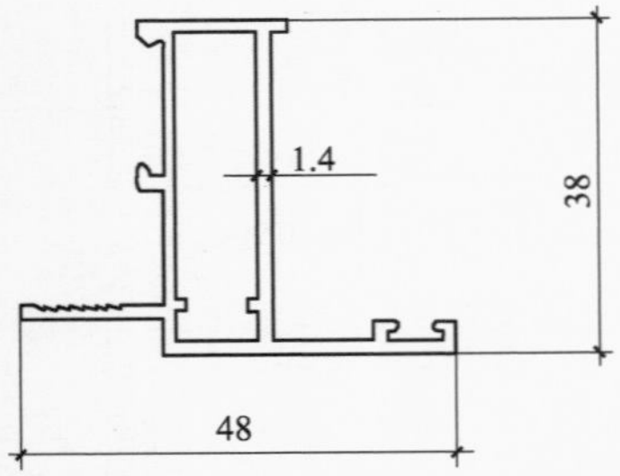

38016 0.57kg/m

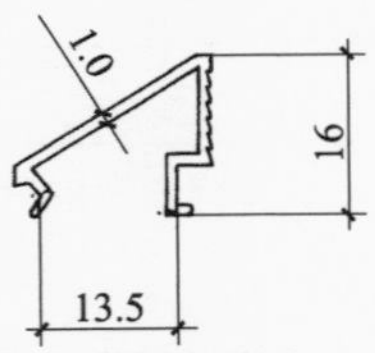

70311 0.14kg/m
(配 38016,38017)

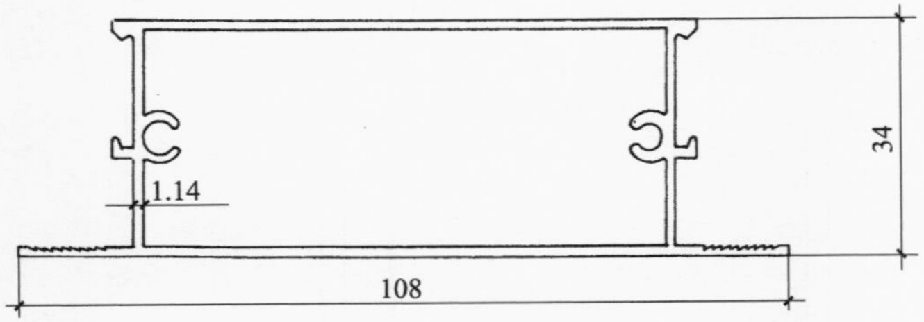

38017 1.08kg/m
(配 70311 压线)

38系列普通型门窗型材

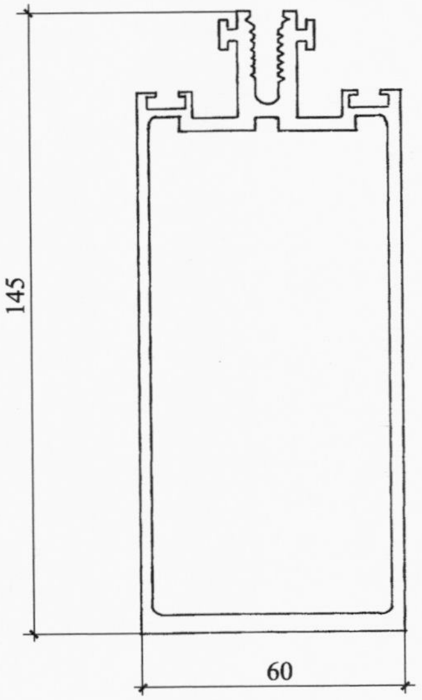

SX022 3.77kg/m
I=3.45 × 10⁶mm⁴

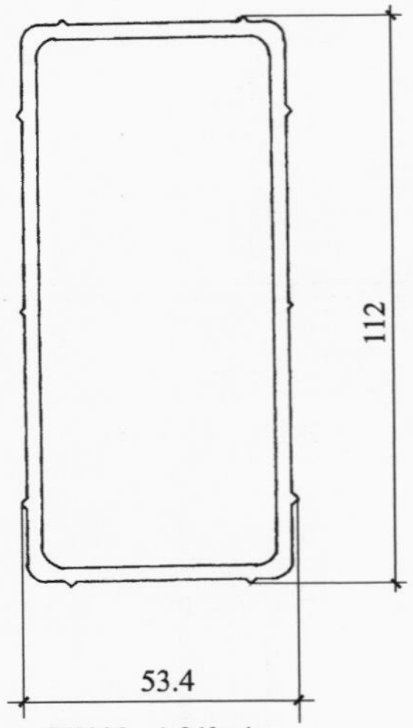

SX023 1.21kg/m

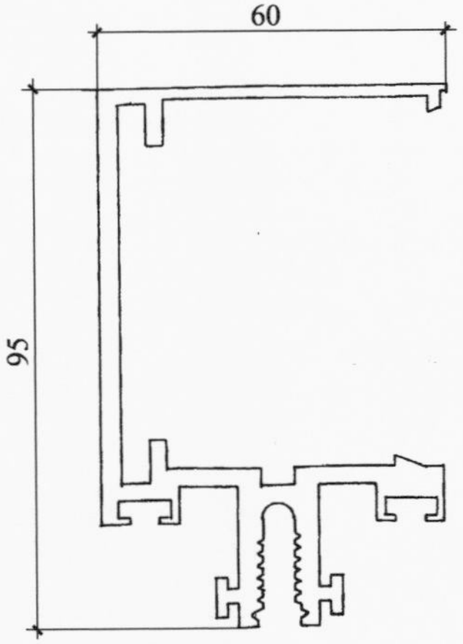

SX024 2.34kg/m
I_x=0.87 × 10^6mm^4
I_y=0.25 × 10^6mm^4

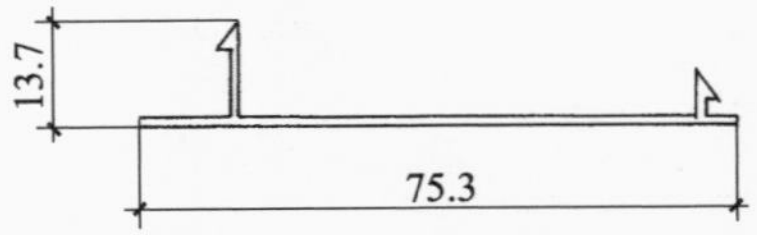

SX025 0.33kg/m

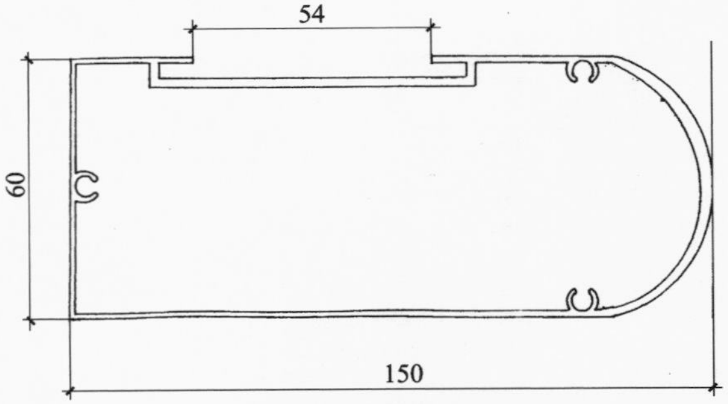

SX028 1.66kg/m

150系列明框玻璃幕墙、铝板幕墙型材

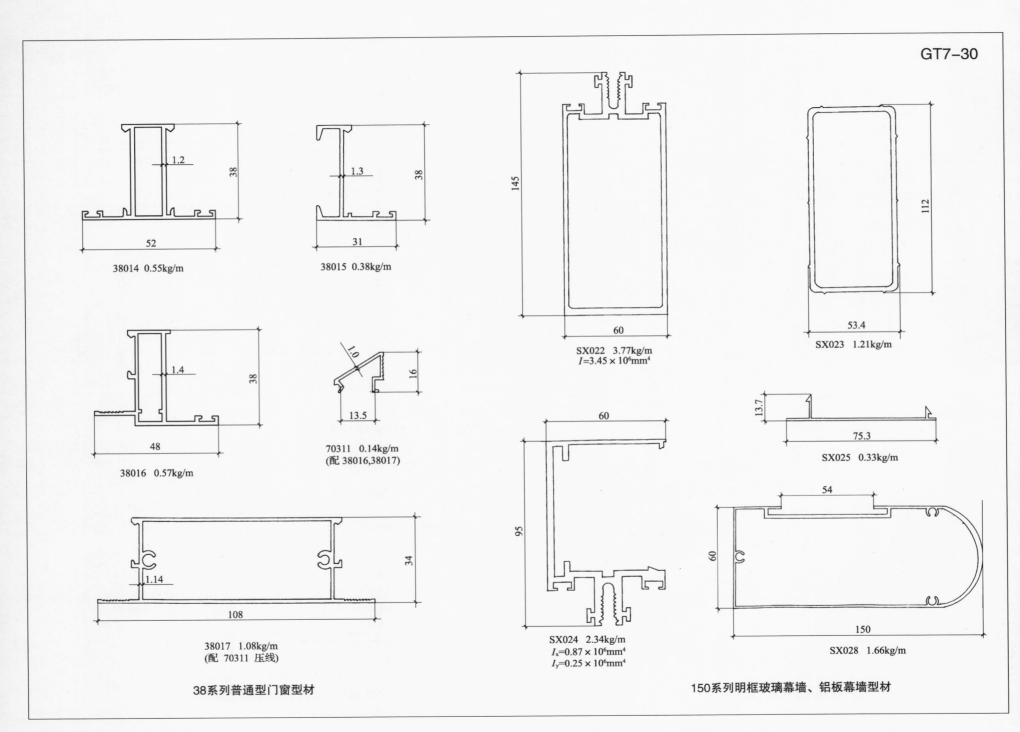

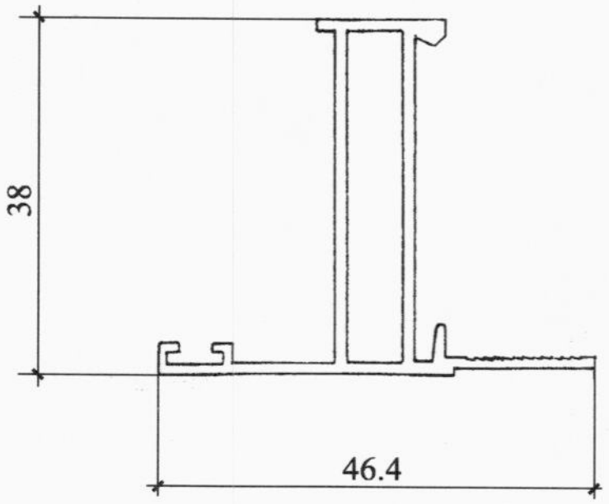

编号 \ 米重 kg/m \ 壁厚mm	1.2	1.4	1.6
38001	0.46	0.52	0.58

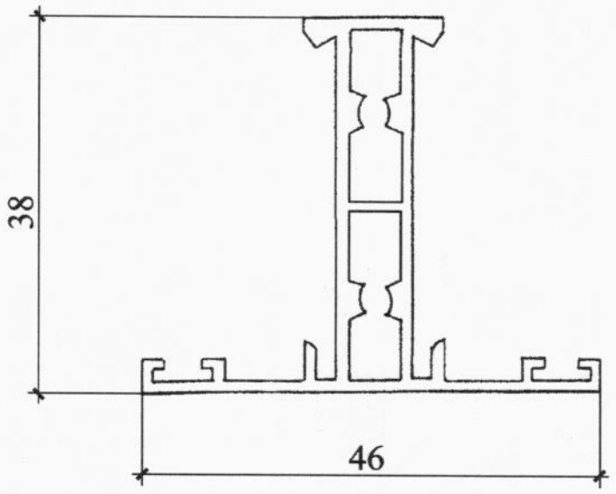

编号 \ 米重 kg/m \ 壁厚mm	1.2	1.4	1.6
38002	0.57	0.62	0.68

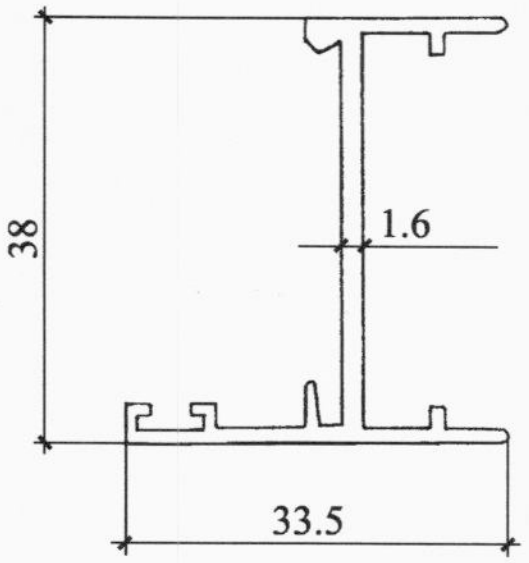

编号 \ 米重 kg/m \ 壁厚mm	1.2	1.4	1.6
38003	0.39	0.41	0.43

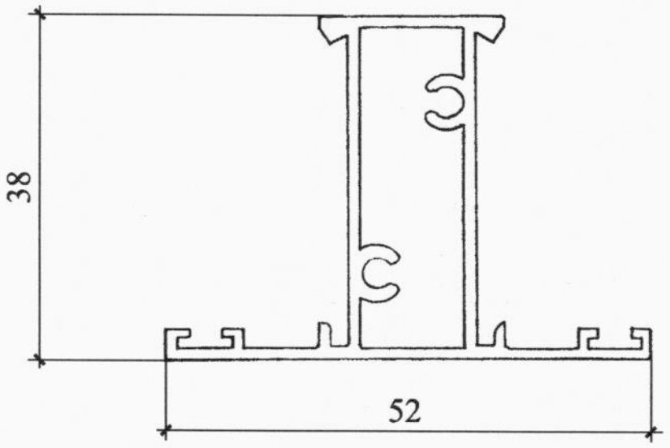

编号 \ 米 重 kg/m \ 壁厚mm	1.2	1.4
38010	0.65	0.72

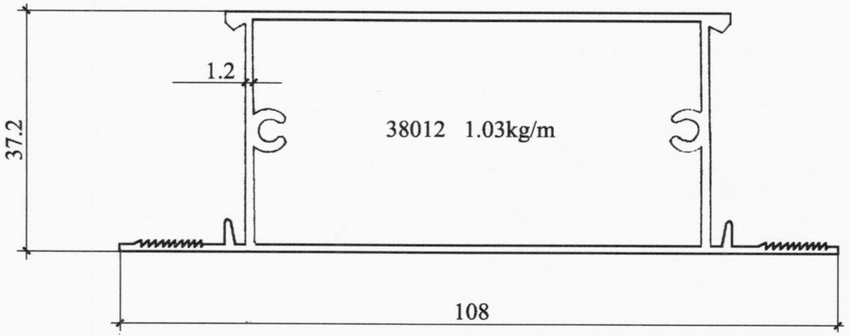

38系列普通型门窗型材

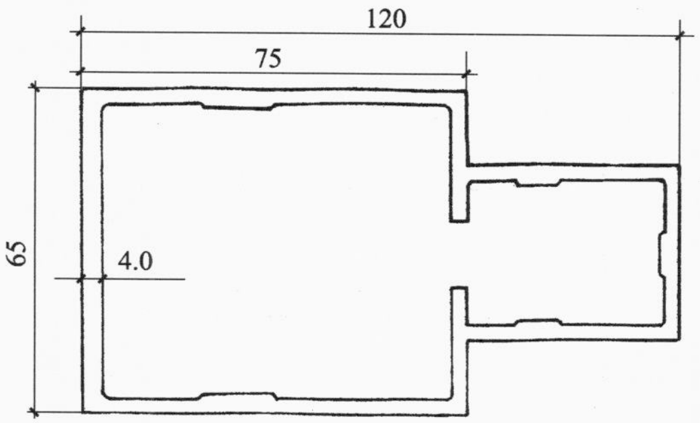

MQ009 3.34kg/m
I=2.02 × 10⁶mm⁴

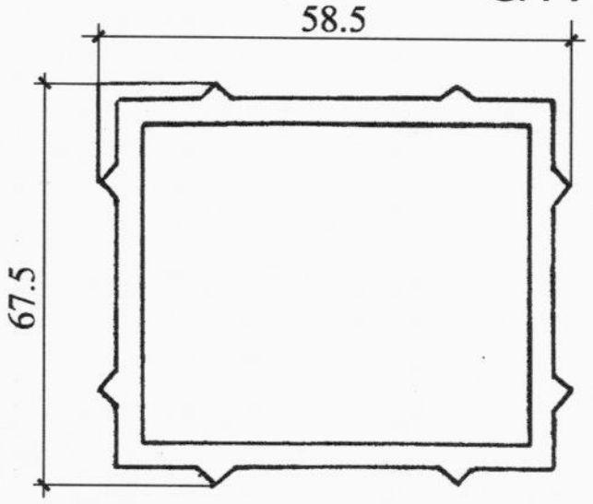

MQ010 2.20kg/m

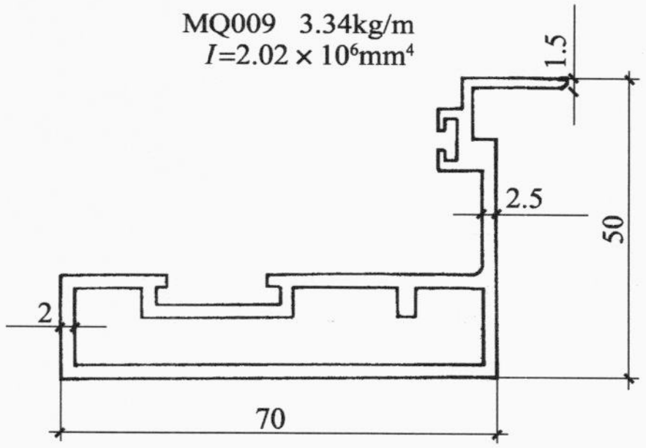

MQ017 1.47kg/m

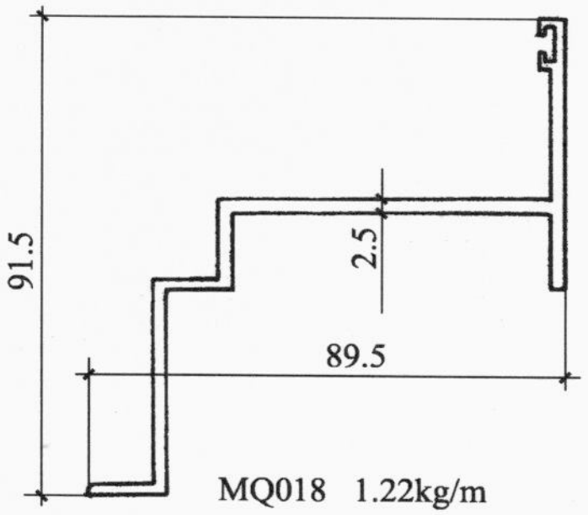

MQ018 1.22kg/m

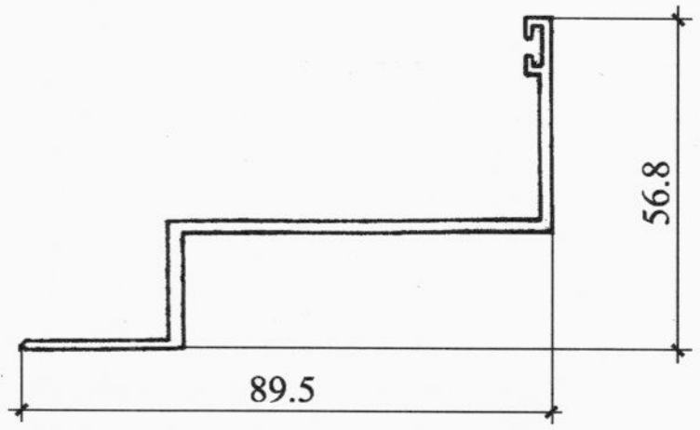

MQ019 0.79kg/m

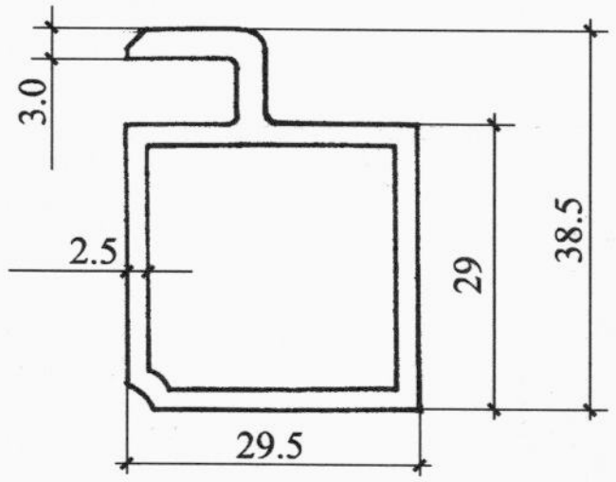

MQ014 0.79kg/m

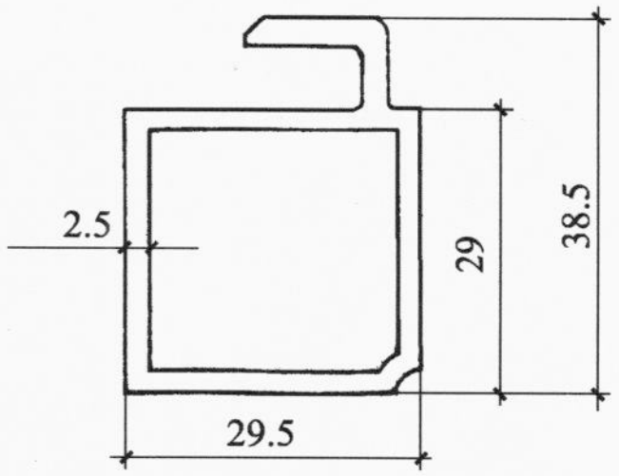

MQ013 0.80kg/m

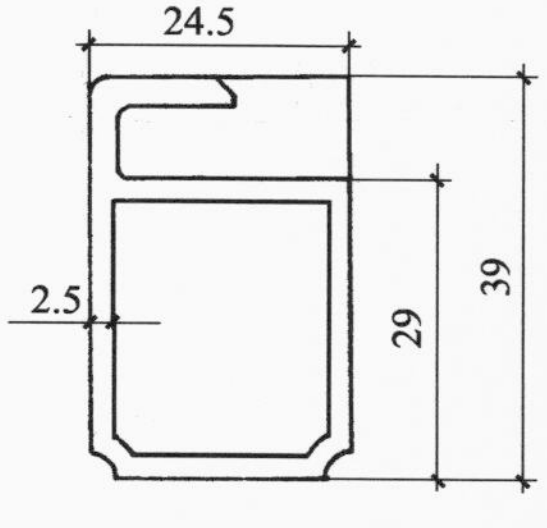

MQ015 0.74kg/m

幕 墙 型 材

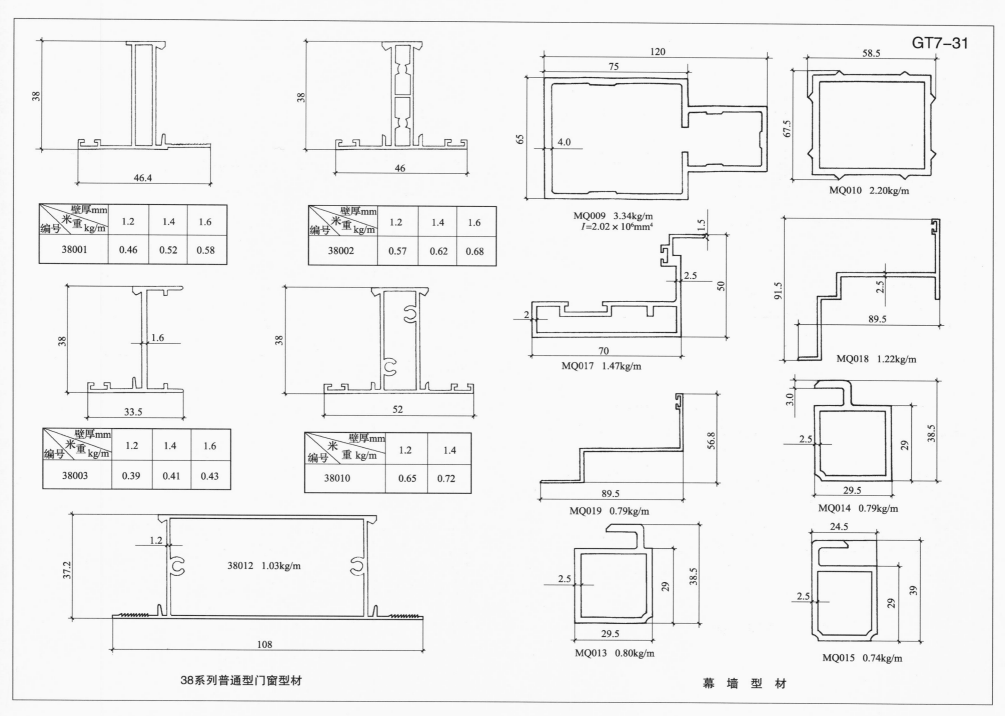

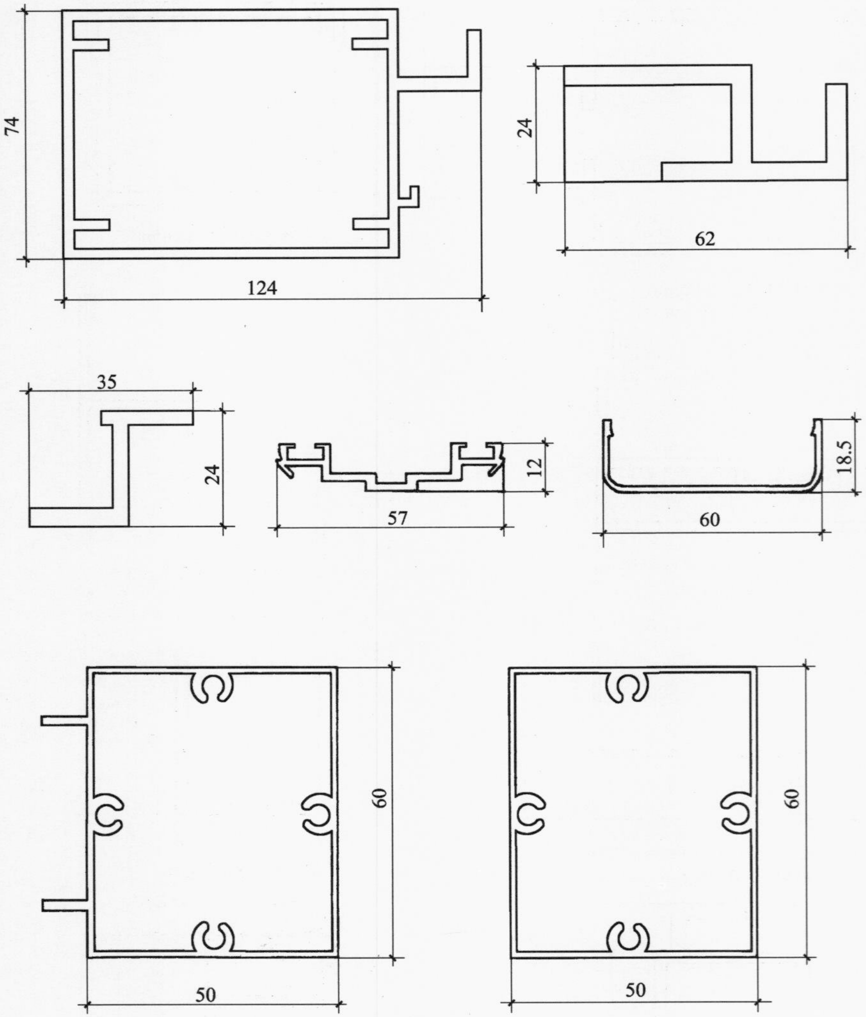

150系列明框幕墙型材

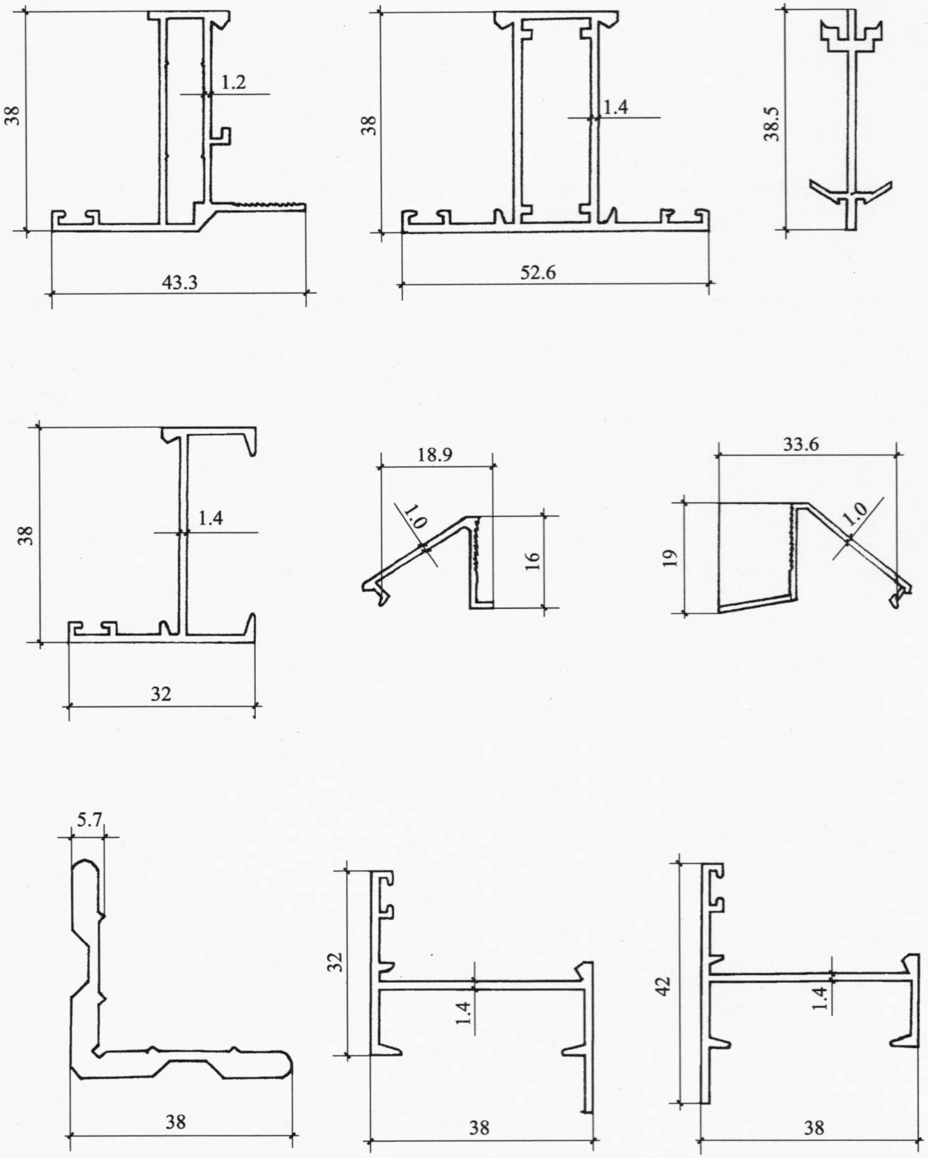

38系列普通型门窗型材

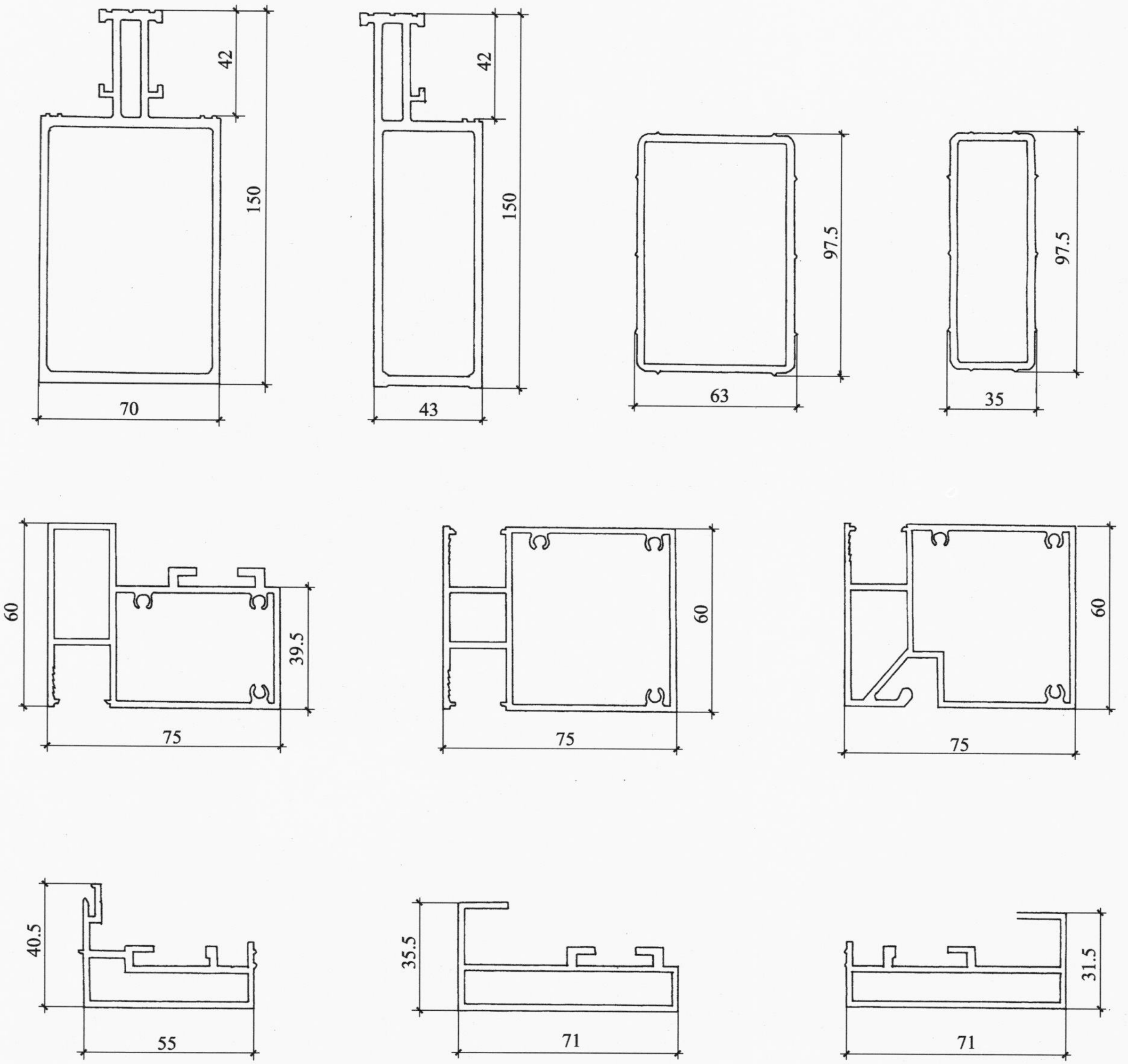
42
150
70
42
150
43
97.5
63
97.5
35
60
39.5
75
60
75
60
75
40.5
55
35.5
71
31.5
71

150-明框幕墙型材

特点：1. 多种外框型材，满足客户各种窗型的需要；
2. 密封性能好；
3. 采用配件均为市场通用产品

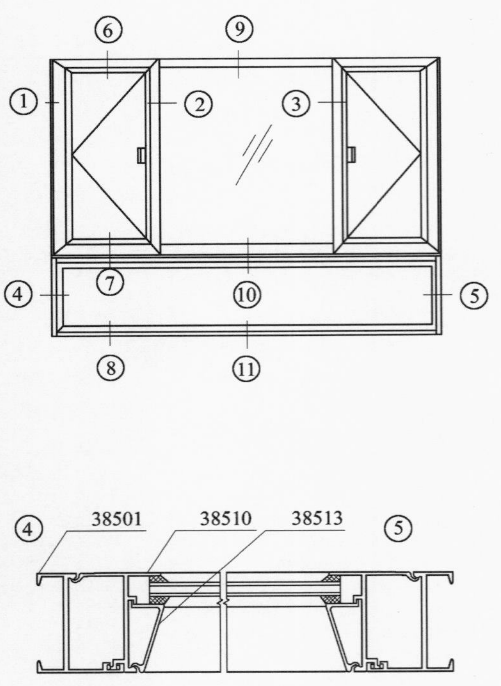

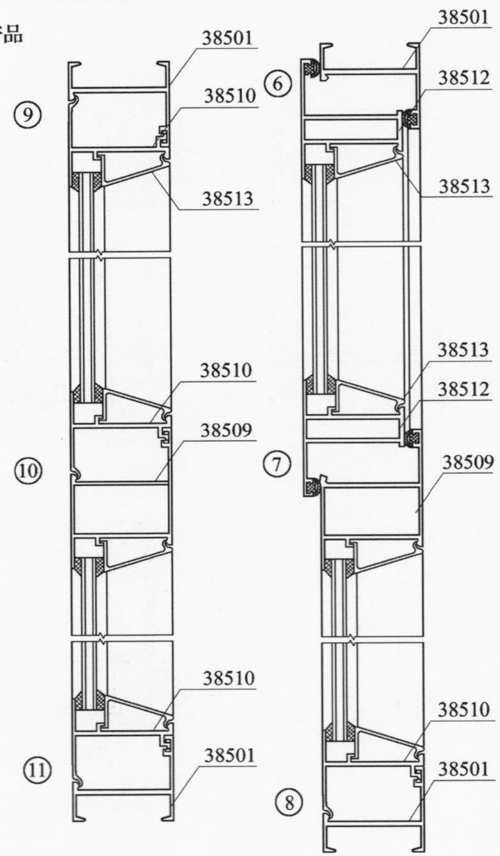

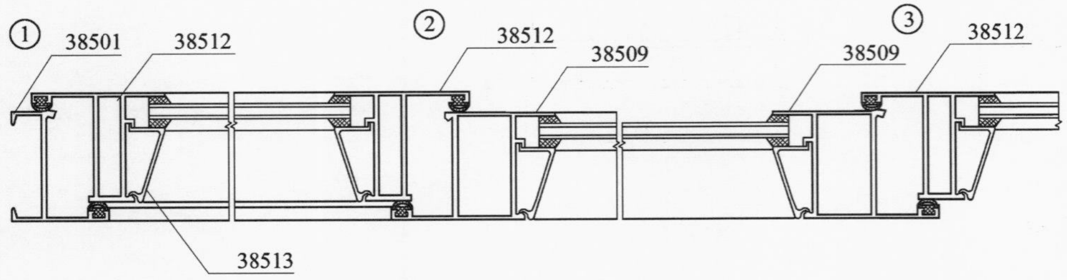

38系列Ⅲ型平开窗结构图

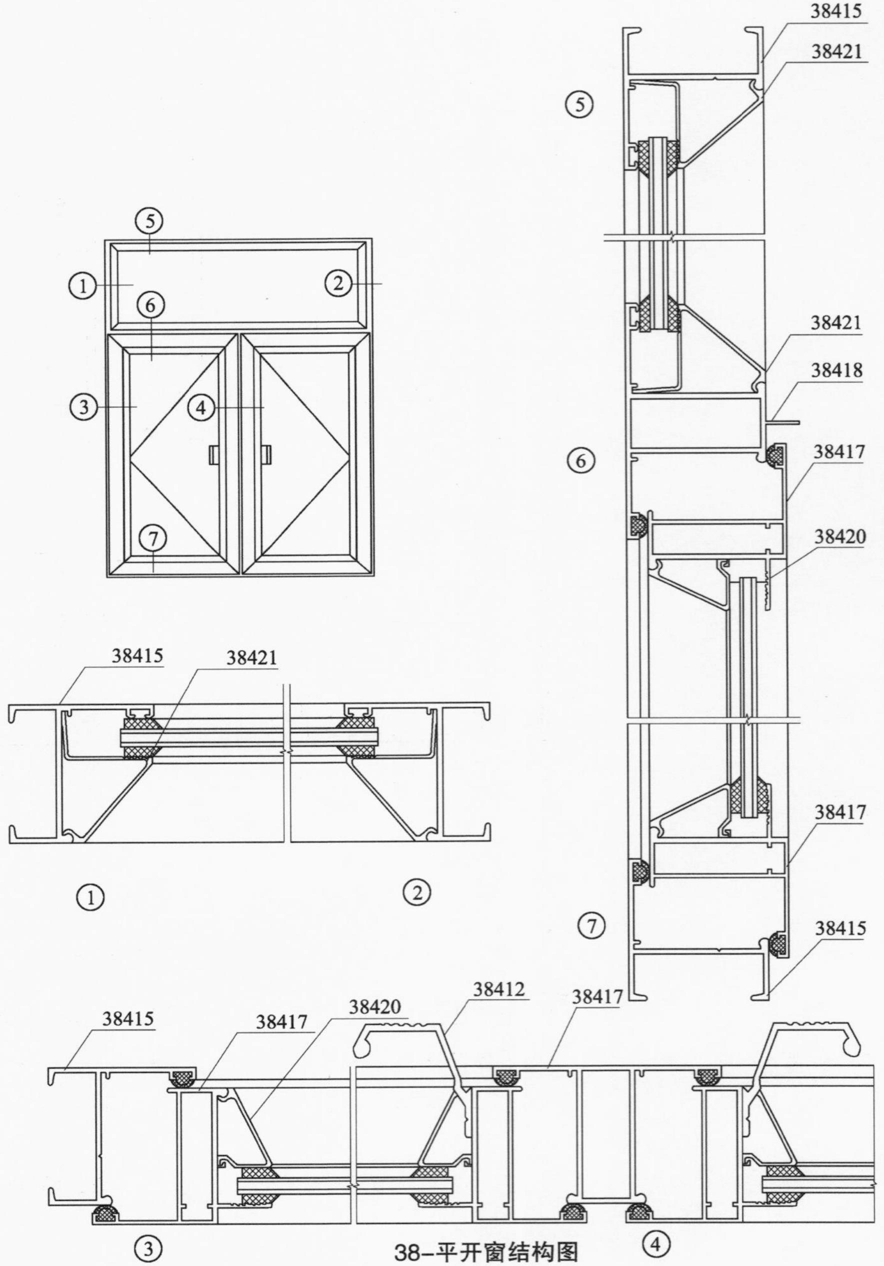

38-平开窗结构图

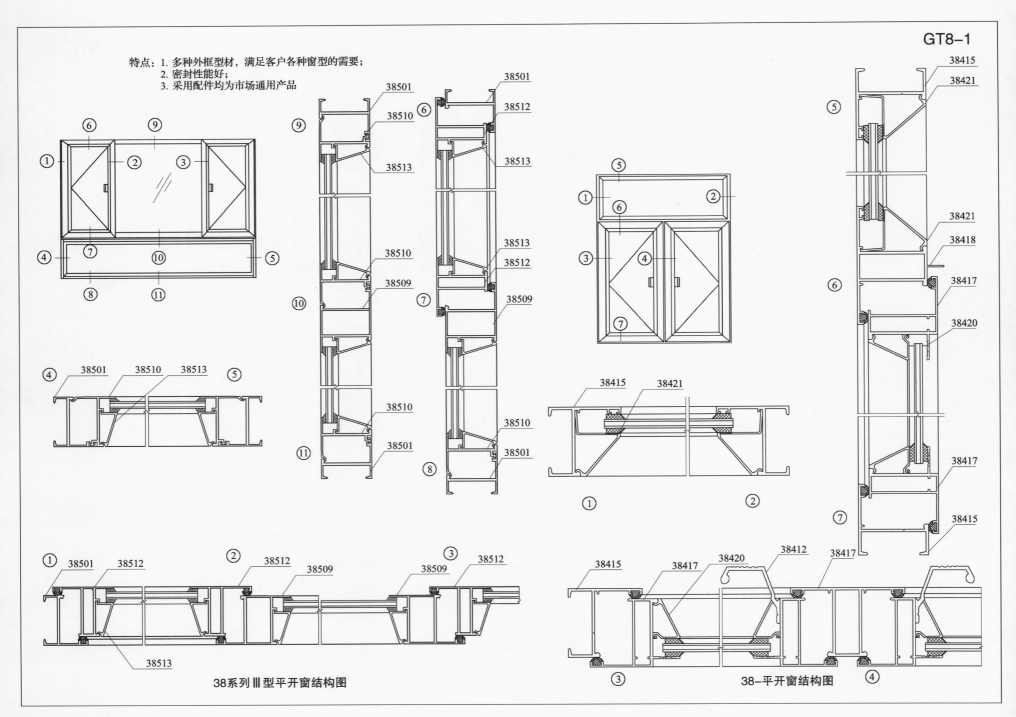

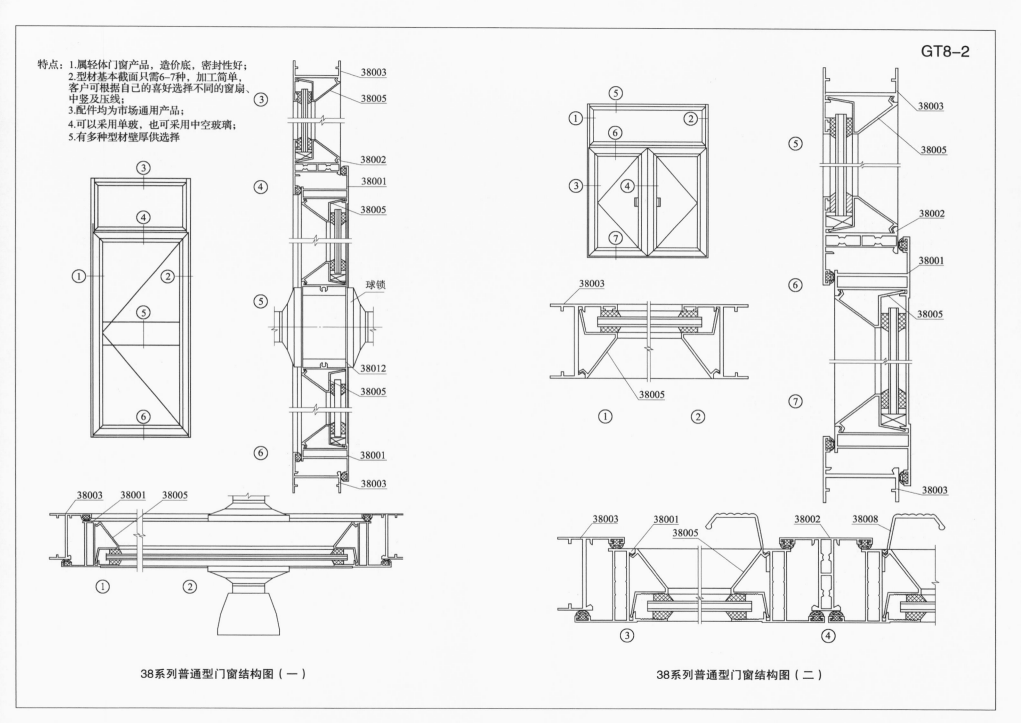

特点：1.属轻体门窗产品，造价底，密封性好；
2.型材基本截面只需6–7种，加工简单，客户可根据自己的喜好选择不同的窗扇、中竖及压线；
3.配件均为市场通用产品；
4.可以采用单玻，也可采用中空玻璃；
5.有多种型材壁厚供选择

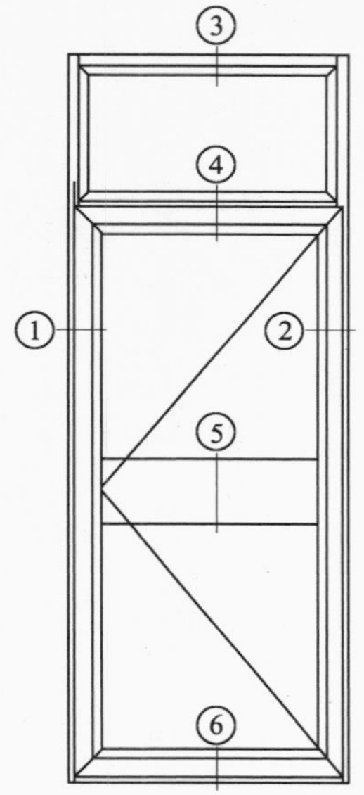
③
④
①
②
⑤
⑥

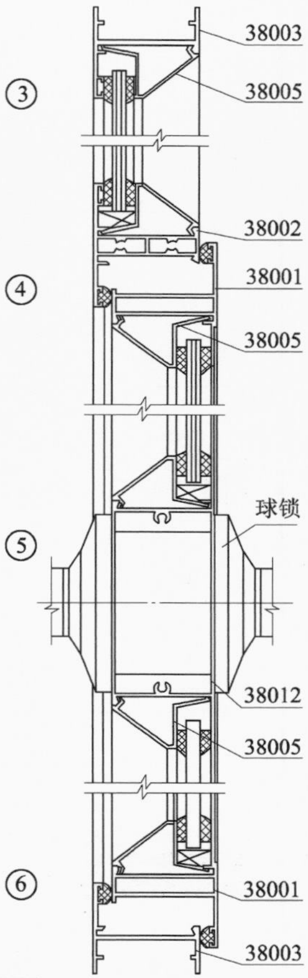
38003
③
38005
38002
④
38001
38005
球锁
⑤
38012
38005
⑥
38001
38003

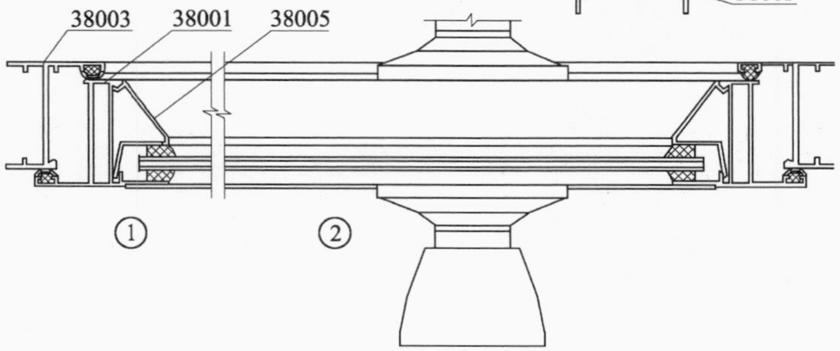
38003
38001
38005
①
②

38系列普通型门窗结构图（一）

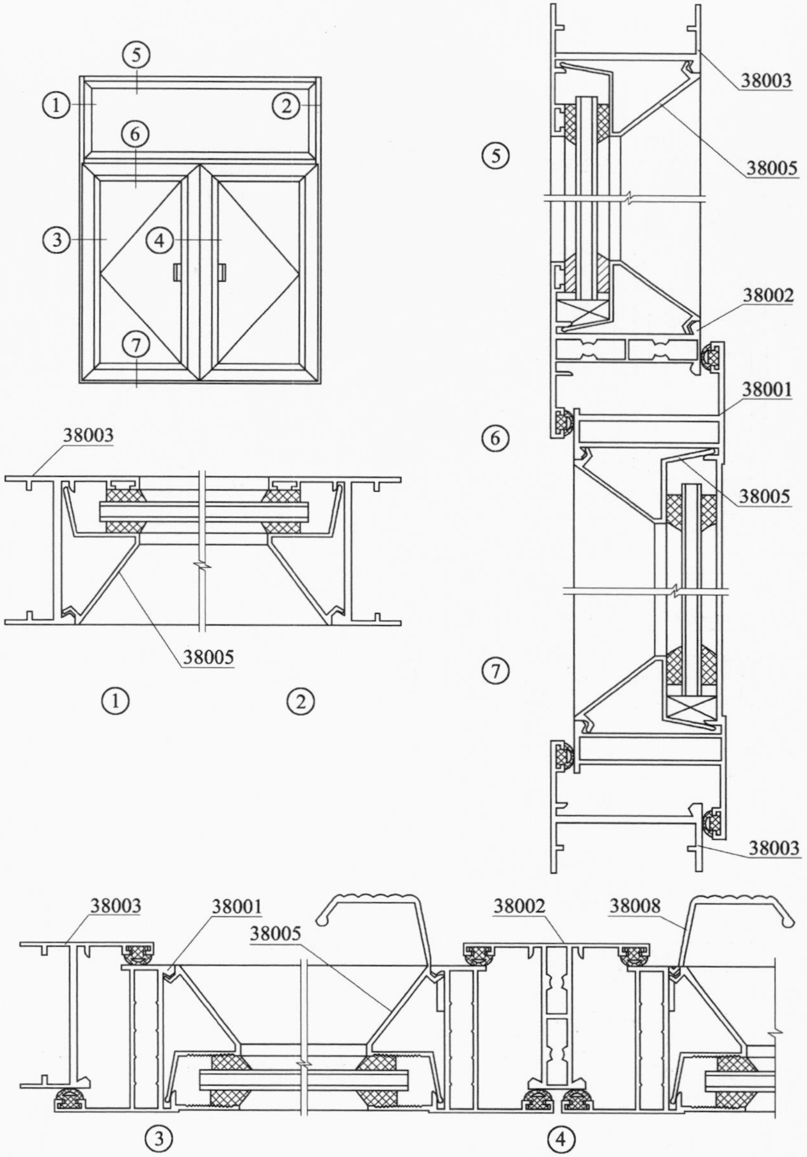
⑤
①
②
⑥
③
④
⑦
38003
38005
①
②
38003
⑤
38005
38002
38001
⑥
38005
⑦
38003
38003
38001
38005
38002
38008
③
④

38系列普通型门窗结构图（二）

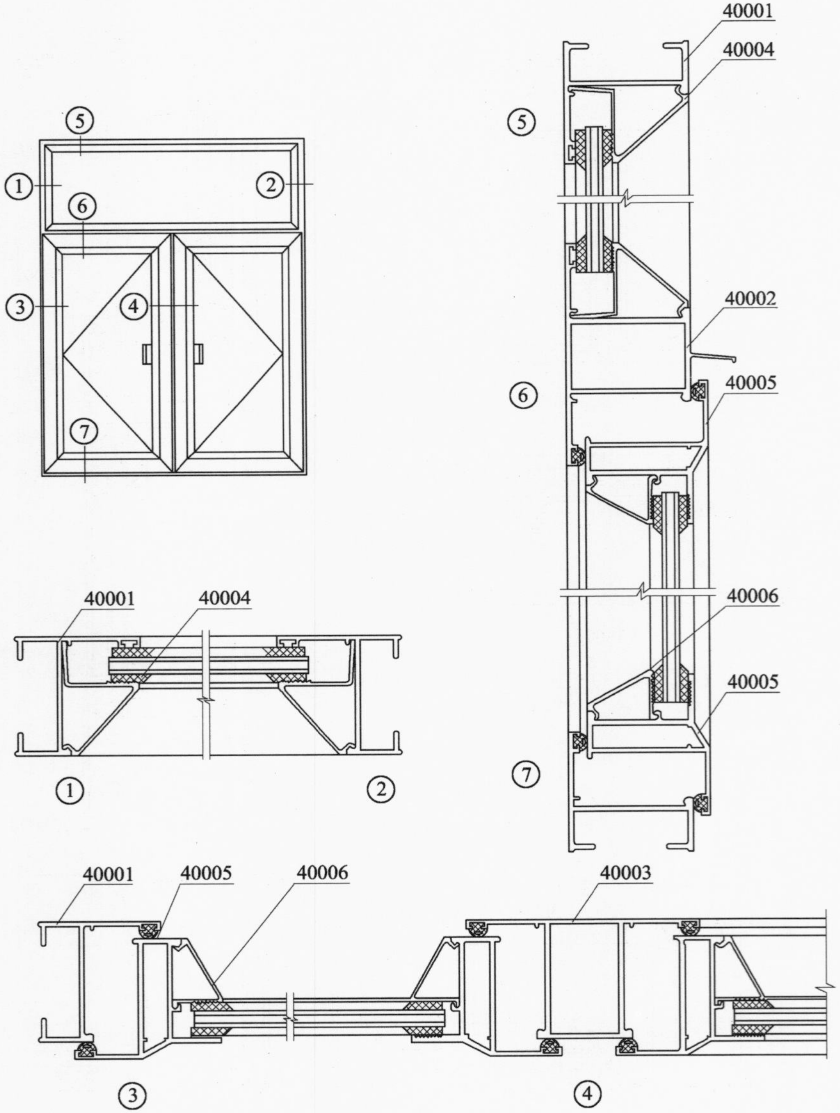
40001
40004
40002
40005
40006
40005
40001
40004
40001
40005
40006
40003
①
②
③
④
⑤
⑥
⑦

40-平开窗结构图

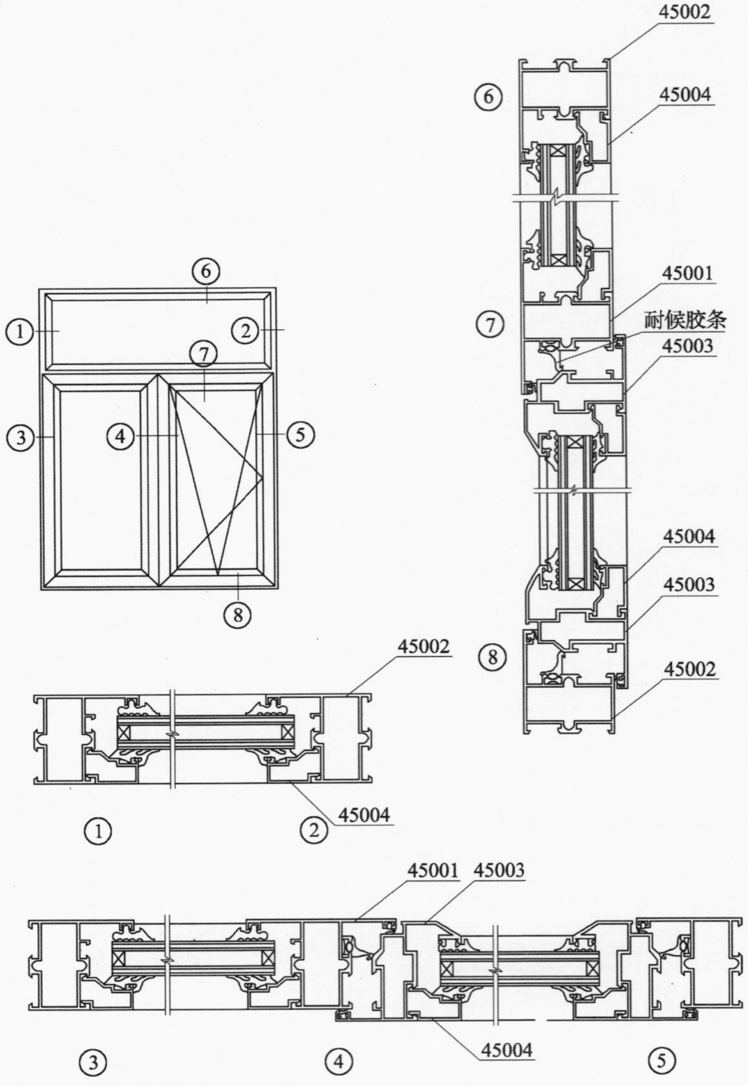
45002
45004
45001
耐候胶条
45003
45004
45003
45002
45002
45004
45001
45003
45004
①
②
③
④
⑤
⑥
⑦
⑧

45-内倾、内开窗结构图

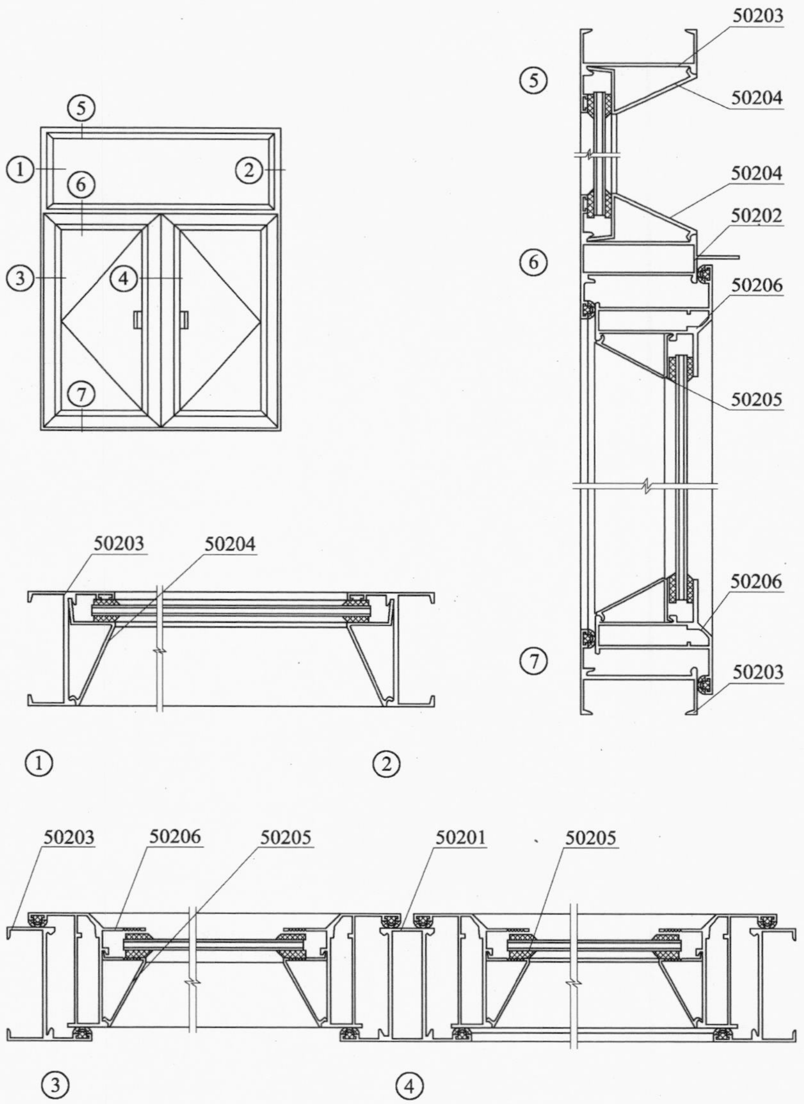

50-平开窗结构图

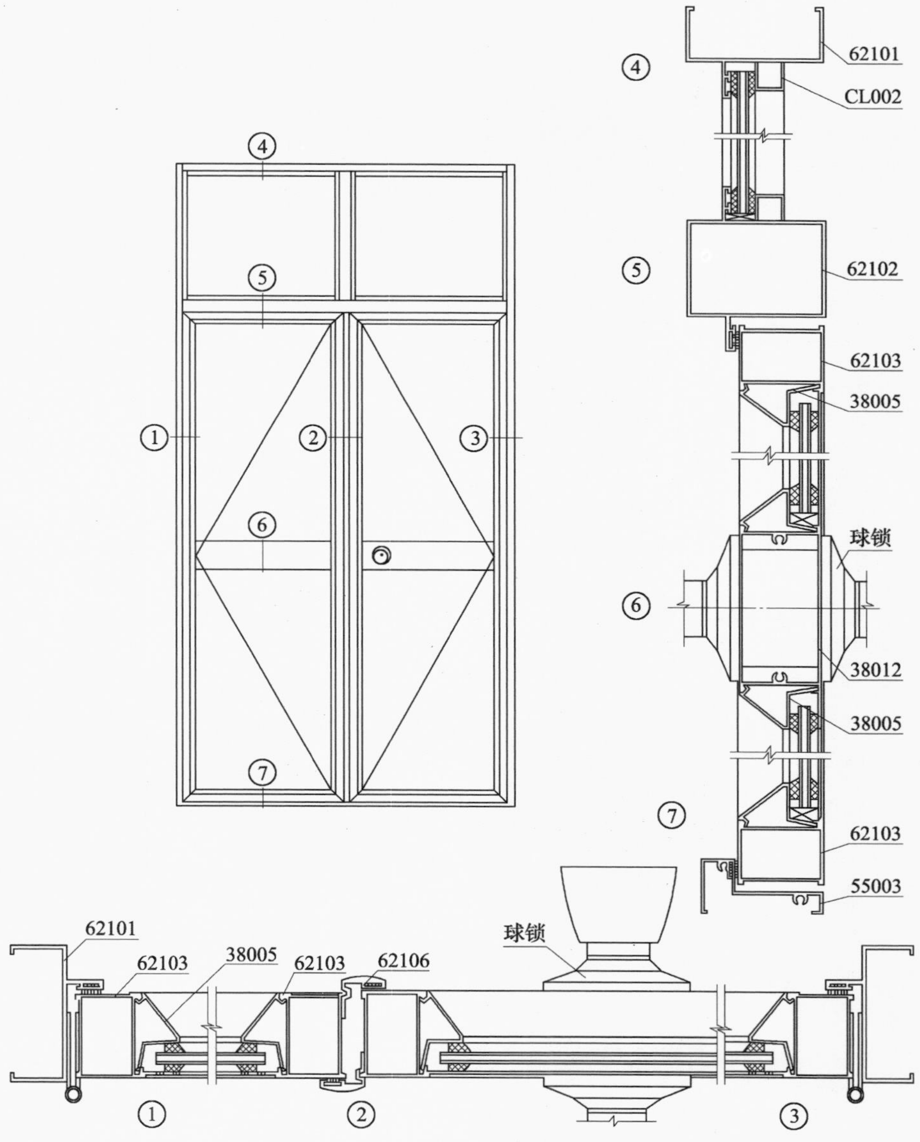

62-平开门结构图

特点：1.密封性能好，铝材品种少，可以组合多种窗型
2.可以将平开的窗扇玻璃及固定部分玻璃进行小分格，以改变整窗的风格

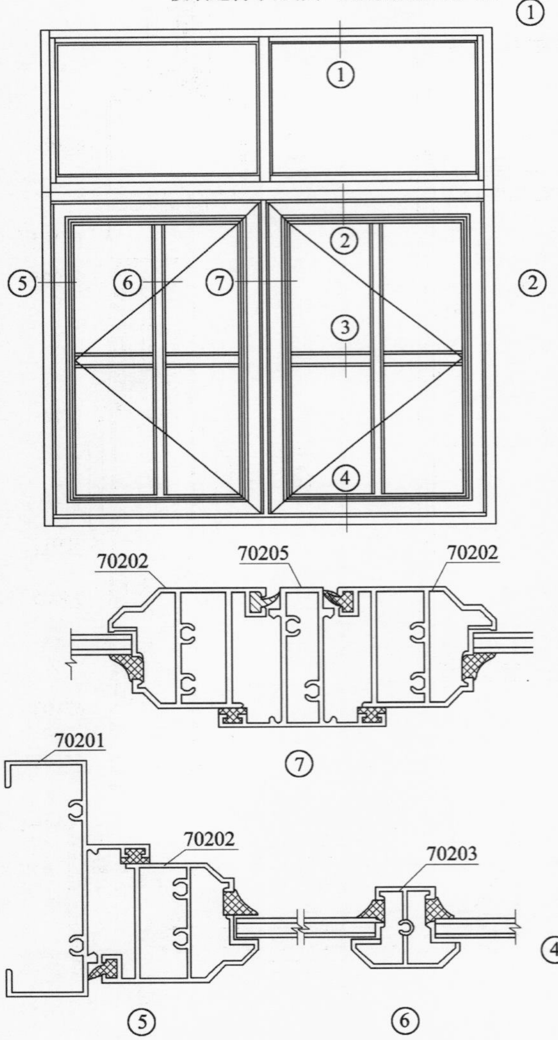
①
②
③
④
⑤
⑥
⑦
70202
70205
70202
⑦
70201
70202
70203
⑤
⑥

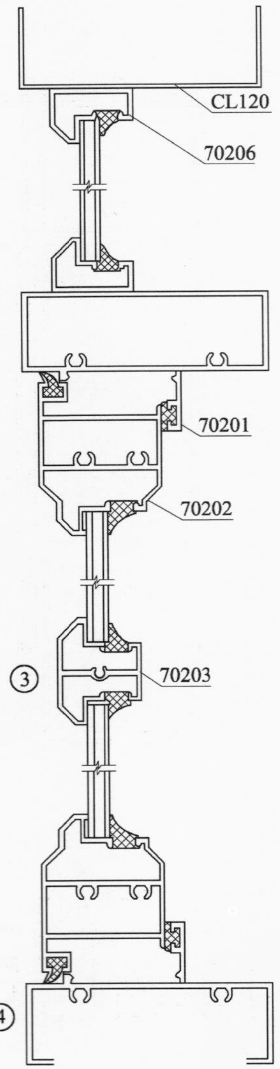
①
CL120
70206
②
70201
70202
③
70203
④

70系列平开窗结构图

特点：1.结构合理，彻底解决了推拉窗上下漏洞的问题，铝材品种少，防脱块可以有效地防止窗扇脱落。
2.密封性，抗风性能优良。

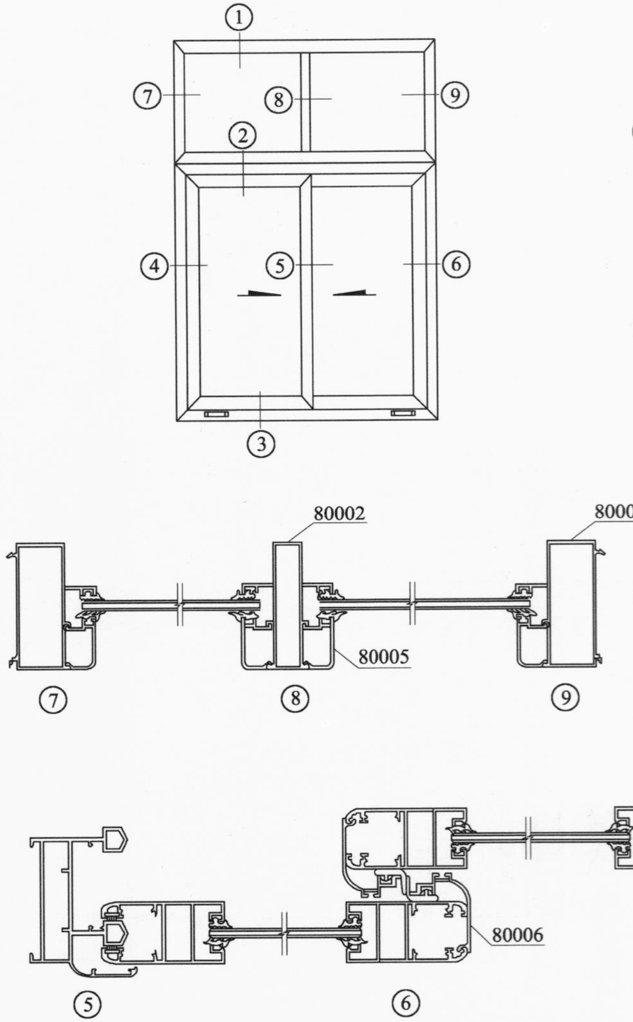
①
⑦
⑧
⑨
②
④
⑤
⑥
③
80002
80004
80005
⑦
⑧
⑨
80006
⑤
⑥
⑥

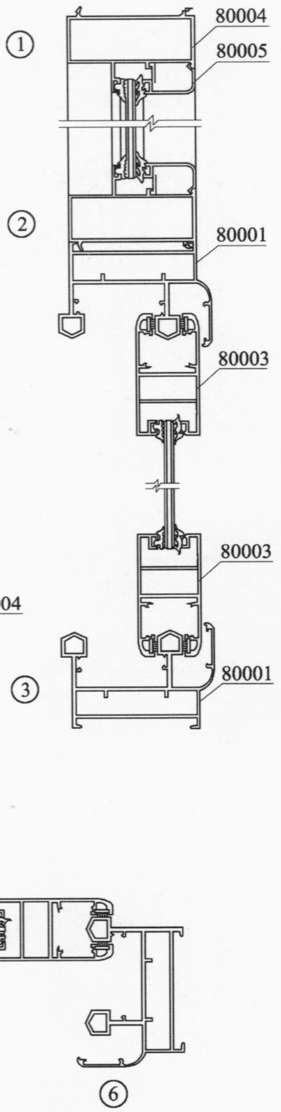
80004
80005
①
②
80001
80003
80003
80001
③

80系列推拉窗结构图

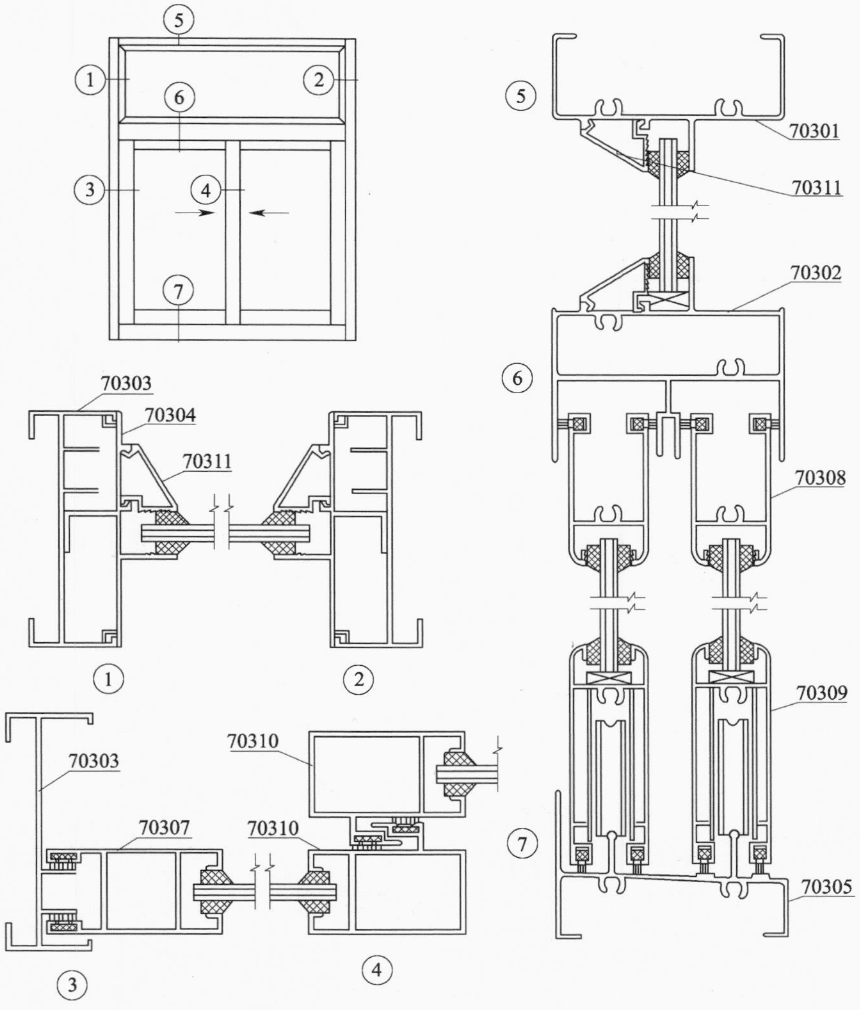

70-推拉窗结构图

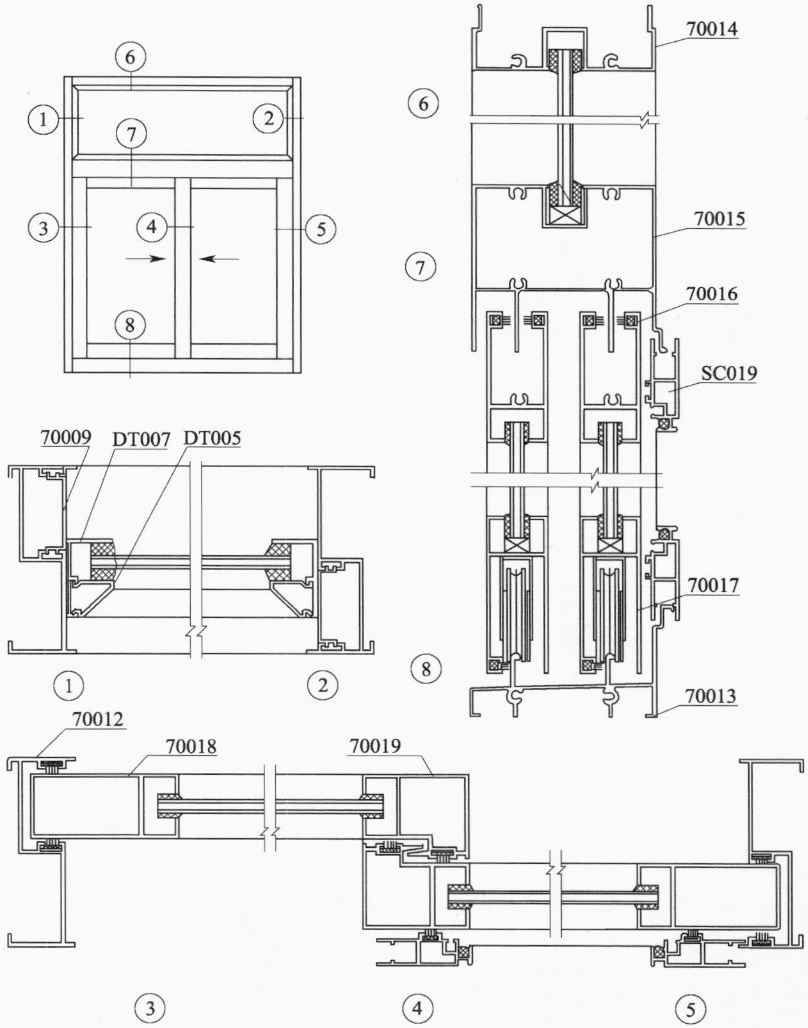

70-推拉窗结构图

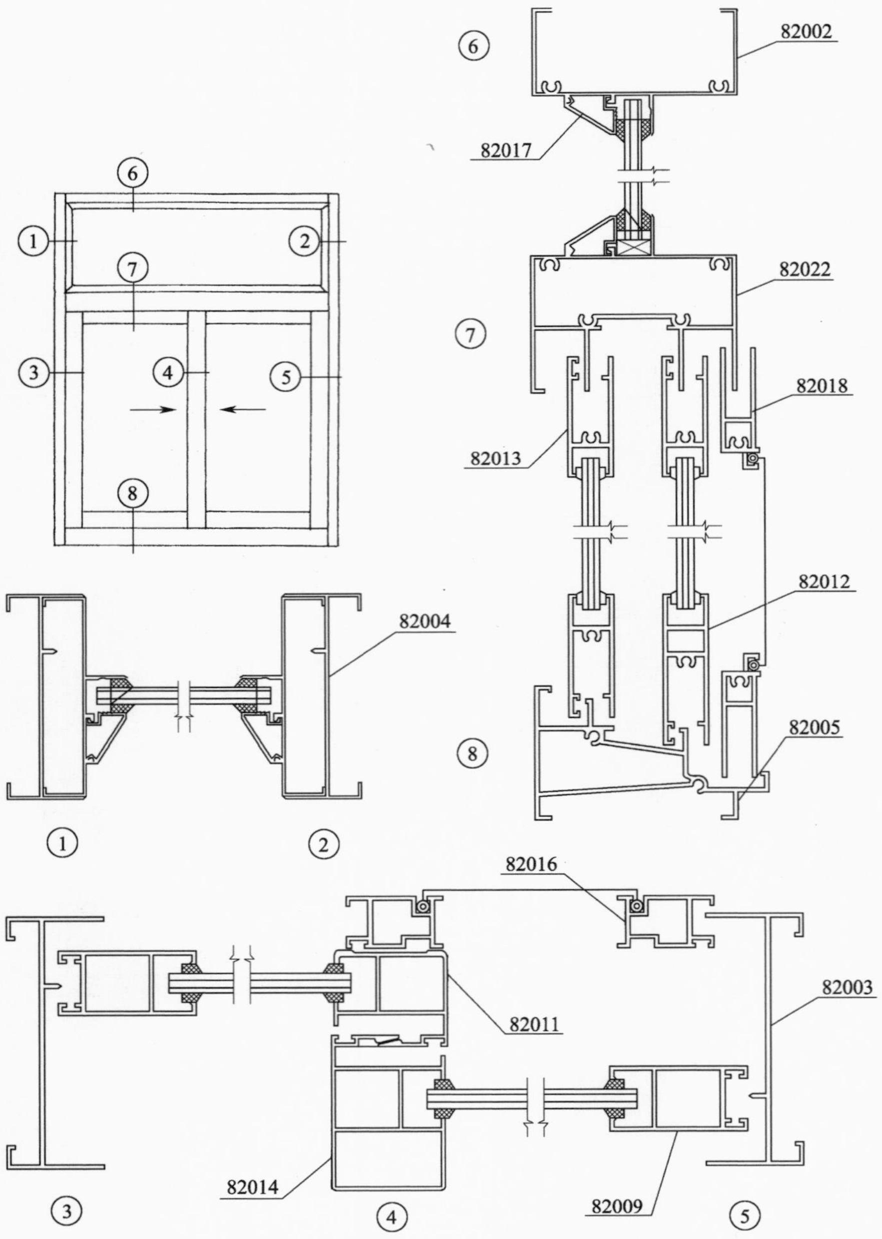

82–推拉窗（带纱）结构图

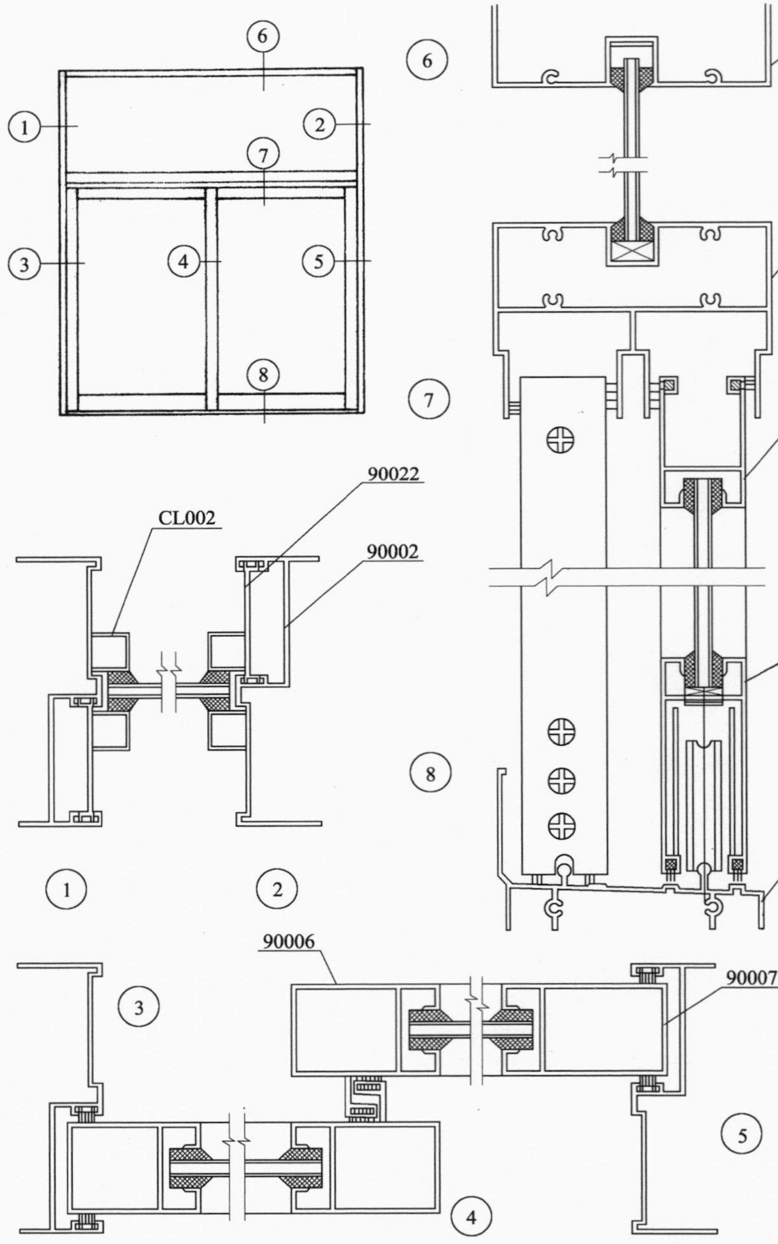

90–普通型推拉窗（带固定上亮）结构图

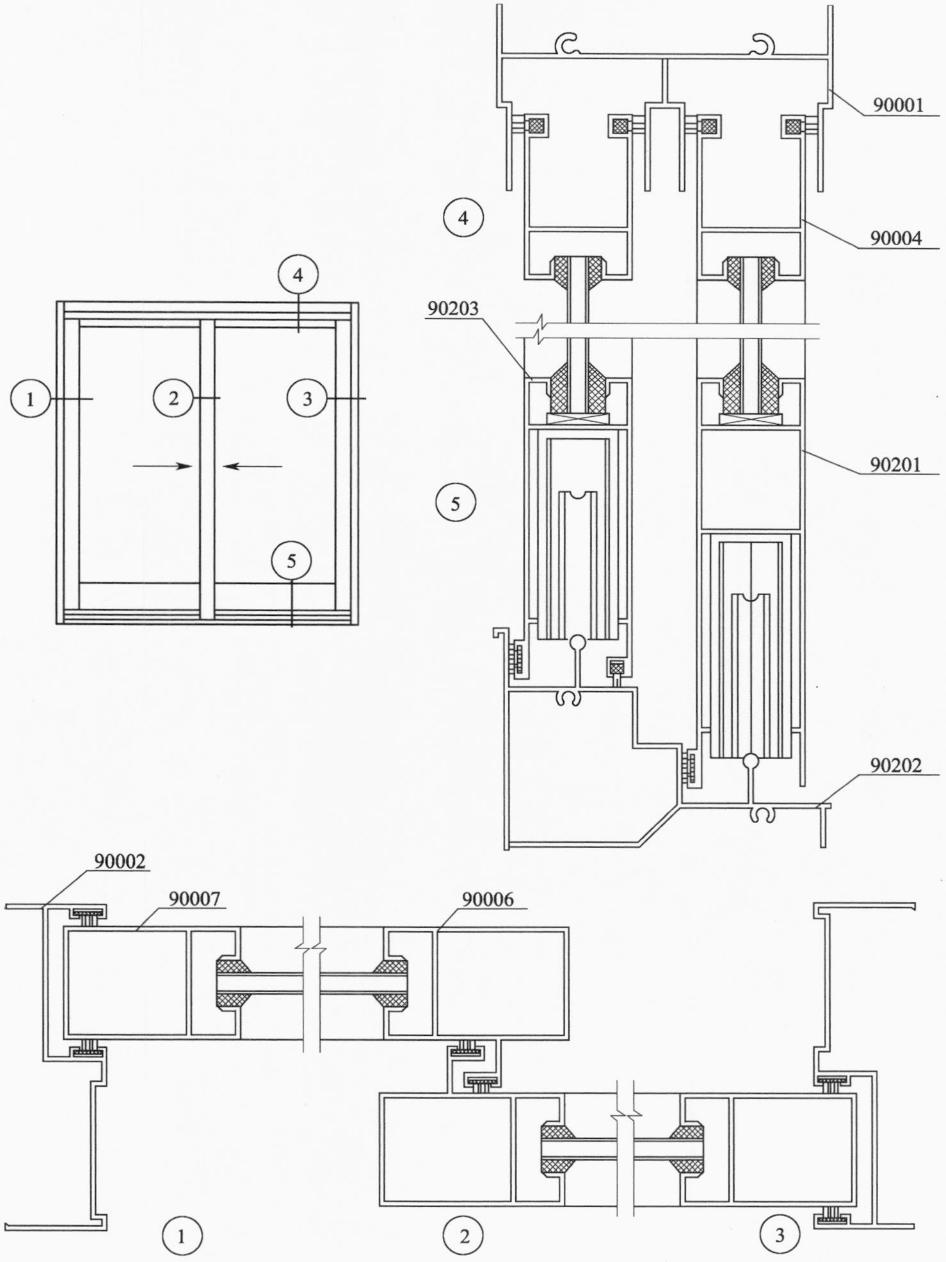
90001
90004
90203
90201
90202
90002
90007
90006
1
2
3
4
5

90推拉窗（高低轨）结构图

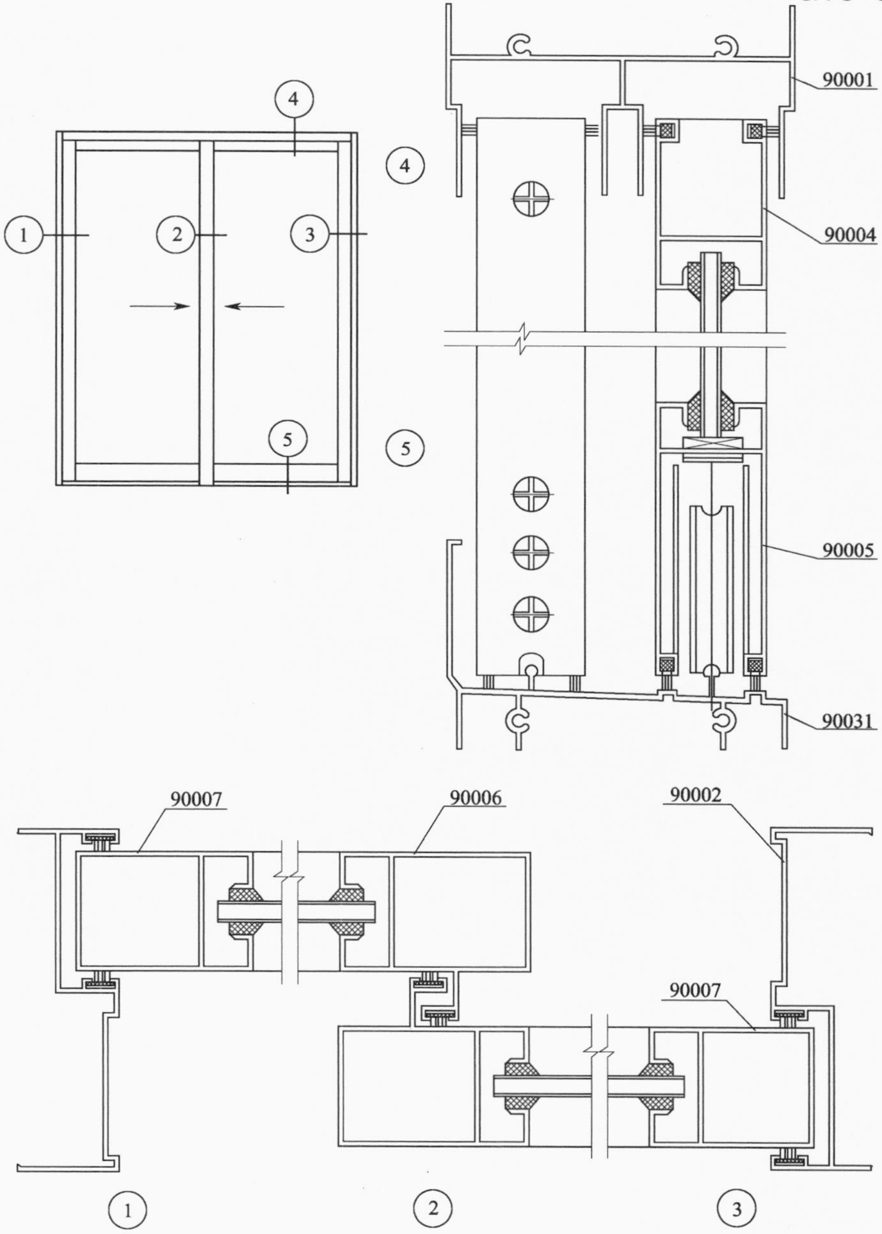
90001
90004
90005
90031
90007
90006
90002
90007
1
2
3
4
5

90–推拉窗结构图

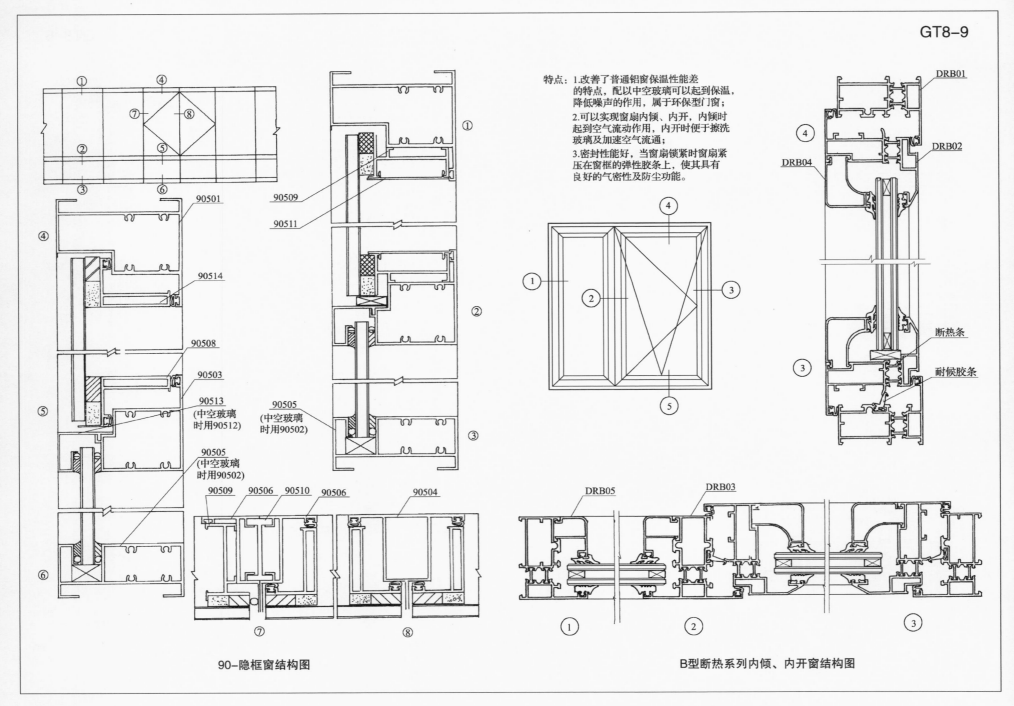

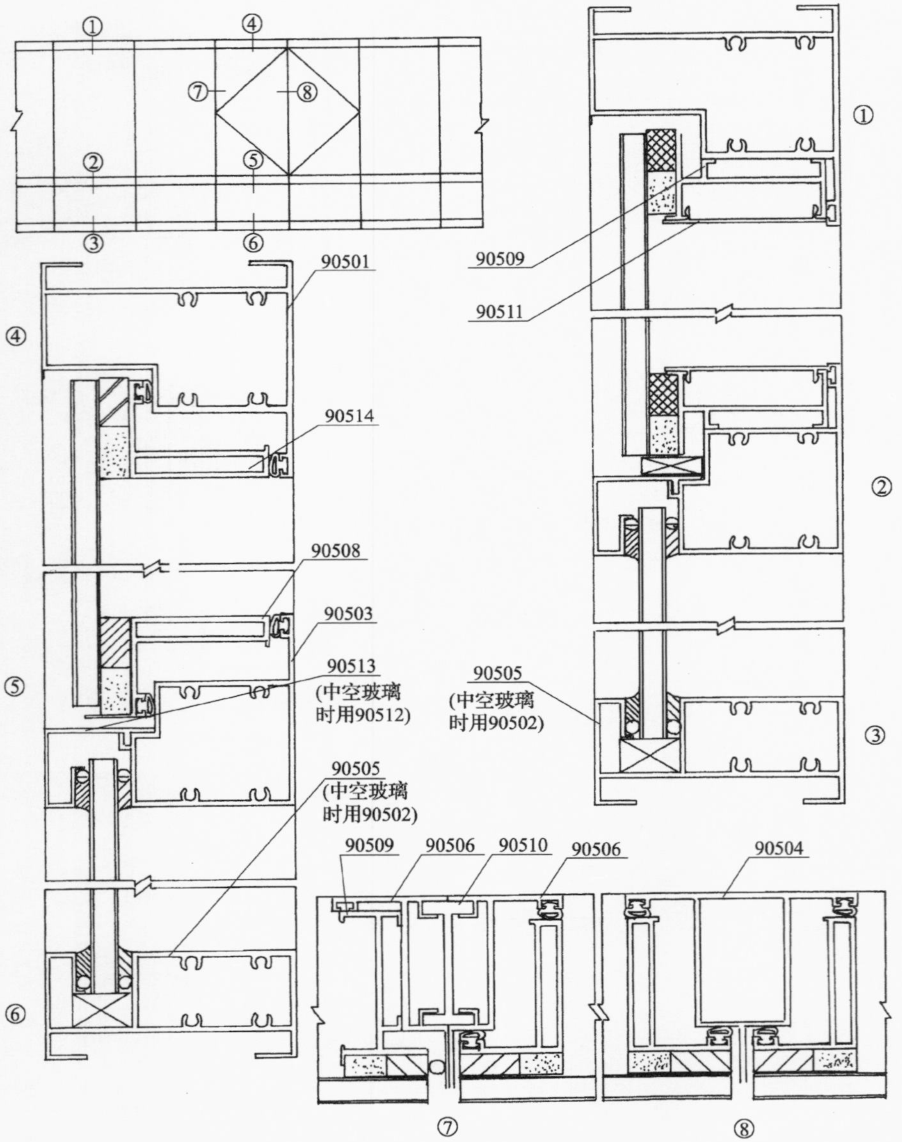
①
②
③
④
⑤
⑥
⑦
⑧
90501
90514
90508
90503
90513
(中空玻璃
时用90512)
90505
(中空玻璃
时用90502)
90509
90511
90505
(中空玻璃
时用90502)
90509
90506
90510
90506
90504

90-隐框窗结构图

特点：1.改善了普通铝窗保温性能差的特点，配以中空玻璃可以起到保温，降低噪声的作用，属于环保型门窗；

2.可以实现窗扇内倾、内开，内倾时起到空气流动作用，内开时便于擦洗玻璃及加速空气流通；

3.密封性能好，当窗扇锁紧时窗扇紧压在窗框的弹性胶条上，使其具有良好的气密性及防尘功能。

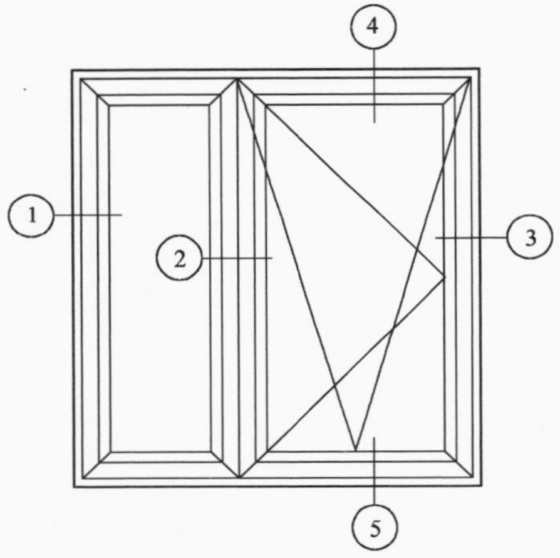
1
2
3
4
5

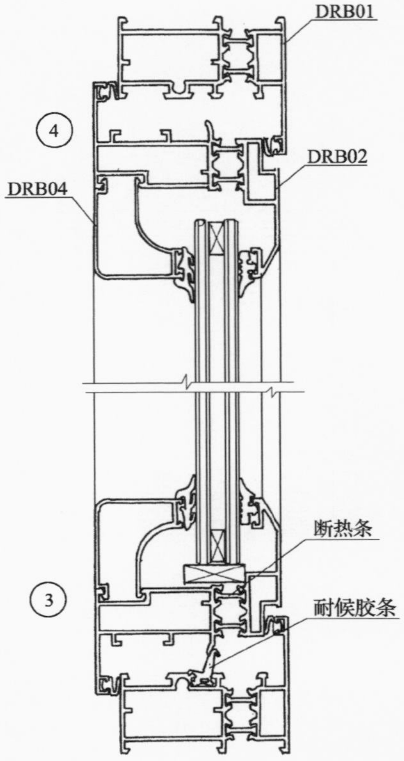
DRB01
DRB02
DRB04
4
3
断热条
耐候胶条

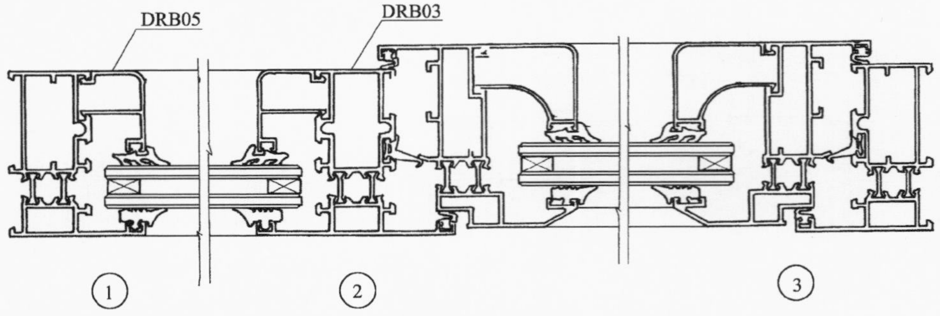
DRB05
DRB03
1
2
3

B型断热系列内倾、内开窗结构图

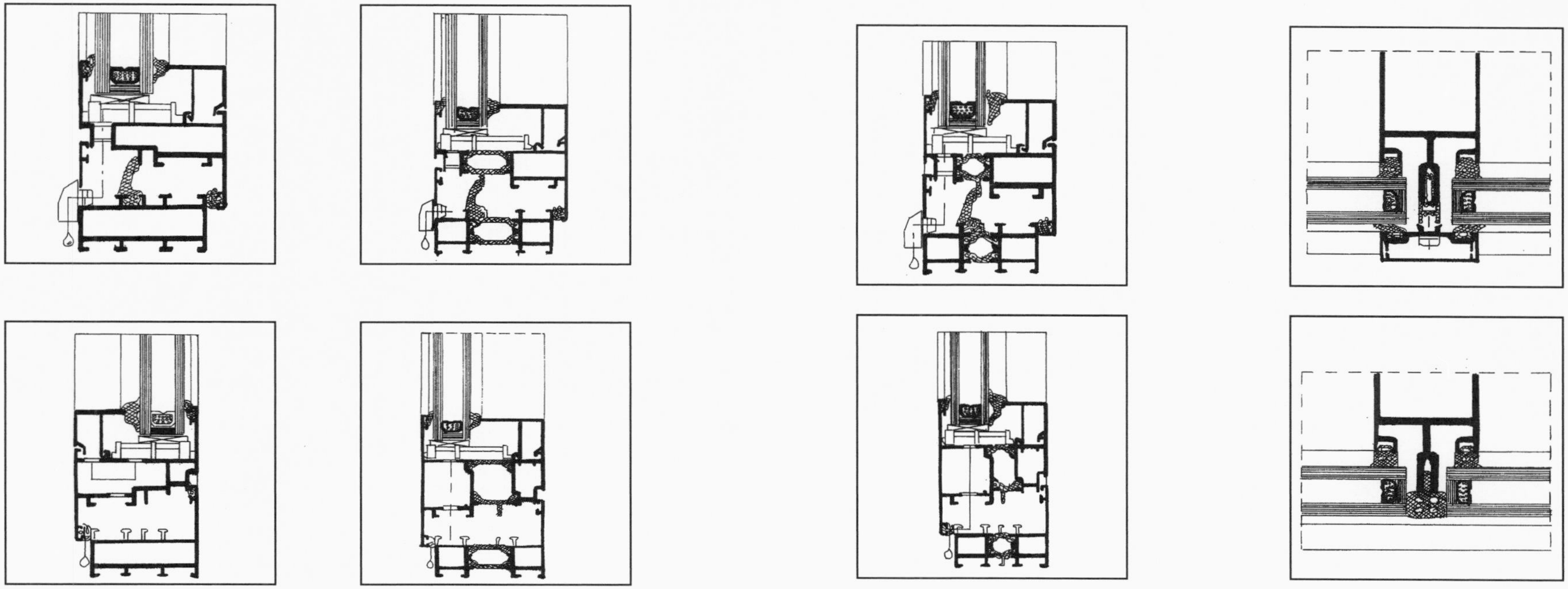

铝合金门窗节点

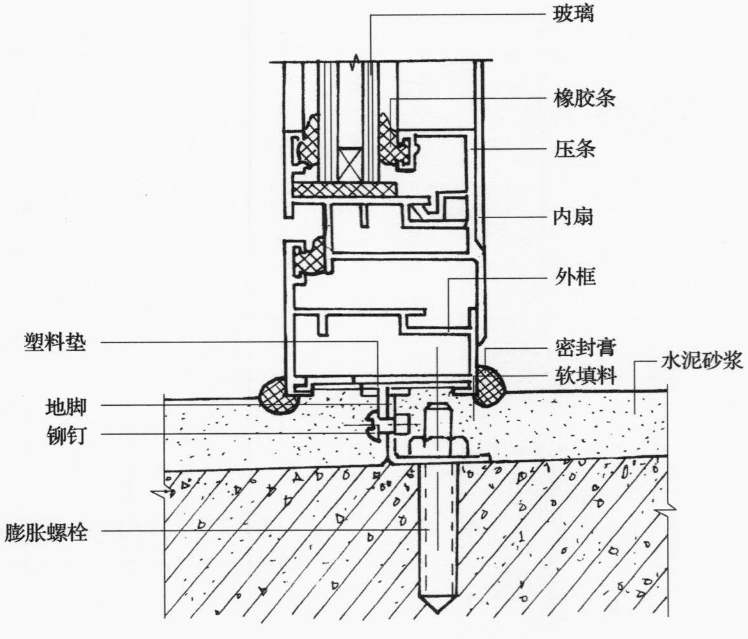
玻璃
橡胶条
压条
内扇
外框
塑料垫
密封膏
软填料
水泥砂浆
地脚
铆钉
膨胀螺栓

(*a*)

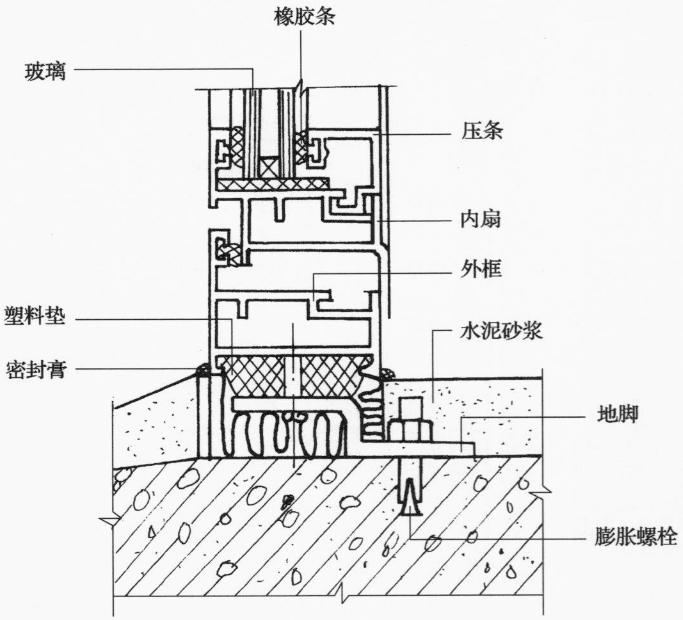
橡胶条
玻璃
压条
内扇
外框
塑料垫
水泥砂浆
密封膏
地脚
膨胀螺栓

(*b*)

铝合金门窗安装节点图

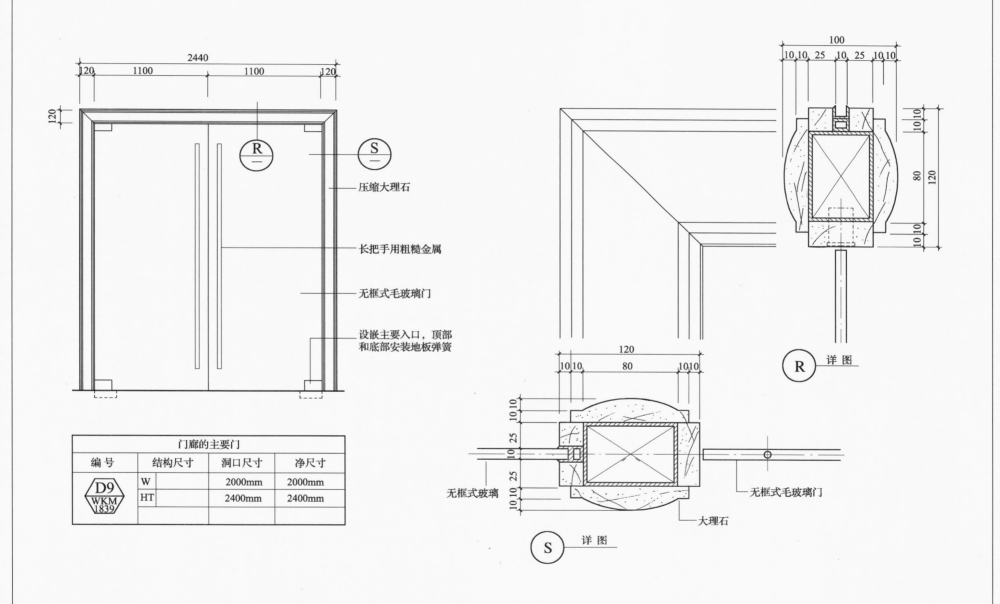

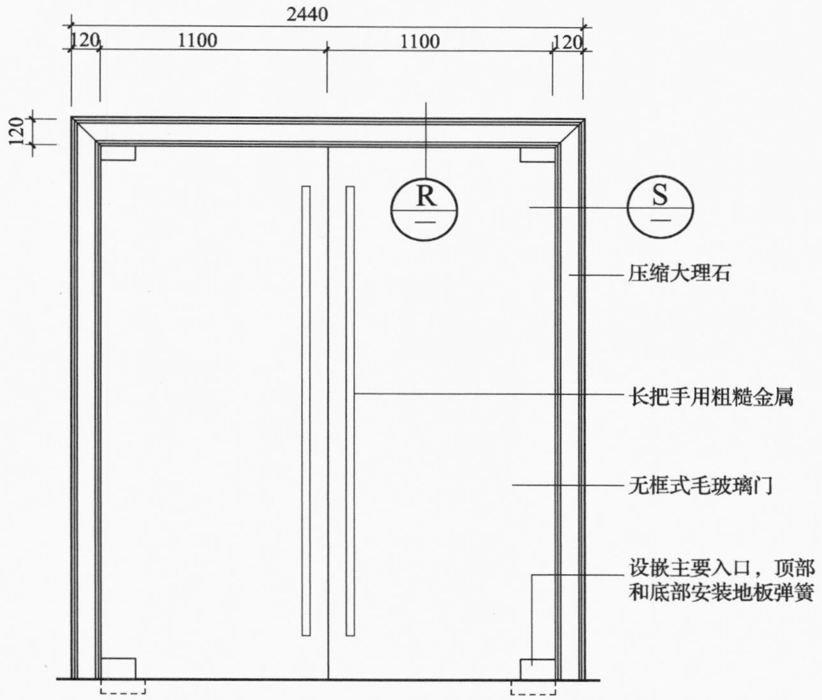
2440
120
1100
1100
120
120
R
S
压缩大理石
长把手用粗糙金属
无框式毛玻璃门
设嵌主要入口，顶部
和底部安装地板弹簧

门廊的主要门				
编 号	结构尺寸		洞口尺寸	净尺寸
D9 WKM 1839	W		2000mm	2000mm
	HT		2400mm	2400mm

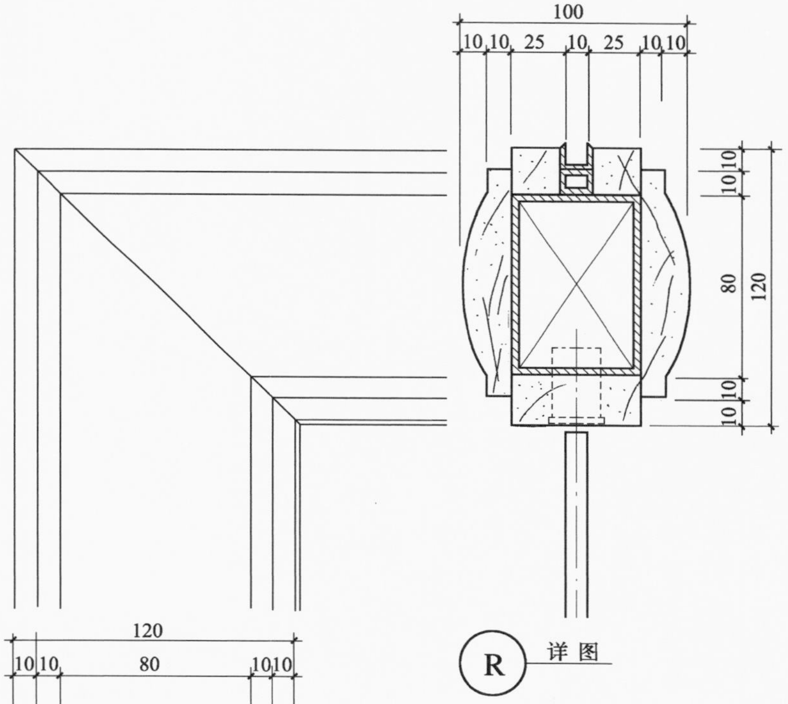
100
10 10 25 10 25 10 10
10 10
80
120
10 10
R 详 图

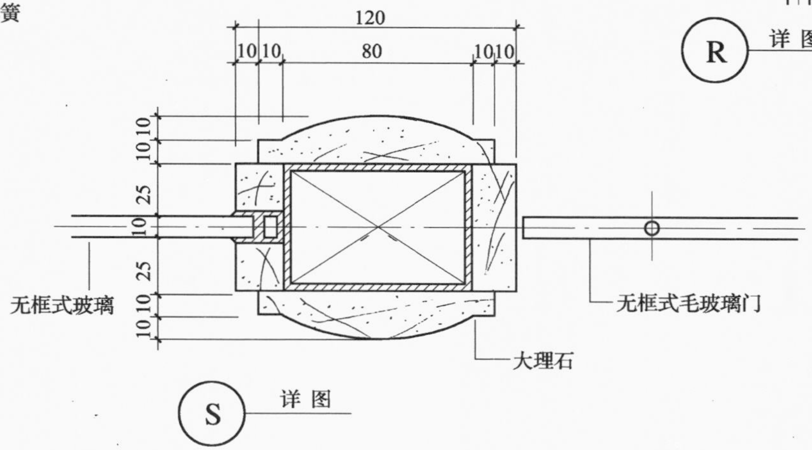
120
10 10 80 10 10
10 10
25
10
25
10 10
无框式玻璃
无框式毛玻璃门
大理石
S 详 图

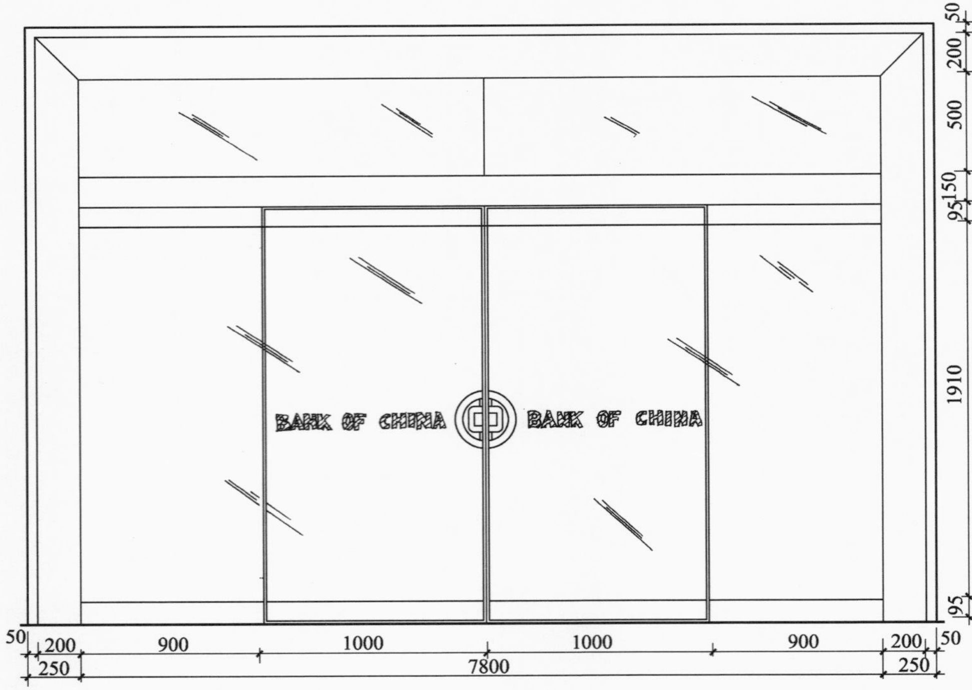

大门正立面图

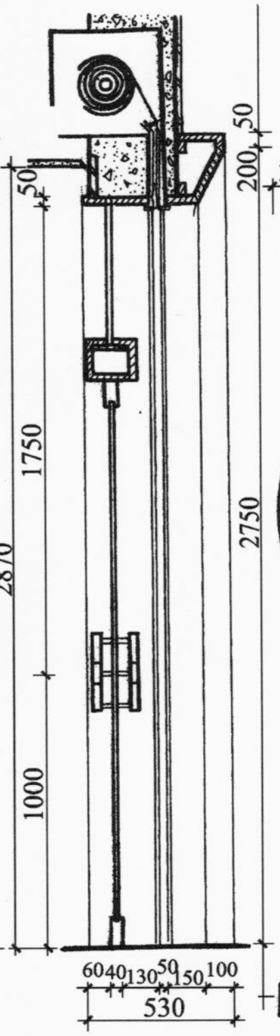

侧立面剖视图

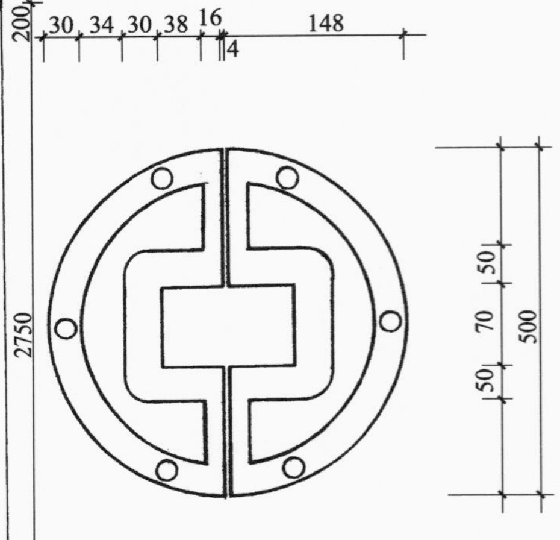

不锈钢拉手正视图

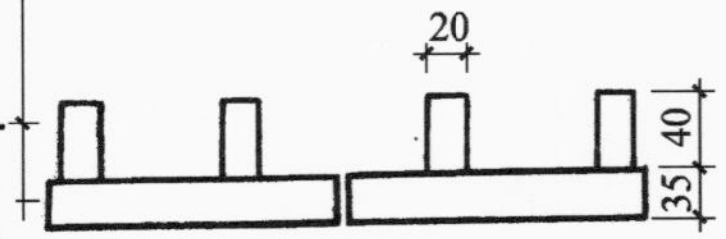

拉手俯视图

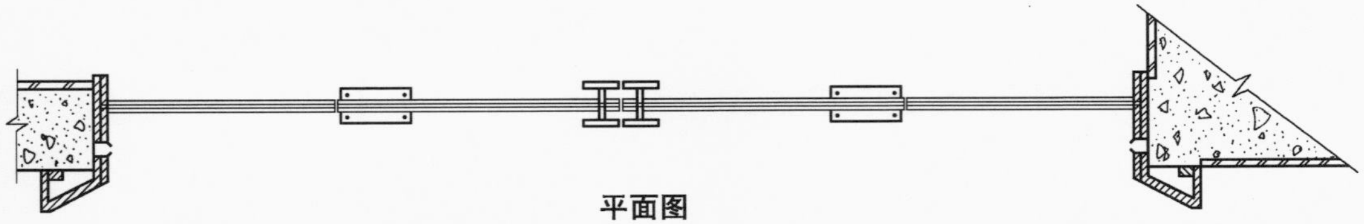

平面图

说明：
a.门及两边为12mm厚钢化玻璃，门头10mm厚白玻璃，门磨英文中行招牌。
b.1mm光面不锈钢包门框。拉手为不锈钢。
c.中行标志拉手不采用,则改用ϕ50横式拉手,英文招牌字则改在两边玻璃加两中行标志.
d.通透式不锈钢电动卷门，或改装现有窗为电动卷门。

钢化玻璃门详图（一）

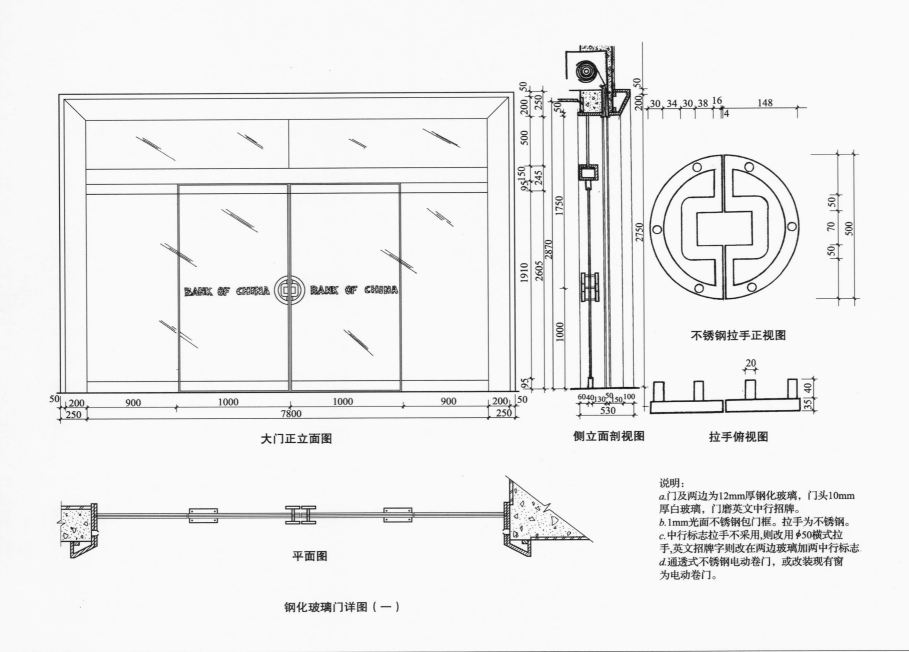

GT9-3

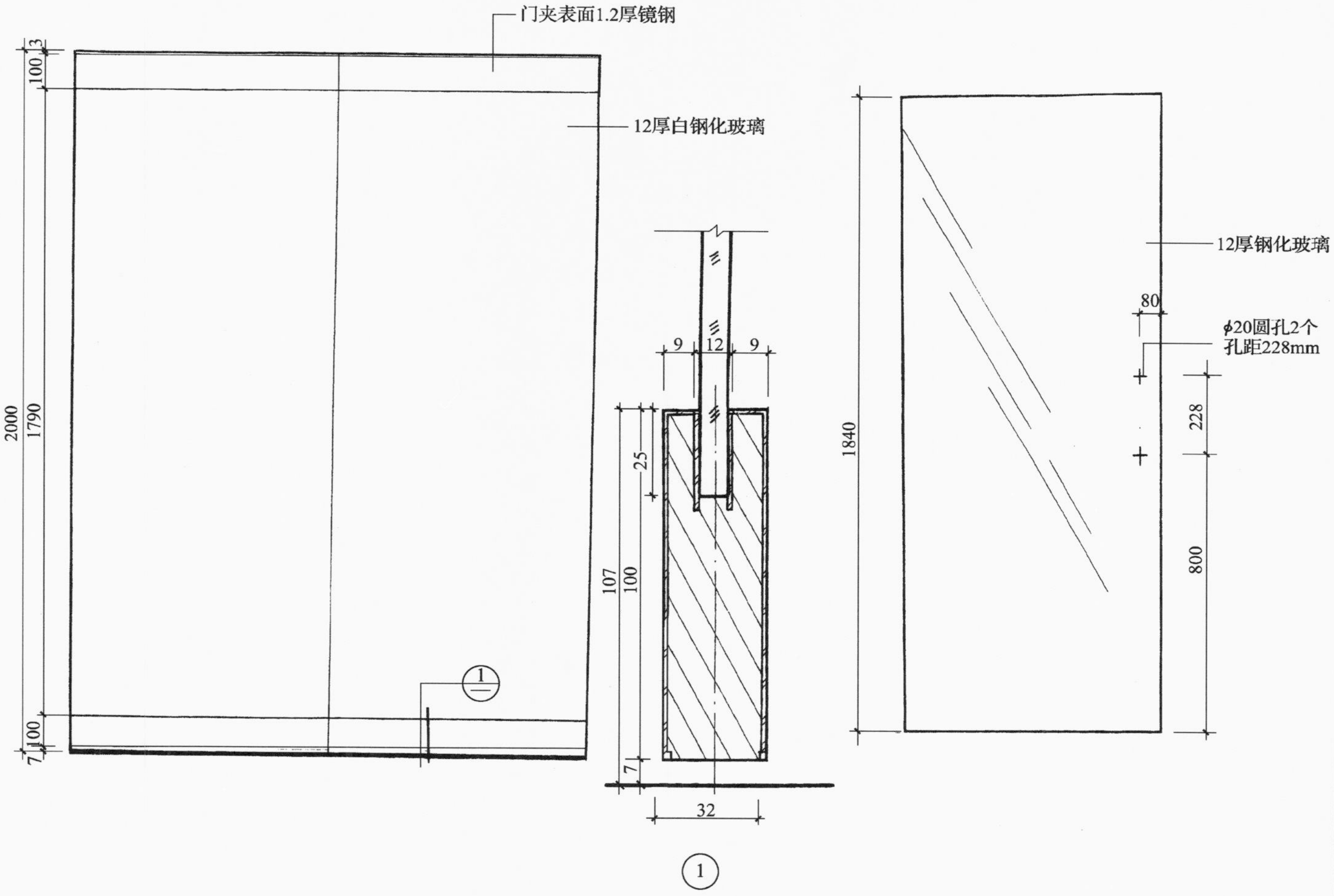
门夹表面1.2厚镜钢
12厚白钢化玻璃
12厚钢化玻璃
ϕ20圆孔2个
孔距228mm
2000
1790
100
3
7
1840
228
800
80
9
12
9
25
107
100
7
32
1
1

钢化玻璃门详图（二）

GT9-4

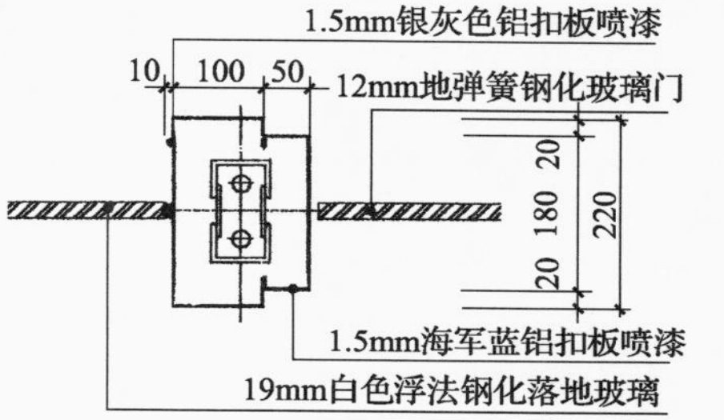
1.5mm银灰色铝扣板喷漆
10
100
50
12mm地弹簧钢化玻璃门
20
180
20
220
1.5mm海军蓝铝扣板喷漆
19mm白色浮法钢化落地玻璃

门及门套节点详图1

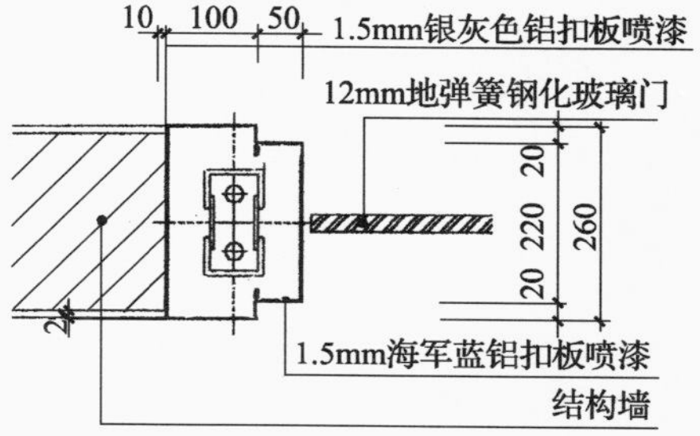
10
100
50
1.5mm银灰色铝扣板喷漆
12mm地弹簧钢化玻璃门
20
220
20
260
1.5mm海军蓝铝扣板喷漆
结构墙

门及门套节点详图2

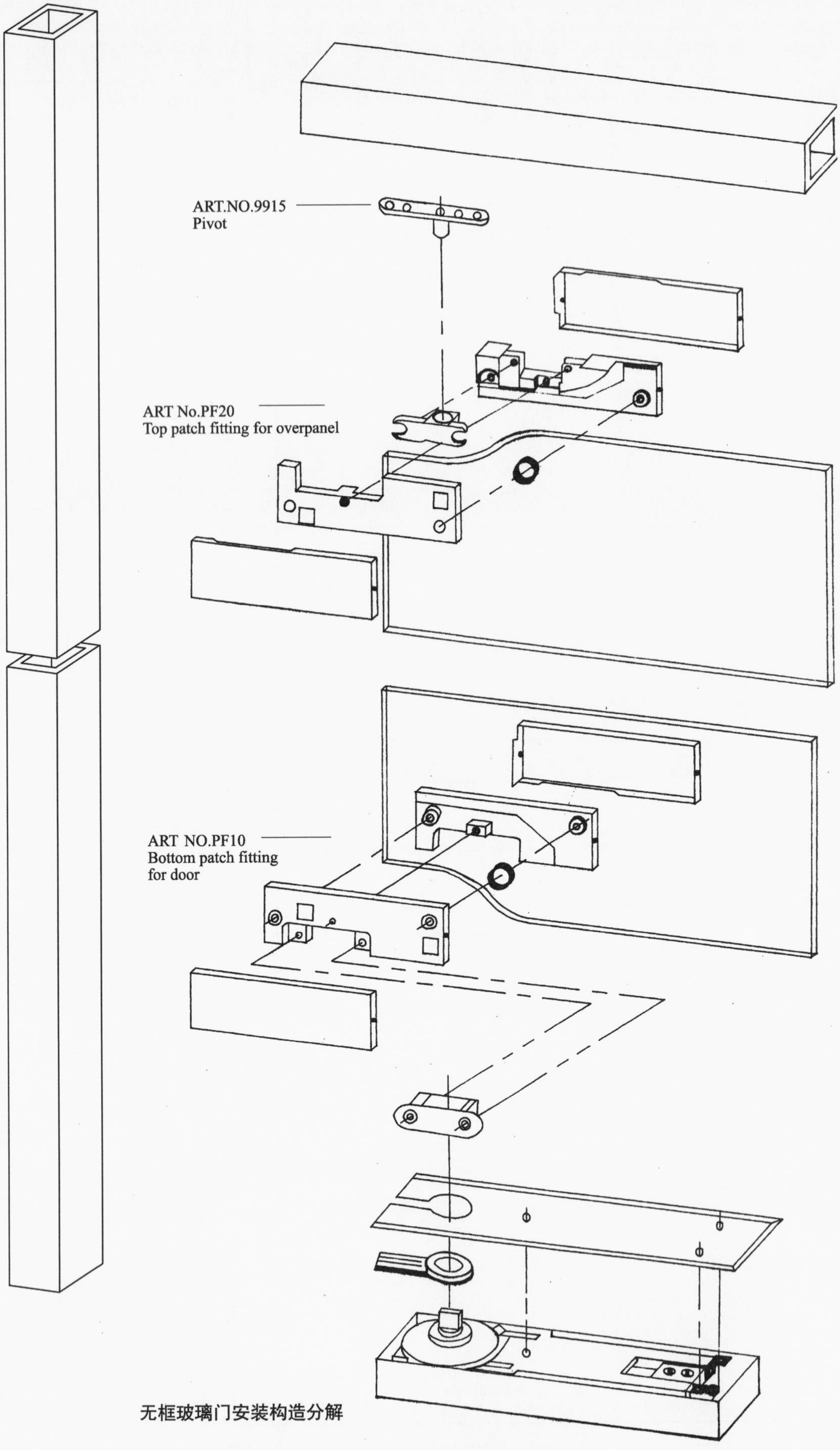
ART.NO.9915
Pivot
ART No.PF20
Top patch fitting for overpanel
ART NO.PF10
Bottom patch fitting
for door

无框玻璃门安装构造分解

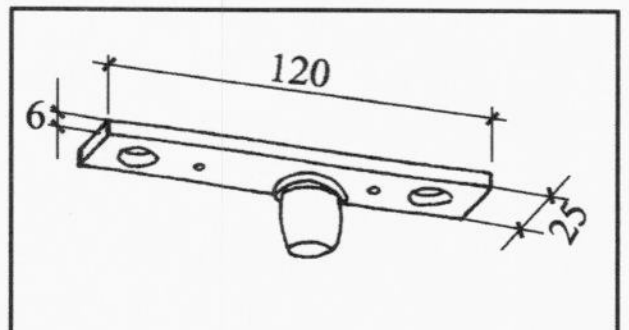
120
6
25
Art NO.9915

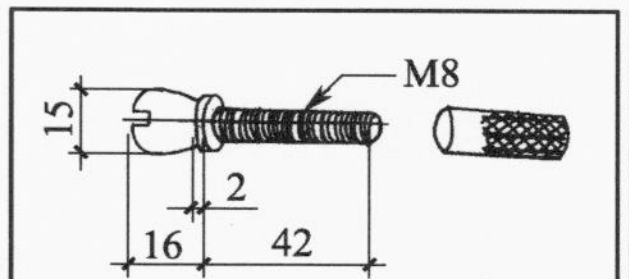
M8
15
2
16
42
Art NO.9919

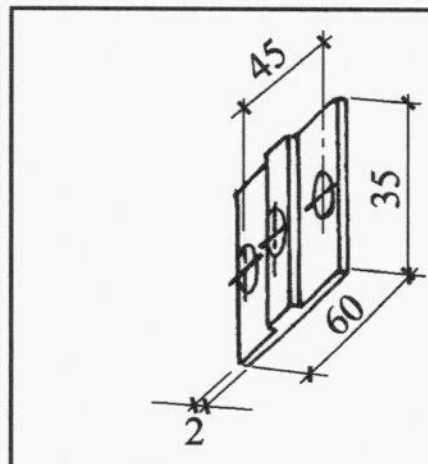
45
35
60
2
Art NO.9920

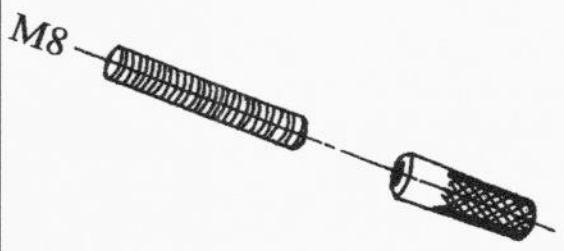
M8
Art NO.9921

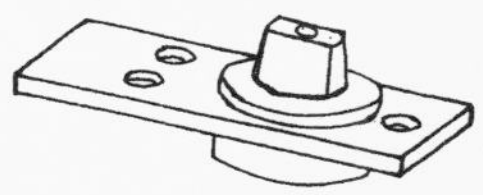
Art NO.9916

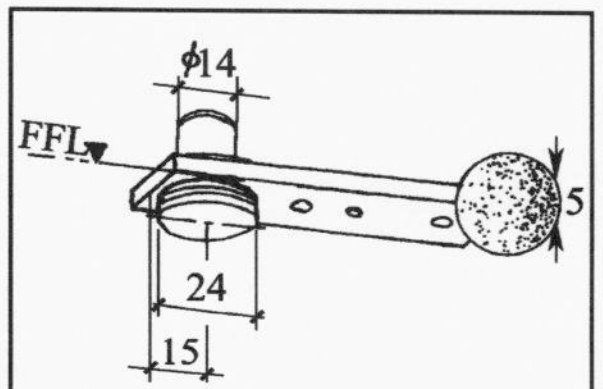
ϕ14
FFL
5
24
15
Art NO.9917

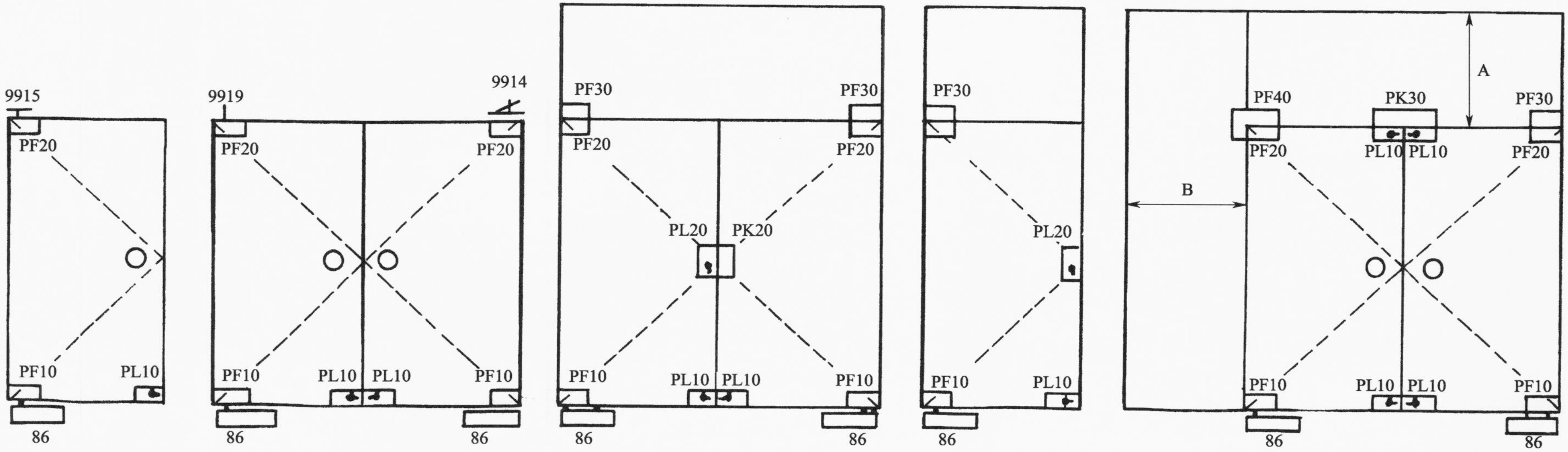
9915
PF20
PF10
PL10
86
9919
9914
PF20
PF20
PF10
PL10
PL10
PF10
86
86
PF30
PF30
PF20
PF20
PL20
PK20
PF10
PL10
PL10
PF10
86
86
PF30
PL20
PF10
PL10
86
A
B
PF40
PK30
PF30
PF20
PL10
PL10
PF20
PF10
PL10
PL10
PF10
86
86

节点、立面形式

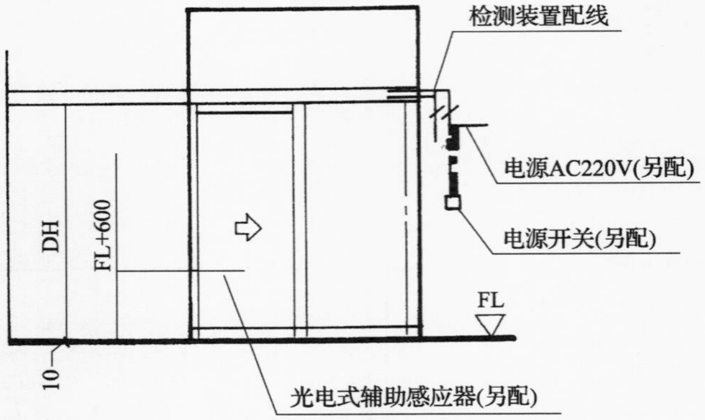
检测装置配线
电源AC220V(另配)
电源开关(另配)
DH
FL+600
FL
10
光电式辅助感应器(另配)

单扇横移拉开门

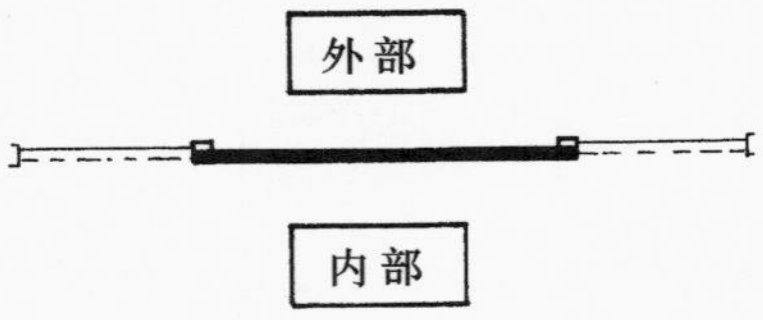
外 部
内 部

平面图

感应门

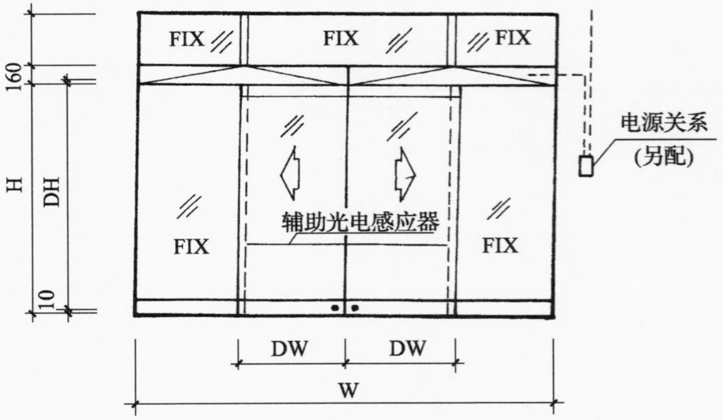
FIX
FIX
FIX
160
H
DH
10
电源关系
(另配)
辅助光电感应器
FIX
FIX
DW
DW
W

内视图

双扇横移拉开门

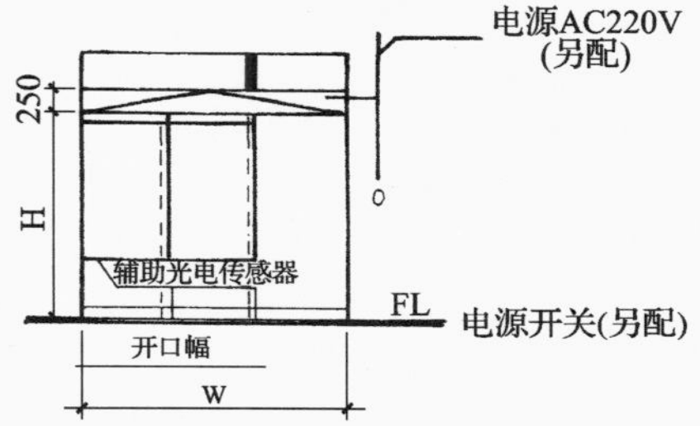
电源AC220V
(另配)
250
H
辅助光电传感器
FL
电源开关(另配)
开口幅
W

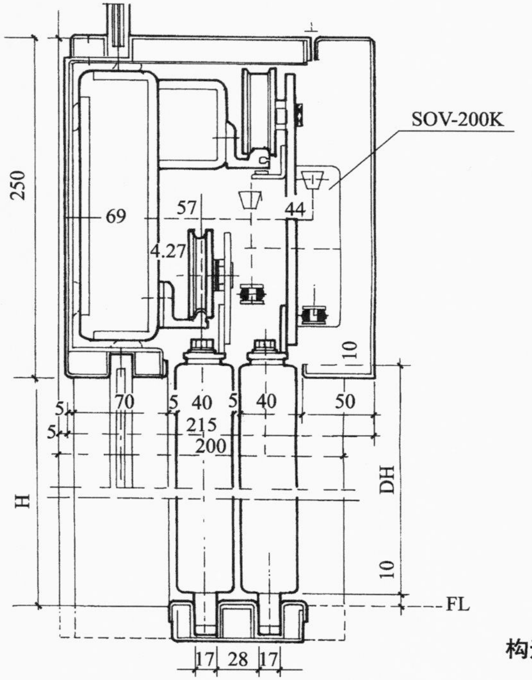
SOV-200K
250
69
57
44
4.27
10
70
5
40
5
40
50
5
5
215
200
H
DH
10
FL
17
28
17

构造图

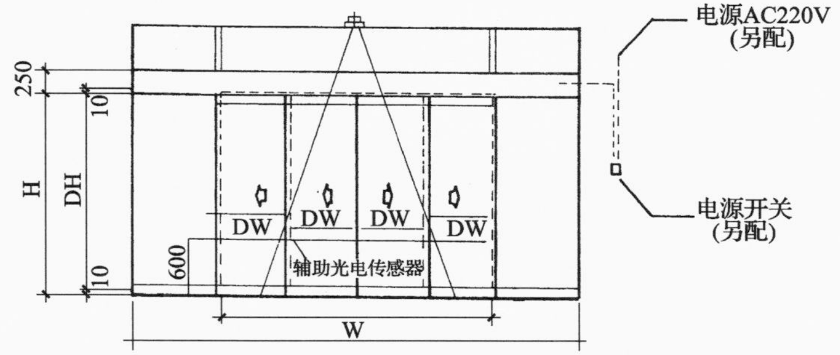
电源AC220V
(另配)
250
10
H
DH
10
600
DW
DW
DW
DW
辅助光电传感器
电源开关
(另配)
W
W

内视图

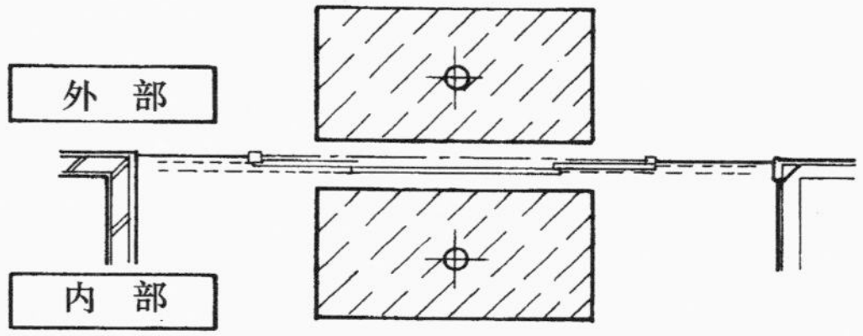
外 部
内 部

平面图

套叠式感应门

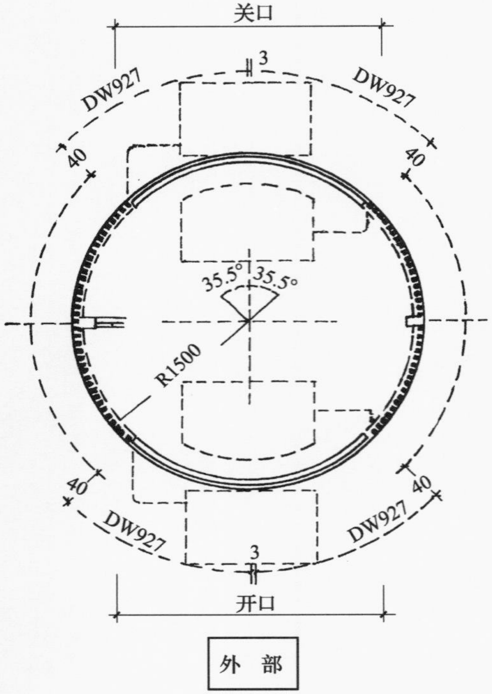

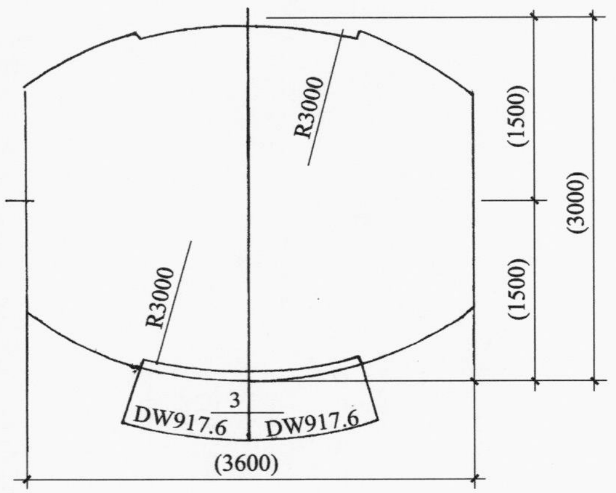

弧形横移门
(1200R–1500R)整弧

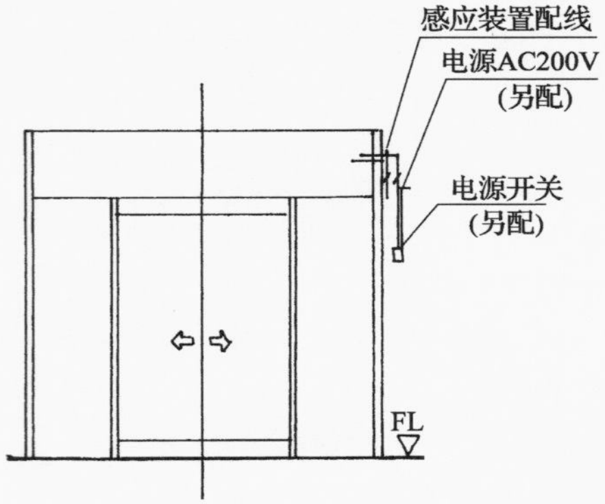

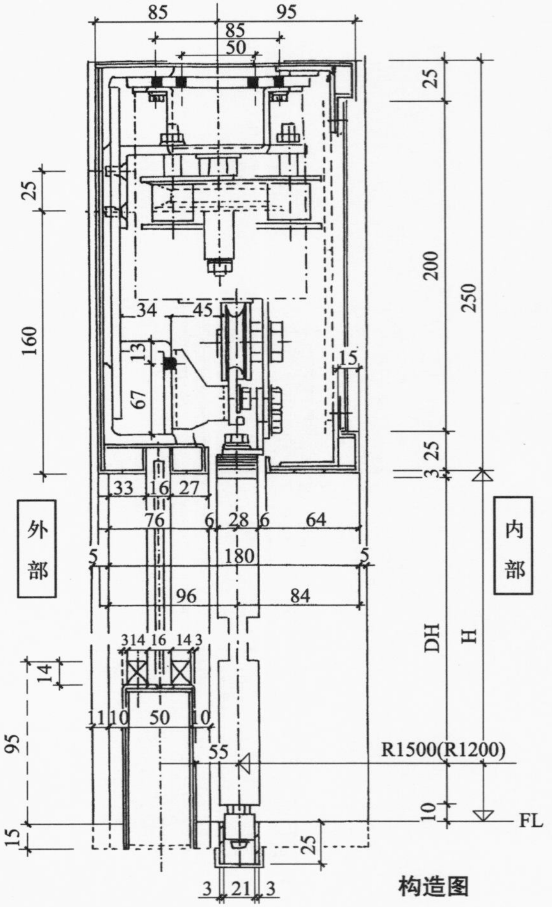

构造图

弧形感应门、节点

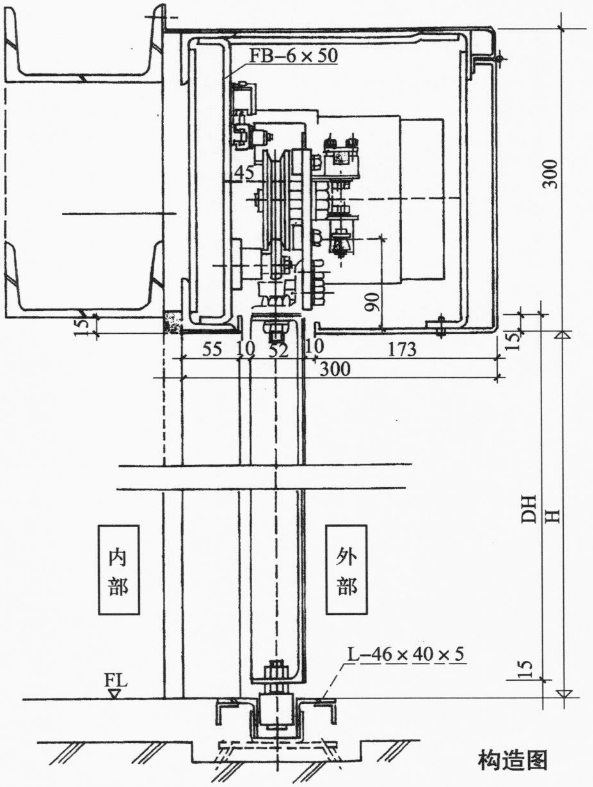
FB–6×50
45
300
90
15
55
10
52
10
173
15
300
DH
H
内部
外部
L–46×40×5
15
FL

构造图

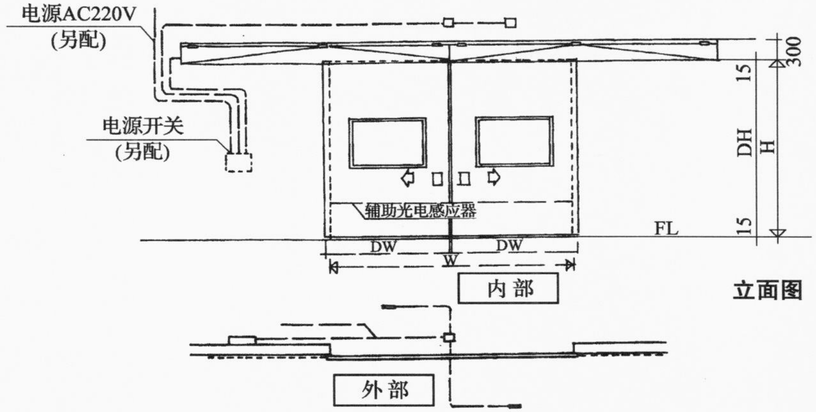
电源AC220V
(另配)
电源开关
(另配)
300
15
DH
H
辅助光电感应器
FL
15
DW
W
DW
内部
外部

立面图

平面图

仓库重型感应门

GT10–1

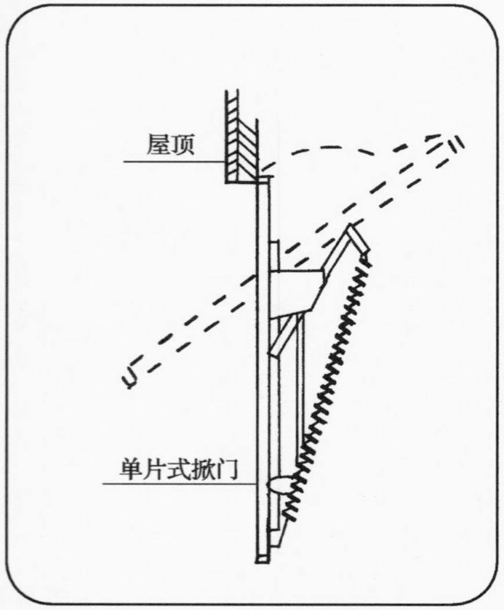

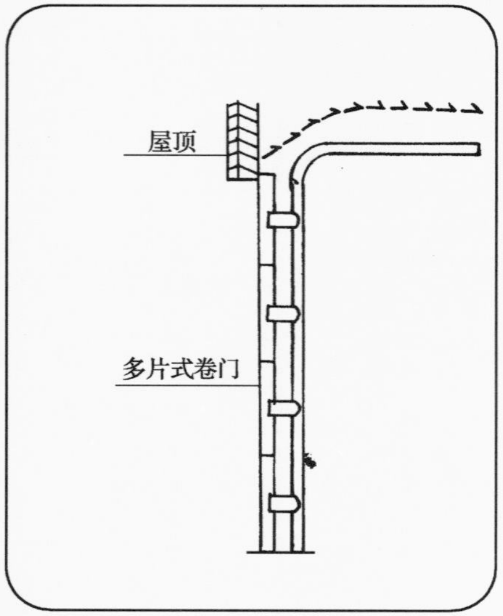

翻卷门

GT10–2

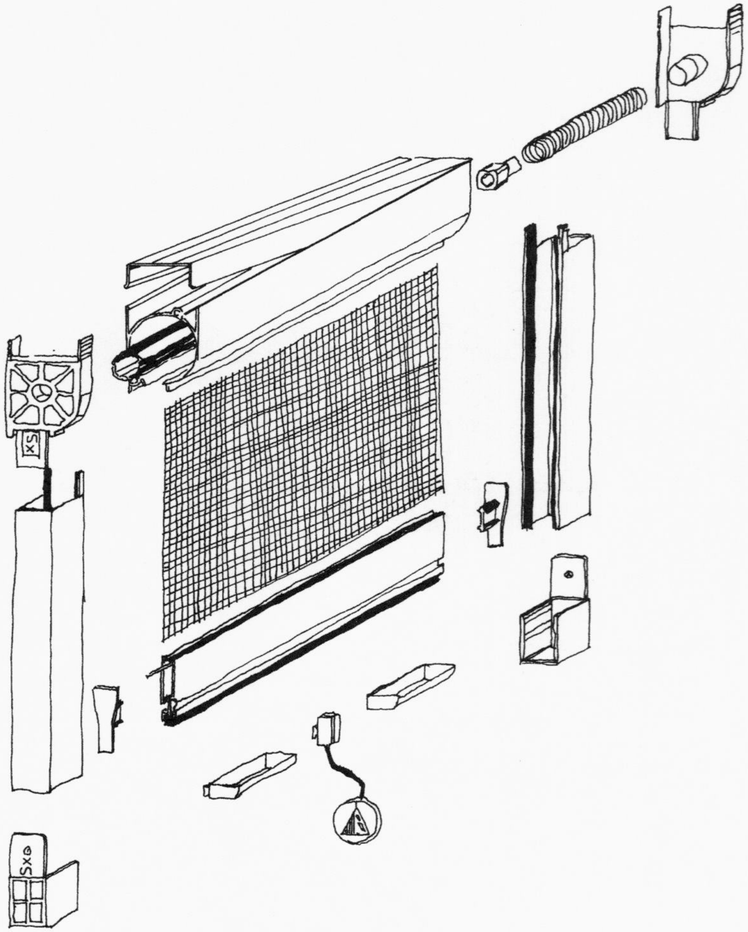

卷帘门装配示意

卷盒

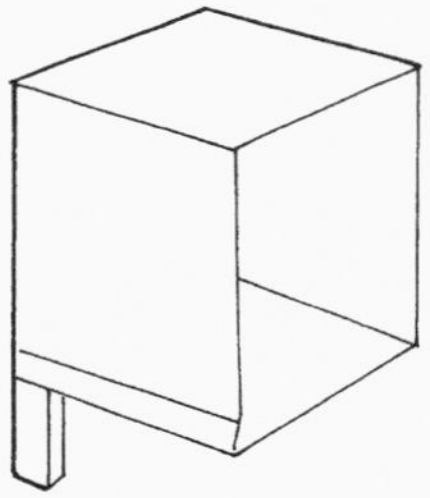

100–125–137–150
165–180–205–250
小型 90°

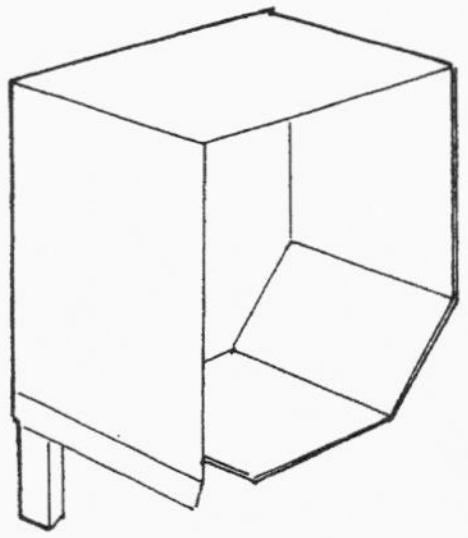

125–137–150–166
180–205–250–300
小型 45°

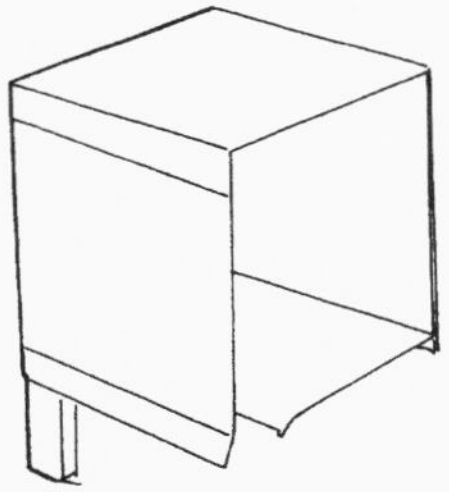

137–165–180
4 片集成盒

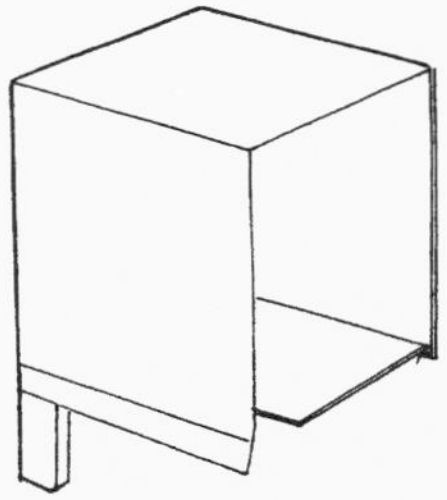

137–165–180
3 片集成盒

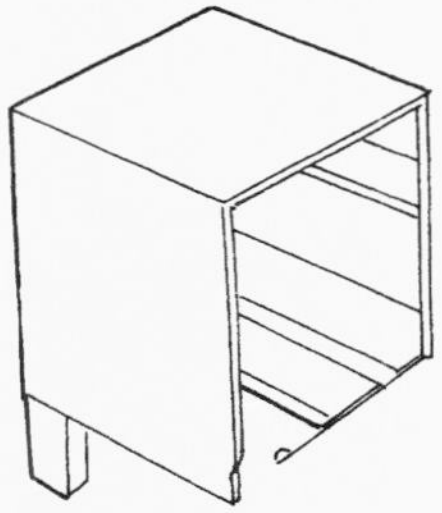

150–180
挤铸铝形材盒

卷帘型百叶窗

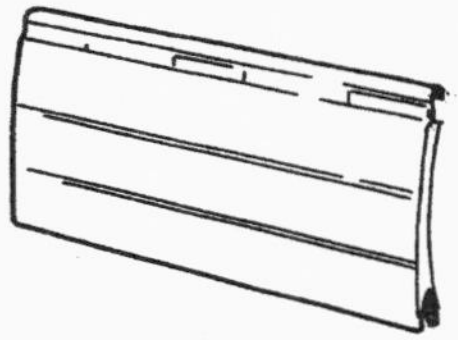

RC–37

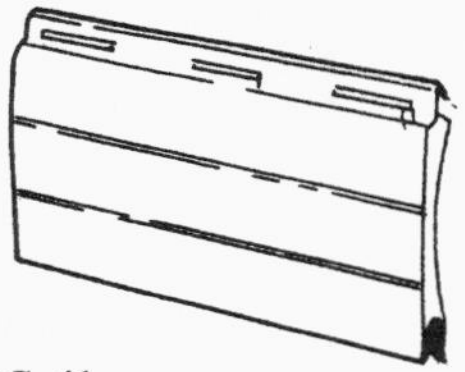

RC–41

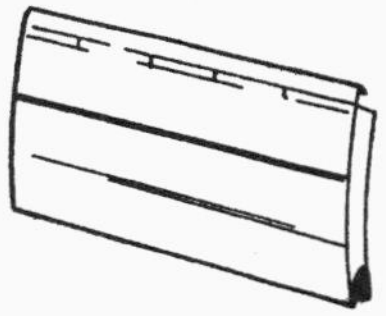

RC–40

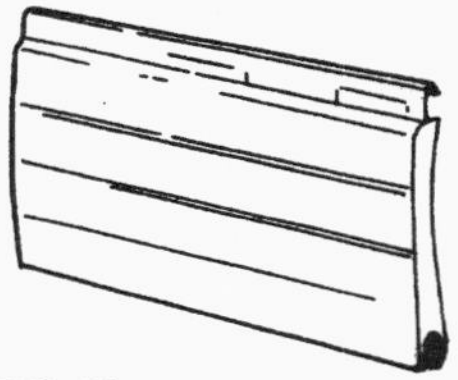

RC–45

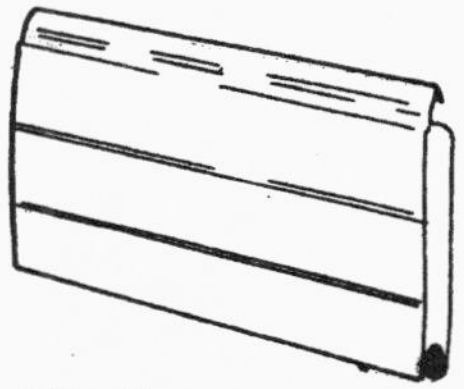

RR–45

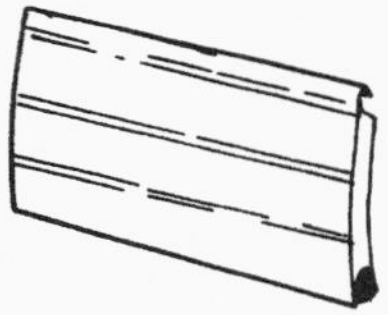

RC–40 ULTRA

RC–55

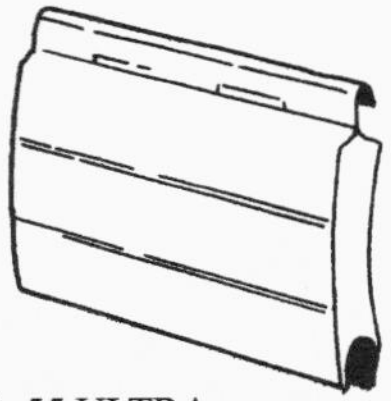

RC–55 ULTRA

RC–56

安全型百叶窗

RE–40

RE–45

RE–50

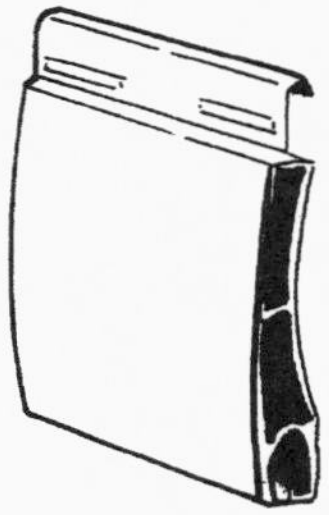

RE–60

卷门构件

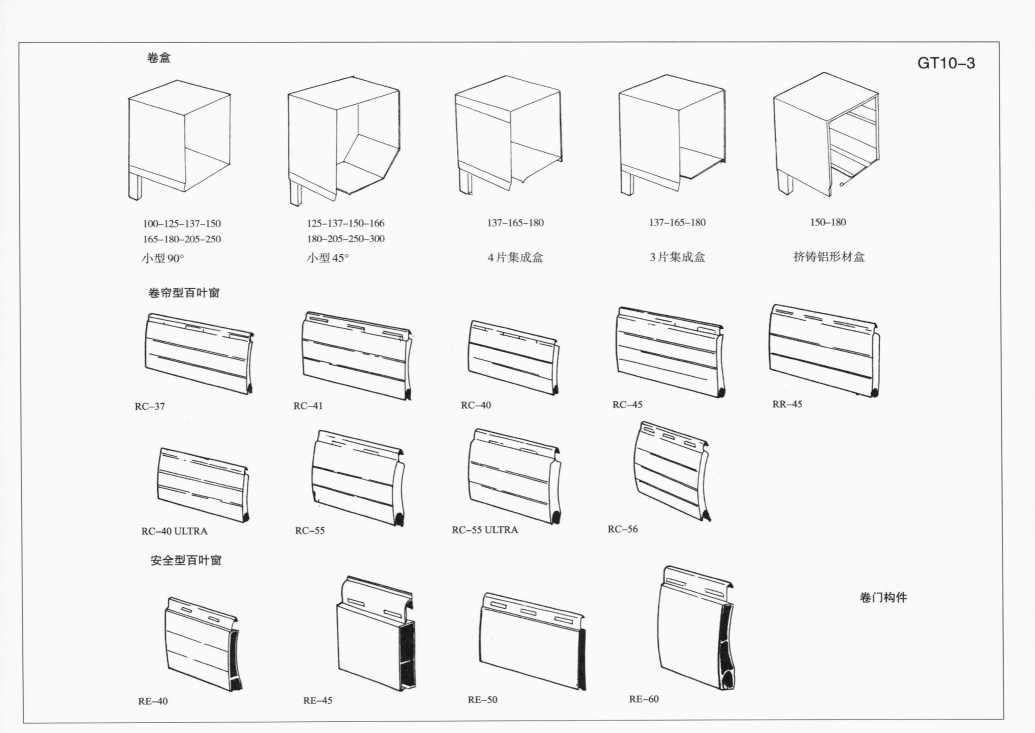

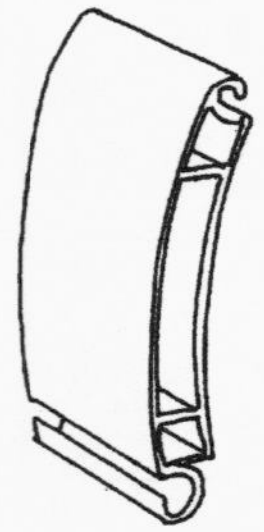

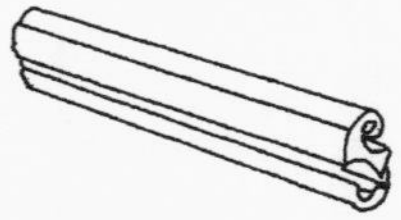

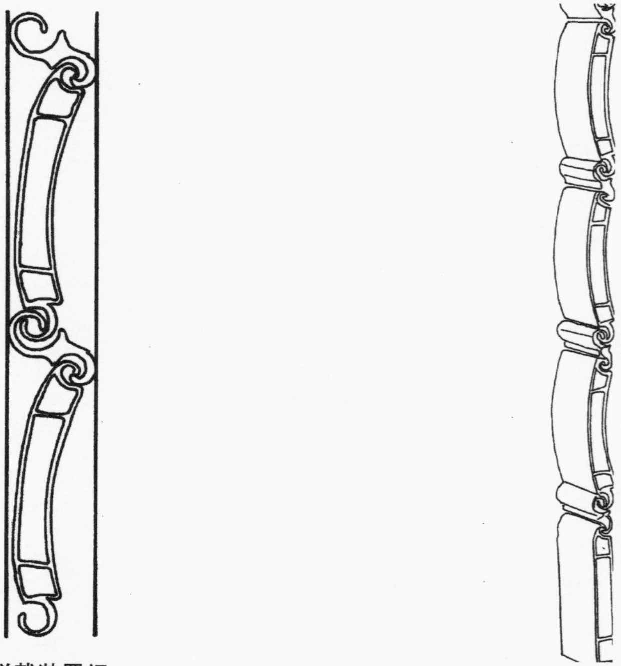

有自动拦截装置门

车 库 门

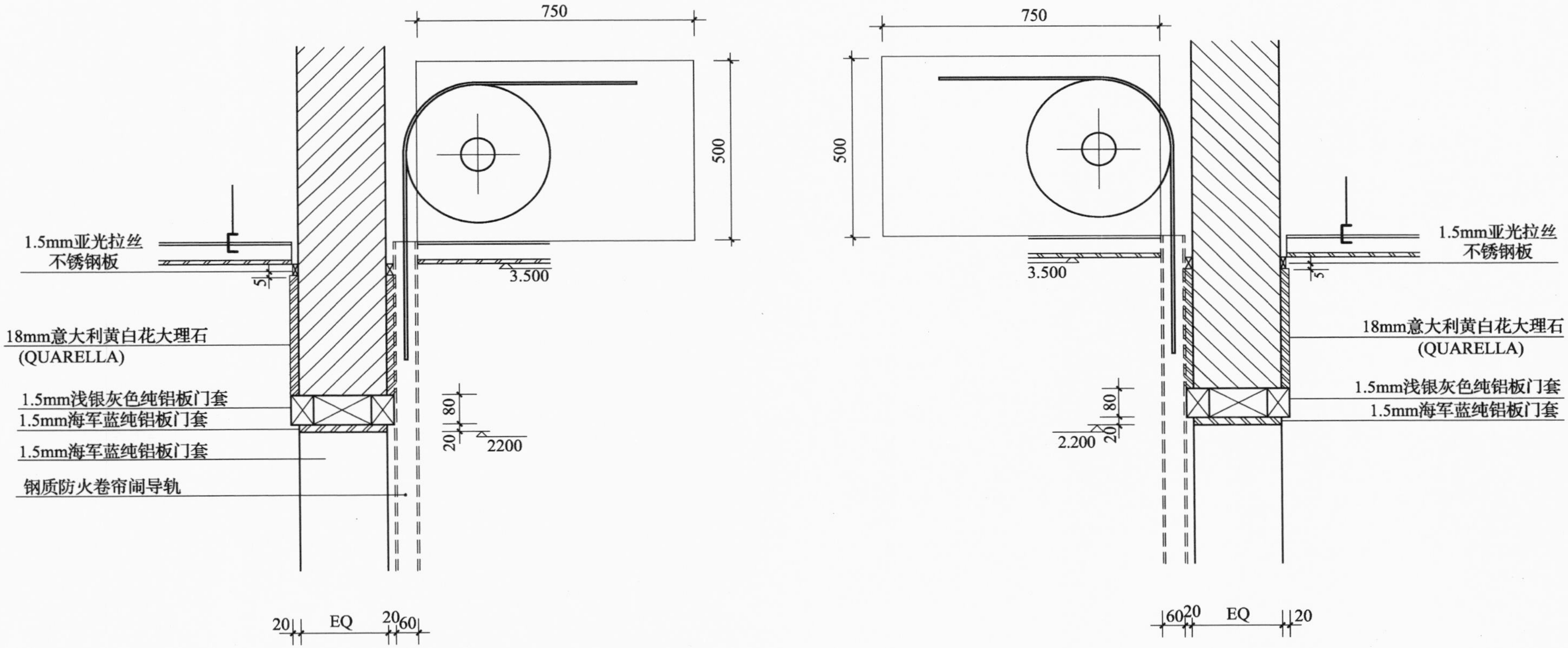
750
500
1.5mm亚光拉丝
不锈钢板
3.500
5
18mm意大利黄白花大理石
(QUARELLA)
1.5mm浅银灰色纯铝板门套
1.5mm海军蓝纯铝板门套
1.5mm海军蓝纯铝板门套
钢质防火卷帘闸导轨
80
20
2200
20 EQ 20 60
750
500
1.5mm亚光拉丝
不锈钢板
3.500
5
18mm意大利黄白花大理石
(QUARELLA)
1.5mm浅银灰色纯铝板门套
1.5mm海军蓝纯铝板门套
80
20
2.200
60 20 EQ 20

卷帘门剖面

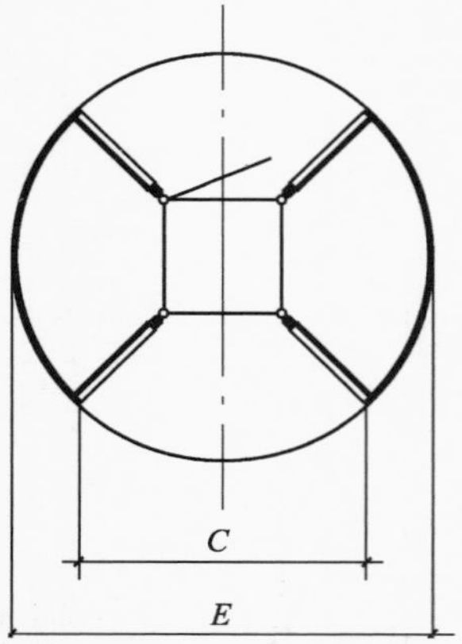

四扇含展台式大型转门

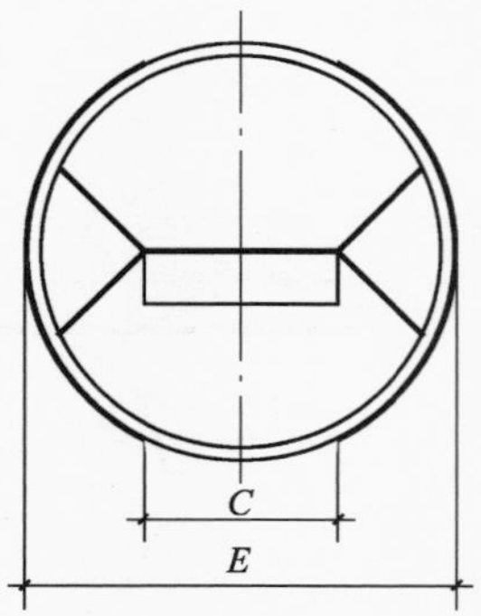

两翼式含平开门大型转门

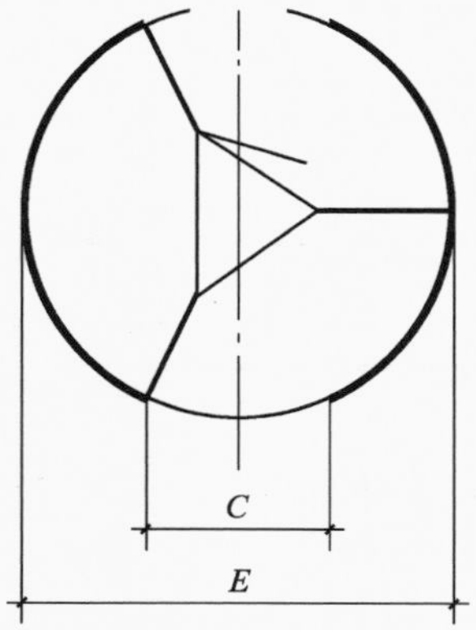

三扇式含展台式大型转门

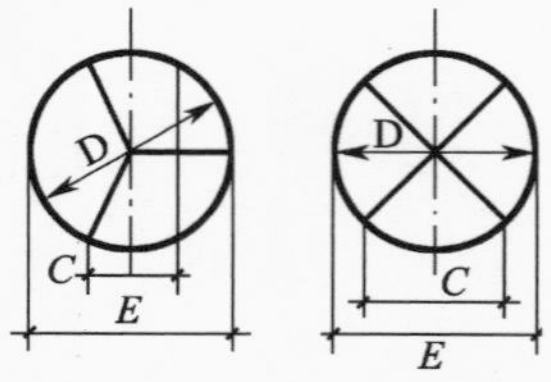

全玻璃　手动及自动转门

C. 入口尺寸
E. 外直径
D. 内直径
F. 中心柱尺寸

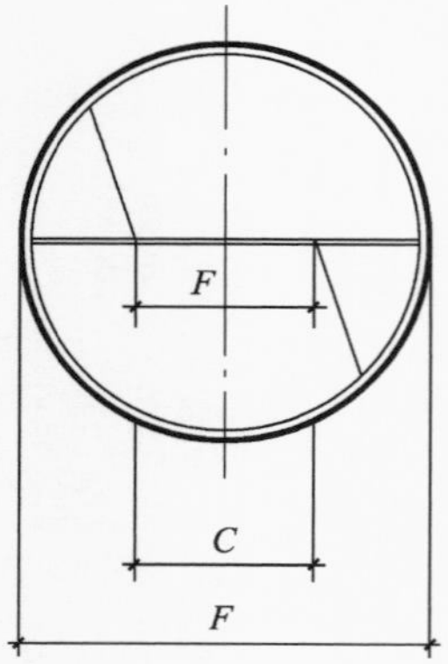

含自动挡门大型转门

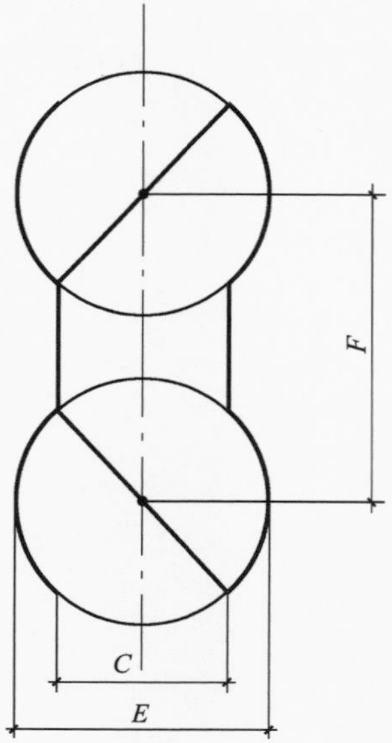

双筒式　大型转门

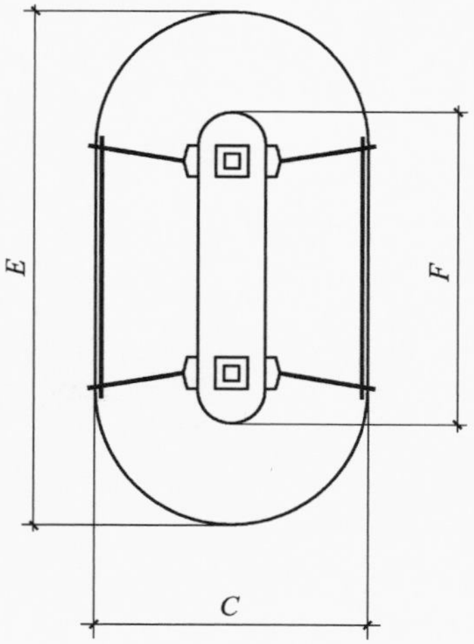

通道式大型转门

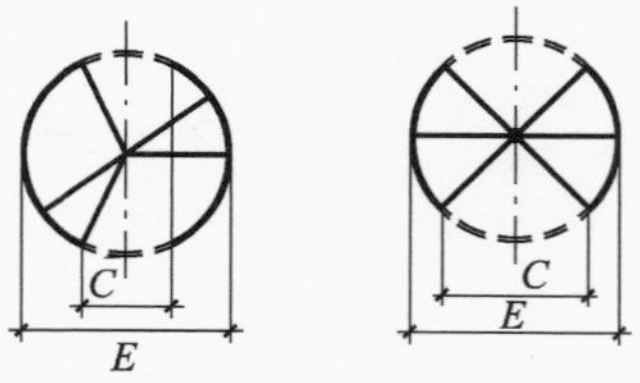

手动及自动转门

立转门平面

尺寸(mm)

ϕ	3.200	3.400	3.600	3.800
A	2.400	2.400	2.400	2.400
B	2.710	2.710	2.710	2.710
C	1.430	1.530	1.630	1.730
D	3.360	3.560	3.760	3.960
DW	1.375	1.415	1.315	1.415

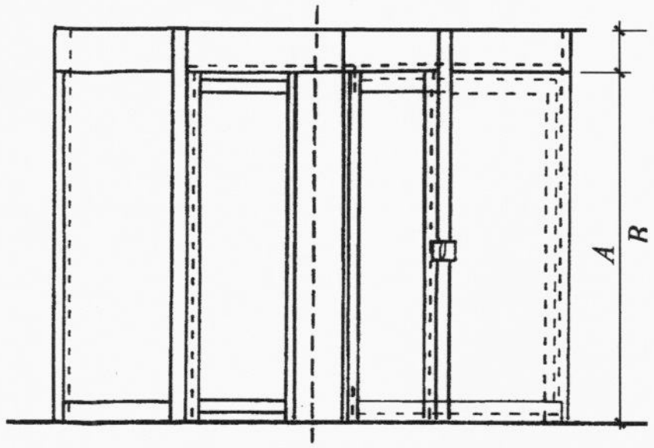

立面

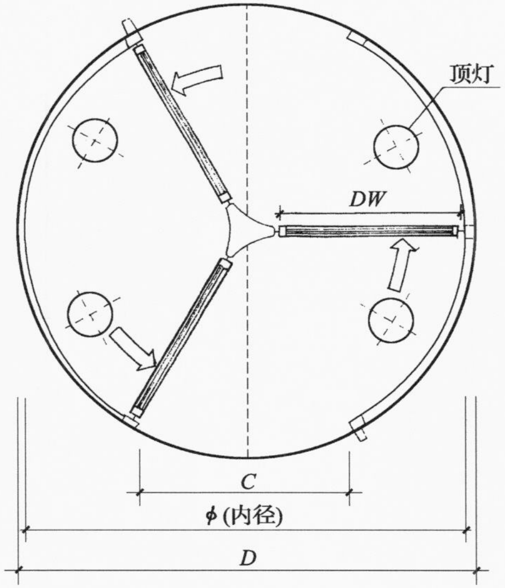

平面

立转门尺度

侧面图

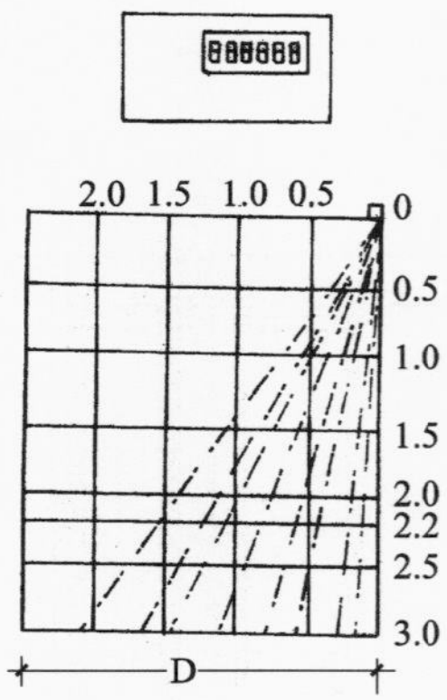

正面图

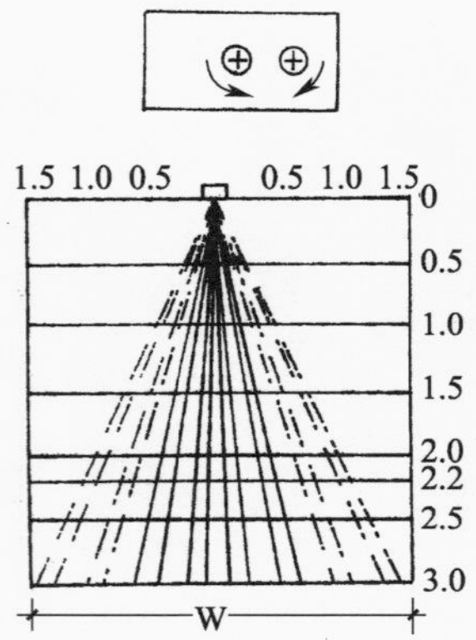

调整图

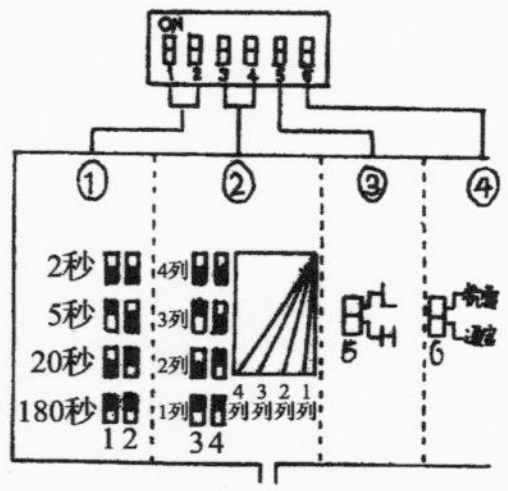

①时间调整
②距离调整
③防止干涉
④监视方式

正面检知范围图

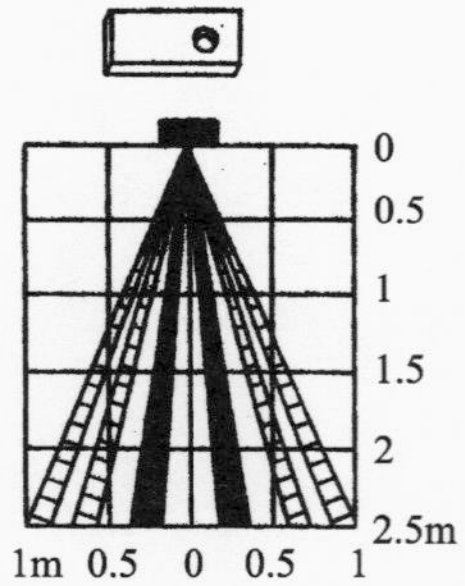

侧面检知范围图

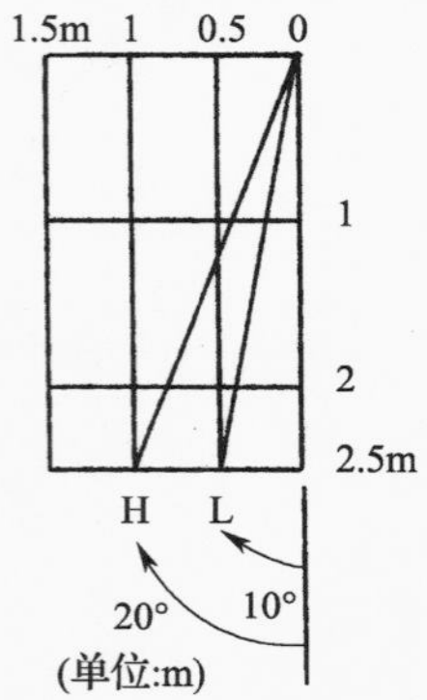

(单位:m)

检知范围最大、最小

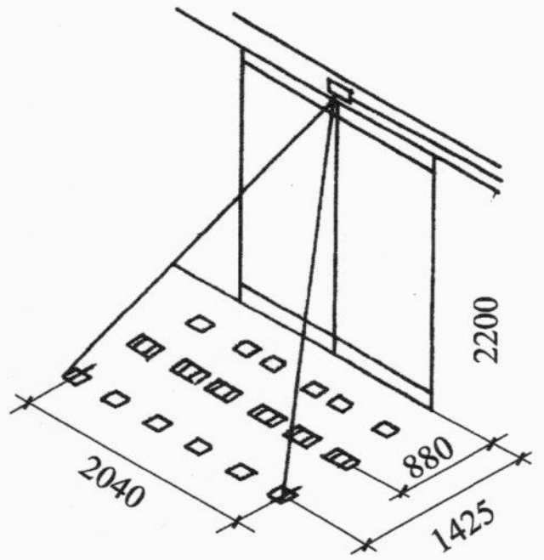

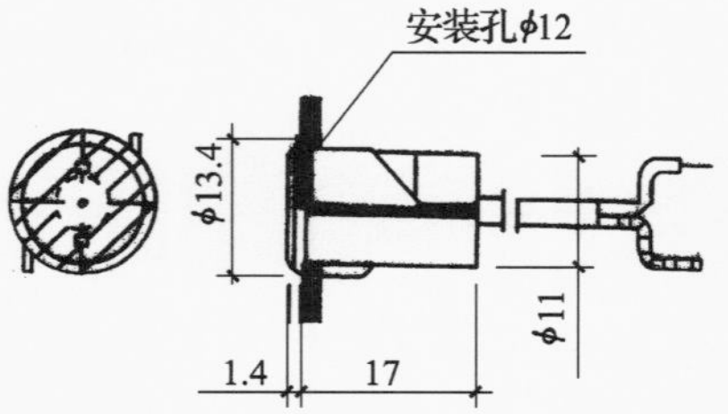

(单位:mm) 主机重量:60g

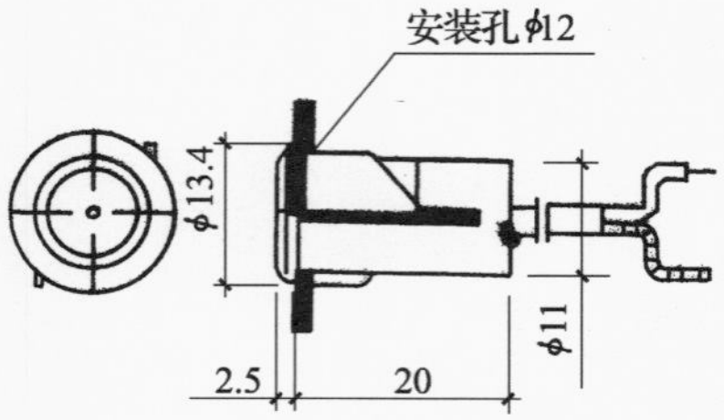

(单位:mm) 主机重量:60g

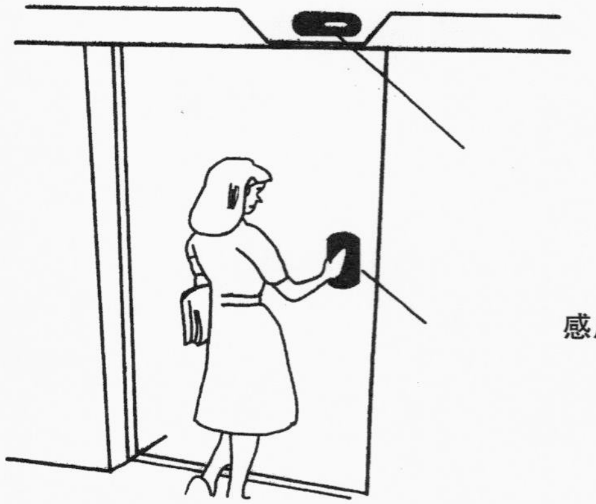

感应门

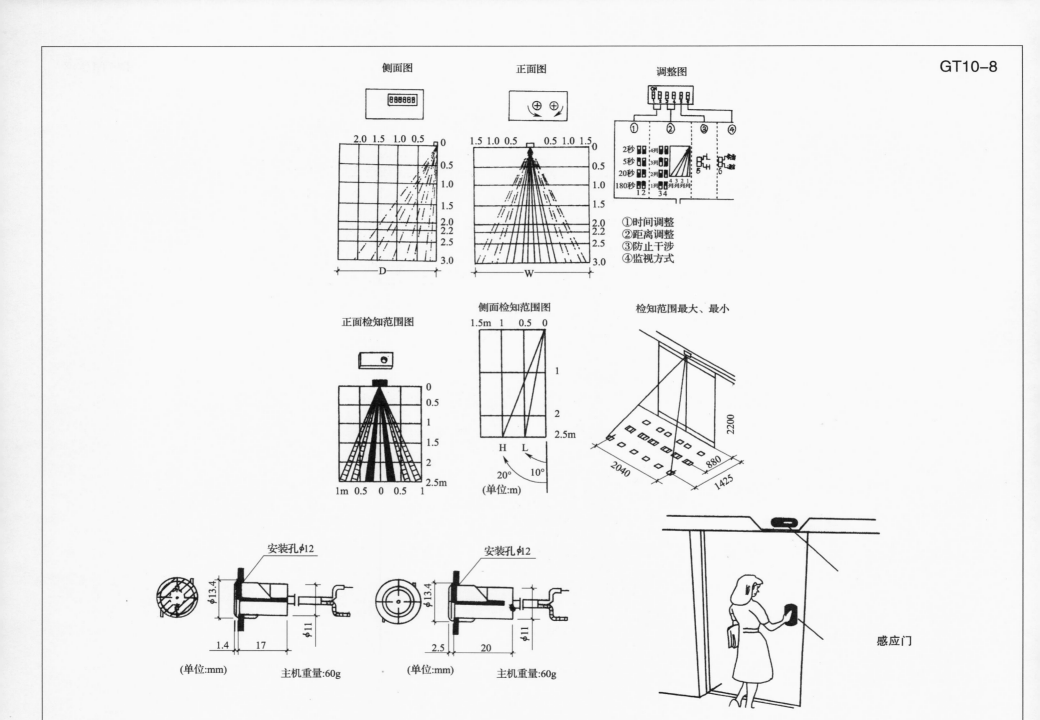

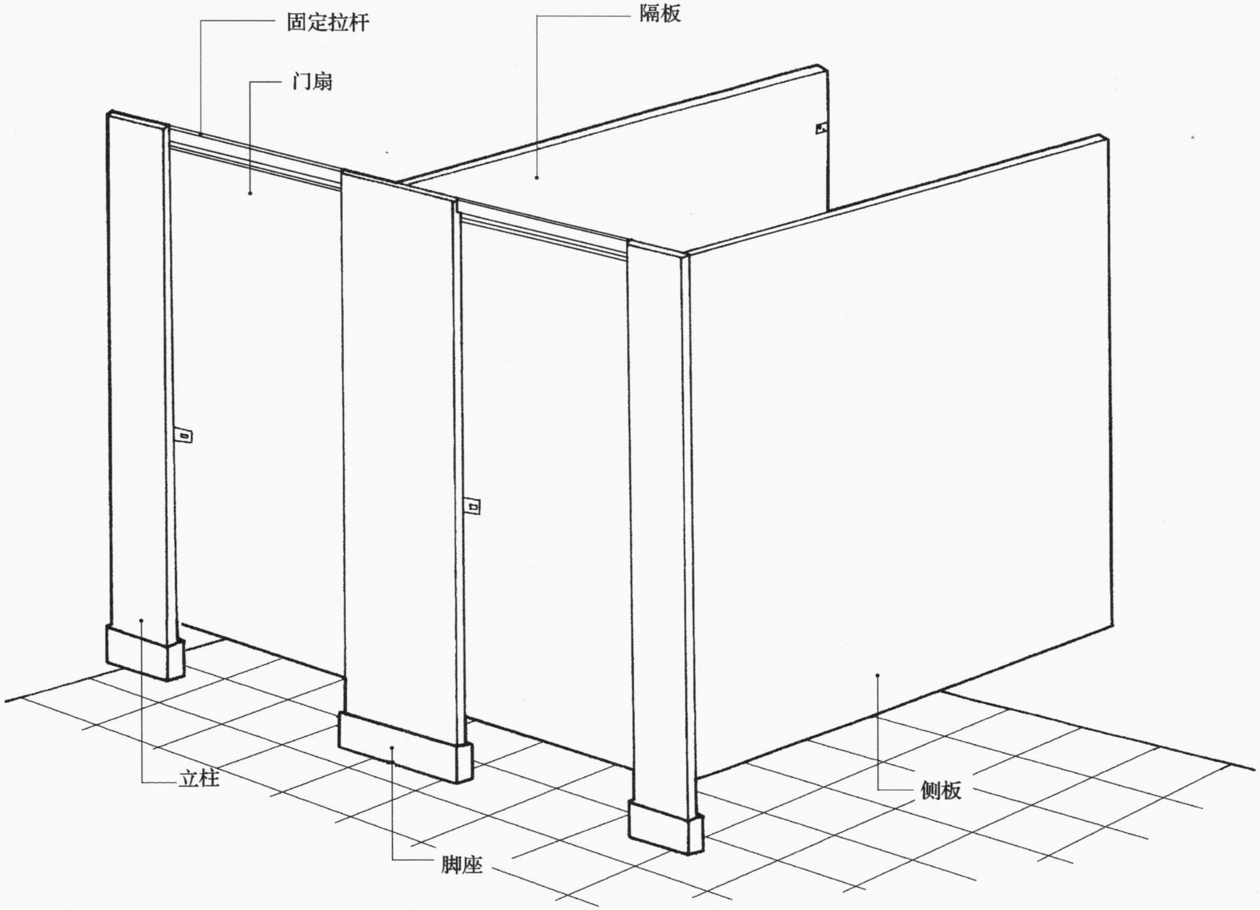

卫生间隔断组件名称

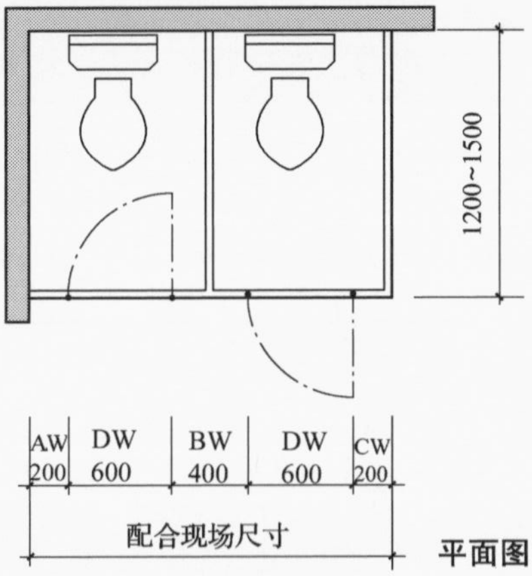

平面图

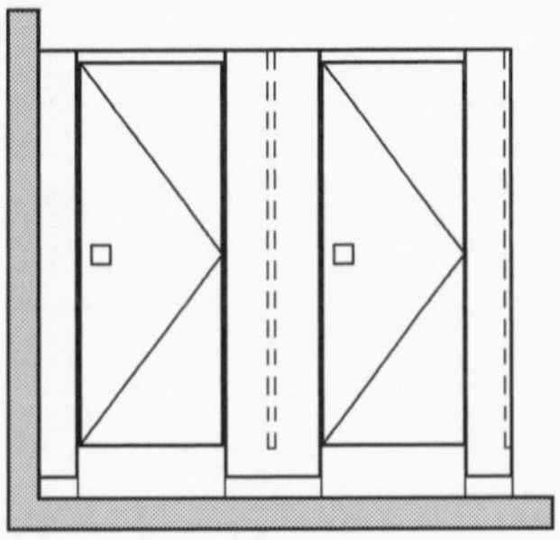
正立面

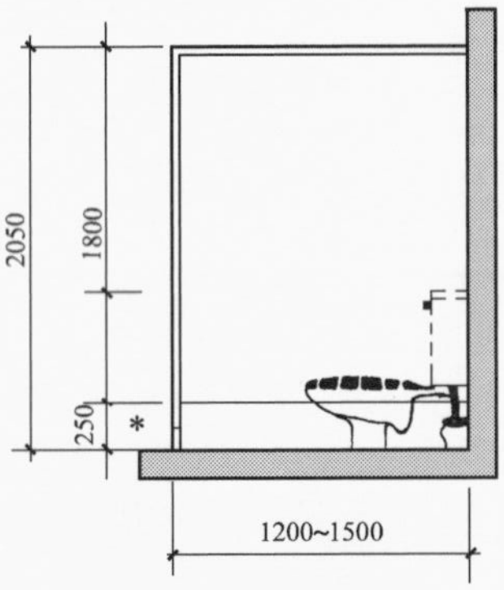

侧立面

*脚座形式及离地间距视便器形式而异

尺寸详图 (mm)

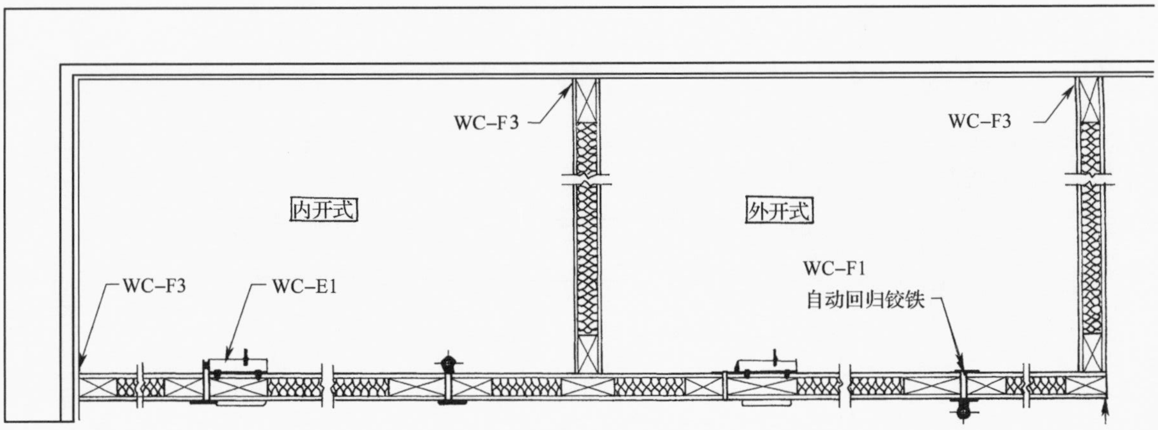

剖面及五金配置图

脚座及指示锁同弯曲板外开系列

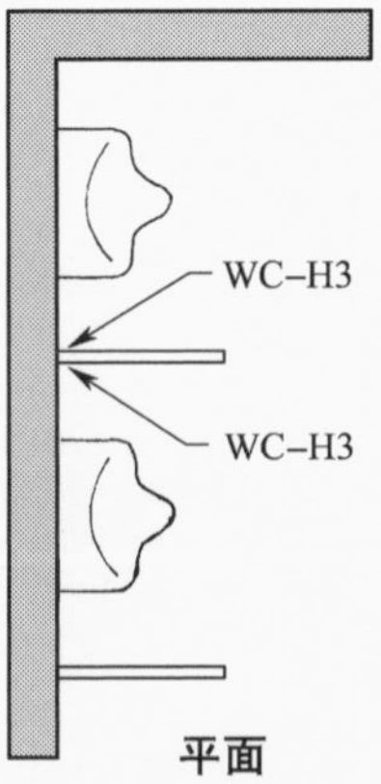

平面

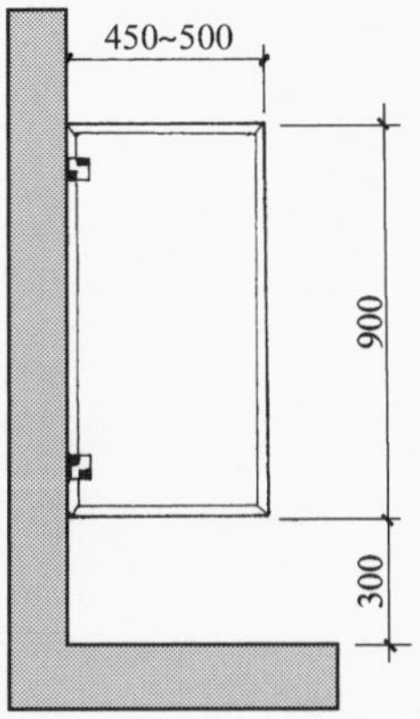

侧立面

小便斗隔屏

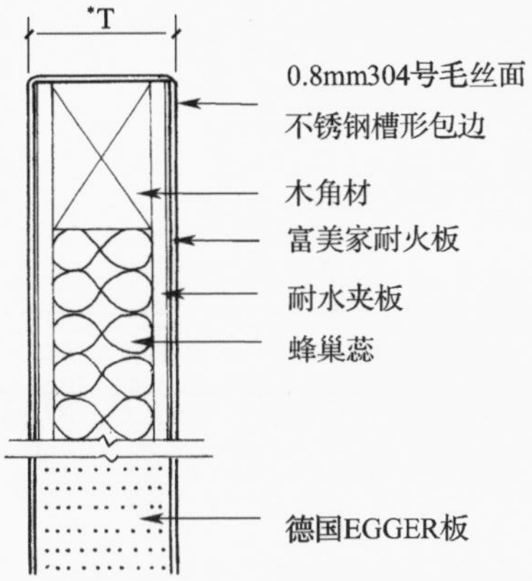

包边系列板材剖面

包边系列–内外开型

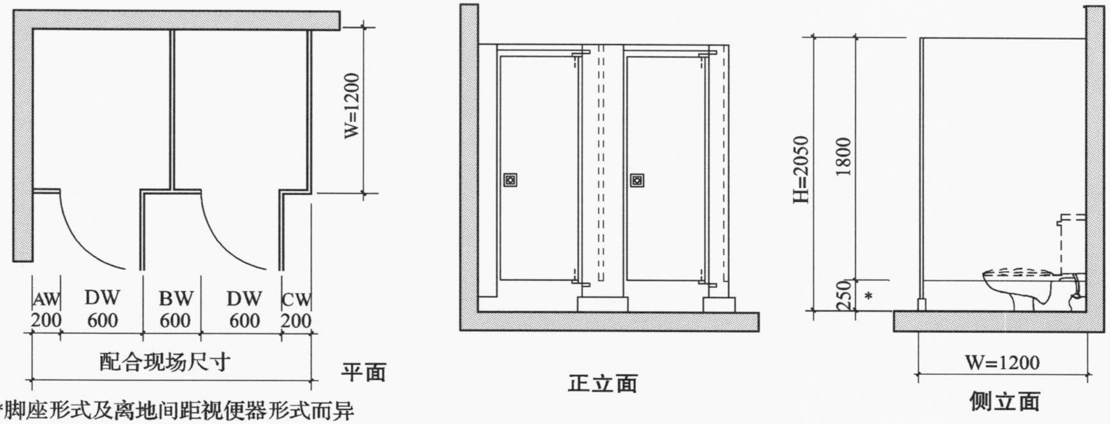
W=1200
AW 200
DW 600
BW 600
DW 600
CW 200
配合现场尺寸
平面
正立面
H=2050
1800
250
*
W=1200
侧立面

*脚座形式及离地间距视便器形式而异

尺寸详图(mm)

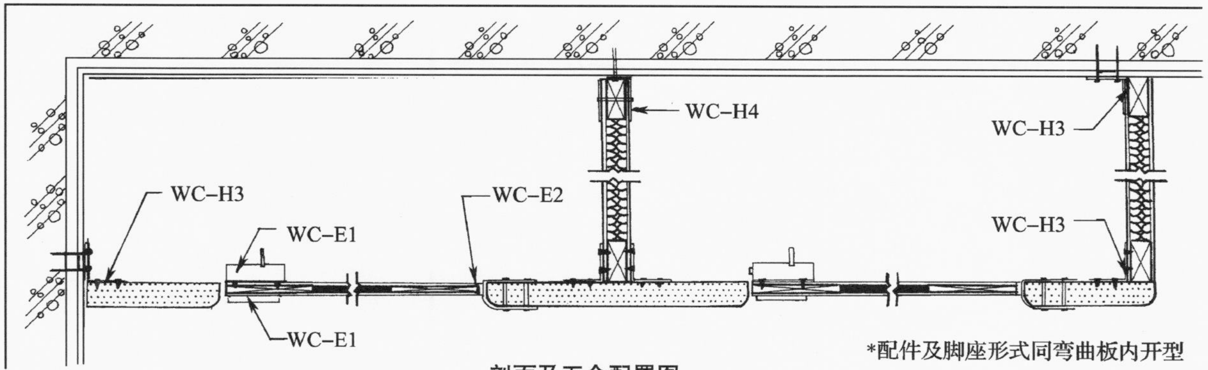
WC-H4
WC-H3
WC-H3
WC-H3
WC-E1
WC-E2
WC-E1

*配件及脚座形式同弯曲板内开型

剖面及五金配置图

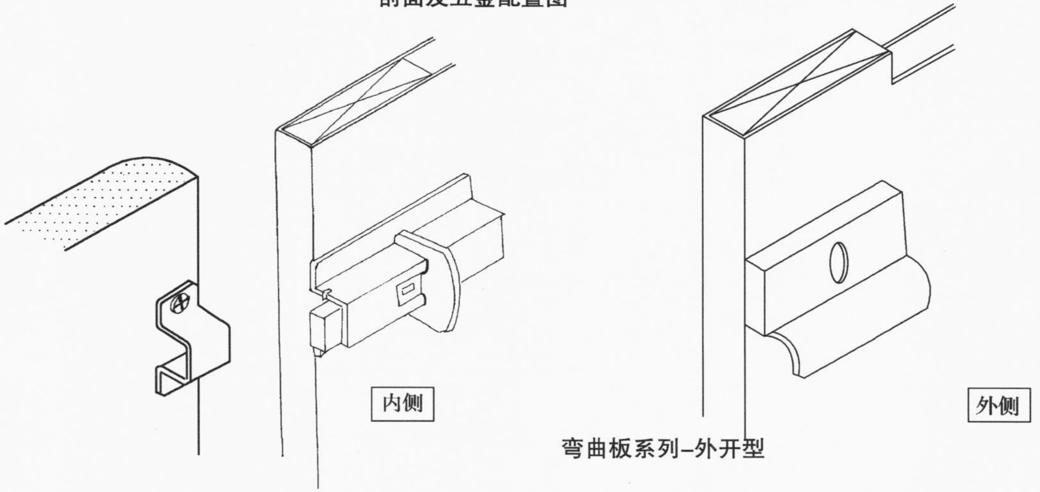
内侧
外侧

弯曲板系列-外开型

弯曲板系列–外开型

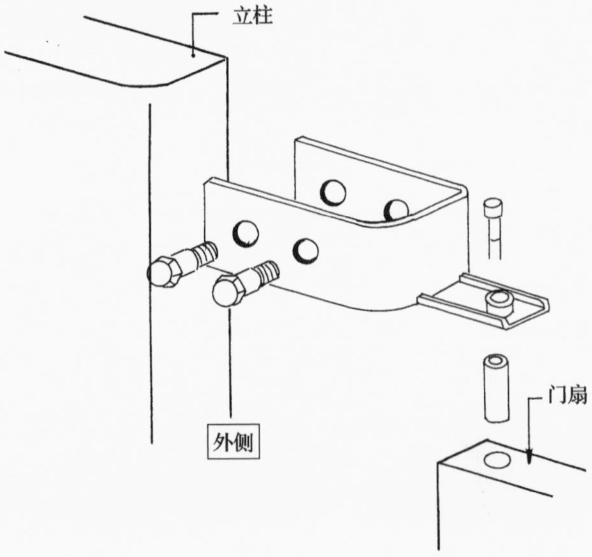

右门上段铰链 (R–T)

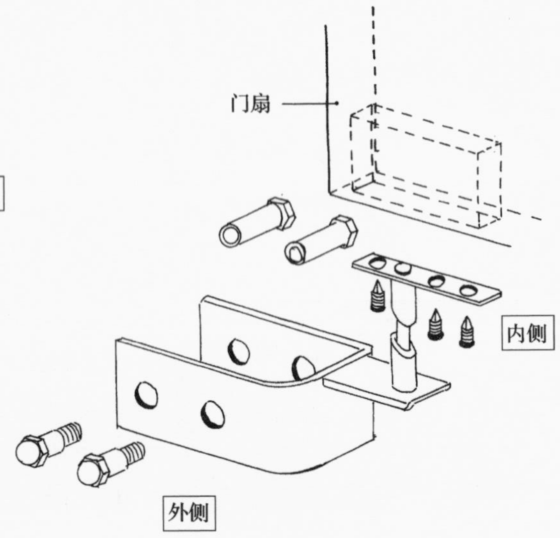

右门下段铰链 (R–B)

自动归位铰链

立面1

立面2

立面3

混合型

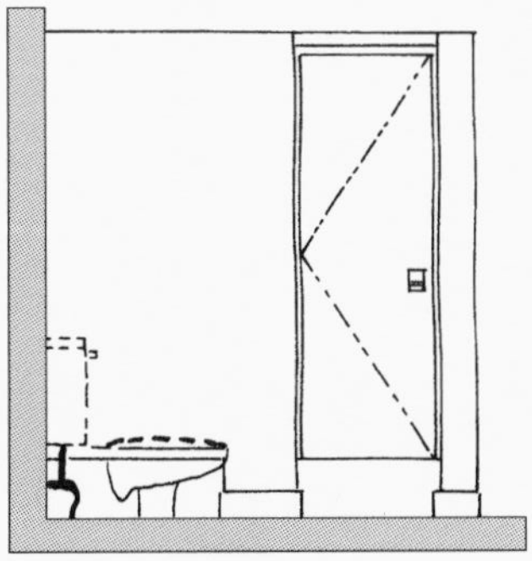

立面4

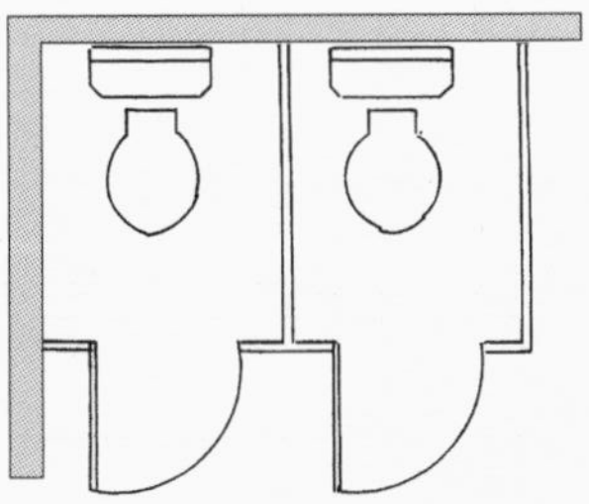

R–右门式

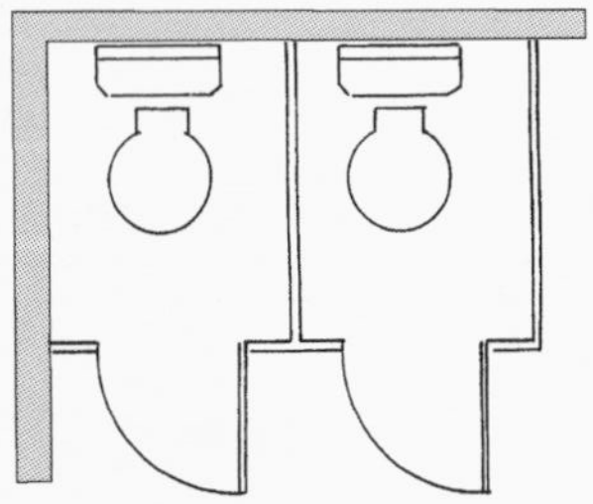

L–左门式

平面

特殊形式厕所隔间

弯曲板系统—内开型

GT10–13

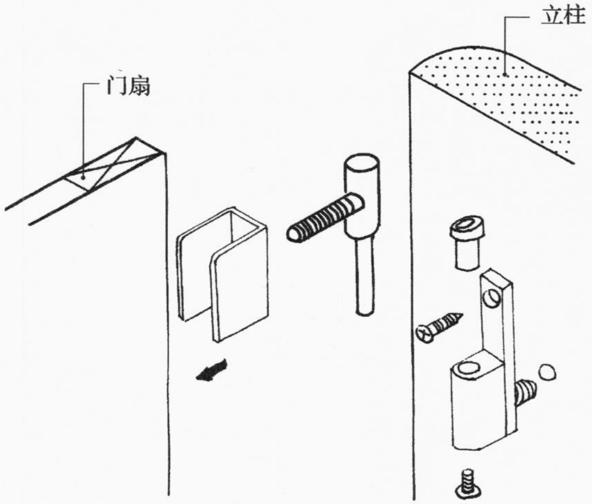

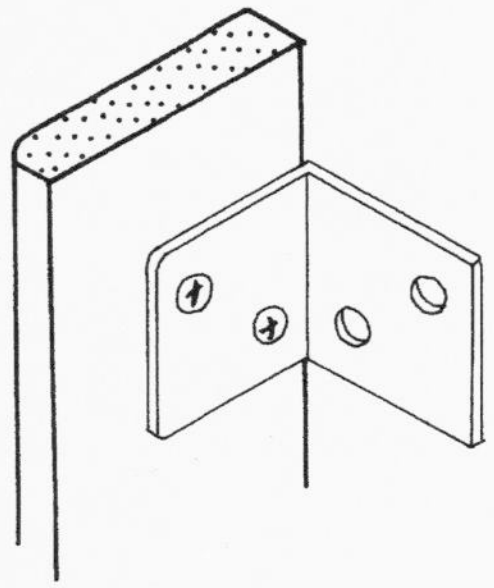

WC–H3　　L型不锈钢固定器

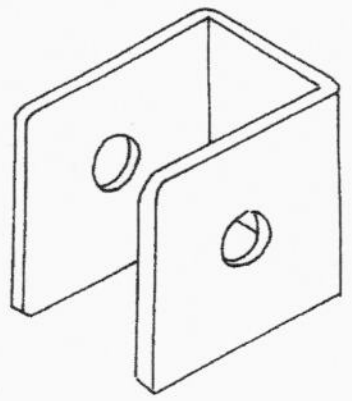

WC–H4　　U型不锈钢固定器

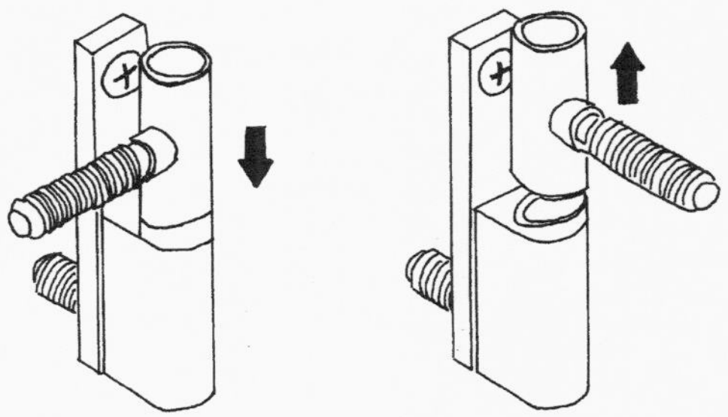

WC–H2 自动归位铰链

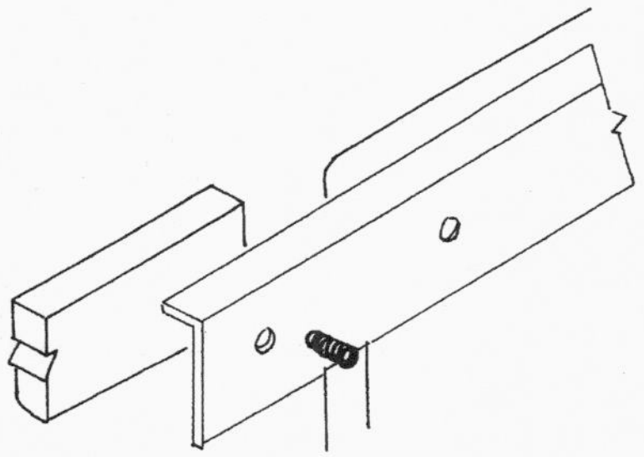

WC–H5　　L型不锈钢固定拉杆固定器

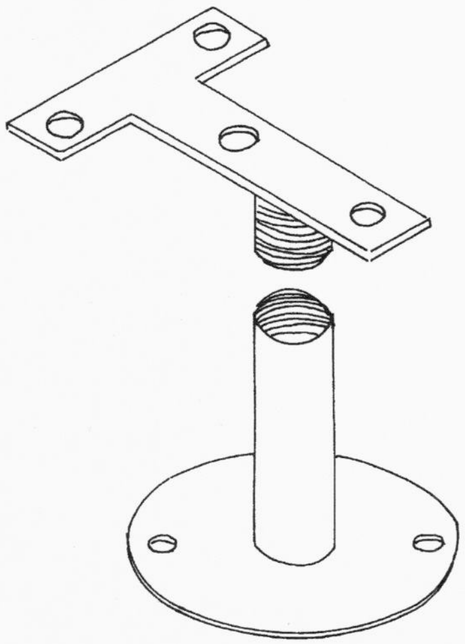

*离地间距可调整(建议用于蹲式大便器)

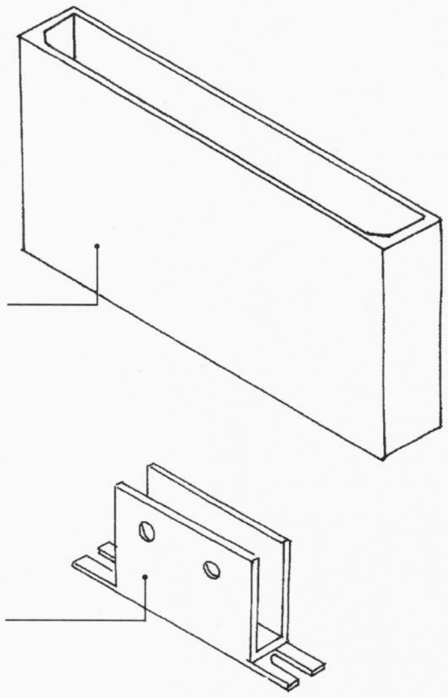

(A) 拉杆-立柱剖视

(B) 拉杆-门扇剖视

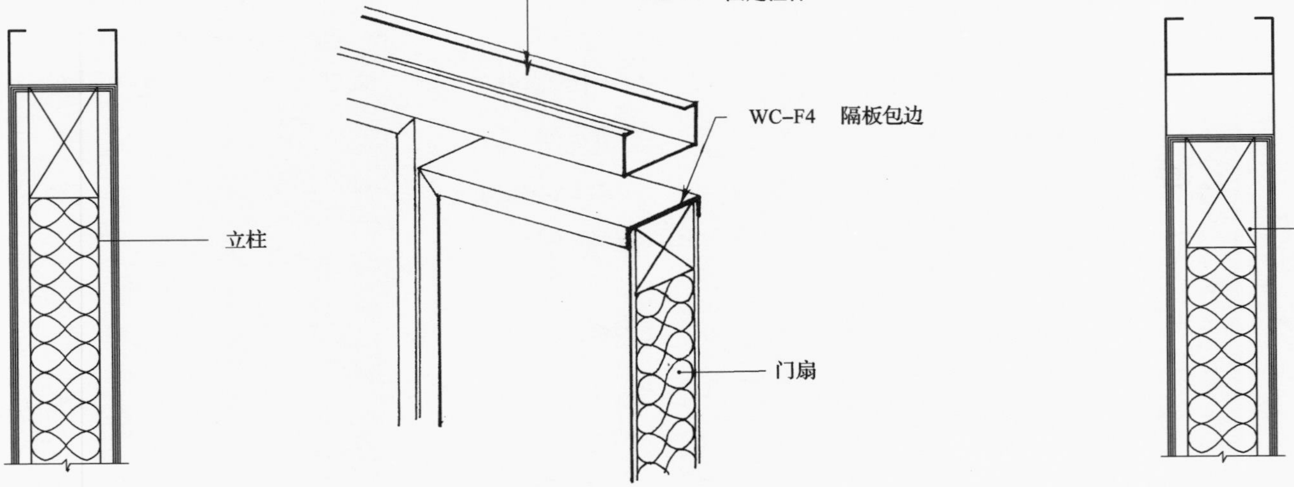
WC-F5 固定拉杆
WC-F4 隔板包边
立柱
门扇
门扇

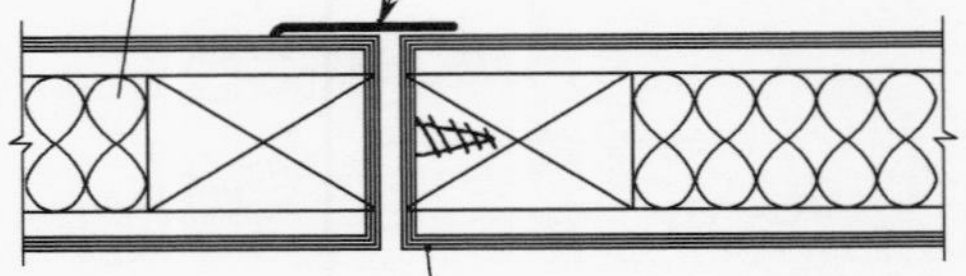
立柱
WC-F6 门挡包边
WC-F4 隔板包边

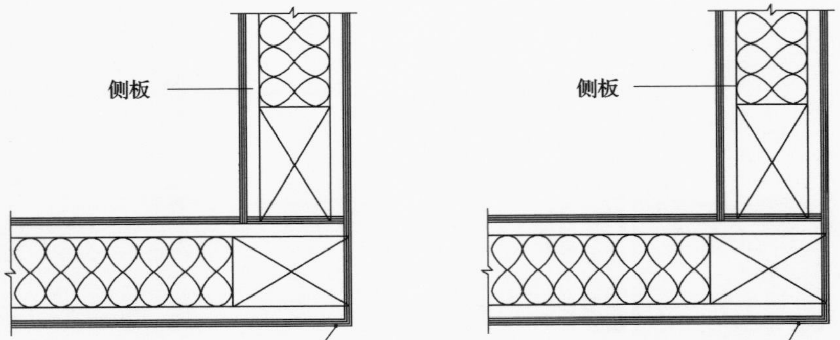
侧板
侧板
WC-F2 转角包边
(圆盘脚座)
WC-F4 隔板包边
(方形脚座)

(C) 门挡剖视

(D) 转角收边剖视

包边系列-内外开型

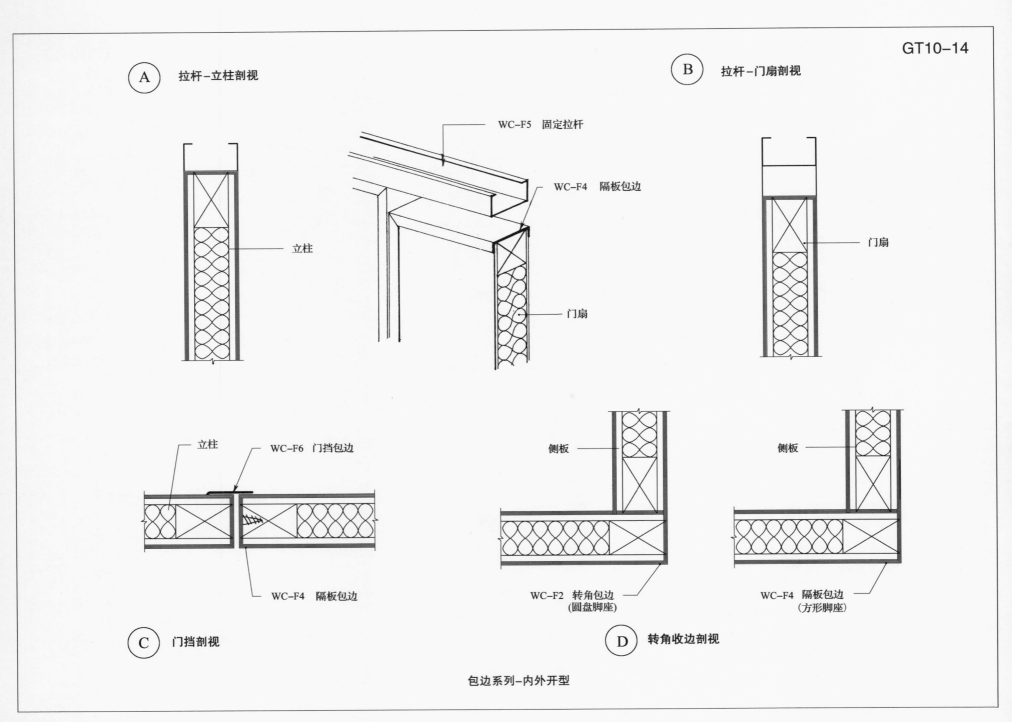

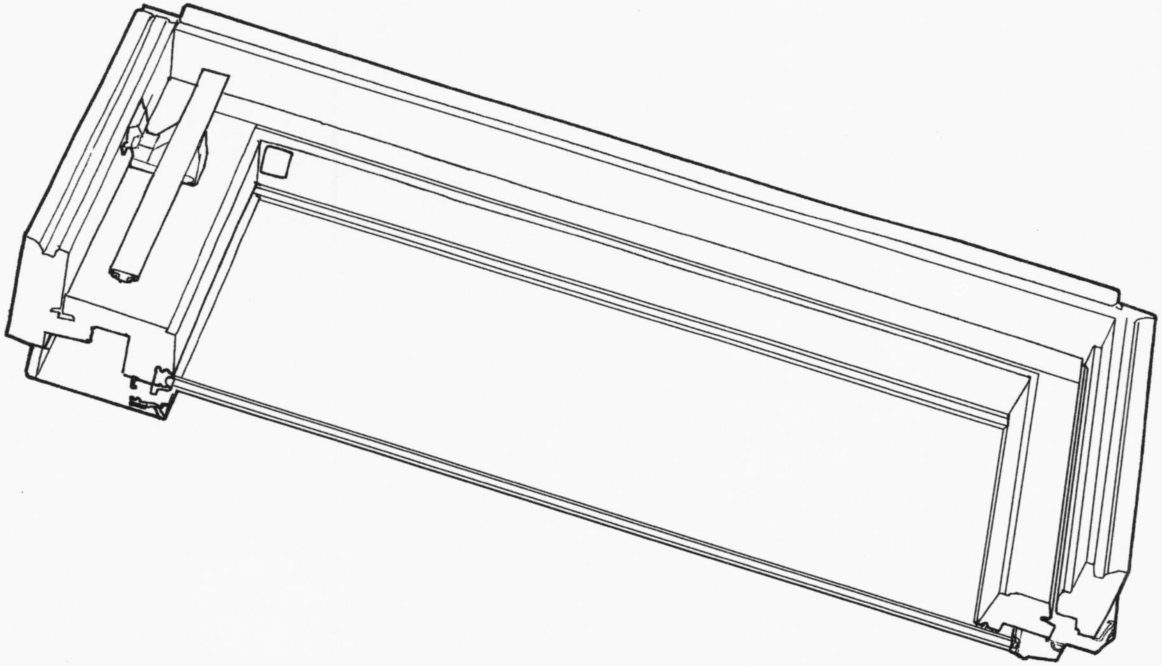

天 窗 断 面

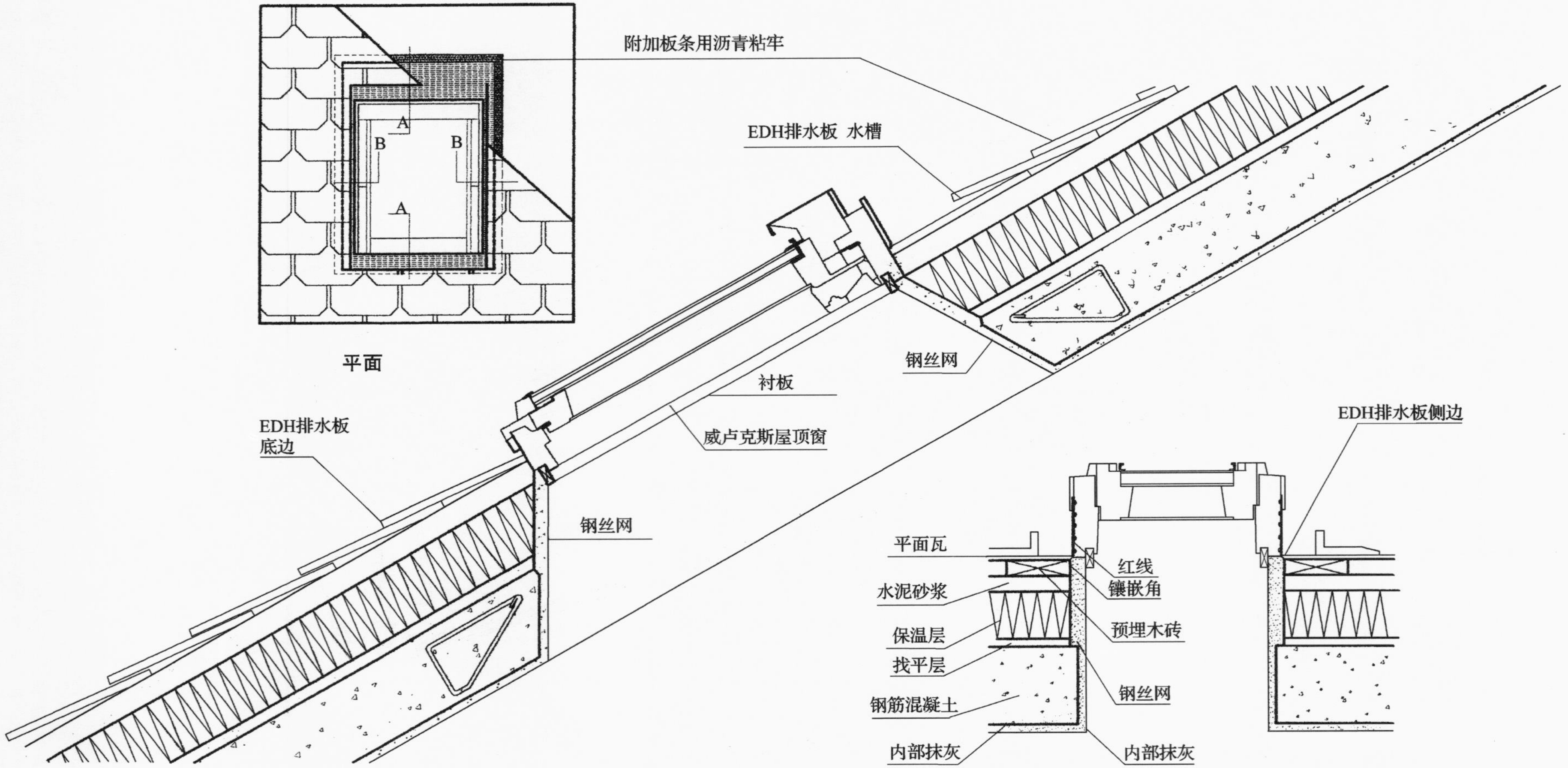
A
B
B
A
附加板条用沥青粘牢
EDH排水板 水槽
钢丝网
衬板
威卢克斯屋顶窗
EDH排水板
底边
钢丝网
EDH排水板侧边
平面瓦
红线
镶嵌角
水泥砂浆
预埋木砖
保温层
找平层
钢丝网
钢筋混凝土
内部抹灰
内部抹灰

平面

A-A剖面

B-B剖面

天窗构造1

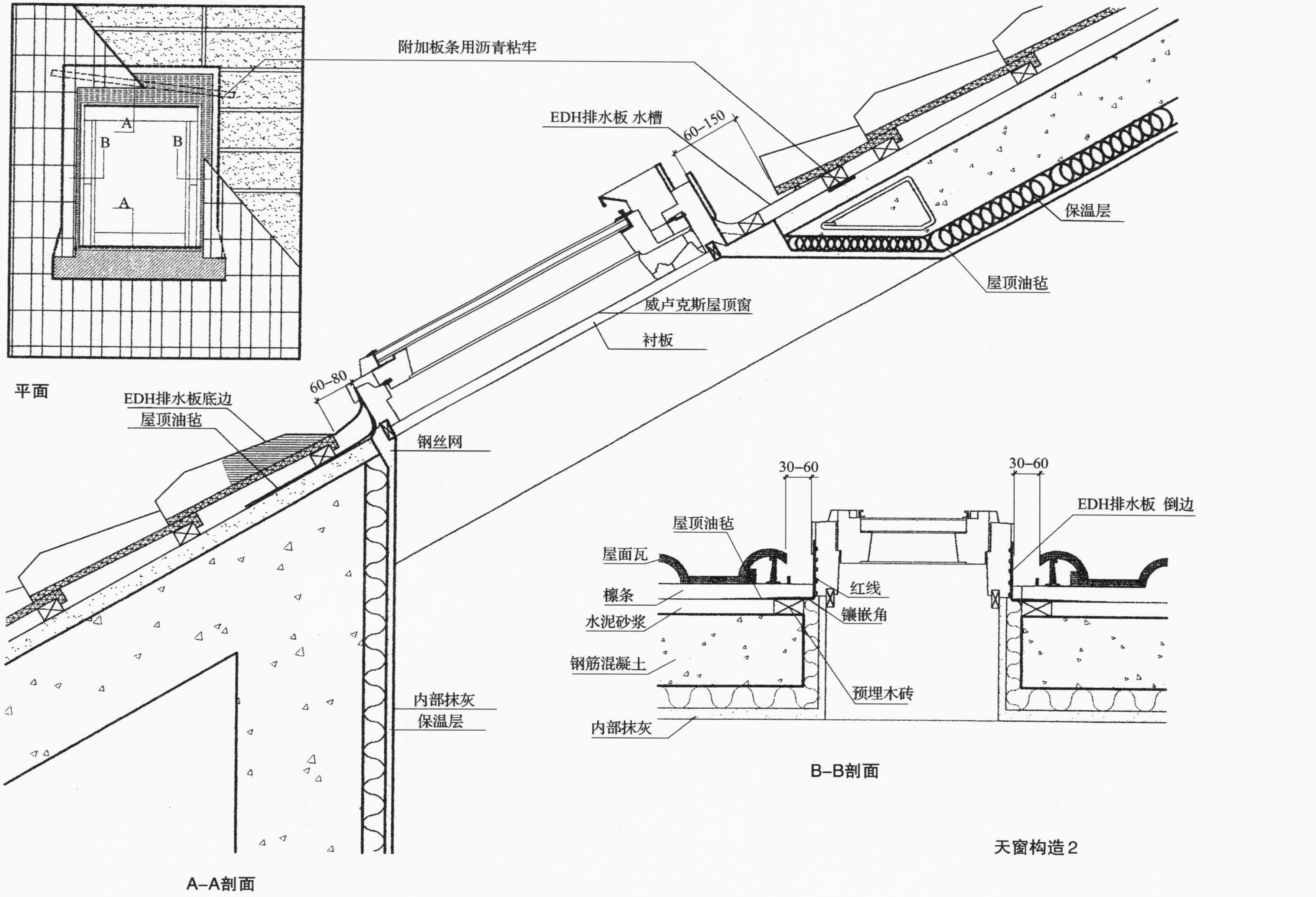
附加板条用沥青粘牢
EDH排水板 水槽
60–150
保温层
屋顶油毡
威卢克斯屋顶窗
衬板
60–80
平面
EDH排水板底边
屋顶油毡
钢丝网
内部抹灰
保温层
A–A剖面
30–60
30–60
EDH排水板 倒边
屋顶油毡
屋面瓦
红线
檩条
镶嵌角
水泥砂浆
钢筋混凝土
预埋木砖
内部抹灰
B–B剖面

天窗构造2

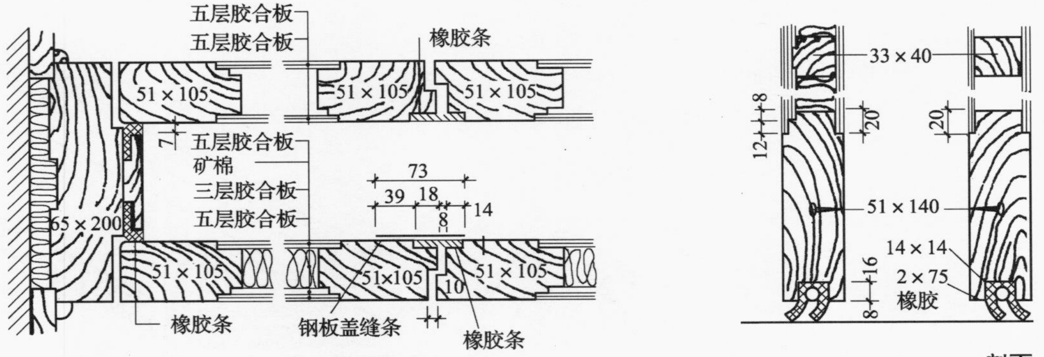

五层胶合板
五层胶合板
橡胶条
51×105
51×105
51×105
五层胶合板
矿棉
三层胶合板
五层胶合板
65×200
73
39 18
8 14
51×105
51×105
51×105
10
橡胶条
钢板盖缝条
橡胶条
33×40
8
12
20
20
51×140
14×14
2×75
橡胶
16
8

平面

剖面

胶合板双层保温门构造

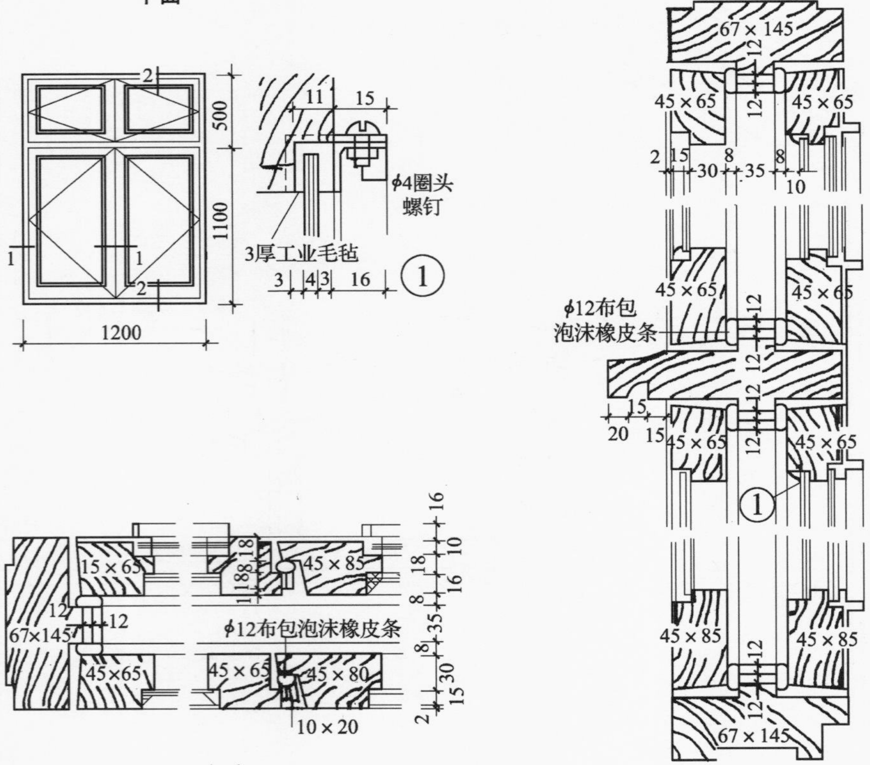

2
500
1100
1200
1
1
2
11 15
ϕ4圈头
螺钉
3厚工业毛毡
3 4 3 16
1
15×65
45×85
67×145
12
12
ϕ12布包泡沫橡皮条
45×65
45×65
45×80
10×20
16 10 18 16 8 35 8 30 15 2
67×145
45×65
45×65
2 15 30 8 35 8 10
45×65
45×65
ϕ12布包
泡沫橡皮条
20 15 15
45×85
45×85
67×145

1–1

2–2

隔声窗构造

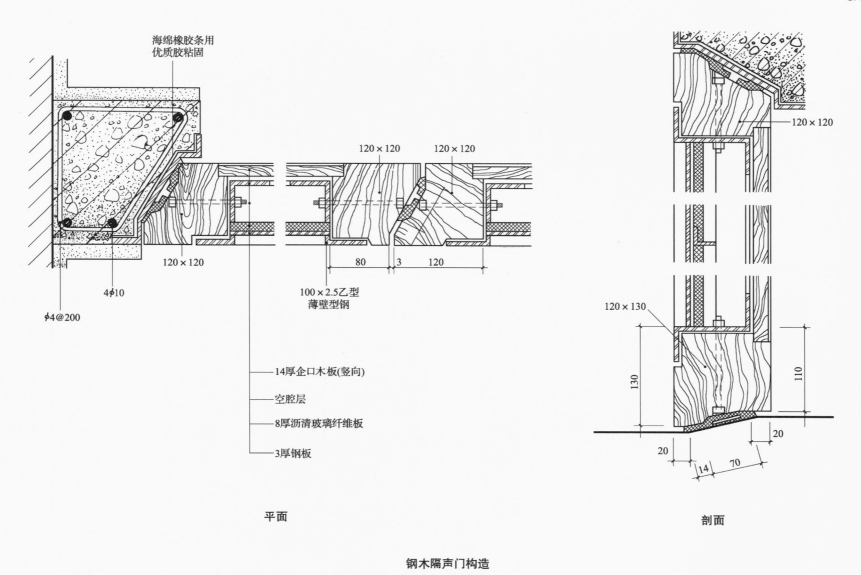

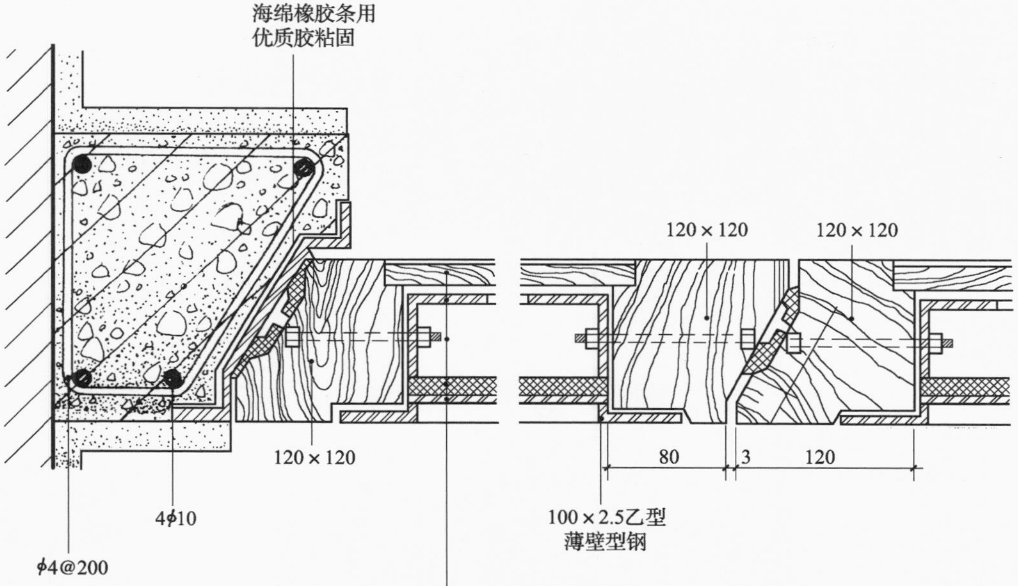
海绵橡胶条用
优质胶粘固
120×120
120×120
120×120
4φ10
φ4@200
80
3
120
100×2.5乙型
薄壁型钢
14厚企口木板(竖向)
空腔层
8厚沥青玻璃纤维板
3厚钢板

平面

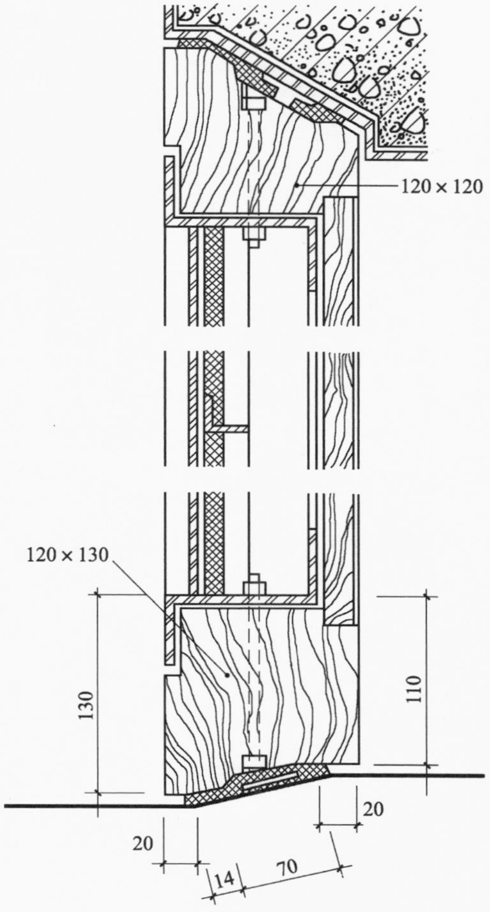
120×120
120×130
130
110
20
20
14
70

剖面

钢木隔声门构造

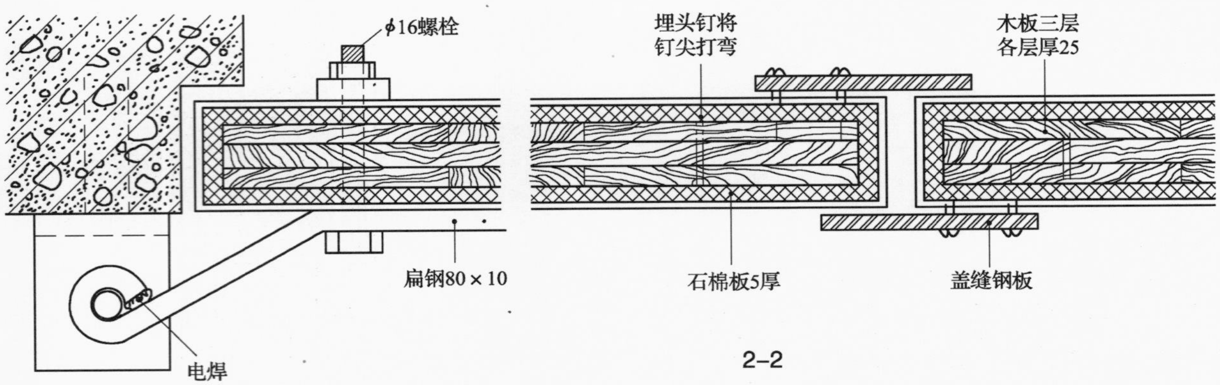
ϕ16螺栓
埋头钉将
钉尖打弯
木板三层
各层厚25
扁钢80 × 10
石棉板5厚
盖缝钢板
电焊

2–2

25
25
25

1–1

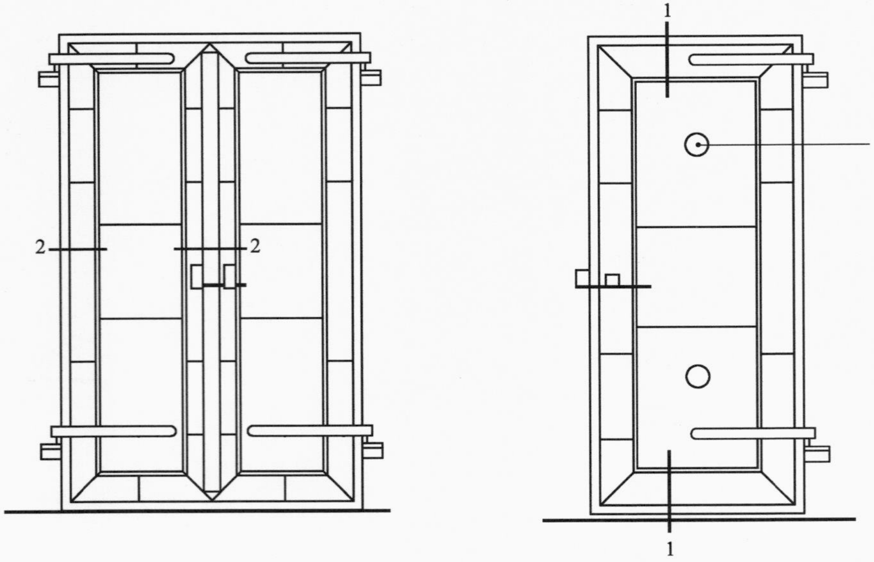
1
2
2
泄气孔
1

立面

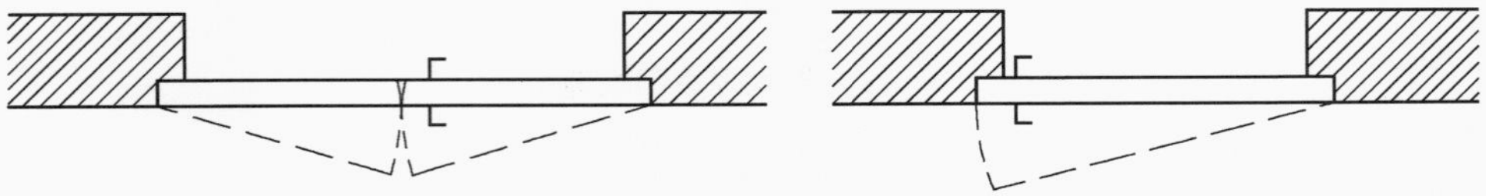

平开式防火门构造

平面

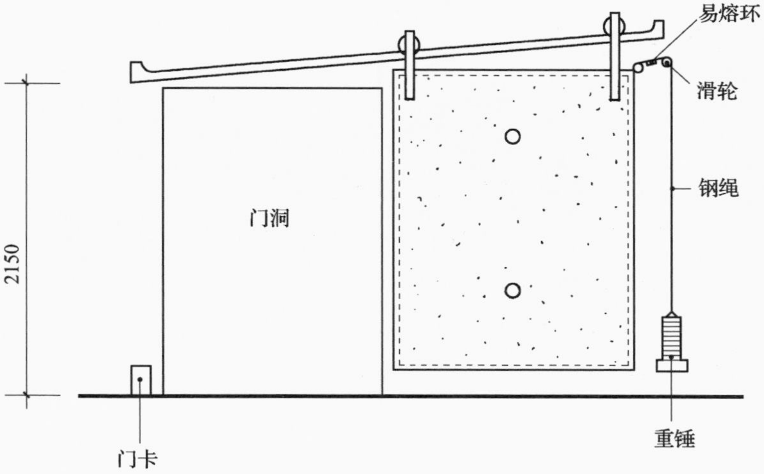
易熔环
滑轮
钢绳
门洞
2150
门卡
重锤
立面

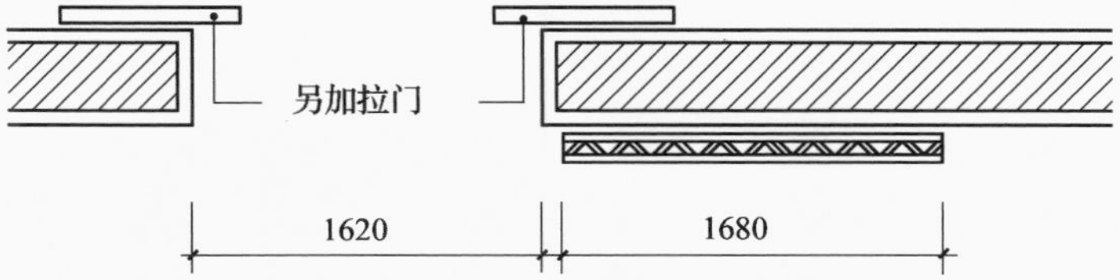
另加拉门
1620
1680
平面

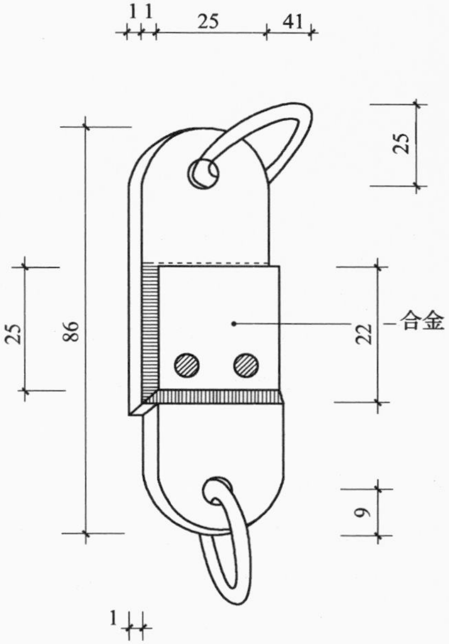
1 1
25
41
25
86
25
22
合金
9
1
合金易熔环

泄气孔
另一做法

自动关闭式防火门构造

主要参考书目

1.《建筑:形式·空间和秩序》(美)弗朗西斯·D·K·钦著.中国建筑工业出版社.1989年8月

2.《外国建筑史》(19世纪末叶以前)(第二版)清华大学陈志华著.中国建筑工业出版社.1997年6月

3.《室内设计资料集》张绮曼主编.中国建筑工业出版社.1991年6月

4.《室内设计经典集》张绮曼主编.中国建筑工业出版社.1994年4月

5.上海市建筑标准设计《彩板钢窗》、《UPVC-塑钢门窗》、《轻钢龙骨石膏板隔墙》

6.PKOPAN《金属墙板技术资料》

7.《铝合金门窗技术资料》

8.中华人民共和国建筑材料行业标准.JC/T 423-91、JC 205-92、JC 97-92

9.中华人民共和国国家标准.GB 4871-1995、GB/T 4100-92